지적
기사·산업기사
실기

머리말

취업을 준비하고 있는 지적 관련 취업준비생들은 공무원이나 공공기관의 입사를 선호하지만 경쟁률이 높아 취업의 문을 통과하기 쉽지 않은 것이 현실이다. 그러나 취업준비생들은 누구나 효율적으로 공부하고 빠른 시일 내에 지적기사·산업기사 자격증을 취득하여 관련 기관에 취업하고자 하는 바람이 클 것이다.

이에 본 저자들은 현실을 감안하여 지적기사·산업기사 실기시험의 전체적인 맥락에서 핵심적인 내용을 파악하여 쉽고 자세하게 기술하였다. 또한, 한국국토정보공사 국토정보교육원(구 지적연수원)에서 원장, 교수 그리고 현직 지사장인 저자들이 여러 출제 경험과 한국산업인력관리공단의 출제 및 채점 경험을 바탕으로 최근 지적기사·산업기사 실기(내업)시험 과년도 기출문제의 출제경향을 심도 있게 분석하여 유사한 문제를 그룹화하고 동일한 문제는 제외하였으며 핵심문제를 추가하여 수록하였다.

본 책이 지적기사·산업기사 실기시험 수험생들에게 가뭄에 단비 같은 효과로 작용할 것이라 믿으며, 본 책을 다음과 같이 구성하였다.

- Part 01 내업 필답형 : 수험생들이 이론을 보다 쉽게 접근·이해하도록 예제와 핵심문제를 수록하여 쉽고 자세한 해설로 구성하였다.
- Part 02 실전모의고사 : 지적기사·산업기사 실기 내업시험 과년도 기출문제의 출제 빈도를 분석하여 출제율이 높은 문제로 구성하였다.
- Part 03 외업 작업형 : 지적기사·산업기사 실기 외업시험에 대한 시험대비 요령, 측량장비를 다루는 방법, 시험요령, 모의고사의 순서로 정리하였다.
- Part 04 부록 : 실기시험에 자주 나오는 서식지들을 수록하여 기입하는 연습을 할 수 있도록 하였다.

끝으로 본 책이 발간되기까지 시종일관 섬세한 배려와 관련 기술을 지도해 주신 여러분들에게 감사의 말씀을 전하며, 지적기사·산업기사 실기시험 수험생들에게 희망의 지침서로 든든한 디딤돌이 되어 합격의 영광을 함께 나누기를 기원한다.

대표저자 **라용화**

SUMMARY

시험정보

◎ 지적기사 · 산업기사 실기

1. 취득방법

① 시행처 : 한국산업인력공단(http://www.q-net.or.kr)
② 관련학과 : 대학 및 전문대학의 지적 관련학과
③ 시험과목 : 기초측량 및 세부측량
④ 검정방법
  - 지적기사 : 복합형[필답형(3시간, 55점)+작업형(1시간 45분 정도, 45점)]
  - 지적산업기사 : 복합형[필답형(2시간 30분, 55점)+작업형(1시간 정도, 45점)]
⑤ 합격기준 : 100점을 만점으로 하여 60점 이상

2. 수수료

① 지적기사 : 35,000원
② 지적산업기사 : 38,600원

3. 기본정보

① 개요 : 토지의 경계와 면적을 법률적으로 확정하는 행정처분에 따른 엄격한 규제하에서 토지에 대한 물권이 미치는 한계를 정하는 사법적 측량의 정확성을 확보함으로써 지적행정의 원활한 운영과 발전을 도모하고, 평판(측판) 측량, 경위의측량, 전파기 또는 광파기측량, 사진측량에 대한 전문적인 지식과 기술을 갖춘 기술인력을 양성하기 위하여 자격 제도를 제정하였다.

② 수행직무 : 지적측량에 따른 지적 측량계획을 수립하고 등사도 작성, 소도작성, 현지측량, 측량원도 작성, 면적측량부 작성 및 소관청에 의뢰하는 등 지적법에 의한 토지의 재산권 행사를 목적으로 하는 지적측량업무를 수행한다.

③ 진로 및 전망 : 지적, 행정, 도시계획 관련 공무원, 한국국토정보공사, 한국토지주택공사, 설계회사, 시스템통합(SI) 회사 및 GIS 관련 업체, 연구소, 학계 등으로 진출할 수 있다. 지적(산업)기사 자격취득자에 대한 인력수요는 증가할 것이다. 일반측량과 지적측량의 일원화 문제 등 감소요인이 있으나 토지조사 이후 토지이동에 따른 지적정리과정에서 측량자체의 부정확한 성과와 제도방법에서 생기는 오차 등을 개선하기 위하여 전국 토지에 대한 수치지적에 의한 정비, 전국적인 규모의 지적재조사의 필요성 대두, 1995년에 범정부적으로 국가지

리정보체계(NGIS)의 구축에 따른 지적기술자에 대한 인력수요는 증가할 전망이다. 또한 지적업무 내용의 다양화·고도화에 따라 컴퓨터 기술 등 첨단기술의 습득은 물론 각종 지리조사에 관한 지식과 법률 및 경제에 대한 지식 등을 필수적으로 구비해야 한다.

실기 내업시험 출제범위

목차	세부목차	출제 여부	
		지적기사	지적산업기사
1. 지적삼각점측량	1. 수평각관측	O	×
	2. 편심보정 계산	O	×
	3. 표고 계산	O	×
	4. 평면거리 계산	O	×
	5. 삼각망 조정계산	O	×
2. 지적삼각보조점측량	1. 교회법	×	O
	2. 교점다각망(X·Y형, H·A형)	O	O
3. 지적도근점측량	1. 배각법	×	O
	2. 방위각법	×	O
	3. 다각망도선법(복합망)	O	O
4. 수치지적측량	1. 직선과 직선의 교차점 계산	O	O
	2. 원(곡선)과 직선의 교점좌표 계산	O	×
	3. 가구점 계산	O	×
	4. 면적지정분할	O	×
	5. 경계정정	O	×
5. 도해지적측량	1. 도곽구획	×	O
	2. 면적분할	×	O
	3. 기타	O	O

출제기준

◎ 지적기사 실기

직무 분야	건설	중직무 분야	토목	자격 종목	지적기사	적용 기간	2025.1.1.~2028.12.31.

직무내용 : 지적도면의 정리와 면적측정 및 도면작성과 지적측량 및 종합적 계획수립 등의 직무 수행
수행준거 : 1. 지적삼각점과 지적삼각보조점을 측량하여 측정오차의 조정, 측량성과의 작성 및 계산을 할 수 있다.
    2. 지적도근점을 측량하여 측정오차의 조정, 측량성과의 작성 및 계산을 할 수 있다.
    3. 토지이동측량을 하고, 측정오차의 조정, 측량성과의 작성 및 계산을 할 수 있다.
    4. 지적확정측량을 하여, 측정오차의 조정, 측량성과의 작성 및 계산을 할 수 있다.

실기검정방법	복합형	시험시간	4시간 30분 정도(필답형 3시간, 작업형 1시간 30분)

실기과목명	주요항목	세부항목	세세항목
기초측량 및 세부측량	1. 지적기준점 측량	1. 지적삼각점 측량하기	1. 지적측량시행규칙에서 규정하고 있는 지적삼각점 측량의 절차 및 방법을 파악하고 측량계획을 수립할 수 있다. 2. 지적측량시행규칙에서 규정하고 있는 관측오차를 파악하고 지적삼각점 관측과 계산을 할 수 있다.
		2. 지적삼각보조점 측량하기	1. 지적측량시행규칙에서 규정하고 있는 지적삼각보조점 측량의 절차 및 방법을 파악하고 측량계획을 수립할 수 있다. 2. 지적측량시행규칙에서 규정하고 있는 관측오차를 파악하고 지적삼각보조점 관측과 계산을 할 수 있다.
		3. 지적도근점 측량하기	1. 지적측량시행규칙에서 규정하고 있는 지적도근점 측량의 절차 및 방법을 파악하고 측량계획을 수립할 수 있다. 2. 지적측량시행규칙에서 규정하고 있는 관측오차를 파악하고 지적도근점 관측과 계산을 할 수 있다.
	2. 세부측량	1. 현지 측량하기	1. 지적측량시행규칙에서 규정하고 있는 세부측량의 기준 및 방법을 파악하고 현지측량을 실시할 수 있다. 2. 세부측량의 기준이 되는 기준점을 확인하고 활용할 수 있다. 3. 측량기기를 현지에 설치하고 관측 및 오차를 조정할 수 있다.
		2. 성과 결정하기	1. 지적측량시행규칙에서 규정하고 있는 성과결정방법을 파악할 수 있다. 2. 기지경계선과 도상경계선의 부합여부를 확인하여 성과를 결정할 수 있다. 3. 지적측량시행규칙에서 정하고 있는 필지에 대한 면적을 측정하고 계산할 수 있다.
		3. 결과부 작성하기	1. 지적측량시행규칙에서 규정하고 있는 측량결과부에 등록할 사항을 파악할 수 있다. 2. 성과결정에 따른 측량결과도 및 측량성과도를 작성할 수 있다. 3. 지적공부 정리에 필요한 측량결과 파일을 생성할 수 있다.

◎ 지적산업기사

직무 분야	건설	중직무 분야	토목	자격 종목	지적산업기사	적용 기간	2025.1.1.~2028.12.31.

직무내용: 지적도면의 정리와 면적측정 및 도면작성과 지적측량을 수행하는 직무이다.
수행준거: 1. 지적삼각보조점 및 지적도근점을 측량하여 측정오차의 조정, 측량성과의 작성 및 계산을 할 수 있다.
2. 토지이동측량을 하고, 측정오차의 조정, 측량성과의 작성 및 계산을 할 수 있다.

실기검정방법	복합형	시험시간	3시간 30분 (필답형 2시간 30분, 작업형 1시간 정도)

실기과목명	주요항목	세부항목	세세항목
기초측량 및 세부측량	1. 지적기준점 측량	1. 지적삼각보조점 측량하기	1. 지적측량시행규칙에서 규정하고 있는 지적삼각보조점 측량의 절차 및 방법을 파악하고 측량계획을 수립할 수 있다. 2. 지적측량시행규칙에서 규정하고 있는 관측오차를 파악하고 지적 삼각보조점 관측과 계산을 할 수 있다.
		2. 지적도근점 측량하기	1. 지적측량시행규칙에서 규정하고 있는 지적도근점 측량의 절차 및 방법을 파악하고 측량계획을 수립할 수 있다. 2. 지적측량시행규칙에서 규정하고 있는 관측오차를 파악하고 지적 도근점 관측과 계산을 할 수 있다.
	2. 세부측량	1. 현지 측량하기	1. 지적측량시행규칙에서 규정하고 있는 세부측량의 기준 및 방법 을 파악하고 현지측량을 실시할 수 있다. 2. 세부측량의 기준이 되는 기준점을 확인하고 활용할 수 있다. 3. 측량기기를 현지에 설치하고 관측 및 오차를 조정할 수 있다.
		2. 성과 결정하기	1. 지적측량시행규칙에서 규정하고 있는 성과결정방법을 파악할 수 있다. 2. 기지경계선과 도상경계선의 부합여부를 확인하여 성과를 결정 할 수 있다. 3. 지적측량시행규칙에서 정하고 있는 필지에 대한 면적을 측정하 고 계산할 수 있다.
		3. 결과부 작성하기	1. 지적측량시행규칙에서 규정하고 있는 측량결과부에 등록할 사 항을 파악할 수 있다. 2. 성과결정에 따른 측량결과도 및 측량성과도를 작성할 수 있다. 3. 지적공부 정리에 필요한 측량결과 파일을 생성할 수 있다.

차례

제1편 내업 필답형

CHAPTER 01 지적삼각점측량

01 개요 ··· 2
02 설치 및 계산 ·· 2
03 망 형태 ·· 3
04 실시 기준 ·· 3
05 방위각 및 거리 계산 ·· 4
06 수평각관측(방향관측법) ··· 8
07 수평각 편심관측 계산 ·· 12
08 표고 계산 ·· 20
09 평면거리 계산 ·· 24
10 삼각형 내각 계산 ··· 27
11 유심다각망 ··· 30
12 삽입망 ··· 39
13 사각망 ··· 47
14 삼각쇄망 ··· 54
■ 실전 및 핵심문제 ··· 62

CHAPTER 02 지적삼각보조점측량

01 개요 ··· 112
02 설치 및 계산 ·· 112
03 실시 기준 ·· 113
04 교회법 ··· 114
05 다각망도선법(교점다각망) ···································· 120
■ 실전 및 핵심문제 ··· 131

CHAPTER 03 지적도근점측량

01 개요 ··· 153
02 설치 및 계산 ·· 153
03 지적도근점의 도선구성 ·· 154
04 실시 기준 ·· 154
05 배각법 ··· 155
06 방위각법 ·· 160
■ 실전 및 핵심문제 ··· 163

CHAPTER 04 세부측량

- 01 개요 ··· 182
- 02 수치세부측량의 실시 기준 ·· 182
- 03 도해세부측량의 실시 기준 ·· 183
- 04 교차점 계산 ·· 186
- 05 원(곡선)과 직선의 교차점 계산 ································ 191
- 06 가구점 계산 ·· 195
- 07 면적 분할 ··· 199
- 08 경계정정 ··· 205
- 09 도곽선의 좌표 계산 ·· 209
- 10 면적 계산 ··· 213
- 11 기타 ··· 220
- ■ 실전 및 핵심문제 ·· 223

제2편 실전모의고사

CHAPTER 01 지적기사

- 제1회 실전모의고사 ·· 244
- 제2회 실전모의고사 ·· 264
- 제3회 실전모의고사 ·· 280
- 제4회 실전모의고사 ·· 298
- 제5회 실전모의고사 ·· 317
- 제6회 실전모의고사 ·· 337

CHAPTER 02 지적산업기사

- 제1회 실전모의고사 ·· 356
- 제2회 실전모의고사 ·· 369
- 제3회 실전모의고사 ·· 379
- 제4회 실전모의고사 ·· 387
- 제5회 실전모의고사 ·· 399
- 제6회 실전모의고사 ·· 410

제3편 외업 작업형

CHAPTER 01 외업 시험대비요령
- 01 외업 시험과목 및 시험시간 ········· 420
- 02 수험자 유의사항 ········· 420

CHAPTER 02 실기형 측량장비
- 01 개요 ········· 422
- 02 측량장비의 구조 및 각 부의 명칭 ········· 422
- 03 작업 순서 ········· 423
- 04 세부작업 요령 ········· 424

CHAPTER 03 실기 시험요령
- 01 지적기사 시험요령 ········· 428
- 02 지적산업기사 시험요령 ········· 436

CHAPTER 04 실전모의고사
- 01 지적기사 ········· 440
- 02 지적산업기사 ········· 452

제4편 부록 ········· 459

PART
01

내업
필답형

CHAPTER 01 지적삼각점측량

01 개요

지적삼각점측량은 위성기준점, 통합기준점, 삼각점 및 지적삼각점을 기초로 새로운 지적삼각점의 평면위치를 결정하는 기초측량으로서, 측량지역의 지형 관계상 지적삼각점의 설치 또는 재설치를 필요로 하는 경우, 지적도근점의 설치 또는 재설치를 위하여 지적삼각점의 설치를 필요로 하는 경우, 세부측량의 시행상 지적삼각점의 설치를 필요로 하는 경우에 실시한다.

02 설치 및 계산

설치	• 측량지역의 지형 관계상 지적삼각점의 설치 또는 재설치를 필요로 하는 경우 • 지적도근점의 설치 또는 재설치를 위하여 지적삼각점의 설치를 필요로 하는 경우 • 세부측량의 시행상 지적삼각점의 설치를 필요로 하는 경우
절차	계획 수립 → 준비 및 현지답사 → 선점 및 조표 → 관측 및 계산 → 성과 작성
망 형태	유심다각망, 삽입망, 사각망, 삼각쇄망, 정밀삼각망
계산	기지점간거리 및 방위각계산, 각조정(삼각규약, 망규약), 변조정, 소구점 변장 및 방위각 계산, 소구점 종ㆍ횡좌표 계산

03 망 형태

지적삼각망의 형태에는 유심다각망, 사각망, 삽입망, 삼각쇄망, 정밀삼각망 등이 있다.

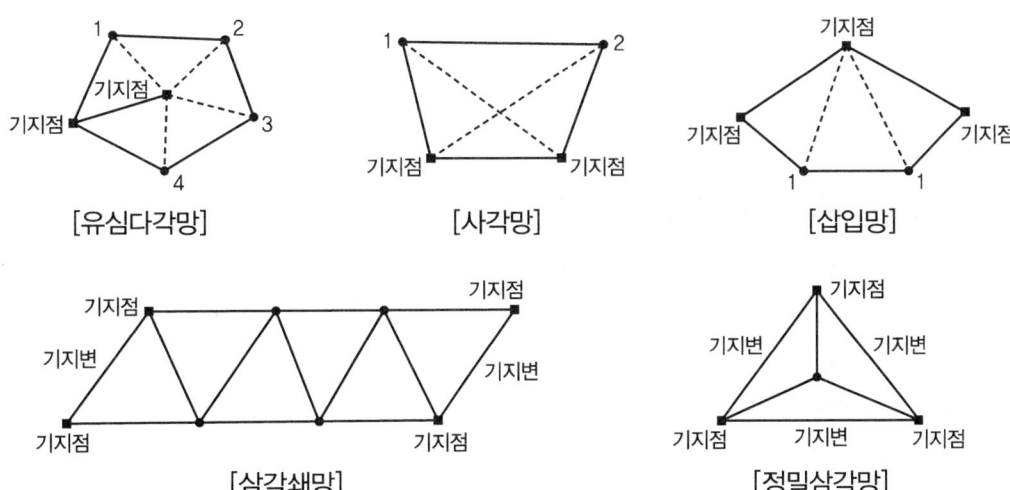

04 실시 기준

1) 경위의측량방법으로 수평각관측을 하는 경우

① 관측은 10초독 이상의 경위의를 사용한다.
② 수평각관측은 3대회(윤곽도는 0°, 60°, 120°로 한다)의 방향관측법에 따른다.
③ 수평각의 측각공차는 다음 표에 따른다.

종별	1방향각	1측회 폐색	삼각형 내각 관측의 합과 180°의 차	기지각과의 차
공차	30초 이내	±30초 이내	±30초 이내	±40초 이내

2) 경위의측량방법으로 연직각 및 표고 관측을 하는 경우

① 각 측점에서 정·반으로 각 2회 관측한다.
② 관측치의 최대치와 최소치의 교차가 30초 이내일 때에는 그 평균치를 연직각으로 한다.
③ 2점의 기지점에서 소구점의 표고를 계산한 결과 그 교차가 $0.5m + 0.05(S_1 + S_2)m$ 이하일 때에는 그 평균치를 표고로 한다. 이 경우 S_1과 S_2는 기지점에서 소구점까지의 평면거리로서 킬로미터 단위로 표시한 수를 말한다.

3) 전파 또는 광파기측량방법으로 변장 관측을 하는 경우

① 전파 또는 광파측거기는 표준편차가 ±[5mm+5ppm] 이상인 정밀측거기를 사용한다.
② 점간거리는 5회 측정하여 그 측정치의 최대치와 최소치의 교차가 평균치의 10만분의 1 이하일 때에는 그 평균치를 측정거리로 하고, 원점에 투영된 평면거리에 따라 계산한다.
③ 삼각형의 내각은 세 변의 평면거리에 따라 계산하며, 기지각과의 차(差)에 관하여는 ±40초 이내로 한다.

4) 계산 단위

지적삼각점의 계산은 진수를 사용하여 각규약과 변규약에 의한 평균계산법 또는 망평균계산법에 의한다.

종별	각	변의 길이	진수	좌표 또는 표고	경위도	자오선수차
단위	초	cm	6자리 이상	cm	초아래 3자리	초아래 1자리

05 방위각 및 거리 계산

1) 방위각(V) 계산

종·횡선차	종선차(Δx) = $X_b - X_a$ 횡선차(Δy) = $Y_b - Y_a$
방위각(θ)	$\tan\theta = \dfrac{\Delta y}{\Delta x}$ $\therefore \theta = \tan^{-1}\left(\dfrac{\Delta y}{\Delta x}\right)$

2) 거리($\overline{AB}$) 계산

$$\overline{AB} = \sqrt{(\Delta x)^2 + (\Delta y)^2} \text{ 또는 } \overline{AB} = \frac{\Delta y}{\sin V} \text{ 또는 } \frac{\Delta x}{\cos V}$$

3) 관측 진행방향에 따른 방위각 계산

구분	그림
• 진행방향 : 시계방향 • 측각방향 : 우측 • $\overline{BC}$의 방위각 $\beta_1 = \alpha_0 + 180° - \gamma_1$	
• 진행방향 : 시계방향 • 측각방향 : 좌측 • $\overline{BC}$의 방위각 $\beta_1 = \alpha_0 - 180° + \gamma_1$	
• 진행방향 : 반시계방향 • 측각방향 : 좌측 • $\overline{BC}$의 방위각 $\beta_1 = \alpha_0 - 180° + \gamma_1$	
• 진행방향 : 반시계방향 • 측각방향 : 우측 • $\overline{BC}$의 방위각 $\beta_1 = \alpha_0 + 180° - \gamma_1$	

4) 방위 계산

방위각은 4개의 상환으로 나누어 남북선을 기준으로 하여 90° 이하 각으로 나타낸다.

상한	방위각(θ)	방위(V)
1상한(Ⅰ)	0~90°	$V = \theta$	N0~90°E
2상한(Ⅱ)	90°~180°	$V = 180° - \theta$	S0~90°E
3상한(Ⅲ)	180°~270°	$V = 180° + \theta$	S0~90°W
4상한(Ⅳ)	270°~360°	$V = 360° - \theta$	N0~90°W

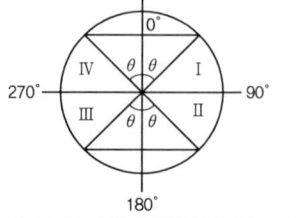

5) 측량 계산의 끝수처리(5사5입 : 五捨五入)

① 방위각의 각치(角値), 종·횡선의 수치 또는 거리를 계산하는 경우 구하려는 끝자리의 다음 숫자가 5 미만일 때에는 버리고 5를 초과할 때에는 올리며, 5일 때에는 구하려는 끝자리의 숫자가 0 또는 짝수이면 버리고 홀수이면 올린다. 다만, 전자계산조직을 이용하여 연산할 때에는 최종수치에만 이를 적용한다.

② 지적측량에서 도면의 축척별 면적등록 단위를 반올림 시에는 5사5입 원칙을 적용한다.

구분		1/600 지역과 경계점좌표등록부 지역	기타 지역
면적단위 (최소단위)		0.1m²	1m²
		0.1m² 미만일 때에는 0.1m²	1m² 미만일 때에는 1m²
끝수처리	4사5입	0.05m² 미만 → 버림 0.05m² 초과 → 올림	0.5m² 미만 → 버림 0.5m² 초과 → 올림
	5사5입	0.05m² 구하고자 하는 수 홀수 → 올림 짝수 → 내림	0.5m² 구하고자 하는 수 홀수 → 올림 짝수 → 내림

[예시] 관측각은 초단위, 면적은 m² 단위

관측각		면적	
50°50′50.4″ → 50°50′50″	50°50′50.7″ → 50°50′51″	4,567.4m² → 4,567m²	4,567.7m² → 4,568m²
50°50′51.5″ → 50°50′52″	50°50′52.5″ → 50°50′52″	4,567.5m² → 4,568m²	4,566.5m² → 4,566m²

예제 01 다음의 지적삼각점성과에 의하여 두 점 간의 거리와 방위각을 구하시오.

점명	X좌표(m)	Y좌표(m)
보라1(A)	474,334.70	207,088.60
보라2(B)	474,674.33	203,955.78
보라3(C)	474,887.50	200,562.66

해설

1) 거리 계산

구분	거리
보라1 → 보라2	$\overline{AB} = \sqrt{(\Delta x)^2 + (\Delta y)^2} = \sqrt{(+339.63)^2 + (-3,132.82)^2} = 3,151.18\text{m}$ 또는 $\overline{AB} = \dfrac{\Delta y}{\sin V} = \dfrac{-3,132.82}{\sin 276°11'14.2''} = 3,151.18\text{m}$
보라2 → 보라3	$\overline{BC} = \sqrt{(\Delta x)^2 + (\Delta y)^2} = \sqrt{(+213.17)^2 + (-3,393.12)^2} = 3,399.81\text{m}$ 또는 $\overline{BC} = \dfrac{\Delta y}{\sin V} = \dfrac{-3,393.12}{\sin 273°35'41.4''} = 3,399.81\text{m}$

2) 방위각 계산

구분	거리오차, 방위 및 방위각
보라1 → 보라2	$\Delta x_a^b = X_b - X_a = 474,674.33 - 474,334.70 = +339.63\text{m}$ $\Delta y_a^b = Y_b - Y_a = 203,955.78 - 207,088.60 = -3,132.82\text{m}$ (4상한) 방위(θ) $= \tan^{-1}\left(\dfrac{\Delta y_a^b}{\Delta x_a^b}\right) = \tan^{-1}\left(\dfrac{-3,132.82}{+339.63}\right) = 83°48'45.8''$ 방위각(V_A^B) $= 360° - 83°48'45.8'' = 276°11'14.2''$
보라2 → 보라3	$\Delta x_b^c = X_c - X_b = 474,887.50 - 474,674.33 = +213.17\text{m}$ $\Delta y_b^c = Y_c - Y_b = 200,562.66 - 203,955.78 = -3,393.12\text{m}$ (4상한) 방위(θ) $= \tan^{-1}\left(\dfrac{\Delta y_b^c}{\Delta x_b^c}\right) = \tan^{-1}\left(\dfrac{-3,393.12}{+213.17}\right) = 86°24'18.6''$ 방위각(V_B^C) $= 360° - 86°24'18.6'' = 273°35'41.4''$

06 수평각관측(방향관측법)

지적삼각점의 수평각관측은 3대회(윤곽도는 0°, 60°, 120°로 한다)의 방향관측법, 지적삼각보조점의 수평각관측은 2대회(윤곽도는 0°, 90°로 한다)의 방향관측법에 따른다.

1) 폐색차 계산 공식

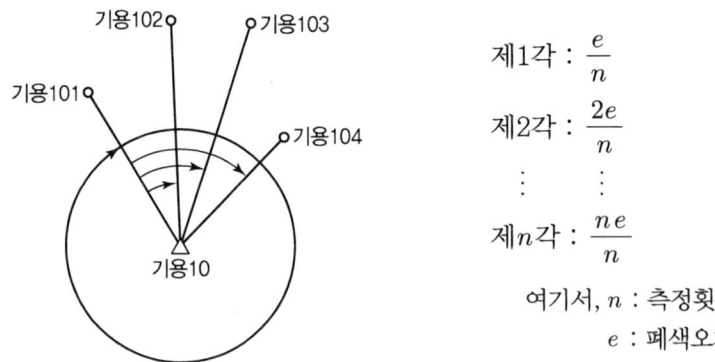

제1각 : $\dfrac{e}{n}$

제2각 : $\dfrac{2e}{n}$

⋮ ⋮

제n각 : $\dfrac{ne}{n}$

여기서, n : 측정횟수
e : 폐색오차

2) 계산 순서

① 윤곽도를 0°, 60°, 120°로 하여 정반으로 관측한 후 수평각관측부에 기재한다.
② 출발차의 배분은 데오돌라이트의 윤곽도를 맞춘 후 반전하여 관측을 시작할 때의 오차로서 출발차 조정에서 가감하여 기재한다.
③ 폐색차의 배분은 폐색차 계산공식으로 계산한다.

  제1각 : $\dfrac{e}{n}$, 제2각 : $\dfrac{2e}{n}$, ……, 제n각 : $\dfrac{ne}{n}$

  여기서, n : 측정횟수
  e : 폐색오차

④ 결과란에는 원방향을 0°로 한 각도를 기재한다. 다만 정측회일 때에는 출발은 0°, 도착은 360°로 기입하고 반측회일 때에는 출발은 360°, 도착은 0°로 기입하며, 결과각은 측점조정을 마친 각도를 기재한다.

> **예제 02** 지적삼각점측량의 수평각관측을 측점 기용10에서 기용1~기용4까지 관측한 결과로 수평각관측부와 수평각개정 계산부를 작성하시오.

해설

1) 수평각관측 계산

(1) 윤곽도 0°에서 폐색차 계산

순번	시준점	출발차 계산	조정결과(조정각)
1	기용-1		0°00′00″
2	기용-2	제1각 : $\frac{e}{n}=\frac{3}{4}=1″$	87°37′18″
3	기용-3	제2각 : $\frac{2e}{n}=\frac{2\times3}{4}=1.5=2″$	141°27′19″
1	기용-1	제3각 : $\frac{3e}{n}=\frac{3\times3}{4}=2.25=-3″$	360°00′00″

(2) 윤곽도 180°에서 출발차 및 폐색차 계산

순번	시준점	출발차 계산	조정결과(조정각)
1	기용-1		360°00′00″
3	기용-2	−5″	321°27′18″
2	기용-3		267°37′15″
1	기용-1		0°00′00″

순번	시준점	출발차 계산	조정결과(조정각)
1	기용-1		0°00′00″
3	기용-2	제1각 : −2″	321°27′16″
2	기용-3	제2각 : −3″	267°37′12″
1	기용-1	제3각 : −5″	360°00′00″

윤곽도 60°, 120°, 300°도 위와 같은 방법으로 계산한다.

2) 수평각개정 계산

(1) 평균각 계산

측점명	시준점	평균각 계산
기용-10	기용-1	0°00′00″
	기용-2	87°37′ + ((18 + 12 + 16 + 24 + 17 + 09) ÷ 6) = 87°37′16.0″
	기용-3	141°27′ + ((19 + 16 + 18 + 22 + 18 + 12) ÷ 6) = 141°27′17.5″
	기용-1	360°00′00″

(2) 중심각 계산

측점명	시준점	중심각 계산
기용-10	기용-1 − 기용-2	87°37′16.0″ − 0°00′00″ = 87°37′16.0″
	기용-2 − 기용-3	141°27′17.5″ − 87°37′16.0″ = 53°50′01.5″
	기용-3 − 기용-1	360°00′00″ − 141°27′17.5″ = 218°32′42.5″

수평각관측부

시간	윤곽도	경위	순번	시준점	방향각	조정		
						출발차	폐색차	결과
10:00	0°	정	1	기용1	0°00′00″			0°00′00″
		정	2	기용2	87°37′19″			87°37′19″
		정	3	기용3	141°27′21″			141°27′21″
		정	1	기용1	360°00′00″			360°00′00″
	180	반	1	기용1	180°00′05″	−5	0	360°00′00″
		반	3	기용3	321°27′23″	−5	−2	321°27′16″
		반	2	기용2	267°37′20″	−5	−3	267°37′12″
		반	1	기용1	180°00′10″	−5	−5	0°00′00″
	60	정	1	기용1	60°00′00″		0	0°00′00″
		정	2	기용2	147°37′18″		−2	147°37′16″
		정	3	기용3	201°27′21″		−3	201°27′18″
		정	1	기용1	60°00′05″		−5	360°00′00″
	240	반	1	기용1	240°00′05″	−5	0	360°00′00″
		반	3	기용3	21°27′24″	−5	+3	21°27′22″
		반	2	기용2	327°37′22″	−5	+7	327°37′24″
		반	1	기용1	239°59′55″	−5	+10	0°00′00″
	120	정	1	기용1	120°00′00″		0	0°00′00″
		정	2	기용2	207°37′19″		−2	207°37′17″
		정	3	기용3	261°27′21″		−3	261°27′18″
		정	1	기용1	120°00′05″		−5	360°00′00″
	300	반	1	기용1	300°00′07″	−7	0	360°00′00″
		반	3	기용3	81°27′20″	−7	−1	81°27′12″
		반	2	기용2	27°37′18″	−7	−2	27°37′09″
		반	1	기용1	300°00′10″	−7	−3	0°00′00″

| 2021.06.06. 관측 | 관측자 : 홍길동 | 사용기계 : DT | 날씨 : 맑음 | 풍력 : 화풍 |

수평각개정 계산부

측점명	시준점	방향각							중심각
		0°		60°		120°		평균	
		정	반	정	반	정	반		
기용-10	기용-1	0°00′00″	00′00″	00′00″	00′00″	00′00″	00′00″	0°00′00″	87°37′16″
	기용-2	87°37′18″	37′12″	37′16″	37′24″	37′17″	37′09″	87°37′16″	53°50′01.5″
	기용-3	141°27′19″	27′16″	27′18″	27′22″	27′18″	27′12″	141°27′17.5″	218°32′42.5″
	기용-1	360°00′00″	00′00″	00′00″	00′00″	00′00″	00′00″	360°00′00″	

07 수평각 편심관측 계산

수평각 편심관측은 현지사정에 의하여 측점에 기계를 세워 수목 등 각종 장애물 등에 의한 시준장애가 있을 경우, 측점과 가까운 위치 또는 시준점과 가까운 위치에 편심된 시준점을 설치하고 수평각을 관측한다.

1) 수평각 측점귀심 계산

(1) 계산 공식

측점과 가까운 위치에 편심(5m 이내)된 측점을 설치하고 수평각을 관측한다.

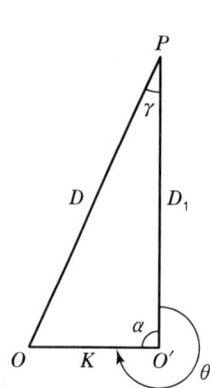

sin법칙에 의하면,

$$\frac{K}{\sin r} = \frac{D}{\sin(360° - \theta)}$$

$$\sin r = \frac{K \cdot \sin(360° - \theta)}{D}$$

$$\therefore r'' = \frac{K \cdot \sin(360° - \theta)}{D \cdot \sin 1''} = \frac{K \cdot \sin(360° - \theta)}{D} \times \rho''$$

여기서, α : 관측방향각 + (360° − θ)
D : 삼각점 간 거리
K : 편심거리
$\frac{1}{\sin 1''} = \rho''(206,264.80'')$

(2) 계산 순서

$360° - \theta$ 계산

⬇

$\alpha =$ 관측방향각 $+ (360° - \theta)$ 계산

⬇

$\dfrac{1}{\sin 1''}(= \rho'')$ 계산

⬇

$\sin \alpha$ 계산

⬇

$r'' = \dfrac{K \cdot \sin(360° - \theta)}{D} \times \rho''$ 계산

⬇

γ 계산
r''을 도분초로 환산

⬇

중심방향각 계산

⬇

C점에서 O점을 $0°$로 한 중심방향각 계산

⬇

중심각 = 전 방위각 − 뒤 방위각

예제 03 지적삼각점 C와 관측점 E가 일치하지 않아 E점에서 P점을 관측하여 $T'=64°30'20''$를 얻었다. 보정각 T를 구하시오(단, $D_1=2km$, $D_2=3km$, $k=2m$, $\theta=290°30'20''$, 각도는 $0.1''$까지 계산하시오).

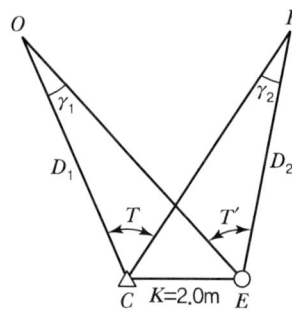

해설

1) γ_1, γ_2 계산

γ_1	$\dfrac{K}{\sin\gamma_1} = \dfrac{D_1}{\sin(360°-\theta)}$ $\gamma_1 = \sin^{-1}\left(\dfrac{K \cdot \sin(360°-\theta)}{D_1}\right) = \sin^{-1}\left(\dfrac{2 \times \sin(360°-295°30'20'')}{2,000}\right) = 0°03'06.2''$
γ_2	$\dfrac{K}{\sin\gamma_2} = \dfrac{D_2}{\sin(360°-\theta+T')}$ $\gamma_2 = \sin^{-1}\left(\dfrac{K \cdot \sin(360°-\theta+T')}{D_2}\right) = \sin^{-1}\left(\dfrac{2 \times \sin(360°-295°30'20''+64°30'20'')}{3,000}\right) = 0°01'47.1''$

2) T 계산

$T = T' + \gamma_2 - \gamma_1 = 64°30'20'' + 0°01'47.1'' - 0°03'06.2'' = 64°29'00.9''$

> **예제 04**
> 지적삼각점 측점8에서 측점귀심방법으로 수평각을 측정하여 편심거리(K)=3.540m, θ=125°13′10.0″를 얻었다. 중심각을 구하시오(단, 거리는 소수 둘째 자리까지, 각도는 0.1″까지 계산하시오).

시준점	측점1	측점2	측점3	측점4
관측방향각	0°00′00″	13°12′42.5″	41°25′17.3″	93°34′29.2″
측점 간 거리(m)	3,012.70	2,172.44	3,589.62	1,333.39

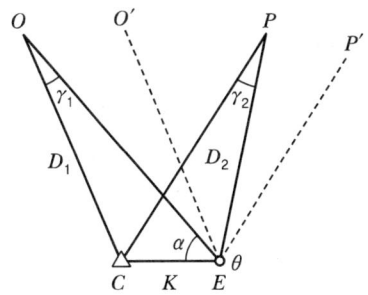

해설

1) 관측방향각은 수평각개정 계산부의 평균각
2) $360° - \theta = 360° - 125°13′10.0″ = 234°46′50.0″$
3) α = 관측방위각 + $(360° - \theta)$

시준점	측점1	측점2	측점3	측점4
관측방향각	0°00′00″	13°12′42.5″	41°25′17.3″	93°34′29.2″
$360° - \theta$	234°46′50.0″	234°46′50.0″	234°46′50.0″	234°46′50.0″
α	234°46′50″	247°59′32.5″	276°12′07.3″	328°21′19.2″

4) $\dfrac{1}{D}$ 의 계산

측선	측점8 – 측점1	측점8 – 측점2	측점8 – 측점3	측점8 – 측점4
거리(D)	3,012.70	2,172.44	3,589.62	1,333.39
$\dfrac{1}{D}$	0.0003319	0.0004603	0.0002786	0.0007500

5) $\sin\alpha$의 계산

시준점	측점1	측점2	측점3	측점4
α	234°46′50.0″	247°59′32.5″	276°12′07.3″	328°21′19.2″
$\sin\alpha$	−0.816949	−0.927134	−0.994147	−0.524650

6) r'' 계산 및 r''을 분·초로 환산(γ)

측선	$r'' = \dfrac{1}{D} \times \dfrac{1}{\sin 1''} \times K \times \sin\alpha$	γ
측점8-측점1	$0.0003319 \times 206,264.8 \times 3.450 \times (-0.816949) = 198.0''$	$-3'18.0''$
측점8-측점2	$0.0004603 \times 206,264.8 \times 3.450 \times (-0.927134) = 311.6''$	$-5'11.6''$
측점8-측점3	$0.0002786 \times 206,264.8 \times 3.450 \times (-0.994147) = 202.2''$	$-3'22.2''$
측점8-측점4	$0.0007500 \times 206,264.8 \times 3.450 \times (-0.524650) = 287.3''$	$-4'47.3''$

7) 중심방향각 계산

측선	중심방향각 = 관측방향각 + γ
측점8-측점1	$00°00'00'' + (-2'18.0'') = -3'18.0''$
측점8-측점2	$13°12'42.5'' + (-5'11.6'') = 13°07'9''$
측점8-측점3	$41°25'17.3'' + (-3'22.2'') = 41°21'55.1''$
측점8-측점4	$93°34'29.2'' + (-4'47.3'') = 93°29'41.9''$

8) C점에서 0점을 0°로 한 중심방향각

측선	중심방향각 = 중심방향각 - γ
측점8-측점1	$-3'18.0'' + (+3'18.0'') = 00°00'00.0''$
측점8-측점2	$13°07'30.9'' + (+3'18.0'') = 13°10'48.9''$
측점8-측점3	$41°21'55.1'' + (+3'18.0'') = 41°25'13.1''$
측점8-측점4	$93°29'41.9'' + (+3'18.0'') = 93°32'59.9''$

9) 중심각의 계산

측점	중심각 = 앞선 방향각 - 뒤에 따른 방향각
∠측점1, 측점8, 측점2	$13°10'48.9'' - 00°00'00.0'' = 13°10'48.9''$
∠측점2, 측점8, 측점3	$41°25'13.1'' - 13°10'48.9'' = 28°14'24.2''$
∠측점3, 측점8, 측점4	$93°32'59.9'' - 41°25'13.1'' = 52°07'46.8''$
∠측점4, 측점8, 측점1	$360°00'00'' - 93°32'59.5'' = 266°27'00.1''$
계(검산)	$13°10'48.9'' + 28°14'24.2'' + 52°07'46.8'' + 266°27'00.1'' = 360°00'00$

2) 수평각 점표귀심 계산

(1) 계산 공식

시준점과 가까운 위치에 편심된 시준점을 설치하고 수평각을 관측한다.

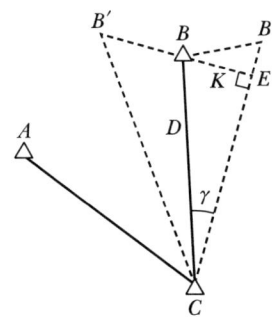

sin법칙에 의하면,

$$\frac{K}{\sin r} = \frac{D}{\sin 90°}$$

$$\sin r = \frac{K \cdot \sin 90°}{D}$$

$$r = \sin^{-1}\left(\frac{K \cdot \sin 90°}{D}\right)$$

$$\therefore r'' = \frac{K}{D} \times \rho''$$

(2) 계산 순서

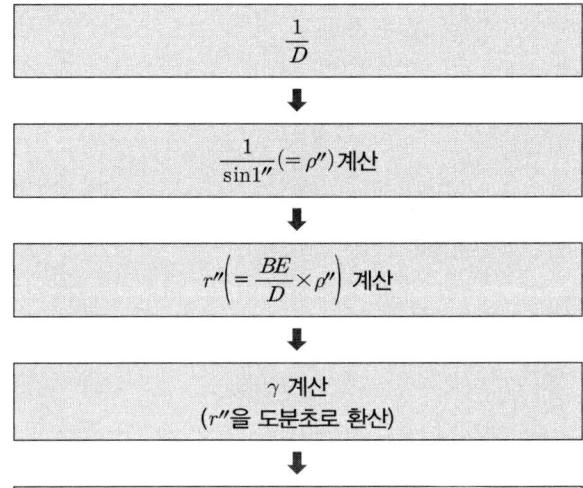

예제 05 지적삼각점 C에 기계를 설치하여 지적삼각점 B가 시준이 되지 않아 P점을 관측하여 $T'=34°30'20''$를 얻었다. 보정각 T를 구하시오(단, $D=2\text{km}$, $k=5\text{m}$, $\theta=300°30'20''$, 각도는 $0.1''$까지 계산하시오).

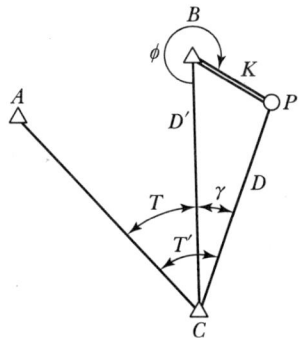

해설

1) γ 계산

$$\frac{K}{\sin\gamma} = \frac{D_1}{\sin(360°-\theta)}$$

$$\gamma = \sin^{-1}\left(\frac{K \cdot \sin(360°-\theta)}{D_1}\right) = \sin^{-1}\left(\frac{5 \times \sin(360°-300°30'20'')}{2,000}\right) = 0°07'24.0''$$

2) T 계산

$$T = T' - \gamma = 64°30'20'' - 0°07'24.0'' = 64°22'56''$$

> **예제 06**
> 지적삼각점 점표9에서 중심각을 측정하려고 했으나 장애물로 인하여 관측하지 못하고 다음과 같이 편심관측을 하였다. 중심방향각을 구하시오(단, 편심관측방향은 중심방향선의 좌측에 있으며, 거리는 소수 둘째 자리까지, 각도는 0.1″까지 계산하시오).

시준점	점표1(O')	점표2(P')	점표3(Q')
관측방향각	12°34′56.7″	53°28′30.0″	85°43′37.0″
편심거리(m)	2.340	3.542	0.125
측점 간 거리(m)	1,234.56	3,012.70	3,839.69

해설

1) $\dfrac{1}{D}$ 의 계산

측선	점표3 → 점표1	점표3 → 점표2	점표3 → 점표3
거리(D)	1,234.56	3,012.70	3,839.69
$\dfrac{1}{D}$	0.000810	0.000332	0.000260

2) γ'' 계산 및 γ''을 분·초로 환산(γ)

측선	$\gamma'' = \dfrac{1}{D} \times \dfrac{1}{\sin 1''}(=\rho'') \times K$	γ
점표3 → 점표1	0.000810 × 206264.8 × 2.340 = 391.0″	+6′31.0″
점표3 → 점표2	0.000332 × 206264.8 × 2.340 = 242.5″	+4′02.5″
점표3 → 점표3	0.000260 × 206264.8 × 2.340 = 6.7″	+0′06.7″

3) 중심방향각의 계산

측선	중심방향각 = 관측방향각 + γ
점표3 → 점표1	12°34′56.7″ + (+6′31.0″) = 12°41′27.7″
점표3 → 점표2	53°28′30.0″ + (+4′02.5″) = 53°32′32.5″
점표3 → 점표3	85°43′37.0″ + (+0′06.7″) = 85°43′43.7″

08 표고 계산

측정된 연직각과 광파측거기에 의하여 측정된 거리를 이용하여 고저차를 구한 다음 기지점의 표고에 고저차를 더하여 구한다. 이 경우 양차(구차＋기차)의 영향을 보정하기 위하여 양 측점에서 관측하여 평균값을 취한다.

구분	내용
구차	회전타원체인 지구 표면의 두 점 사이의 거리가 길면 지구의 곡률에 의한 오차를 말하며 이 오차만큼 크게(높게) 조정
기차	지구 공간에 대기가 지표면에 가까울수록 밀도가 커지므로 빛의 굴절에 의한 오차로 이 오차만큼 작게(낮게) 조정

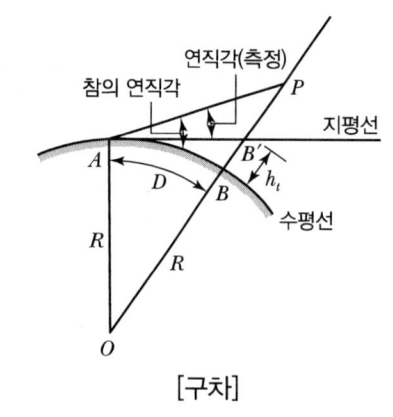
[구차]

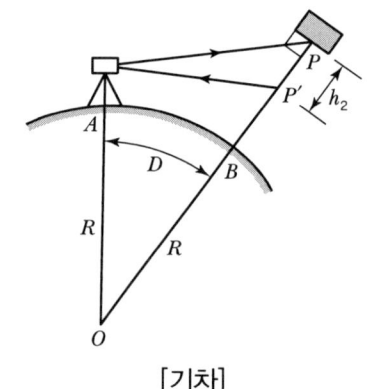
[기차]

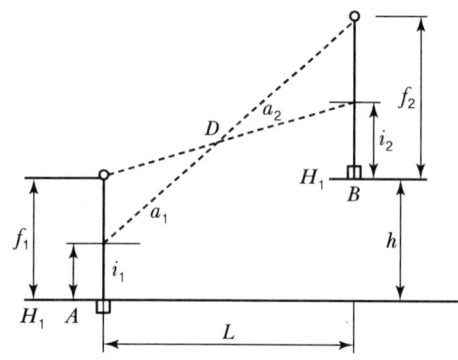

수평거리(L)

$L = D \cdot \cos\alpha_1$ 또는 α_2

여기서, α : 연직각
D : 경사거리

1) 계산 공식

(1) 고저차(h)

$$H_2 - H_1(h) = i_1 + (L \cdot \tan \alpha_1) - f_2 \quad \cdots\cdots\cdots ①$$

$$H_2 - H_1(h) = f_1 + (L \cdot \tan \alpha_2) - i_2 \quad \cdots\cdots\cdots ②$$

① + ②를 하면

$$h = L \cdot \tan \frac{(\alpha_1 - \alpha_2)}{2} + \frac{(i_1 - i_2) + (f_1 - f_2)}{2}$$

여기서, H_1 : 기지점표고 H_2 : 소구점표고
h : 고저차 L : 수평거리
D : 경사거리 α_1, α_2 : 연직각
i_1, i_2 : 기계고 f_1, f_2 : 시준고

(2) 표고 계산

$$H_2 = H_1 + h = H_1 + L \cdot \tan \frac{(\alpha_1 - \alpha_2)}{2} + \frac{(i_1 - i_2) + (f_1 - f_2)}{2}$$

2) 계산 순서

$$\alpha_1 - \alpha_2 \text{ 계산}$$

⬇

$$\tan\frac{(\alpha_1 - \alpha_2)}{2} \text{ 계산}$$

⬇

$$L \cdot \tan\frac{(\alpha_1 - \alpha_2)}{2} \text{ 계산}$$

⬇

기지점과 소구점의 기계고와 시준고의 차이
$$\frac{(i_1 - i_2) + (f_1 + f_2)}{2}$$

⬇

고저차 계산
$$h = L \cdot \tan\frac{(\alpha_1 - \alpha_2)}{2} + \frac{(i_1 - i_2) + (f_1 - f_2)}{2}$$

⬇

표고 계산
$$H_2 = H_1 + h$$

⬇

표고평균 계산
$$\frac{H_2 + H_1}{2}$$

⬇

교차 계산
$$H_2 - H_1$$

⬇

공차 계산
$$0.05 + 0.05(S_1 + S_2)$$
(S_1, S_2는 두 기지점으로부터 소구점까지의 거리로, km 단위임)

예제 07

표1과 표2에서 고1의 표고를 관측한 결과 다음과 같다. 소구점의 표고를 구하시오(단, 거리는 소수 둘째 자리까지, 각도는 0.1″까지 계산하시오).

구분	표1	표2
L(m)	8,085.91	5,970.80
α_1	87°54′53″	89°31′23″
α_2	92°06′59″	90°31′07″
i_1(m)	1.50	1.51
i_2(m)	1.45	1.45
f_1(m)	3.73	3.71
f_2(m)	3.61	3.61
H_1(m)	348.74	103.99

해설

1) 표고(표1 → 고1) 계산

표고 계산	$\alpha_1 - \alpha_2 = 87°54′53″ - 92°06′59″ = -4°12′06″$ $L \cdot \tan\dfrac{(\alpha_1 - \alpha_2)}{2} = 8{,}085.91 \times \tan\dfrac{-4°12′06″}{2} = -296.62\text{m}$ $\dfrac{(i_1 - i_2) + (f_1 + f_2)}{2} = \dfrac{(1.50 - 1.45) + (3.73 - 3.61)}{2} = 0.08\text{m}$
고저차(h) 계산	$L \cdot \tan\dfrac{(\alpha_1 - \alpha_2)}{2} + \dfrac{(i_1 - i_2) + (f_1 + f_2)}{2} = -296.62 + 0.08 = -296.54\text{m}$
표고(H_2) 계산	$H_1 + h = 348.74 + (-296.54) = 52.20\text{m}$

2) 표고(표2 → 고1) 계산

표고 계산	$\alpha_1 - \alpha_2 = 89°31′23″ - 90°31′07″ = -0°59′44″$ $L \cdot \tan\dfrac{(\alpha_1 - \alpha_2)}{2} = 5{,}970.80 \times \tan\dfrac{-0°59′44″}{2} = -51.87\text{m}$ $\dfrac{(i_1 - i_2) + (f_1 + f_2)}{2} = \dfrac{(1.51 - 1.45) + (3.71 - 3.61)}{2} = 0.08\text{m}$
고저차(h) 계산	$L \cdot \tan\dfrac{(\alpha_1 - \alpha_2)}{2} + \dfrac{(i_1 - i_2) + (f_1 + f_2)}{2} = -51.87 + 0.08 = -51.79\text{m}$
표고(H_2) 계산	$H_1 + h = 103.99 + (-51.79) = 52.20\text{m}$

09 평면거리 계산

기준면상 거리를 평면에 투영했을 때의 거리를 평면거리라 하며, 연직각에 의한 기준면거리와 표고에 의한 기준면거리를 구한 다음 축척계수를 곱하여 평면거리를 구한다.

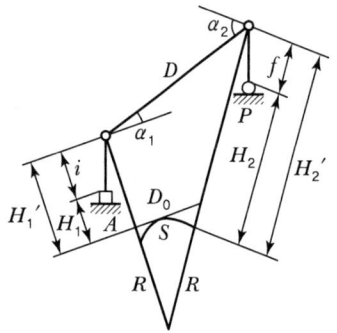

여기서, D : 경사거리
R : 곡률반경
K : 축척계수
S : 기준면상 거리
α_1, α_2 : 연직각(절댓값)
H_1, H_2 : 표고
i : 기계고
f : 시준고
Y_1, Y_2 : 원점에서부터 삼각점까지 횡선거리(km)

1) 계산 공식

(1) 연직각에 의한 평면거리 계산

구분	공식	비고
기준면상 거리	$S = D \cdot \cos \frac{1}{2}(\alpha_1 + \alpha_2) - \dfrac{D \cdot (H_1' + H_2')}{2R}$	$H_1' = H_1 + i$ $H_2' = H_2 + f$
축척계수	$K = 1 + \dfrac{(Y_1 + Y_2)^2}{8R^2}$	
평면거리	$D_0 = S \times K$	

(2) 표고에 의한 평면거리 계산

구분	공식	비고
기준면상 거리	$S = D - \dfrac{(H_1' - H_2')^2}{2D} - \dfrac{D \cdot (H_1' + H_2')}{2R}$	$H_1' = H_1 + i$ $H_2' = H_2 + f$
축척계수	$K = 1 + \dfrac{(Y_1 + Y_2)^2}{8R^2}$	
평면거리	$D_0 = S \times K$	

2) 계산 순서

```
연직각에 의한 평면거리 계산              표고에 의한 평면거리 계산
          ↓                                    ↓
```

연직각에 의한 평면거리 계산	표고에 의한 평면거리 계산
$\cos\dfrac{1}{2}(\alpha_1+\alpha_2)$	H_1', H_2'의 계산 $H_1' = H_1 + i$, $H_2' = H_2 + f$
연직각을 이용한 수평거리 계산 $D \cdot \cos\dfrac{1}{2}(\alpha_1+\alpha_2)$	$\dfrac{(H_1'-H_2')^2}{2D}$
H_1', H_2'의 계산 $H_1' = H_1 + i$, $H_2' = H_2 + f$	표고를 이용한 수평거리 계산 $D - \dfrac{(H_1'-H_2')^2}{2D}$
표고보정 $-\dfrac{D(H_1'+H_2')}{2R}$	표고보정 $-\dfrac{D(H_1'+H_2')}{2R}$
기준면상 거리 계산 $S = D \cdot \cos\dfrac{1}{2}(\alpha_1+\alpha_2) - \dfrac{D \cdot (H_1'+H_2')}{2R}$	기준면상 거리 계산 $S = D - \dfrac{(H_1'-H_2')^2}{2D} - \dfrac{D \cdot (H_1'+H_2')}{2R}$

축척계수 계산
$$K = 1 + \dfrac{(Y_1+Y_2)^2}{8R^2}$$

평면거리 계산
$$D_0 = S \times K$$

> **예제 08**
> 지적삼각측량을 실시하기 위하여 광파측거기로 기지점 보라1에서 보라2까지의 거리를 측정한 결과 4,712.68m이었다. 주어진 여건에 따라 평면거리계산부를 사용하여 연직각과 표고에 의하여 두 점 간의 평면거리를 계산하시오(단, R=6,372,199.7m이고, 거리는 소수 둘째 자리까지 계산하시오).

- 연직각(α_1) = +2°16′53″
- 기지점표고(H_1')=459.78m
- 기계고(i)=1.45m
- 원점에서 삼각점까지의 횡선거리(Y_1)=13.5km
- 연직각(α_2) = −2°17′04″
- 기지점표고(H_2')=648.35m
- 시준고(f)=2.48m
- 원점에서 삼각점까지의 횡선거리(Y_2)=15.3km

해설

1) 연직각에 의한 평면거리 계산

구분	계산
연직각	$\frac{1}{2}(\alpha_1+\alpha_2) = \frac{1}{2}(2°16′53″+2°17′04″) = 2°17′04″$ (α_1, α_2는 절대치)
수평거리	$D \cdot \cos\frac{1}{2}(\alpha_1+\alpha_2) = 4,712.68 \times \cos\frac{1}{2}(2°16′53″+2°17′04″) = 4,708.93$m
표고	$H_1' = H_1 + i = $ 표고+기계고$= 459.78+1.45 = 461.23$m $H_2' = H_2 + f = $ 표고+시준고$= 648.35+2.48 = 650.83$m
기준면거리	$S = D \cdot \cos\frac{1}{2}(\alpha_1+\alpha_2) - \frac{D \cdot (H_1'+H_2')}{2R}$ $= 4,712.68 \times \cos\frac{1}{2}(2°16′53″+2°17′04″) - \frac{4,712.68 \times (461.23+650.83)}{2 \times 6,372,199.7}$ $= 4,708.52$m
축척계수	$K = 1 + \frac{(Y_1+Y_2)^2}{8R^2} = 1 + \frac{(13.5+15.3)^2}{8 \times (6,372.199.7)^2} = 1.000003$
평면거리	$D_0 = S \times K = 4,708.52 \times 1.000003 = 4,708.53$m

2) 표고에 의한 평면거리 계산

구분	계산
표고 차이	$H_1' - H_2' = 461.23 - 650.83 = -189.60$m
수평거리	$D - \frac{(H_1'-H_2')^2}{2D} = 4,712.68 - \frac{(461.23-650.83)^2}{2 \times 4,712.68} = 4,708.86$m
기준면거리	$S = D - \frac{(H_1'-H_2')^2}{2D} - \frac{D \cdot (H_1'+H_2')}{2R}$ $= 4,712.68 - \frac{(459.78-650.83)^2}{2 \times 4,712.68} - \frac{4,712.68 \times (459.78+650.83)}{2 \times 6,372,199.7} = 4,708.46$m
축척계수	$K = 1 + \frac{(Y_1+Y_2)^2}{8R^2} = 1 + \frac{(13.5+15.3)^2}{8 \times (6,372.199.7)^2} = 1.000003$
평면거리	$D_0 = S \times K = 4,708.46 \times 1.000003 = 4,708.47$m

3) 평균 평면거리

$$D_0 = \frac{(4,708.52 + 4,708.47)}{2} = 4,708.50 \text{m}$$

10 삼각형 내각 계산

삼변측량은 관측요소가 변장뿐이므로 삼각형의 내각을 계산하기 위해서는 다음의 방법에 의한다.

1) 계산 공식

(1) sin법칙

삼각형의 기선 $AB(c)$와 내각 α, β를 측정하여 sin법칙으로 내각(γ)과 2변(a, b)을 계산한다.

정현비례식	$\dfrac{BC}{\sin\alpha} = \dfrac{AC}{\sin\beta} = \dfrac{AB}{\sin\gamma}$
변장계산식	$AC = \dfrac{AB \cdot \sin\beta}{\sin\gamma}$ $BC = \dfrac{AB \cdot \sin\alpha}{\sin\gamma}$

(2) cos제2법칙

삼각형의 3변(a, b, c)을 측정하여 cos제2법칙으로 3내각(α, β, γ)을 계산한다.

$$\cos A = \frac{b^2 + c^2 - a^2}{2bc} \rightarrow A = \cos^{-1}\left(\frac{b^2 + c^2 - a^2}{2bc}\right)$$

$$\cos B = \frac{c^2 + a^2 - b^2}{2ca} \rightarrow B = \cos^{-1}\left(\frac{c^2 + a^2 - b^2}{2ca}\right)$$

$$\cos C = \frac{a^2 + b^2 - c^2}{2ab} \rightarrow C = \cos^{-1}\left(\frac{a^2 + b^2 - c^2}{2ab}\right)$$

(3) 반각공식

$$\sin\frac{A}{2} = \sqrt{\frac{(s-b)(s-c)}{bc}}$$

$$\cos\frac{A}{2} = \sqrt{\frac{s(s-a)}{bc}}$$

$$\tan\frac{A}{2} = \sqrt{\frac{(s-b)(s-c)}{s(s-a)}}$$

(4) 면적 조건

$$\sin\frac{A}{2} = \sqrt{s(s-a)(s-b)(s-c)}, \quad s = \frac{a+b+c}{2}$$

2) 계산 순서

```
┌─────────────────────────┐
│   a², b², c² 계산         │
└─────────────────────────┘
            ↓
┌─────────────────────────┐
│   2ab, 2ac, 2ab 계산      │
└─────────────────────────┘
            ↓
┌─────────────────────────┐
│   (b²+c²-a²)/2bc 계산     │
└─────────────────────────┘
            ↓
┌─────────────────────────┐
│   (c²+a²-b²)/2ca 계산     │
└─────────────────────────┘
            ↓
┌─────────────────────────┐
│   (a²+b²-c²)/2ab 계산     │
└─────────────────────────┘
            ↓
┌─────────────────────────┐
│      A, B, C 계산         │
└─────────────────────────┘
```

예제 09

그림과 같이 삼변측량을 실시한 결과 아래의 값을 얻었다. 삼각형의 내각을 구하시오(단, 거리는 소수 둘째 자리까지, 각도는 0.1″까지 계산하시오).

점명	X좌표(m)	Y좌표(m)
A	463,243.60	280,103.90
B	463,426.70	282,206.70
C	465,396.10	280,202.30

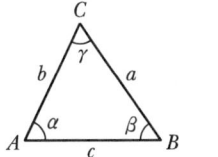

해설

1) 변장 및 방위각 계산

방향	변장, 방위 및 방위각
$A \to B$	$\Delta x_a^b = x_b - x_a = 426.70 - 243.60 = +183.10\text{m}$ $\Delta y_a^b = y_b - y_a = 2,206.70 - 103.90 = +2,102.80\text{m}\,(1상한)$ $\overline{AB}(c) = \sqrt{(\Delta x_a^b)^2 + (\Delta y_a^b)^2} = \sqrt{(+183.10)^2 + (+2,102.80)^2} = 2,110.76\text{m}$ 방위$(\theta) = \tan^{-1}\left(\dfrac{\Delta y_a^b}{\Delta x_a^b}\right) = \tan^{-1}\left(\dfrac{2,102.80}{183.10}\right) = 85°01'24.8''$ 방위각$(V_A^B) = \theta = 85°01'24.8''$
$B \to C$	$\Delta x_b^c = x_c - x_b = 5,396.10 - 3,426.70 = +1,969.40\text{m}$ $\Delta y_b^c = y_c - y_b = 202.30 - 2,206.7 = -2,004.40\text{m}\,(4상한)$ $\overline{BC}(a) = \sqrt{(\Delta x_b^c)^2 + (\Delta y_b^c)^2} = \sqrt{(+1,969.40)^2 + (-2,004.40)^2} = 2,810.01\text{m}$ 방위$(\theta) = \tan^{-1}\left(\dfrac{\Delta y_b^c}{\Delta x_b^c}\right) = \tan^{-1}\left(\dfrac{-2,004.40}{+1,969.40}\right) = 45°30'16.7''$ 방위각$(V_B^C) = 360° - \theta = 360° - 45°30'16.7'' = 314°29'43.3''$
$C \to A$	$\Delta x_c^a = x_c - x_a = 5,396.10 - 3,243.60 = +2,152.50\text{m}$ $\Delta y_c^a = y_c - y_a = 202.30 - 103.90 = +98.40\text{m}\,(1상한)$ $\overline{CA}(b) = \sqrt{(\Delta x_c^a)^2 + (\Delta y_c^a)^2} = \sqrt{(2,152.50)^2 + (98.40)^2} = 2,154.75\text{m}$ 방위$(\theta) = \tan^{-1}\left(\dfrac{\Delta y_c^a}{\Delta x_c^a}\right) = \tan^{-1}\left(\dfrac{98.40}{2,152.50}\right) = 2°37'02.7''$ 방위각$(V_C^A) = \theta = 2°37'02.7''$

2) 내각 계산

구분	내각
방위각에 의한 계산	방위각(V_A^B) = 85°01′24.8″ 방위각(V_B^C) = 314°29′43.3″ 방위각(V_A^C) = 2°37′02.7″ $\angle A = V_A^B - V_A^C = 85°01′24.8″ - 2°37′02.7″ = 82°24′22.1″$ $\angle B = V_B^C - V_B^A(V_A^B \pm 180°) = 314°29′43.3″ - (85°01′24.8″ + 180°) = 49°28′18.5″$ $\angle C = V_C^A(V_A^C \pm 180°) - V_C^B(V_B^C \pm 180°)$ $= (2°37′02.7″ + 180°) - (314°29′43.3″ - 180°) = 48°07′19.4″$
cos법칙에 의한 계산	$\overline{BC}(a) = 2,810.01\text{m}$ $\overline{CA}(b) = 2,154.75\text{m}$ $\overline{AB}(c) = 2,110.76\text{m}$ $\angle A = \cos^{-1}\left(\dfrac{b^2+c^2-a^2}{2bc}\right) = \cos^{-1}\left(\dfrac{2,154.75^2+2,110.76^2-2,810.01^2}{2\times 2,154.75\times 2,110.76}\right) = 82°24′21.8″$ $\angle B = \cos^{-1}\left(\dfrac{c^2+a^2-b^2}{2ca}\right) = \cos^{-1}\left(\dfrac{2,110.76^2+2,810.01^2-2,154.75^2}{2\times 2,110.76\times 2,810.01}\right) = 49°28′18.7″$ $\angle C = \cos^{-1}\left(\dfrac{a^2+b^2-c^2}{2ab}\right) = \cos^{-1}\left(\dfrac{2,810.01^2+2,154.75^2-2,110.76^2}{2\times 2,810.01\times 2,154.75}\right) = 48°07′19.5″$

3) 검산

$\angle A + \angle B + \angle C = 180°$

→ $82°24′22.1″ + 49°28′18.5″ + 48°07′19.4″ = 180°$

11 유심다각망

1) 조정 방법

망 형태	삼각형 내각의 부호
(기선점, 기선, 삼각점, 기선점을 꼭짓점으로 하는 삼각형. 꼭짓점에서 γ, 아래 왼쪽에 β, 아래 오른쪽에 α)	• 베타(β) : 기지변에 대응하는 각 • 알파(α) : 소구변에 대응하는 각 • 감마(γ) : 기지각 또는 나머지 각

유심다각망	조정계산 방법

(그림: 육각형 유심다각망, 중심 O에서 A,B,C,D,E,F 방향으로 삼각형 ①~⑥, 각 $\alpha_i, \beta_i, \gamma_i$ 표시)	• 각규약에 의한 조정
	  – 삼각규약 : 각 삼각형의 내각의 합은 180°가 되어야 한다는 조건
	  – 망규약 : 관측한 각(γ)의 합이 360°가 되어야 한다는 조건
	• 변규약에 의한 조정
	  도착 변이 출발기선과 일치되어야 한다는 조건

2) 조정 계산

(1) 각규약(각방정식)에 의한 조정

① **삼각규약** : 각 삼각형의 내각의 합은 180°가 되어야 하나 관측각의 오차로 인하여 180°가 안 되므로 "삼각형의 내각의 합이 180°가 되어야 한다는 조건"으로 조정한다.

삼각형 번호	삼각규약	
①	$\alpha_1 + \beta_1 + \gamma_1 = 180°$	$\varepsilon_1 = (\alpha_1 + \beta_1 + \gamma_1) - 180°$
②	$\alpha_2 + \beta_2 + \gamma_2 = 180°$	$\varepsilon_2 = (\alpha_2 + \beta_2 + \gamma_2) - 180°$
③	$\alpha_3 + \beta_3 + \gamma_3 = 180°$	$\varepsilon_3 = (\alpha_3 + \beta_3 + \gamma_3) - 180°$
⋮	⋮	⋮

② **망규약** : 중심점 O에서 "관측한 각(γ)의 합은 360°가 되어야 한다는 조건"으로 조정한다.
$$\varepsilon = (\gamma_1 + \gamma_2 + \gamma_3 + \cdots + \gamma_n) - 360° = \Sigma\gamma - 360° = 0$$

③ 망규약 및 삼각규약의 조정량

망규약	$(\text{II}) = \dfrac{\Sigma\varepsilon - 3e}{2n}$	여기서, n : 삼각형 수
삼각규약	$(\text{I}) = \dfrac{-\varepsilon - (\text{II})}{3}$	

※ 계산과정의 단수처리로 인하여 ±0.1″ 정도의 오차가 발생할 경우 0.1″에 대한 오차처리는 90°에 가장 가까운 각에 배분한다.

(2) 변규약(변방정식)에 의한 조정

기선에서 출발하여 삼각형 번호에 따라 시계방향으로 변장을 계산하여 "도착 변이 출발기선과 일치되어야 한다는 조건"으로 조정한다.

① E_1 계산

$$E_1 = \frac{\sin\alpha_1 \cdot \sin\alpha_2 \cdot \sin\alpha_3 \cdot \sin\alpha_4 \cdot \sin\alpha_5}{\sin\beta_1 \cdot \sin\beta_2 \cdot \sin\beta_3 \cdot \sin\beta_4 \cdot \sin\beta_5} = 1 \rightarrow E_1 = \frac{\Pi \sin\alpha}{\Pi \sin\beta} = 1$$

② E_2 계산

각규약에서 조정각으로 계산한 sin값에 초차(Δ)를 더하여 $\sin\alpha'$과 $\sin\beta'$을 구한 후 E_2의 값을 계산한다. sin값의 초차(Δ)는 sin"에 대한 변화량 값이 미소하므로 10"에 대한 값으로 계산한다.

$$\Delta = \cos\alpha(\text{또는 } \beta) \times (\sin 10'' \times 10^6) = \cos\alpha(\text{또는 } \beta) \times 48.4814$$

$$E_2 = \frac{\Pi \sin\alpha'}{\Pi \sin\beta'} - 1$$

($\sin\alpha'$, $\sin\beta'$은 $\sin\alpha$, $\sin\beta$의 조정 후의 값, Π는 누승기호)

③ 경정수(x_1'', x_2'')의 계산 및 검산

비례식으로 하면, $10'' : |E_1 - E_2| = x_1'' : E_1$

$$x_1'' = \frac{10'' E_1}{|E_1 - E_2|}, \quad x_2'' = \frac{10'' E_2}{|E_1 - E_2|}$$

검산 : $|x_1'' - x_2''| = 10''$

변규약에 따른 오차 배분
α = 각규약 조정각 $- x_1''$
β = 각규약 조정각 $+ x_1''$

(3) 기지점간거리 및 방위각 계산

구분	공식
종 · 횡선오차	종선차(Δx_a^b) = $x_b - x_a$, 횡선차(Δy_a^b) = $y_b - y_a$
거리	거리($\overline{AB}$) = $\sqrt{(\Delta x)^2 + (\Delta y)^2}$
방위	방위(θ) = $\tan^{-1}\left(\frac{\Delta y}{\Delta x}\right)$
방위각	방위각(V_A^B) = $(0° \sim 360°) - \theta$

(4) 소구점 종·횡선좌표 계산

① 소구점 변장 계산

소구점의 거리는 기지변과 각 삼각형의 내각을 이용하여 sin법칙에 의하여 계산한다.

망 형태	공식
(삼각형 그림: 꼭짓점 A(각 α), C(각 γ, 기지변 b), B(각 β, 소구점); 변 a는 CB, b는 CA, c는 AB)	$\dfrac{a}{\sin\alpha} = \dfrac{b}{\sin\beta} = \dfrac{c}{\sin\gamma}$
	$a = \dfrac{b \cdot \sin\alpha}{\sin\beta},\ b = \dfrac{c \cdot \sin\beta}{\sin\gamma},\ c = \dfrac{b \cdot \sin\gamma}{\sin\beta}$

② 소구점 방위각 계산

삼각형	공식
△ABO	$V_A^B = (V_O^A \pm 180°) - \alpha_1,\ V_O^B = V_O^A + \gamma_1$
△BCO	$V_B^C = (V_O^B \pm 180°) - \alpha_2,\ V_O^C = V_O^B + \gamma_2$
⋮	⋮

③ 소구점 종·횡선좌표 계산

구분	공식
종·횡선좌표	종선좌표(X) = 기지점의 X좌표 + (거리 × cos방위각)
	횡선좌표(Y) = 기지점의 Y좌표 + (거리 × sin방위각)
평균좌표	$X = \dfrac{(X_1 + X_2)}{2},\ Y = \dfrac{(Y_1 + Y_2)}{2}$

3) 계산 순서

각규약
→ 각 삼각형 내각의 합과 180°의 차(ε) 계산

↓

중심각의 합계($\Sigma\gamma$)와 360°의 차(e) 계산

↓

각 조정의 오차배분 계산
$$(\text{II}) = \frac{\Sigma\varepsilon - 3e}{2n}, \quad (\text{I}) = \frac{-\varepsilon - (\text{II})}{3}$$

↓

변규약
→ $\sin\alpha$, $\sin\beta$ 계산

↓

E_1 계산
$$E_1 = \frac{\pi\sin\alpha}{\pi\sin\beta} - 1$$

↓

$\sin 10''$에 대한 삼각함수의 변화량 $\Delta\alpha$, $\Delta\beta$ 계산
$$\Delta\alpha = \sin 10'' \times \cos\alpha, \quad \Delta\beta = \sin 10'' \times \cos\beta \, (\sin 10'' = 48.4814)$$

↓

E_2 계산
$$E_2 = \frac{\pi\sin\alpha'}{\pi\sin\beta'} - 1$$

↓

경정수(x_1'', x_2'')의 계산 및 검산
$$x_1'' = \frac{10''E_1}{|E_1 - E_2|}, \quad x_2'' = \frac{10''E_2}{|E_1 - E_2|}$$
검산 : $|x_1'' - x_2''| = 10''$

↓

변장(sin법칙 적용) 계산

↓

거리 및 방위각 계산

↓

종·횡선좌표 및 평균좌표 계산

예제 10 지적삼각점측량을 유심다각망으로 실시하여 다음과 같은 결과를 얻었다. 주어진 서식에 의하여 소구점의 좌표를 구하시오(단, 각은 0.1″까지, 거리 및 좌표는 m 단위, 소수 둘째 자리까지 계산하시오).

1) 기지점좌표

점명	X좌표(m)	Y좌표(m)
동문	464,622.87	197,395.42
남문	464,981.43	194,264.47

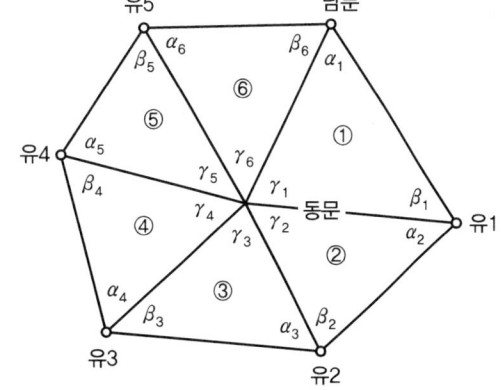

2) 관측내각

점명	각명	관측각	점명	각명	관측각
동문	α_1	60°12′29.2″	유3	α_4	52°01′38.5″
유1	β_1	65°18′45.8″	유4	β_4	63°00′56.2″
남문	γ_1	54°28′36.6″	동문	γ_4	64°57′32.9″
유1	α_2	64°42′21.3″	유4	α_5	57°26′31.8″
유2	β_2	55°21′58.6″	유5	β_5	57°40′53.5″
동문	γ_2	59°55′42.8″	동문	γ_5	64°52′29.1″
유2	α_3	60°30′28.2″	유5	α_6	65°39′45.9″
유3	β_3	60°43′41.6″	남문	β_6	57°20′11.4″
동문	γ_3	58°45′44.4″	동문	γ_6	56°59′54.2″

해설

1) 각규약에 의한 조정

(1) 삼각규약에 대한 오차 계산

삼각형	관측각의 합	180°와의 차(ε)	오차의 합($\Sigma\varepsilon$)
①	179°59′51.6″	−8.4″	
②	180°00′02.7″	+2.7″	
③	179°59′54.2″	−5.8″	−18.0″
④	180°00′07.6″	+7.6″	
⑤	179°59′54.4″	−5.6″	
⑥	179°59′51.5″	−8.5″	

(2) 망규약에 대한 오차 계산

$\Sigma\gamma = 360 - 00 - 00$

$e = (\gamma_1 + \gamma_2 + \gamma_3 + \gamma_4 + \gamma_5 + \gamma_6) - 360° = 360° - 360° = 0$

(3) 망규약 및 삼각규약의 조정량

구분	조정량		
망규약	$(\text{II}) = \dfrac{\Sigma\varepsilon - 3e}{2n} = \dfrac{-18.0 - (3\times 0)}{2\times 6} = -1.5''$		
삼각규약	삼각규약$(\text{I}) = \dfrac{-\varepsilon - (\text{II})}{3}$		
	① 삼각형	$(\text{I}) = \dfrac{-\varepsilon_1 - (\text{II})}{3} = \dfrac{-(-8.4) - (-1.5)}{3} = +3.3''$	
	② 삼각형	$(\text{I}) = \dfrac{-\varepsilon_2 - (\text{II})}{3} = \dfrac{-(+2.7) - (-1.5)}{3} = -0.4''$	
	③ 삼각형	$(\text{I}) = \dfrac{-\varepsilon_3 - (\text{II})}{3} = \dfrac{-(+2.7) - (-1.5)}{3} = +2.4''$	
	④ 삼각형	$(\text{I}) = \dfrac{-\varepsilon_4 - (\text{II})}{3} = \dfrac{-(+7.6) - (-1.5)}{3} = -2.0''$	
	⑤ 삼각형	$(\text{I}) = \dfrac{-\varepsilon_5 - (\text{II})}{3} = \dfrac{-(-5.6) - (-1.5)}{3} = +2.4''$	
	⑥ 삼각형	$(\text{I}) = \dfrac{-\varepsilon_6 - (\text{II})}{3} = \dfrac{-(-8.5) - (-1.5)}{3} = +3.3''$	

※ 계산부에서 (II)의 값은 각 삼각형의 γ각에 보정하고, (I)의 값은 각 삼각형의 α, β, γ각에 배부한다.

(4) 각규약에 따른 조정각

각명	관측각	조정량		조정각
		I	II	
α_1	60°12′29.2″	+3.3″		60°12′32.5″
β_1	65°18′45.8″	+3.3″		65°18′49.1″
γ_1	54°28′36.6″	+3.3″	−1.5″	54°28′38.4″
α_2	64°42′21.3″	−0.4″		64°42′20.9″
β_2	55°21′58.6″	−0.4″		55°21′58.2″
γ_2	59°55′42.8″	−0.4″	−1.5″	59°55′40.9″
α_3	60°30′28.2″	+2.4″		60°30′30.6″
β_3	60°43′41.6″	+2.4″		60°43′44.1″
γ_3	58°45′44.4″	+2.4″	−1.5″	58°45′45.3″
α_4	52°01′38.5″	−2.0″		52°01′36.5″
β_4	63°00′56.2″	−2.0″		63°00′54.2″
γ_4	64°57′32.9″	−2.0″	−1.5″	64°57′29.3″

각명	관측각	조정량 I	조정량 II	조정각
α_5	57°26′31.8″	+2.4″		57°26′34.2″
β_5	57°40′53.5″	+2.4″		57°40′55.9″
γ_5	64°52′29.1″	+2.4″	−1.5″	64°52′29.9″
α_6	65°39′45.9″	+3.4″		65°39′49.3″
β_6	57°20′11.4″	+3.3″		57°20′14.7″
γ_6	56°59′54.2″	+3.3″	−1.5″	56°59′56.0″

※ 계산과정의 단수처리로 인하여 ±0.1″ 정도의 오차가 발생할 경우 0.1″에 대한 오차처리는 90°에 가장 가까운 각에 배분한다.

2) 변규약에 의한 조정

(1) E_1 계산

① $\sin\alpha$ 와 $\sin\beta$ 계산

삼각형	$\sin\alpha$	$\sin\beta$
①	0.867844	0.908608
②	0.904126	0.822801

※ ③, ④, ⑤, ⑥ 삼각형도 동일한 방법으로 계산한다.

② $E_1 = \dfrac{\sin\alpha_1 \times \sin\alpha_2 \times \sin\alpha_3 \times \sin\alpha_4}{\sin\beta_1 \times \sin\beta_2 \times \sin\beta_3 \times \sin\beta_4} - 1 = \dfrac{\Pi\sin\alpha}{\Pi\sin\beta} - 1 = \dfrac{0.413460}{0.413458} - 1 = +5(+0.000005)$

(2) $\Delta\alpha$ 와 $\Delta\beta$ 계산

삼각형	$\Delta = \cos\alpha(\text{또는 }\beta) \times (\sin 10'' \times 10^6) = \cos\alpha(\text{또는 }\beta) \times 48.4814$	
	$\Delta\alpha = \cos\alpha \times 48.4814$	$\Delta\beta = \cos\beta \times 48.4814$
①	$\cos 60°12′32.5″ \times 48.4814 = -24″$	$\cos 65°18′49.1″ \times 48.4814 = +20″$
②	$\cos 64°42′20.9″ \times 48.4814 = -21″$	$\cos 55°21′58.2″ \times 48.4814 = +28″$

※ ③, ④, ⑤, ⑥ 삼각형도 동일한 방법으로 계산한다.

(3) E_2의 계산

각규약에서 조정각으로 계산한 sin값에 초차(Δ)를 더하여 $\sin\alpha'$과 $\sin\beta'$을 구한 후 E_2의 값을 계산한다.

① $\sin\alpha'$와 $\sin\beta'$ 계산

E_1의 값이 +5이므로 $\sin\alpha$값이 크기 때문에, $\sin\alpha$는 (−)로 하고, $\sin\beta$는 (+)로 하여야 오차가 소거되므로 초차(Δ)를 $-\Delta\alpha$, $+\Delta\beta$로 하여 $\sin\alpha'$, $\sin\beta'$을 계산한다.

삼각형	$\sin\alpha'$	$\sin\beta'$
①	$0.867844 - 24(\Delta\alpha) = 0.867820$	$0.908608 + 20(\Delta\beta) = 0.908628$
②	$0.904126 - 21(\Delta\alpha) = 0.904105$	$0.822801 + 28(\Delta\beta) = 0.822829$

※ ③, ④, ⑤, ⑥삼각형도 동일한 방법으로 계산한다.

② $E_2 = \dfrac{\sin\alpha_1' \times \sin\alpha_2' \times \sin\alpha_3' \times \sin\alpha_4'}{\sin\beta_1' \times \sin\beta_2' \times \sin\beta_3' \times \sin\beta_4'} - 1 = \dfrac{\Pi\sin\alpha'}{\Pi\sin\beta'} - 1 = \dfrac{0.413339}{0.413529} - 1$

$= -336(-0.000336)$

③ $|E_1 - E_2| = |(+5) - (-336)| = 341$

(4) 경정수(x_1'', x_2'')의 계산

① $x_1'' = \dfrac{10'' E_1}{|E_1 - E_2|} = \dfrac{10'' \times (+5)}{|(+5) - (-336)|} = +0.1''$

② $x_2'' = \dfrac{10'' E_2}{|E_1 - E_2|} = \dfrac{10'' \times (-336)}{|(+5) - (-336)|} = -9.9''$

③ 검산 : $|x_1'' - x_2''| = |t(+0.1) - (-9.9)| = 10''$

(5) 변조건식에 따른 각오차 배부

삼각형	α	β
①	60°12′32.5″ − 0.1″ = 60°12′32.4″	65°18′49.1″ + 0.1″ = 65°18′49.2″
②	64°42′20.9″ − 0.1″ = 64°42′20.8″	55°21′58.2″ + 0.1″ = 55°21′58.3″

※ ③, ④, ⑤, ⑥ 삼각형도 동일한 방법으로 계산한다.

3) 각규약 및 변규약에 따른 조정각

각명	관측각	각규약 I	각규약 II	조정각	$\dfrac{\sin\alpha}{\sin\beta}$	$\dfrac{\Delta\alpha}{\Delta\beta}$	$\dfrac{\sin\alpha'}{\sin\beta'}$	$\alpha - x_1''$ / $\beta + x_1''$	변규약 조정각
α_1	60°12′29.2″	+3.3″		60°12′32.5″	0.867844	−24	0.867820	−0.1″	60°12′32.4″
β_1	65°18′45.8″	+3.3″		65°18′49.1″	0.908608	+20	0.908628	+0.1″	65°18′49.2″
γ_1	54°28′36.6″	+3.3″	−1.5″	54°28′38.4″		γ_1			54°28′38.4″
α_2	64°42′21.3″	−0.4″		64°42′20.9″	0.904126	−21	0.904105	−0.1″	64°42′20.8″
β_2	55°21′58.6″	−0.4″		55°21′58.2″	0.822801	+28	0.822829	+0.1″	55°21′58.3″
γ_2	59°55′42.8″	−0.4″	−1.5″	59°55′40.9″		γ_2			59°55′40.9″
α_3	60°30′28.2″	+2.4″		60°30′30.6″	0.870429	−24	0.870405	−0.1″	60°30′30.5″
β_3	60°43′41.6″	+2.4″		60°43′44.1″	0.872316	+24	0.872340	+0.1″	60°43′44.2″
γ_3	58°45′44.4″	+2.4″	−1.5″	58°45′45.3″		γ_3			58°45′45.3″
α_4	52°01′38.5″	−2.0″		52°01′36.5″	0.788299	−30	0.788269	−0.1″	52°01′36.4″
β_4	63°00′56.2″	−2.0″		63°00′54.2″	0.891126	+22	0.891148	+0.1″	63°00′54.3″
γ_4	64°57′32.9″	−2.0″	−1.5″	64°57′29.3″		γ_4			64°57′29.3″
α_5	57°26′31.8″	+2.4″		57°26′34.2″	0.842855	−26	0.842829	−0.1″	57°26′34.1″
β_5	57°40′53.5″	+2.4″		57°40′55.9″	0.845096	+26	0.845122	+0.1″	57°40′56.0″
γ_5	64°52′29.1″	+2.4″	−1.5″	64°52′29.9″		γ_5			64°52′29.9″
α_6	65°39′45.9″	+3.4″		65°39′49.3″	0.911142	−20	0.911122	−0.1″	65°39′49.2″
β_6	57°20′11.4″	+3.3″		57°20′14.7″	0.841863	+26	0.841889	+0.1″	57°20′14.8″
γ_6	56°59′54.2″	+3.3″	−1.5″	56°59′56.0″		γ_6			56°59′56.0″

※ 계산과정의 단수처리로 인하여 ±0.1″ 정도의 오차가 발생할 경우 0.1″에 대한 오차처리는 90°에 가장 가까운 각에 배분한다.

12 삽입망

1) 조정 방법

삽입망	조정 계산 방법
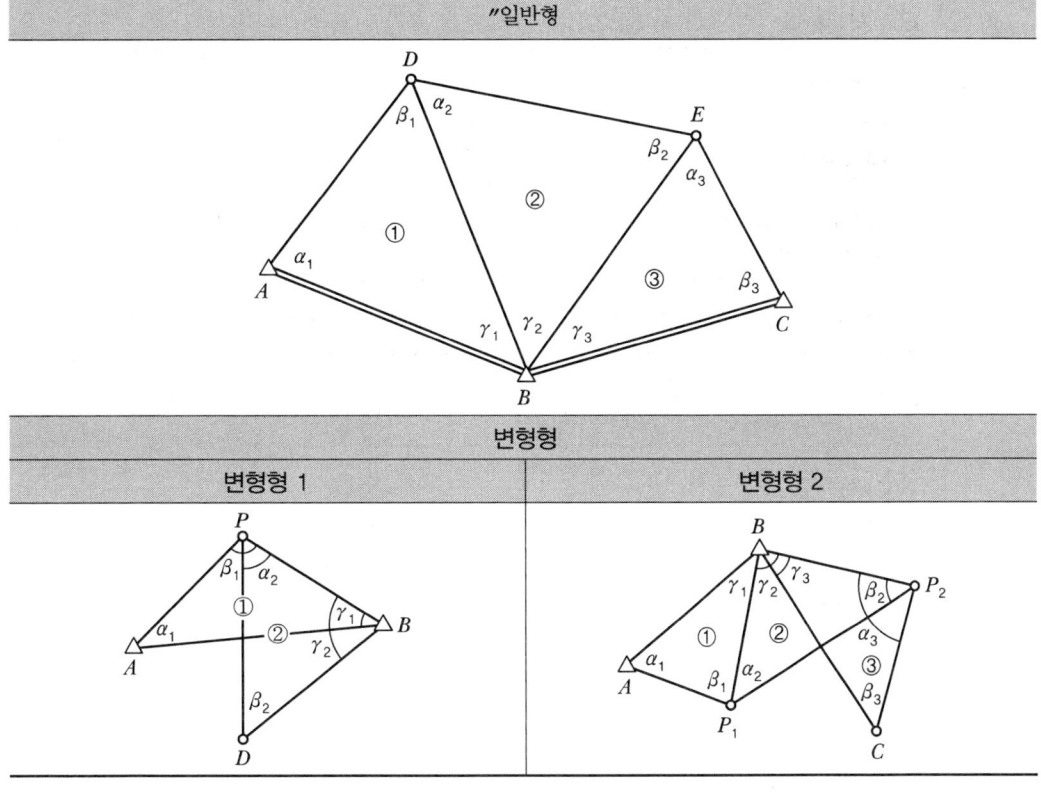	• 각규약에 의한 조정 　－삼각규약 : 각 삼각형의 내각의 합은 180°가 되어야 한다는 조건 　－망규약 : 각 삼각형의 중심각의 합과 기지내각이 동일하여야 한다는 조건 • 변규약에 의한 조정 　도착 변이 출발기선과 일치되어야 한다는 조건

2) 삽입망 유형

일반형
(일반형 도해)

변형형	
변형형 1	변형형 2
(변형형 1 도해)	(변형형 2 도해)

3) 조정 계산

(1) 각규약(각방정식)에 의한 조정

① 삼각규약

각 삼각형의 내각의 합은 180°가 되어야 하나 관측각의 오차로 인하여 180°가 안 되므로 "삼각형의 내각의 합이 180°가 되어야 한다는 조건"으로 조정한다.

삼각형 번호	삼각규약	
①	$\alpha_1 + \beta_1 + \gamma_1 = 180°$	$\varepsilon_1 = (\alpha_1 + \beta_1 + \gamma_1) - 180°$
②	$\alpha_2 + \beta_2 + \gamma_2 = 180°$	$\varepsilon_2 = (\alpha_2 + \beta_2 + \gamma_2) - 180°$
③	$\alpha_3 + \beta_3 + \gamma_3 = 180°$	$\varepsilon_3 = (\alpha_3 + \beta_3 + \gamma_3) - 180°$
⋮	⋮	⋮

② 망규약

중심점 0에서 "각 삼각형의 중심각의 합과 기지내각이 동일하여야 한다는 조건"으로 조정한다.

$\varepsilon = (\gamma_1 + \gamma_2 + \gamma_3 + \cdots + \gamma_n) -$ 기지내각 $= \Sigma\gamma -$ 기지내각 $= 0$

③ 망규약 및 삼각규약의 조정량

망규약	$(\text{II}) = \dfrac{\Sigma\varepsilon - 3e}{2n}$	여기서, n : 삼각형 수
삼각규약	$(\text{I}) = \dfrac{-\varepsilon - (\text{II})}{3}$	

※ 계산과정의 단수처리로 인하여 ±0.1″ 정도의 오차가 발생할 경우 0.1″에 대한 오차처리는 90°에 가장 가까운 각에 배분한다.

삽입망의 변형형은 표준형과 기지오차(e) 및 각규약(I)의 계산에서 차이가 있다.

변형형 1		변형형 2	
기지오차$(e) = (\gamma_2 - \gamma_1) -$ 기지내각		기지오차$(e) = (\gamma_1 + \gamma_2 + \gamma_3) -$ 기지내각	
① 삼각형	$(\text{I}) = \dfrac{-\varepsilon_1 - (\text{II})}{3}$	① 삼각형	$(\text{I}) = \dfrac{-\varepsilon_1 - (\text{II})}{3}$
② 삼각형	$(\text{I}) = \dfrac{-\varepsilon_2 + (\text{II})}{3}$	② 삼각형	$(\text{I}) = \dfrac{-\varepsilon_2 - (\text{II})}{3}$
		③ 삼각형	$(\text{I}) = \dfrac{-\varepsilon_3 + (\text{II})}{3}$

(2) 변규약(변방정식)에 의한 조정

기선에서 출발하여 삼각형 번호에 따라 시계방향으로 변장을 계산하여 "도착 변이 출발기선과 일치되어야 한다는 조건"으로 조정한다.

① $E_1 = \dfrac{\sin\alpha_1 \cdot \sin\alpha_2 \cdot \sin\alpha_3 \cdot \sin\alpha_4 \cdot \sin\alpha_5}{\sin\beta_1 \cdot \sin\beta_2 \cdot \sin\beta_3 \cdot \sin\beta_4 \cdot \sin\beta_5} = 1 \rightarrow E_1 = \dfrac{\Pi \sin\alpha}{\Pi \sin\beta} = 1$

② E_2 계산

각규약에서 조정각으로 계산한 sin값에 초차(Δ)를 더하여 $\sin\alpha'$과 $\sin\beta'$을 구한 후 E_2의 값을 계산한다. sin값의 초차(Δ)는 sin″에 대한 변화량 값이 미소하므로 10″에 대한 값으로 계산한다.

$\Delta = \cos\alpha(\text{또는 } \beta) \times (\sin 10'' \times 10^6) = \cos\alpha(\text{또는 } \beta) \times 48.4814$

$E_2 = \dfrac{\Pi \sin\alpha'}{\Pi \sin\beta'} - 1$

($\sin\alpha'$, $\sin\beta'$은 $\sin\alpha$, $\sin\beta$의 조정 후의 값, Π는 누승기호)

③ 경정수(x_1'', x_2'')의 계산 및 검산

비례식으로 하면, $10'' : |E_1 - E_2| = x_1'' : E_1$

$x_1'' = \dfrac{10'' E_1}{|E_1 - E_2|}$, $x_2'' = \dfrac{10'' E_2}{|E_1 - E_2|}$

검산 : $|x_1'' - x_2''| = 10''$

변규약에 따른 오차 배분
α = 각규약 조정각 $- x_1''$
β = 각규약 조정각 $+ x_1''$

(3) 기지점간거리 및 방위각 계산

구분	공식
종·횡선오차	종선차(Δx_a^b) = $x_b - x_a$, 횡선차(Δy_a^b) = $y_b - y_a$
거리	거리($\overline{AB}$) = $\sqrt{(\Delta x)^2 + (\Delta y)^2}$
방위	방위(θ) = $\tan^{-1}\left(\dfrac{\Delta y}{\Delta x}\right)$
방위각	방위각(V_A^B) = $(0° \sim 360°) - \theta$

(4) 소구점 종·횡선좌표 계산

① 소구점 변장 계산

소구점의 거리는 기지변과 각 삼각형의 내각을 이용하여 sin법칙에 의하여 계산한다.

망 형태	공식
(삼각형 ABC: A 꼭지점에 각 α, B에 각 β, C에 각 γ, 변 a=BC, b=CA(기지변), c=AB, 소구점 B)	$\dfrac{a}{\sin\alpha} = \dfrac{b}{\sin\beta} = \dfrac{c}{\sin\gamma}$
	$a = \dfrac{b \cdot \sin\alpha}{\sin\beta},\ b = \dfrac{c \cdot \sin\beta}{\sin\gamma},\ c = \dfrac{b \cdot \sin\gamma}{\sin\beta}$

② 소구점 방위각 계산

삼각형	공식
△ABD	$V_A^D = (V_B^A \pm 180°) - \alpha_1,\ V_b^d = V_b^a + \gamma_1$
△BDE	$V_D^E = (V_B^D \pm 180°) - \alpha_2,\ V_b^e = V_b^d + \gamma_2$
△BCE	$V_E^C = (V_B^E \pm 180°) - \alpha_3,\ V_b^c = V_b^e + \gamma_3$

③ 소구점 종·횡선좌표 계산

구분	공식
종·횡선좌표	종선좌표(X) = 기지점의 X좌표 + (거리 × cos방위각)
	횡선좌표(Y) = 기지점의 Y좌표 + (거리 × sin방위각)
평균좌표	$X = \dfrac{(X_1 + X_2)}{2},\ Y = \dfrac{(Y_1 + Y_2)}{2}$

4) 계산 순서

각규약

각 삼각형 내각의 합과 180°와의 차(ε) 계산

⬇

중심각의 합계($\Sigma\gamma$)와 기지내각과의 차(e) 계산

⬇

각 조정의 오차배분 계산(변형형은 변형형 공식 적용)
$$(\text{II}) = \frac{\Sigma\varepsilon - 3e}{2n}, \quad (\text{I}) = \frac{-\varepsilon - (\text{II})}{6}$$

⬇

변규약

$\sin\alpha$, $\sin\beta$ 계산

⬇

E_1 계산
$$E_1 = \frac{\pi\sin\alpha \cdot l_1}{\pi\sin\beta \cdot l_2} - 1$$

⬇

$\sin 10''$에 대한 삼각함수의 변화량 $\Delta\alpha$, $\Delta\beta$ 계산
$\Delta\alpha = \sin 10'' \times \cos\alpha$, $\Delta\beta = \sin 10'' \times \cos\beta$ ($\sin 10'' = 48.4814$)

⬇

E_2 계산
$$E_2 = \frac{\pi\sin\alpha' \cdot l_1}{\pi\sin\beta' \cdot l_2} - 1$$

⬇

경정수(x_1'', x_2'')의 계산 및 검산
$$x_1'' = \frac{10'' E_1}{|E_1 - E_2|}, \quad x_2'' = \frac{10'' E_2}{|E_1 - E_2|}$$
검산 : $|x_1'' - x_2''| = 10''$

⬇

변장(sin법칙 적용) 계산

⬇

방위각 계산

⬇

종 · 횡선좌표 및 평균좌표 계산

예제 11 지적삼각점측량을 삽입망으로 실시하여 다음과 같은 결과를 얻었다. 각규약 및 변규약에 따른 조정각을 구하시오(단, 각은 0.1″까지, 거리 및 좌표는 m 단위, 소수 둘째 자리까지 계산하시오).

1) 기지점좌표

점명	X좌표(m)	Y좌표(m)
삽4	454,591.97	204,428.53
삽9	457,819.63	204,755.27
삽11	461,216.59	204,692.90

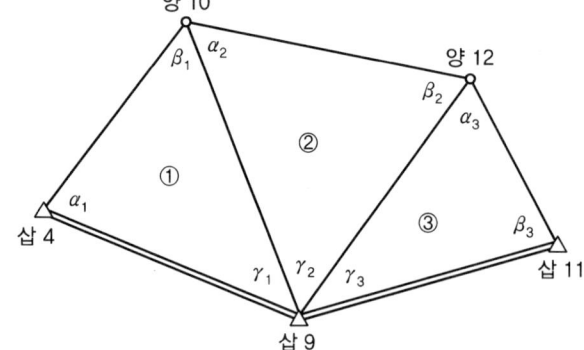

2) 관측내각

점명	각명	관측각	점명	각명	관측각
삽4	α_1	60°12′29.2″	양12	α_3	60°30′28.2″
양10	β_1	65°18′45.8″	삽11	β_3	60°43′41.6″
삽9	γ_1	54°28′37.9″	삽9	γ_3	58°45′45.7″
양10	α_2	64°42′21.3″			
양12	β_2	55°21′58.0″			
삽9	γ_2	59°55′44.1″			

해설

1) 각규약에 의한 조정

(1) 삼각규약에 대한 오차 계산

삼각형	관측각의 합	180°와의 차(ε)
①	179°59′52.9″	−7.1″
②	180°00′03.4″	+3.4″
③	179°59′55.5″	−4.5″

(2) 망규약에 대한 오차 계산

① 기지내각 $= V_b^c - V_b^a = V_b^c - (V_a^b + 180°)$
   $= 358°56′53.3″ - (5°46′49.6″ + 180°) = 173°10′03.7″$

② 관측각의 합$(\Sigma\gamma) = \gamma_1 + \gamma_2 + \gamma_3 = 173°10′07.7″$

③ 기지각 오차$(e) = \Sigma\gamma -$ 기지내각 $= 173°10′07.7″ - 173°10′03.7″ = +4.0″$

(3) 망규약 및 삼각규약의 조정량

구분		조정량
망규약		$(\text{II}) = \dfrac{\sum \varepsilon - 3e}{2n} = \dfrac{-8.2 - (3 \times 4.0)}{2 \times 3} = -3.4''$
삼각규약	① 삼각형	$(\text{I}) = \dfrac{-\varepsilon_1 - (\text{II})}{3} = \dfrac{-(-7.1) - (-3.4)}{3} = +3.5''$
	② 삼각형	$(\text{I}) = \dfrac{-\varepsilon_2 - (\text{II})}{3} = \dfrac{-(+3.4) - (-3.4)}{3} = 0''$
	③ 삼각형	$(\text{I}) = \dfrac{-\varepsilon_3 - (\text{II})}{3} = \dfrac{-(-4.5) - (-3.4)}{3} = +2.6''$

2) 변규약에 의한 조정

(1) E_1 계산

① $\sin \alpha$와 $\sin \beta$ 계산

삼각형	$\sin \alpha$	$\sin \beta$
①	0.867844	0.908608
②	0.904127	0.822800
③	0.870429	0.872317

② $E_1 = \dfrac{\sin \alpha_1 \times \sin \alpha_2 \times l_1}{\sin \beta_1 \times \sin \beta_2 \times l_2} - 1 = \dfrac{\Pi \sin \alpha \times l_1}{\Pi \sin \beta \times l_2} - 1 = \dfrac{2215.678386}{2215.678338} - 1 = -4(-0.000004)$

(2) $\Delta \alpha$와 $\Delta \beta$ 계산

삼각형	$\Delta = \cos \alpha (\text{또는 } \beta) \times (\sin 10'' \times 10^6) = \cos \alpha (\text{또는 } \beta) \times 48.4814$	
	$\Delta \alpha = \cos \alpha \times 48.4814$	$\Delta \beta = \cos \beta \times 48.4814$
①	$\cos 60°12'32.7'' \times 48.4814 = +24''$	$\cos 65°18'49.3'' \times 48.4814 = -20''$
②	$\cos 64°42'21.3'' \times 48.4814 = +21''$	$\cos 55°21'58.0'' \times 48.4814 = -28''$
③	$\cos 60°30'30.8'' \times 48.4814 = +24''$	$\cos 60°43'44.3'' \times 48.4814 = -24''$

(3) E_2의 계산

각규약에서 조정각으로 계산한 sin값에 초차(Δ)를 더하여 $\sin \alpha'$과 $\sin \beta'$을 구한 후 E_2의 값을 계산한다.

① $\sin \alpha'$과 $\sin \beta'$ 계산

E_1의 값이 -4이므로 $\sin \alpha$값이 작기 때문에, $\sin \alpha$는 $(+)$로 하고, $\sin \beta$는 $(-)$로 하여야 오차가 소거되므로 초차(Δ)를 $+\Delta \alpha$, $-\Delta \beta$로 하여 $\sin \alpha'$, $\sin \beta'$을 계산한다.

삼각형	$\sin \alpha'$	$\sin \beta'$
①	$0.867844 + 24(\Delta \alpha) = 0.867868$	$0.908608 - 20(\Delta \beta) = 0.908588$
②	$0.904127 + 21(\Delta \alpha) = 0.904148$	$0.822800 - 28(\Delta \beta) = 0.822772$
③	$0.870429 + 24(\Delta \alpha) = 0.870453$	$0.872317 - 24(\Delta \beta) = 0.872293$

② $E_2 = \dfrac{\sin\alpha_1' \times \sin\alpha_2' \times l_1}{\sin\beta_1' \times \sin\beta_2' \times l_2} - 1 = \dfrac{\Pi\sin\alpha' \times l_1}{\Pi\sin\beta' \times l_2} - 1 = \dfrac{2215.852220}{2215.502212} - 1 = +158(-0.000158)$

③ $|E_1 - E_2| = |(-4) - (+158)| = 162$

(4) 경정수(x_1'', x_2'')의 계산

① $x_1'' = \dfrac{10'' E_1}{|E_1 - E_2|} = \dfrac{10'' \times (-4)}{|-4 - (+158)|} = -0.2''$

② $x_2'' = \dfrac{10'' E_2}{|E_1 - E_2|} = \dfrac{10'' \times (+158)}{|-4 - (+158)|} = +9.8''$

③ 검산 : $|x_1'' - x_2''| = |-0.2 - (-9.8)| = 10''$

3) 각규약 및 변규약에 따른 조정각

각명	관측각	각규약 I	각규약 II	조정각	$\sin\alpha$ / $\sin\beta$	$\Delta\alpha$ / $\Delta\beta$	$\sin\alpha'$ / $\sin\beta'$	$\alpha - x_1''$ / $\beta + x_1''$	변규약 조정각
α_1	60°12′29.2″	+3.5″		60°12′32.7″	0.867844	+24	0.867868	+0.2″	60°12′32.9″
β_1	65°18′45.8″	+3.5″		65°18′49.3″	0.908608	−20	0.908588	−0.2″	65°18′49.1″
γ_1	54°28′37.9″	+3.5″	−3.4″	54°28′38.0″	γ_1				54°28′38.0″
α_2	64°42′21.3″	0.0″		64°42′21.3″	0.904127	+21	0.904148	+0.2″	64°42′21.5″
β_2	55°21′58.0″	0.0″		55°21′58.0″	0.822800	−28	0.822772	−0.2″	55°21′57.8″
γ_2	59°55′44.1″	0.0″	−3.4″	59°55′40.7″	γ_2				59°55′40.7″
α_3	60°30′28.2″	+2.6″		60°30′30.8″	0.870429	+24	0.870453	+0.2″	60°30′31.0″
β_3	60°43′41.6″	+2.6″		60°43′44.3″	0.872317	−24	0.872293	−0.2″	60°43′44.1″
γ_3	58°45′45.7″	+2.6″	−3.4″	58°45′44.9″	γ_3				58°45′44.9″

※ 계산과정의 단수처리로 인하여 ±0.1″ 정도의 오차가 발생할 경우 0.1″에 대한 오차처리는 90°에 가장 가까운 각에 배분한다.

13 사각망

1) 조정 방법

사각망	조정계산 방법
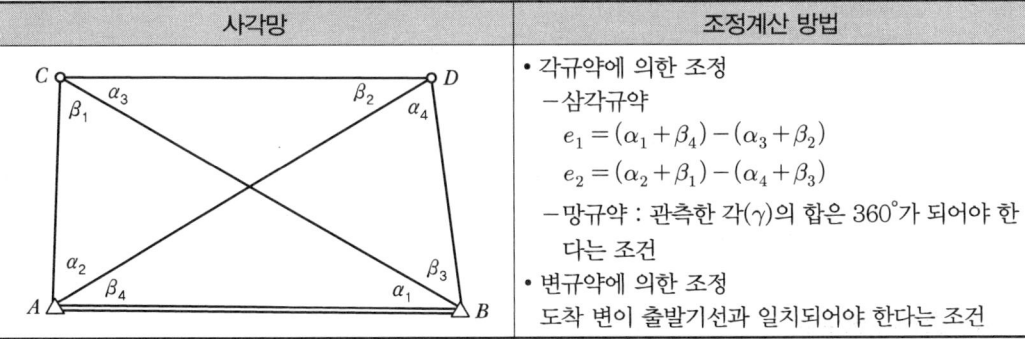	• 각규약에 의한 조정 　－삼각규약 　　$e_1 = (\alpha_1 + \beta_4) - (\alpha_3 + \beta_2)$ 　　$e_2 = (\alpha_2 + \beta_1) - (\alpha_4 + \beta_3)$ 　－망규약 : 관측한 각(γ)의 합은 360°가 되어야 한다는 조건 • 변규약에 의한 조정 　도착 변이 출발기선과 일치되어야 한다는 조건

2) 사각망 유형

AB 기선	AD 기선

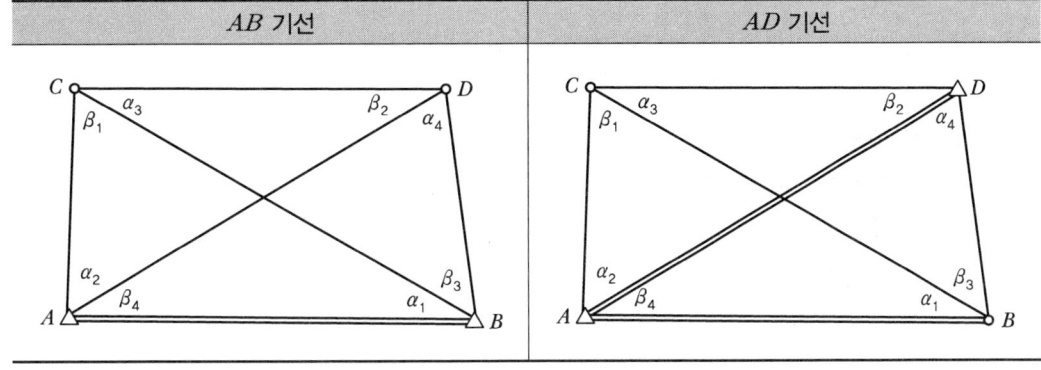

3) 조정 계산

(1) 각규약(각방정식)에 의한 조정

① 삼각규약

삼각규약
$e_1 = (\alpha_1 + \beta_4) - (\alpha_3 + \beta_2)$
$e_2 = (\alpha_2 + \beta_1) - (\alpha_4 + \beta_3)$

② 망규약

$$\varepsilon = [(\alpha_1 + \alpha_2 + \alpha_3 + \alpha_4) + (\beta_1 + \beta_2 + \beta_3 + \beta_4)] - 360° = (\sum \alpha + \sum \beta) - 360°$$

③ 망규약 및 삼각규약의 조정량

삼각 규약	$\dfrac{e_1}{4}$, $\dfrac{e_2}{4}$	
	큰 각에는 (−)로 보정을 하고, 작은 각에는 (+)로 보정을 한다.	
	e_1이 (−)일 경우	α_1와 β_4에는 (+)로, α_3와 β_2에는 (−)로 배분
	e_1이 (+)일 경우	α_1와 β_4에는 (−)로, α_3와 β_2에는 (+)로 배분
	e_2이 (−)일 경우	α_2와 β_1에는 (+)로, α_4와 β_3에는 (−)로 배분
	e_2이 (+)일 경우	α_2와 β_1에는 (−)로, α_4와 β_3에는 (+)로 배분
망규약	8개의 관측각에 균등하게 $\dfrac{\varepsilon}{8}$씩 배분	

(2) 변규약(변방정식)에 의한 조정

기선에서 출발하여 삼각형 번호에 따라 시계방향으로 변장을 계산하여 "도착변이 출발기선과 일치되어야 한다는 조건"으로 조정한다.

① E_1 계산

$$E_1 = \frac{\sin\alpha_1 \cdot \sin\alpha_2 \cdot \sin\alpha_3 \cdot \sin\alpha_4 \cdot \sin\alpha_5}{\sin\beta_1 \cdot \sin\beta_2 \cdot \sin\beta_3 \cdot \sin\beta_4 \cdot \sin\beta_5} = 1 \rightarrow E_1 = \frac{\Pi\sin\alpha}{\Pi\sin\beta} = 1$$

② E_2 계산

각규약에서 조정각으로 계산한 sin값에 초차(Δ)를 더하여 $\sin\alpha'$과 $\sin\beta'$을 구한 후 E_2의 값을 계산한다. sin값의 초차(Δ)는 sin″에 대한 변화량 값이 미소하므로 10″에 대한 값으로 계산한다.

$$\Delta = \cos\alpha(\text{또는 }\beta) \times (\sin 10'' \times 10^6) = \cos\alpha(\text{또는 }\beta) \times 48.4814$$

$$E_2 = \frac{\Pi\sin\alpha'}{\Pi\sin\beta'} - 1$$

($\sin\alpha'$, $\sin\beta'$은 $\sin\alpha$, $\sin\beta$의 조정 후의 값, Π는 누승기호)

③ 경정수(x_1'', x_2'')의 계산 및 검산

비례식으로 하면, $10'' : |E_1 - E_2| = x_1'' : E_1$

$$x_1'' = \frac{10''E_1}{|E_1 - E_2|}, \quad x_2'' = \frac{10''E_2}{|E_1 - E_2|}$$

검산 : $|x_1'' - x_2''| = 10''$

변규약에 따른 오차 배분
α = 각규약 조정각 − x_1''
β = 각규약 조정각 + x_1''

(3) 기지점간거리 및 방위각 계산

구분	공식
종·횡선오차	종선차$(\Delta x_a^b) = x_b - x_a$, 횡선차$(\Delta Ey_a^b) = y_b - y_a$
거리	거리$(\overline{AB}) = \sqrt{(\Delta x)^2 + (\Delta y)^2}$
방위	방위$(\theta) = \tan^{-1}\left(\dfrac{\Delta y}{\Delta x}\right)$
방위각	방위각$(V_A^B) = (0° \sim 360°) - \theta$

(4) 소구점 종·횡선좌표 계산

① 소구점 변장 계산

소구점의 거리는 기지변과 각 삼각형의 내각을 이용하여 sin법칙에 의하여 계산한다.

망 형태	공식
(삼각형 그림: 꼭짓점 $A(\alpha)$, $C(\gamma)$, $B(\beta)$, 변 a, b(기지변), c, B는 소구점)	$\dfrac{a}{\sin\alpha} = \dfrac{b}{\sin\beta} = \dfrac{c}{\sin\gamma}$
	$a = \dfrac{b \cdot \sin\alpha}{\sin\beta}, \ b = \dfrac{c \cdot \sin\beta}{\sin\gamma}, \ c = \dfrac{b \cdot \sin\gamma}{\sin\beta}$

② 소구점 방위각 계산

삼각형	공식
△ABC	$V_B^C = (V_A^B \pm 180°) + \alpha_1, \ V_a^c = V_a^b - \gamma_1$
△ACD	$V_C^D = (V_A^C \pm 180°) - \gamma_2, \ V_a^d = V_a^c + \alpha_2$
△BCD	$V_D^B = (V_C^D \pm 180°) - \gamma_3, \ V_c^b = V_c^d + \alpha_3$
△ABD	$V_D^A = (V_B^D \pm 180°) + \alpha_4, \ V_B^A = V_B^D - \gamma_4$

③ 소구점 종·횡선좌표 계산

구분	공식
종·횡선좌표	종선좌표(X) = 기지점의 X좌표 + (거리 × cos방위각)
	횡선좌표(Y) = 기지점의 Y좌표 + (거리 × sin방위각)
평균좌표	$X = \dfrac{(X_1 + X_2)}{2}, \ Y = \dfrac{(Y_1 + Y_2)}{2}$

4) 계산 순서

각규약: 사각형 내각의 합과 180°와의 차(ε) 계산

⬇

e_1, e_2 계산 및 배분
$$e_1 = (\alpha_1 + \beta_4) - (\alpha_3 + \beta_2),\ e_2 = (\alpha_2 + \beta_1) - (\alpha_4 + \beta_3)$$

⬇

변규약: $\sin\alpha$, $\sin\beta$ 계산

⬇

E_1 계산
$$E_1 = \frac{\pi\sin\alpha}{\pi\sin\beta} - 1$$

⬇

sin10″에 대한 삼각함수의 변화량 $\Delta\alpha$, $\Delta\beta$ 계산
$$\Delta\alpha = \sin 10'' \times \cos\alpha,\ \Delta\beta = \sin 10'' \times \cos\beta\ (\sin 10'' = 48.4814)$$

⬇

E_2 계산
$$E_2 = \frac{\pi\sin\alpha'}{\pi\sin\beta'} - 1$$

⬇

경정수(x_1'', x_2'')의 계산 및 검산
$$x_1'' = \frac{10''E_1}{|E_1 - E_2|},\ x_2'' = \frac{10''E_2}{|E_1 - E_2|}$$
검산 : $|x_1'' - x_2''| = 10''$

⬇

변장(sin법칙 적용) 계산

⬇

방위각 계산

⬇

종·횡선좌표 및 평균좌표 계산

예제 12 지적삼각점측량을 사각망으로 실시하여 다음과 같은 결과를 얻었다. 주어진 서식에 의하여 소구점의 좌표를 계산하시오(단, 각은 0.1″까지, 거리 및 좌표는 m 단위, 소수 둘째 자리까지 구하시오).

1) 기지점좌표

점명	X좌표(m)	Y좌표(m)
성문	461,581.36	196,279.45
현문	463,738.38	198,087.49

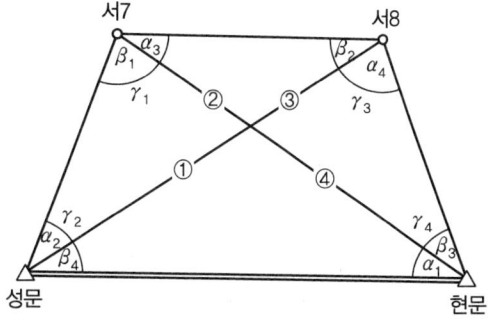

2) 관측내각

점명	각명	관측각	점명	각명	관측각
현문	α_1	50°37′57.8″	서7	α_3	54°13′10.2″
서7	β_1	52°09′22.6″	현문	β_3	51°49′09.8″
성문	α_2	37°28′49.8″	서8	α_4	37°49′11.5″
서8	β_2	36°08′38.9″	성문	β_4	39°43′42.9″

해설

1) 각규약에 의한 조정

(1) 삼각규약에 대한 오차 계산

삼각규약
$e_1 = (\alpha_1 + \beta_4) - (\alpha_3 + \beta_2) = 90°21′40.7″ - 90°21′49.1″ = -8.4″$
$e_2 = (\alpha_2 + \beta_1) - (\alpha_4 + \beta_3) = 89°38′12.4″ - 89°38′21.3″ = -8.9″$

(2) 망규약에 대한 오차 계산

$\varepsilon = (\Sigma\alpha + \Sigma\beta) - 360° = 50°37′57.8″ + 52°09′22.6″ + 37°28′49.8″ + 36°08′38.9″$
$\quad + 54°13′10.2″ + 51°49′09.8″ + 37°49′11.5″ + 39°43′42.9″ - 360°$
$= +3.5″$

(3) 망규약 및 삼각규약의 조정량

구분		조정량
망규약		$\varepsilon = -\dfrac{\varepsilon}{8} = -\dfrac{3.5}{8} = -0.4″$
삼각규약	$\alpha_1, \beta_4, \alpha_3, \beta_2$	조정량 $= \dfrac{e_1}{4} = \dfrac{8.4}{4} = 2.1″$
	$\alpha_2, \beta_1, \alpha_4, \beta_3$	조정량 $= \dfrac{e_2}{4} = \dfrac{8.9}{4} = 2.2″$

(4) 각규약에 따른 조정각

각명	관측각	조정량 $\varepsilon/8$	조정량 e	조정각
α_1	50°37′57.8″	−0.4″	+2.1″	50°37′59.5″
β_1	52°09′22.6″	−0.5″	+2.2″	52°09′24.3″
α_2	37°28′49.8″	−0.4″	+2.2″	37°28′51.6″
β_2	36°08′38.9″	−0.4″	−2.1″	36°08′36.4″
α_3	54°13′10.2″	−0.5″	−2.1″	54°13′07.6″
β_3	51°49′09.8″	−0.5″	−2.2″	51°49′07.1″
α_4	37°49′11.5″	−0.4″	−2.2″	37°49′08.9″
β_4	39°43′42.9″	−0.4″	+2.1″	39°43′44.6″

※ 계산과정의 단수처리로 인하여 ±0.1″ 정도의 오차가 발생할 경우 0.1″에 대한 오차처리는 90°에 가장 가까운 각에 배분한다.

2) 변규약에 의한 조정

(1) E_1 계산

① $\sin\alpha$ 와 $\sin\beta$ 계산

삼각형	$\sin\alpha$	$\sin\beta$
①	0.773101	0.789692
②	0.608498	0.589809

※ ③, ④ 삼각형도 동일한 방법으로 계산한다.

② $E_1 = \dfrac{\sin\alpha_1 \times \sin\alpha_2 \times \sin\alpha_3 \times \sin\alpha_4}{\sin\beta_1 \times \sin\beta_2 \times \sin\beta_3 \times \sin\beta_4} - 1 = \dfrac{\Pi\sin\alpha}{\Pi\sin\beta} - 1 = \dfrac{0.234010}{0.2340009} - 1 = +4(+0.000004)$

(2) $\Delta\alpha$ 와 $\Delta\beta$ 계산

삼각형	$\Delta = \cos\alpha(또는 \beta) \times (\sin10'' \times 10^6) = \cos\alpha(또는 \beta) \times 48.4814$	
	$\Delta\alpha = \cos\alpha \times 48.4814$	$\Delta\beta = \cos\beta \times 48.4814$
①	$\cos 50°37′59.5″ \times 48.4814 = -31″$	$\cos 52°09′24.3″ \times 48.4814 = +30″$
②	$\cos 37°28′51.6″ \times 48.4814 = -38″$	$\cos 36°08′36.4″ \times 48.4814 = +39″$

※ ③, ④ 삼각형도 동일한 방법으로 계산한다.

(3) E_2의 계산

각규약에서 조정각으로 계산한 sin값에 초차(Δ)를 더하여 $\sin\alpha'$과 $\sin\beta'$을 구한 후 E_2의 값을 계산한다.

① $\sin\alpha'$과 $\sin\beta'$ 계산

E_1의 값이 +4이므로 sin α값이 크기 때문에, sin α는 (−)로 하고, sin β는 (+)로 하여야 오차가 소거되므로 초차(Δ)를 $-\Delta\alpha$, $+\Delta\beta$로 하여 $\sin\alpha'$, $\sin\beta'$을 계산한다.

삼각형	$\sin\alpha'$	$\sin\beta'$
①	$0.773101-31(\Delta\alpha)=0.773070$	$0.789692+30(\Delta\beta)=0.789722$
②	$0.608498-38(\Delta\alpha)=0.608460$	$0.589809+39(\Delta\beta)=0.589848$

※ ③, ④ 삼각형도 동일한 방법으로 계산한다.

② $E_2 = \dfrac{\sin\alpha_1' \times \sin\alpha_2' \times \sin\alpha_3' \times \sin\alpha_4'}{\sin\beta_1' \times \sin\beta_2' \times \sin\beta_3' \times \sin\beta_4'} - 1 = \dfrac{\Pi\sin\alpha'}{\Pi\sin\beta'} - 1$

$= \dfrac{0.233963}{0.234056} - 1 = -397(-0.000397)$

③ $|E_1 - E_2| = |(+4)-(-397)| = 401|$

(4) 경정수(x_1'', x_2'')의 계산

① $x_1'' = \dfrac{10''E_1}{|E_1-E_2|} = \dfrac{10'' \times (+4)}{|(+4)-(-397)|} = +0.1''$

② $x_2'' = \dfrac{10''E_2}{|E_1-E_2|} = \dfrac{10'' \times (-397)}{|(+4)-(-397)|} = -9.9''$

③ 검산 : $|x_1''-x_2''| = |(+0.1)-(-9.9)| = 10''$

3) 각규약 및 변규약에 따른 조정각

각명	관측각	각규약 $e/8$	각규약 e	각규약 조정각	$\sin\alpha$ $\sin\beta$	$\Delta\alpha$ $\Delta\beta$	$\sin\alpha'$ $\sin\beta'$	$\alpha-x_1''$ $\beta+x_1''$	변규약 조정각
α_1	50°37′57.8″	−0.4″	+2.1″	50°37′59.5″	0.773101	−31	0.773070	−0.1″	50°37′59.4″
β_1	52°09′22.6″	−0.5″	+2.2″	52°09′24.3″	0.789692	+30	0.789722	+0.1″	52°09′24.4″
						γ_1			77°12′36.2″
α_2	37°28′49.8″	−0.4″	+2.2″	37°28′51.6″	0.608498	−38	0.608460	−0.1″	37°28′51.5″
β_2	36°08′38.9″	−0.4″	−2.1″	36°08′36.4″	0.589809	+39	0.589848	+0.1″	36°08′36.5″
						γ_2			106°22′31.9″
α_3	54°13′10.2″	−0.5″	−2.1″	54°13′07.6″	0.811255	−28	0.811227	−0.1″	54°13′07.5″
β_3	51°49′09.8″	−0.5″	−2.2″	51°49′07.1″	0.786058	+30	0.786088	+0.1″	51°49′07.2″
						γ_3			73°57′45.3″
α_4	37°49′11.5″	−0.4″	−2.2″	37°49′08.9″	0.613171	−38	0.613133	−0.1″	37°49′08.8″
β_4	39°43′42.9″	−0.4″	+2.1″	39°43′44.6″	0.639158	+37	0.639195	+0.1″	39°43′44.7″
						γ_4			102°27′06.6″

※ 계산과정의 단수처리로 인하여 ±0.1″ 정도의 오차가 발생할 경우 0.1″에 대한 오차처리는 90°에 가장 가까운 각에 배분한다.

14 삼각쇄망

1) 조정 방법

삼각쇄망	조정계산 방법
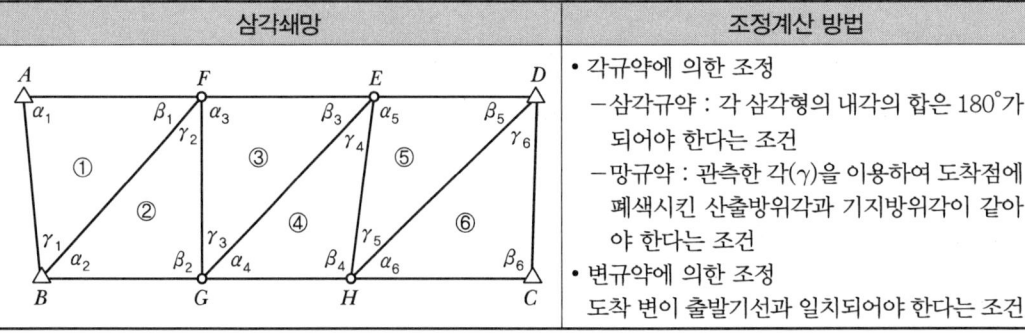	• 각규약에 의한 조정 　－삼각규약 : 각 삼각형의 내각의 합은 180°가 되어야 한다는 조건 　－망규약 : 관측한 각(γ)을 이용하여 도착점에 폐색시킨 산출방위각과 기지방위각이 같아야 한다는 조건 • 변규약에 의한 조정 　도착 변이 출발기선과 일치되어야 한다는 조건

2) 조정 계산

(1) 각규약(각방정식)에 의한 조정

① 삼각규약

각 삼각형의 내각의 합은 180°가 되어야 하나 관측각의 오차로 인하여 180°가 안 되므로 "삼각형의 내각의 합이 180°가 되어야 한다는 조건"으로 조정한다.

삼각형 번호	삼각규약	
①	$\alpha_1 + \beta_1 + \gamma_1 = 180°$	$\varepsilon_1 = (\alpha_1 + \beta_1 + \gamma_1) - 180°$
②	$\alpha_2 + \beta_2 + \gamma_2 = 180°$	$\varepsilon_2 = (\alpha_2 + \beta_2 + \gamma_2) - 180°$
③	$\alpha_3 + \beta_3 + \gamma_3 = 180°$	$\varepsilon_3 = (\alpha_3 + \beta_3 + \gamma_3) - 180°$
⋮	⋮	⋮

② 망규약

출발방위각으로부터 관측한 각(γ)을 이용하여 도착점에 폐색시킨 산출방위각과 기지방위각의 차이에 의한 오차를 계산한다.

도착 산출방위각	출발방위각 + $\sum \gamma$(홀수) − $\sum \gamma$(짝수)
방위각오차	q = 도착 산출방위각 − 기지 도착방위각

③ 망규약 및 삼각규약의 오차 배분

삼각규약	$e = \dfrac{-\varepsilon}{3}$		
망규약	γ각이 좌측에 있을 때	γ각이 우측에 있을 때	여기서, n : 삼각형 수
	$\alpha = -\dfrac{q}{2n}$	$\alpha = +\dfrac{q}{2n}$	
	$\beta = -\dfrac{q}{2n}$	$\beta = +\dfrac{q}{2n}$	
	$\gamma = +\dfrac{q}{n}$	$\gamma = -\dfrac{q}{n}$	

(2) 변규약(변방정식)에 의한 조정

기선에서 출발하여 삼각형 번호에 따라 시계방향으로 변장을 계산하여 "도착 변이 출발기선과 일치되어야 한다는 조건"으로 조정한다.

① E_1 계산

$$E_1 = \frac{\sin\alpha_1 \cdot \sin\alpha_2 \cdot \sin\alpha_3 \cdot \sin\alpha_4 \cdot \sin\alpha_5}{\sin\beta_1 \cdot \sin\beta_2 \cdot \sin\beta_3 \cdot \sin\beta_4 \cdot \sin\beta_5} = 1 \rightarrow E_1 = \frac{\Pi\sin\alpha}{\Pi\sin\beta} = 1$$

② E_2 계산

각규약에서 조정각으로 계산한 sin값에 초차(Δ)를 더하여 $\sin\alpha'$과 $\sin\beta'$을 구한 후 E_2의 값을 계산한다. sin값의 초차(Δ)는 sin″에 대한 변화량 값이 미소하므로 10″에 대한 값으로 계산한다.

$$\Delta = \cos\alpha(\text{또는 } \beta) \times (\sin 10'' \times 10^6) = \cos\alpha(\text{또는 } \beta) \times 48.4814$$

$$E_2 = \frac{\Pi\sin\alpha'}{\Pi\sin\beta'} - 1$$

($\sin\alpha'$, $\sin\beta'$은 $\sin\alpha$, $\sin\beta$의 조정 후의 값, Π는 누승기호)

③ 경정수(x_1'', x_2'')의 계산 및 검산

비례식으로 하면, $10'' : |E_1 - E_2| = x_1'' : E_1$

$$x_1'' = \frac{10'' E_1}{|E_1 - E_2|}, \quad x_2'' = \frac{10'' E_2}{|E_1 - E_2|}$$

검산 : $|x_1'' - x_2''| = 10''$

변규약에 따른 오차 배분
$\alpha = $ 각규약 조정각 $- x_1''$
$\beta = $ 각규약 조정각 $+ x_1''$

3) 소구점 종·횡선좌표 계산

(1) 소구점 변장 계산

소구점의 거리는 기지변과 각 삼각형의 내각을 이용하여 sin법칙에 의하여 계산한다.

망 형태	공식
	$\dfrac{a}{\sin\alpha} = \dfrac{b}{\sin\beta} = \dfrac{c}{\sin\gamma}$
	$a = \dfrac{b \cdot \sin\alpha}{\sin\beta}$, $b = \dfrac{c \cdot \sin\beta}{\sin\gamma}$, $c = \dfrac{b \cdot \sin\gamma}{\sin\beta}$

(2) 소구점 방위각 계산

삼각형	공식
△ABF	$V_B^F = (V_A^B \pm 180°) + \gamma_1$, $V_A^F = V_A^B - \alpha_1$
△BFG	$V_F^G = (V_B^F \pm 180°) - \gamma_2$, $V_B^G = V_B^F + \alpha_2$
△FGE	$V_F^E = (V_G^F \pm 180°) - \alpha_3$, $V_G^E = V_G^F + \gamma_3$
△GHE	$V_E^H = (V_G^E \pm 180°) - \gamma_4$, $V_G^H = V_G^E + \alpha_4$

(3) 소구점 종·횡선좌표 계산

구분	공식
종·횡선좌표	종선좌표(X) = 기지점의 X좌표 + (거리 × cos방위각)
	횡선좌표(Y) = 기지점의 Y좌표 + (거리 × sin방위각)
평균좌표	$X = \dfrac{(X_1 + X_2)}{2}$, $Y = \dfrac{(Y_1 + Y_2)}{2}$

4) 계산 순서

각규약
- 각 삼각형 내각의 합과 180°와의 차(ε) 계산 및 조정 $\left(\dfrac{\varepsilon}{3}\right)$

↓

- 방위각 오차(q) 계산 및 각규약 경정수 계산 및 조정

↓

변규약
- $\sin\alpha$, $\sin\beta$ 계산

↓

- E_1 계산

$$E_1 = \dfrac{\pi\sin\alpha \cdot l_1}{\pi\sin\beta \cdot l_2} - 1$$

↓

- $\sin 10''$에 대한 삼각함수의 변화량 $\Delta\alpha$, $\Delta\beta$ 계산
$\Delta\alpha = \sin 10'' \times \cos\alpha$, $\Delta\beta = \sin 10'' \times \cos\beta$ ($\sin 10'' = 48.4814$)

↓

- E_2 계산

$$E_2 = \dfrac{\pi\sin\alpha' \cdot l_1}{\pi\sin\beta' \cdot l_2} - 1$$

↓

- 경정수(x_1'', x_2'')의 계산 및 검산

$$x_1'' = \dfrac{10''E_1}{|E_1 - E_2|}, \quad x_2'' = \dfrac{10''E_2}{|E_1 - E_2|}$$

검산 : $|x_1'' - x_2''| = 10''$

↓

- 변장(sin법칙 적용) 계산

↓

- 방위각 계산

↓

- 종 · 횡선좌표 및 평균좌표 계산

예제 13

지적삼각점측량을 삼각쇄망으로 실시하여 다음과 같은 결과를 얻었다. 주어진 서식에 의하여 소구점의 좌표를 구하시오(단, 각은 0.1″까지, 거리 및 좌표는 m 단위, 소수 둘째 자리까지 계산하시오).

1) 기지점좌표

점명	X좌표(m)	Y좌표(m)
쇄10(A)	463,519.46	195,425.73
쇄7(B)	467,341.13	193,900.88
쇄9(C)	464,715.47	202,290.49
수문(D)	469,390.96	199,769.07

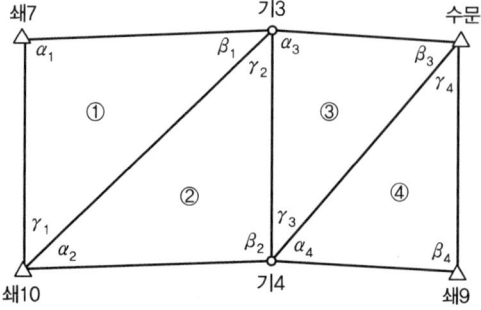

2) 관측내각

점명	각명	관측각	점명	각명	관측각
쇄7	α_1	85°17′29.6″	기3	α_3	82°06′28.7″
기3	β_1	57°06′29.4″	수문	β_3	59°57′23.9″
쇄10	γ_1	37°35′52.8″	기4	γ_3	37°56′17.0″
쇄10	α_2	62°35′05.3″	기4	α_4	72°12′07.7″
기4	β_2	72°22′27.5″	쇄9	β_4	69°43′00.5″
기3	γ_2	45°02′21.5″	수문	γ_4	37°04′51.1″

해설

1) 기지점간거리 및 방위각의 계산

방향	거리 및 방위각
쇄10 → 쇄7	$\Delta x_a^b = x_b - x_a = 467,341.13 - 463,519.46 = +3,821.67\text{m}$ $\Delta y_a^b = y_b - y_a = 193,900.88 - 195,425.73 = -1,524.85\text{m}$ $\overline{AB} = \sqrt{(\Delta x_a^b)^2 + (\Delta y_a^b)^2} = \sqrt{(+3,821.67)^2 + (-1,524.85)^2} = 4,114.65\text{m}$ $\theta = \tan^{-1}\left(\dfrac{\Delta y_a^b}{\Delta x_a^b}\right) = \tan^{-1}\left(\dfrac{-1,524.85}{+3,821.67}\right) = 21°45′07.4″ (4상한)$ $V_a^b = 360° - \theta = 360° - 21°45′07.4″ = 338°14′52.6″$
쇄9 → 수문	$\Delta x_c^d = x_d - x_c = 469,390.96 - 464,715.47 = +4,675.49\text{m}$ $\Delta y_c^d = y_d - y_c = 199,769.07 - 202,290.49 = -2,521.42\text{m}$ $\overline{CD} = \sqrt{(\Delta x_c^d)^2 + (\Delta y_c^d)^2} = \sqrt{(+4,675.49)^2 + (-2,521.42)^2} = 5,312.04\text{m}$ $\theta = \tan^{-1}\left(\dfrac{\Delta y_c^d}{\Delta x_c^d}\right) = \tan^{-1}\left(\dfrac{-2,521.42}{+4,675.49}\right) = 28°20′14.3″ (4상한)$ $V_c^d = 360° - \theta = 360° - 28°20′14.3″ = 331°39′45.7″$

2) 각규약에 의한 조정

(1) 삼각규약에 대한 오차 및 조정량

삼각형	관측각의 합	180°와의 차(ε)	조정량
①	179°59′51.8″	−8.2″	$e = \dfrac{-\varepsilon_1}{3} = \dfrac{-(-8.2)}{3} = +2.7″$
②	179°59′54.3″	−5.7″	$e = \dfrac{-\varepsilon_2}{3} = \dfrac{-(-5.7)}{3} = +1.9″$
③	180°00′09.6″	+9.6″	$e = \dfrac{-\varepsilon_3}{3} = \dfrac{-(9.6)}{3} = -3.2″$
④	179°59′59.3″	−0.7″	$e = \dfrac{-\varepsilon_4}{3} = \dfrac{-(+0.7)}{3} = +0.2″$

(2) 방위각에 대한 오차 계산

$\sum\gamma(\text{홀수}) = 37°35′55.5″ + 37°56′13.8″ = 75°32′09.3″$

$\sum\gamma(\text{짝수}) = 45°02′23.4″ + 37°04′51.3″ = 82°07′14.7″$

$V_d^c = $ 기지 출발방위각$(V_a^b) + \{\sum\gamma(\text{홀수}) - \sum\gamma(\text{짝수})\} - $ 기지 도착방위각(V_c^d)

$\quad = 338°14′52.6″ + (75°32′09.3″ - 82°07′14.7″) - 331°39′45.7″ = +1.5″$

(3) 기지각에 대한 오차 계산

γ각이 좌측에 있을 때	γ각이 우측에 있을 때
$\alpha = -\dfrac{q}{2n} = -0.2″$	$\alpha = +\dfrac{q}{2n} = +0.2″$
$\beta = -\dfrac{q}{2n} = -0.2″$	$\beta = +\dfrac{q}{2n} = +0.2″$
$\gamma = +\dfrac{q}{n} = +0.4″$	$\gamma = -\dfrac{q}{n} = -0.4″$

(4) 각규약에 따른 조정각

구분	관측각	각규약			
		$\varepsilon/3$	조정각	경정수	조정각
α_1	85°17′29.6″	+2.8″	85°17′32.4″	+0.2″	85°17′32.6″
β_1	57°06′29.4″	+2.7″	57°06′32.1″	+0.2″	57°06′32.3″
γ_1	37°35′52.8″	+2.7″	37°35′55.5″	−0.4″	37°35′55.1″
α_2	62°35′05.3″	+1.9″	62°35′07.2″	−0.2″	62°35′07.0″
β_2	72°22′27.5″	+1.9″	72°22′29.4″	−0.2″	72°22′29.2″
γ_2	45°02′21.5″	+1.9″	45°02′23.4″	+0.4″	45°02′23.8″
α_3	82°06′28.7″	−3.2″	82°06′25.5″	+0.2″	82°06′25.7″
β_3	59°57′23.9″	−3.2″	59°57′20.7″	+0.2″	59°57′20.9″
γ_3	37°56′17.0″	−3.2″	37°56′13.8″	−0.4″	37°56′13.4″

구분	관측각	각규약			
		$\varepsilon/3$	조정각	경정수	조정각
α_4	73°12′07.7″	+0.3″	73°12′08.0″	−0.2″	73°12′07.8″
β_4	69°43′00.5″	+0.2″	69°43′00.7″	−0.2″	69°43′00.5″
γ_4	37°04′51.1″	+0.2″	37°04′51.3″	+0.4″	37°04′51.7″

※ 계산과정의 단수처리로 인하여 ±0.1″ 정도의 오차가 발생할 경우 0.1″에 대한 오차처리는 90°에 가장 가까운 각에 배분한다.

3) 변규약에 의한 조정

(1) E_1 계산

① $\sin\alpha$ 와 $\sin\beta$ 계산

삼각형	$\sin\alpha$	$\sin\beta$
①	0.996626	0.839705
②	0.887697	0.953057

※ ③, ④ 삼각형도 동일한 방법으로 계산한다.

② $E_1 = \dfrac{\sin\alpha_1 \times \sin\alpha_2 \times l_1}{\sin\beta_1 \times \sin\beta_2 \times l_2} - 1 = \dfrac{\Pi\sin\alpha \times l_1}{\Pi\sin\beta \times l_2} - 1 = \dfrac{3{,}451.893695}{3{,}451.774669} - 1 = +34(+0.000034)$

(2) $\Delta\alpha$ 와 $\Delta\beta$ 계산

삼각형	$\Delta = \cos\alpha(또는\ \beta) \times (\sin10″ \times 10^6) = \cos\alpha(또는\ \beta) \times 48.4814$	
	$\Delta\alpha = \cos\alpha \times 48.4814$	$\Delta\beta = \cos\beta \times 48.4814$
①	$\cos 85°17′32.6″ \times 48.4814 = -4″$	$\cos 57°06′32.3″ \times 48.4814 = +26″$
②	$\cos 62°35′07.0″ \times 48.4814 = +22″$	$\cos 72°22′29.2″ \times 48.4814 = +15″$

※ ③, ④ 삼각형도 동일한 방법으로 계산한다.

(3) E_2 의 계산

각규약에서 조정각으로 계산한 sin값에 초차(Δ)를 더하여 $\sin\alpha'$과 $\sin\beta'$을 구한 후 E_2의 값을 계산한다.

① $\sin\alpha'$과 $\sin\beta'$ 계산

E_1의 값이 +34이므로 $\sin\alpha$값이 작기 때문에, $\sin\alpha$는 (−)로, $\sin\beta$는 (+)로 하여야 오차가 소거되므로 초차(Δ)를 $-\Delta\alpha$, $+\Delta\beta$로 하여 $\sin\alpha'$, $\sin\beta'$을 계산한다.

삼각형	$\sin\alpha'$	$\sin\beta'$
①	$0.996626 - 4(\Delta\alpha) = 0.996622$	$0.839705 + 26(\Delta\beta) = 0.839731$
②	$0.887697 + 22(\Delta\alpha) = 0.887675$	$0.953057 + 15(\Delta\beta) = 0.953072$

※ ③, ④ 삼각형도 동일한 방법으로 계산한다.

② $E_2 = \dfrac{\sin\alpha_1' \times \sin\alpha_2' \times l_1}{\sin\beta_1' \times \sin\beta_2' \times l_2} - 1 = \dfrac{\Pi \sin\alpha' \times l_1}{\Pi \sin\beta' \times l_2} - 1 = \dfrac{3,451.719419}{3,452.094145} - 1 = -109(-0.000109)$

③ $|E_1 - E_2| = |(+34) - (-109)| = 143$

(4) 경정수(x_1'', x_2'')의 계산

① $x_1'' = \dfrac{10'' E_1}{|E_1 - E_2|} = \dfrac{10'' \times (+35)}{|+35 - (-109)|} = +2.4''$

② $x_2'' = \dfrac{10'' E_2}{|E_1 - E_2|} = \dfrac{10'' \times (-109)}{|+35 - (-109)|} = -7.6''$

③ 검산 : $|x_1'' - x_2''| = |+2.4 - (-7.6)| = 10''$

4) 각규약 및 변규약에 따른 조정각

각변	관측각	각규약				$\dfrac{\sin\alpha}{\sin\beta}$	$\dfrac{\Delta\alpha}{\Delta\beta}$	$\dfrac{\sin\alpha'}{\sin\beta'}$	$\dfrac{\alpha - x_1''}{\beta + x_1''}$	변규약 조정각
		$\varepsilon/3$	조정각	경정수	조정각					
α_1	85°17′29.6″	+2.8″	85°17′32.4″	+0.2″	85°17′32.6″	0.996626	−4	0.996622	−2.4″	85°17′30.2″
β_1	57°06′29.4″	+2.7″	57°06′32.1″	+0.2″	57°06′32.3″	0.839705	+26	0.839731	+2.4″	57°06′34.7″
γ_1	37°35′52.8″	+2.7″	37°35′55.5″	−0.4″	37°35′55.1″		γ_1			37°35′55.1″
α_2	62°35′05.3″	+1.9″	62°35′07.2″	−0.2″	62°35′07.0″	0.887697	+22	0.887675	−2.4″	62°35′04.6″
β_2	72°22′27.5″	+1.9″	72°22′29.4″	−0.2″	72°22′29.2″	0.953057	+15	0.953072	+2.4″	72°22′31.6″
γ_2	45°02′21.5″	+1.9″	45°02′23.4″	+0.4″	45°02′23.8″		γ_2			45°02′23.8″
α_3	82°06′28.7″	−3.2″	82°06′25.5″	+0.2″	82°06′25.7″	0.990526	−7	0.990519	−2.4″	82°06′23.5″
β_3	59°57′23.9″	−3.2″	59°57′20.7″	+0.2″	59°57′20.9″	0.865639	−24	0.865663	+2.4″	59°57′23.3″
γ_3	37°56′17.0″	−3.2″	37°56′13.8″	−0.4″	37°56′13.4″		γ_3			37°56′13.4″
α_4	73°12′07.7″	+0.3″	73°12′08.0″	−0.2″	73°12′07.8″	0.957330	−14	0.957316	−2.4″	73°12′05.4″
β_4	69°43′00.5″	+0.2″	69°43′00.7″	−0.2″	69°43′00.5″	0.937991	−17	0.938008	+2.4″	69°43′02.9″
γ_4	37°04′51.1″	+0.2″	37°04′51.3″	+0.4″	37°04′51.7″		γ_4			37°04′51.7″

※ 계산과정의 단수처리로 인하여 ±0.1″ 정도의 오차가 발생할 경우 0.1″에 대한 오차처리는 90°에 가장 가까운 각에 배분한다.

CHAPTER 01 실전 및 핵심문제

※ 본 실전문제는 수험자의 정보를 토대로 작성하였으므로 일부 다를 수 있으며, 실전 대비 목적으로 작성한 것입니다.

01 지적삼각점 측점8에서 측점귀심방법으로 수평각을 측정하여 편심거리(K)=3.540m, θ=125°13′10.0″를 얻었다. 주어진 서식에 의하여 중심각을 구하시오(단, 거리는 소수 둘째 자리까지, 각도는 0.1″까지 계산하시오).

시준점	측점1	측점2	측점3	측점4
관측방향각	0°00′00″	13°12′42.5″	41°25′17.3″	93°34′29.2″
측점 간 거리(m)	3,012.70	2,172.44	3,589.62	1,333.39

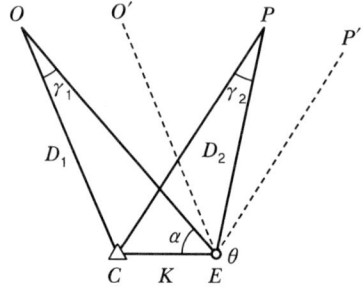

해설

1) 관측방향각은 수평각개정 계산부의 평균각
2) $360° - \theta = 360° - 125°13′10.0″ = 234°46′50.0″$
3) $\alpha =$ 관측방위각 $+ (360° - \theta)$

시준점	측점1	측점2	측점3	측점4
관측방향각	0°00′00″	13°12′42.5″	41°25′17.3″	93°34′29.2″
$360° - \theta$	234°46′50.0″	234°46′50.0″	234°46′50.0″	234°46′50.0″
α	234°46′50″	247°59′32.5″	276°12′07.3″	328°21′19.2″

4) $\frac{1}{D}$의 계산

측선	측점8-측점1	측점8-측점2	측점8-측점3	측점8-측점4
거리(D)	3,012.70	2,172.44	3,589.62	1,333.39
$\frac{1}{D}$	0.0003319	0.0004603	0.0002786	0.0007500

5) $\sin \alpha$의 계산

시준점	측점1	측점2	측점3	측점4
α	234°46′50.0″	247°59′32.5″	276°12′07.3″	328°21′19.2″
$\sin \alpha$	−0.816949	−0.927134	−0.994147	−0.524650

6) γ'' 계산 및 γ''을 분·초로 환산(γ)

측선	$\gamma'' = \frac{1}{D} \times \frac{1}{\sin 1''} \times K \times \sin \alpha$	γ
측점8-측점1	0.0003319×206,264.8×3.450×(−0.816949)=198.0″	−3′18.0″
측점8-측점2	0.0004603×206,264.8×3.450×(−0.927134)=311.6″	−5′11.6″
측점8-측점3	0.0002786×206,264.8×3.450×(−0.994147)=202.2″	−3′22.2″
측점8-측점4	0.0007500×206,264.8×3.450×(−0.524650)=287.3″	−4′47.3″

7) 중심방향각 계산

측선	중심방향각=관측방향각+γ
측점8-측점1	00°00′00″+(−3′18.0″)=−3′18.0″
측점8-측점2	13°12′42.5″+(−5′11.6″)=13°07′30.9″
측점8-측점3	41°25′17.3″+(−3′22.2″)=41°21′55.1″
측점8-측점4	93°34′29.2″+(−4′47.3″)=93°29′41.9″

8) C점에서 O점을 0°로 한 중심방향각

측선	중심방향각=중심방향각−γ
측점8-측점1	−3′18.0″+(+3″18.0″)=00°00′00.0″
측점8-측점2	13°07″30.9″+(+3′18.0″)=13°10″48.9″
측점8-측점3	41°21″55.1″+(+3′18.0″)=41°25′13.1″
측점8-측점4	93°29″41.9″+(+3′18.0″)=93°32′59.9″

9) 중심각의 계산

측점	중심각 = 앞선 방향각 − 뒤에 따른 방향각
∠측점1, 측점8, 측점2	13°10′48.9″ − 00°00′00.0″ = 13°10′48.9″
∠측점2, 측점8, 측점3	41°25′13.1″ − 13°10′48.9″ = 28°14′24.2″
∠측점3, 측점8, 측점4	93°32′59.9″ − 41°25′13.1″ = 52°07′46.8″
∠측점4, 측점8, 측점1	360°00′00″ − 93°32′59.5″ = 266°27′00.1″
계(검산)	13°10′48.9″ + 28°14′24.2″ + 52°07′46.8″ + 266°27′00.1″ = 360°00′00″

수평각 측점귀심 계산부

측점명 측점8 점

$$r'' = \frac{K \cdot \sin a}{D \cdot \sin 1''}$$

a : 관측방향각 $+ (360° - \theta)$
K : 편심거리(5m 이내)
D : 삼각점 간 거리(약치도 가함)

$K =$ 3.540m

360°00′00″
$\theta = 125°13′10.0″$
$360° - \theta = 234°46′50.0″$

시준점	$O=$측점1	$P=$측점2	$Q=$측점3	$R=$측점4	$S=$
관측방향각	0°00′00″	13°12′42.5″	41°25′17.3″	93°34′29.2″	
$360° - \theta$	234°46′50.0″	234°46′50.0″	234°46′50.0″	234°46′50.0″	
a	234°46′50.0″	247°59′32.5″	276°12′07.3″	328°21′19.2″	
$\dfrac{1}{D}$	0.0003319	0.0004603	0.0002786	0.0007500	
$\dfrac{1}{\sin 1''}$	206,264.8	206,264.8	206,264.8	206,264.8	
K	3.540	3.540	3.540	3.540	
$\sin \alpha$	−0.816949	−0.927134	−0.994147	−0.524650	
r''	× 198.0	× 311.6	× 202.2	× 287.3	×
r	−3′18.0″	−5′11.6″	−3′22.2″	−4′47.3″	
중심방향각	359°56′42.0″	13°07′30.9″	41°21′55.1″	93°29′41.9″	
C점에서 O점을 0°로 한 중심방향각	360°00′00.0″	13°10′48.9″	41°25′13.1″	93°32′59.9″	360°00′00″
중심각	13°10′48.9″	28°4′24.2″	52°07′46.8″	266°27′00.1″	

비고	D : 중심삼각점과 시준점 간 거리
	r'' : 초를 단위로 한 귀심화수 r : 분초를 환산한 귀심화수 } 부호는 $\sin \alpha$의 정, 부에 따라 붙임

약도

C : 중심삼각점
E : 편심측점
K : 편심거리

02 지적삼각점 점표9에서 중심각을 측정하려고 했으나 장애물로 인하여 관측하지 못하고 다음과 같이 편심관측을 하였다. 중심방향각을 구하시오(단, 편심관측방향은 중심방향선의 좌측에 있으며, 거리는 소수 둘째 자리까지, 각도는 0.1″까지 계산하시오).

시준점	점표1(O')	점표2(P')	점표3(Q')
관측방향각	12°34′56.7″	53°28′30.0″	85°43′37.0″
편심거리(m)	2.340	3.542	0.125
측점 간 거리(m)	1,234.56	3,012.70	3,839.69

해설

1) $\dfrac{1}{D}$의 계산

측선	점표3 → 점표1	점표3 → 점표2	점표3 → 점표3
거리(D)	1,234.56	3,012.70	3,839.69
$\dfrac{1}{D}$	0.000810	0.000332	0.000260

2) γ'' 계산 및 γ''을 분·초로 환산(γ)

측선	$\gamma'' = \dfrac{1}{D} \times \dfrac{1}{\sin 1''}(=\rho'') \times K$	γ
점표3 → 점표1	0.000810 × 206264.8 × 2.340 = 391.0″	+6′31.0″
점표3 → 점표2	0.000332 × 206264.8 × 2.340 = 242.5″	+4′02.5″
점표3 → 점표3	0.000260 × 206264.8 × 2.340 = 6.7″	+0′06.7″

3) 중심방향각의 계산

측선	중심방향각 = 관측방향각 + γ
점표3 → 점표1	12°34′56.7″ + (+6′31.0″) = 12°41′27.7″
점표3 → 점표2	53°28′30.0″ + (+4′02.5″) = 53°32′32.5″
점표3 → 점표3	85°43′37.0″ + (+0′06.7″) = 85°43′43.7″

수평각 점표귀심 계산부

측점명   점표9   점

$r'' = \dfrac{K}{D \cdot \sin 1''}$

K = 편심거리
D = 삼각점 간 거리

K = 2.340m
　 = 3.542m
　 = 0.125m

D = 1,234.56m
　 = 3,012.70m
　 = 3,839.69m

편심시준점	O' = 점표1	P' = 점표2	Q' = 점표3
관측방향각	12°34′56.7″	53°28′30.0″	85°43′37.0″
K	2.340	3.542	0.125
$\dfrac{1}{D}$	0.000810	0.000332	0.000260
$\dfrac{1}{\sin 1''}$	206,264.81	206,264.81	206,264.81
r''	× +391.0	× +242.5	× +6.7
r	+6′31.0″	+4′02.5″	+0′06.7″
중심방향각	12°41′27.7″	53°32′32.5″	85°43′43.7″

비고
r : r''를 분·초로 환산 기입하고 편심 관측방향이 중심방향선의 좌측에 있을 때에는 (+), 우측에 있을 때에는 (−) 부호를 붙인다.
K : 5m 이내일 것
D : 중심삼각점과 시준점 간 거리(약치도 가능함)

약도

※ 중심방향선은 실지와 부합하도록 기입할 것

C = 측점
O', P', Q' = 편심시준점

03 기지점 표1과 표2에서 고1의 표고를 관측한 결과 다음과 같다. 표고계산부에 의하여 소구점의 표고를 구하시오(단, 거리는 소수 둘째 자리까지, 각도는 0.1″까지 계산하시오).

구분	표1	표2
$L(m)$	8,085.91	5,970.80
α_1	87°54′53″	89°31′23″
α_2	92°06′59″	90°31′07″
$i_1(m)$	1.50	1.51
$i_2(m)$	1.45	1.45
$f_1(m)$	3.73	3.71
$f_2(m)$	3.61	3.61
$H_1(m)$	348.74	103.99

해설

1) 표고(표1 → 고1) 계산

표고 계산	$\alpha_1 - \alpha_2 = 87°54′53″ - 92°06′59″ = -4°12′06″$ $L \cdot \tan\dfrac{(\alpha_1 - \alpha_2)}{2} = 8,085.91 \times \tan\dfrac{-4°12′06″}{2} = -296.62\text{m}$ $\dfrac{(i_1 - i_2) + (f_1 + f_2)}{2} = \dfrac{(1.50 - 1.45) + (3.73 - 3.61)}{2} = 0.08\text{m}$
고저차(h) 계산	$L \cdot \tan\dfrac{(\alpha_1 - \alpha_2)}{2} + \dfrac{(i_1 - i_2) + (f_1 + f_2)}{2} = -296.62 + 0.08 = -296.54\text{m}$
표고(H_2) 계산	$H_1 + h = 348.74 + (-296.54) = 52.20\text{m}$

2) 표고(표2 → 고1) 계산

표고 계산	$\alpha_1 - \alpha_2 = 89°31′23″ - 90°31′07″ = -0°59′44″$ $L \cdot \tan\dfrac{(\alpha_1 - \alpha_2)}{2} = 5,970.80 \times \tan\dfrac{-0°59′44″}{2} = -51.87\text{m}$ $\dfrac{(i_1 - i_2) + (f_1 + f_2)}{2} = \dfrac{(1.51 - 1.45) + (3.71 - 3.61)}{2} = 0.08\text{m}$
고저차(h) 계산	$L \cdot \tan\dfrac{(\alpha_1 - \alpha_2)}{2} + \dfrac{(i_1 - i_2) + (f_1 + f_2)}{2} = -51.87 + 0.08 = -51.79\text{m}$
표고(H_2) 계산	$H_1 + h = 103.99 + (-51.79) = 52.20\text{m}$

3) 표고 평균

$$표고(H_2) = \frac{(52.20 + 52.20)}{2} = 52.20\text{m}$$

4) 교차 및 공차

교차	$52.20 - 52.20 = 0\text{m}$
공차	$0.05 + 0.05(S_1 + S_2) = 0.05 + 0.05(8.08591 + 5.97080) = 0.753 = \pm 0.75\text{m}$ ※ 공차는 반올림하지 않음 ※ $S_1 + S_2$는 기지점에서 소구점까지의 평면거리로서 km 단위로 표시한 수를 말한다.

표고계산부

약도

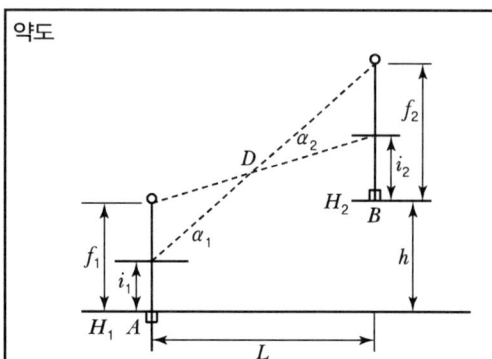

공식
$H_2 = H_1 + h$
$h = L \cdot \tan 1/2(\alpha_1 - \alpha_2) + 1/2(i_1 - i_2 + f_1 - f_2)$
$L = D \cdot \cos\alpha_1$ 또는 α_2
H_1 : 기지점표고 $\alpha_1 \alpha_2$: 연직각
H_2 : 소구점표고 $i_1 i_2$: 기계고
h : 고저차 $f_1 f_2$: 시준고
L : 수평거리 D : 경사거리

기지점명	표1 점	표2 점	점	점
소구점명	고1 점		점	
L	8,085.91	5,970.80		
α_1	87°54′53″	89°31′23″		
α_2	92°06′59″	90°31′07″		
$(\alpha_1 - \alpha_2)$	−4°12′06″	−0°59′44″		
$\tan\dfrac{(\alpha_1 - \alpha_2)}{2}$	−0°02′12.1″	−0°00′31.3″		
$L \cdot \tan\dfrac{(\alpha_1 - \alpha_2)}{2}$	−296.62m	−51.87m		
i_1	1.50m	1.51m		
i_2	1.45m	1.45m		
f_1	3.73m	3.71m		
f_2	3.61m	3.61m		
$\dfrac{(i_1 - i_2 + f_1 - f_2)}{2}$	0.08m	0.08m		
h	−296.54m	−51.79m		
H_1	348.74m	103.99m		
H_2	52.20m	52.20m		
평균	52.20m			
교차	0			
공차	±0.75			
계산자	○ ○ ○		검사자	○ ○ ○

04 지적삼각측량을 실시하기 위하여 광파측거기로 기지점 보라1에서 보라2까지의 거리를 측정한 결과 4,712.68m이었다. 주어진 여건에 따라 평면거리계산부를 사용하여 연직각과 표고에 의하여 두 점 간의 평면거리를 계산하시오(단, R=6,372,199.7m이고, 거리는 소수 둘째 자리까지 계산하시오).

- 연직각(α_1) = +2°16′53″
- 기지점표고(H_1')=459.78m
- 기계고(i)=1.45m
- 원점에서 삼각점까지의 횡선거리(Y_1)=13.5km

- 연직각(α_2) = −2°17′04″
- 기지점표고(H_2')=648.35m
- 시준고(f)=2.48m
- 원점에서 삼각점까지의 횡선거리(Y_2)=15.3km

해설

1) 연직각에 의한 평면거리 계산

구분	계산
연직각	$\frac{1}{2}(\alpha_1+\alpha_2) = \frac{1}{2}(2°16′53″+2°17′04″) = 2°17′04″$ (α_1, α_2는 절대치)
수평거리	$D \cdot \cos\frac{1}{2}(\alpha_1+\alpha_2) = 4,712.68 \times \cos\frac{1}{2}(2°16′53″+2°17′04″) = 4,708.93\text{m}$
표고	$H_1' = H_1 + i = $ 표고+기계고 $= 459.78+1.45 = 461.23\text{m}$ $H_2' = H_2 + f = $ 표고+시준고 $= 648.35+2.48 = 650.83\text{m}$
기준면거리	$S = D \cdot \cos\frac{1}{2}(\alpha_1+\alpha_2) - \frac{D \cdot (H_1'+H_2')}{2R}$ $= 4,712.68 \times \cos\frac{1}{2}(2°16′53″+2°17′04″) - \frac{4,712.68 \times (461.23+650.83)}{2 \times 6,372,199.7}$ $= 4,708.52\text{m}$
축척계수	$K = 1 + \frac{(Y_1+Y_2)^2}{8R^2} = 1 + \frac{(13.5+15.3)^2}{8 \times (6,372.199.7)^2} = 1.000003$
평면거리	$D_0 = S \times K = 4,708.52 \times 1.000003 = 4,708.53\text{m}$

2) 표고에 의한 평면거리 계산

구분	계산
표고 차이	$H_1' - H_2' = 461.23 - 650.83 = -189.60\text{m}$
수평거리	$D - \dfrac{(H_1' - H_2')^2}{2D} = 4,712.68 - \dfrac{(461.23 - 650.83)^2}{2 \times 4,712.68} = 4,708.86\text{m}$
기준면거리	$S = D - \dfrac{(H_1' - H_2')^2}{2D} - \dfrac{D \cdot (H_1' + H_2')}{2R}$ $= 4,712.68 - \dfrac{(459.78 - 650.83)^2}{2 \times 4,712.68} - \dfrac{4,712.68 \times (459.78 + 650.83)}{2 \times 6,372,199.7}$ $= 4,708.46\text{m}$
축척계수	$K = 1 + \dfrac{(Y_1 + Y_2)^2}{8R^2} = 1 + \dfrac{(13.5 + 15.3)^2}{8 \times (6,372.199.7)^2} = 1.000003$
평면거리	$D_0 = S \times K = 4,708.46 \times 1.000003 = 4,708.47\text{m}$

3) 평균 평면거리

$$D_0 = \frac{(4,708.52 + 4,708.47)}{2} = 4,708.50\text{m}$$

평면거리계산부

약도	공식
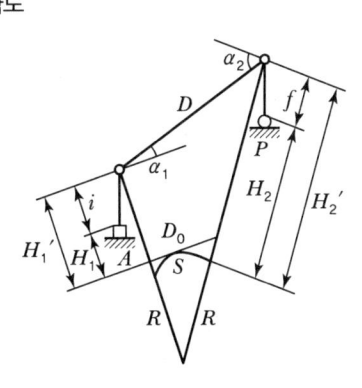	○ 연직각에 의한 계산 $S = d \cdot \cos \frac{1}{2}(\alpha_1 + \alpha_2) - \frac{D(H_1' + H_2')}{2R}$ ○ 표고에 의한 계산 $S = D - \frac{(H_1' - H_2')^2}{2D} - \frac{D(H_1' + H_2')}{2R}$ ○ 평면거리 $D_0 = S \times K \left(K = 1 + \frac{(Y_1 + Y_2)^2}{8R^2} \right)$ D = 경사거리　　S = 기준면거리 $H_1 H_2$ = 표고　　R = 곡률반경(6,372,199.7m) i = 기계고　　f = 시준고 $\alpha_1 \alpha_2$ = 연직각(절대치)　　K = 축척계수 $Y_1 Y_2$ = 원점에서 삼각점까지의 횡선거리(km)

연직각에 의한 계산		표고에 의한 계산	
방향		보라1 점 → 보라2 점	
D	4,712.68m	D	4,712.68m
α_1	+2°16′53″	$2D$	9,425.36
α_2	−2°17′15″	H_1'	461.23
$\frac{1}{2}(\alpha_1 + \alpha_2)$	2°17′04″	H_2'	650.83
$\cos \frac{1}{2}(\alpha_1 + \alpha_2)$	0.999205	$(H_1' - H_2')$	−189.60
$D \cdot \cos \frac{1}{2}(\alpha_1 + \alpha_2)$	4,708.93	$(H_1' - H_2')^2$	35,948.16
$H_1' = H_1 + i$	461.23	$\frac{(H_1' - H_2')}{2D}$	3.81
$H_2' = H_2 + f$	650.83	$D - \frac{(H_1' + H_2')}{2D}$	4,708.86
R	6,372,199.7	R	6,372,199.7
$2R$	12,744,399.3	$2R$	12,744,399.3
$\frac{D(H_1' + H_2')}{2R}$	0.411	$\frac{D(H_1' + H_2')}{2R}$	0.411
S	4,708.52	S	4,708.46
Y_1	13.5km	Y_1	13.5km
Y_2	15.3km	Y_2	15.3km
$(Y_1 + Y_2)^2$	829.44	$(Y_1 + Y_2)^2$	829.44
$8R^2$	324,839,427.7km	$8R^2$	324,839,427.7km
$K = 1 + \frac{(Y_1 + Y_2)^2}{8R^2}$	1.000003	$K = 1 + \frac{(Y_1 + Y_2)^2}{8R^2}$	1.000003
$S \times K$	4,708.53	$S \times K$	4,708.47
평균(D_0)		4,708.50	
계산자	○ ○ ○	검사자	○ ○ ○

05

지적삼각점측량을 유심다각망으로 실시하여 다음과 같은 결과를 얻었다. 주어진 서식에 의하여 소구점의 좌표를 구하시오(단, 각은 0.1″까지, 거리 및 좌표는 m 단위, 소수 둘째 자리까지 계산하시오).

1) 기지점좌표

점명	X좌표(m)	Y좌표(m)
동문(A)	464,622.87	197,395.42
남문(B)	464,981.43	194,264.47

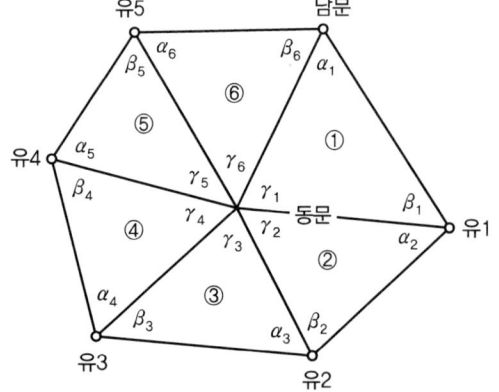

2) 관측내각

점명	각명	관측각	점명	각명	관측각
동문	α_1	60°12′29.2″	유3	α_4	52°01′38.5″
유1	β_1	65°18′45.8″	유4	β_4	63°00′56.2″
남문	γ_1	54°28′36.6″	동문	γ_4	64°57′32.9″
유1	α_2	64°42′21.3″	유4	α_5	57°26′31.8″
유2	β_2	55°21′58.6″	유5	β_5	57°40′53.5″
동문	γ_2	59°55′42.8″	동문	γ_5	64°52′29.1″
유2	α_3	60°30′28.2″	유5	α_6	65°39′45.9″
유3	β_3	60°43′41.6″	남문	β_6	57°20′11.4″
동문	γ_3	58°45′44.4″	동문	γ_6	56°59′54.2″

해설

1) 각규약에 의한 조정

(1) 삼각규약에 대한 오차 계산

삼각형	관측각의 합	180°와의 차(ε)	오차의 합($\Sigma\varepsilon$)
①	179°59′51.6″	−8.4″	
②	180°00′02.7″	+2.7″	
③	179°59′54.2″	−5.8″	−18.0″
④	180°00′07.6″	+7.6″	
⑤	179°59′54.4″	−5.6″	
⑥	179°59′51.5″	−8.5″	

(2) 망규약에 대한 오차 계산

$\sum \gamma = 360 - 00 - 00$

$e = (\gamma_1 + \gamma_2 + \gamma_3 + \gamma_4 + \gamma_5 + \gamma_6) - 360° = 360° - 360° = 0$

(3) 망규약 및 삼각규약의 조정량

구분		조정량
망규약		$(\mathrm{II}) = \dfrac{\sum \varepsilon - 3e}{2n} = \dfrac{-18.0 - (3 \times 0)}{2 \times 6} = -1.5''$
삼각규약		삼각규약$(\mathrm{I}) = \dfrac{-\varepsilon - (\mathrm{II})}{3}$
	① 삼각형	$(\mathrm{I}) = \dfrac{-\varepsilon_1 - (\mathrm{II})}{3} = \dfrac{-(-8.4) - (-1.5)}{3} = +3.3''$
	② 삼각형	$(\mathrm{I}) = \dfrac{-\varepsilon_2 - (\mathrm{II})}{3} = \dfrac{-(+2.7) - (-1.5)}{3} = -0.4''$
	③ 삼각형	$(\mathrm{I}) = \dfrac{-\varepsilon_3 - (\mathrm{II})}{3} = \dfrac{-(+2.7) - (-1.5)}{3} = +2.4''$
	④ 삼각형	$(\mathrm{I}) = \dfrac{-\varepsilon_4 - (\mathrm{II})}{3} = \dfrac{-(+7.6) - (-1.5)}{3} = -2.0''$
	⑤ 삼각형	$(\mathrm{I}) = \dfrac{-\varepsilon_5 - (\mathrm{II})}{3} = \dfrac{-(-5.6) - (-1.5)}{3} = +2.4''$
	⑥ 삼각형	$(\mathrm{I}) = \dfrac{-\varepsilon_6 - (\mathrm{II})}{3} = \dfrac{-(-8.5) - (-1.5)}{3} = +3.3''$

※ 계산부에서 (II)의 값은 각 삼각형의 γ각에 보정하고, (I)의 값은 각 삼각형의 α, β, γ각에 배부한다.

(4) 각규약에 따른 조정각

각명	관측각	조정량 I	조정량 II	조정각	각명	관측각	조정량 I	조정량 II	조정각
α_1	60°12′29.2″	+3.3″		60°12′32.5″	α_4	52°01′38″5??	−2.0		52°01′36.5″
β_1	65°18′45.8″	+3.3″		65°18′49.1″	β_4	63°00′56.2″	−2.0		63°00′54.2″
γ_1	54°28′36.6″	+3.3″	−1.5″	54°28′38.4″	γ_4	64°57′32.9″	−2.0	−1.5″	64°57′29.3″
α_2	64°42′21.3″	−0.4″		64°42′20.9″	α_5	57°26′31.8″	+2.4		57°26′34.2″
β_2	55°21′58.6″	−0.4″		55°21′58.2″	β_5	57°40′53.5″	+2.4		57°40′55.9″
γ_2	59°55′42.8″	−0.4″	−1.5″	59°55′40.9″	γ_5	64°52′29.1″	+2.4	−1.5″	64°52′29.9″
α_3	60°30′28.2″	+2.4″		60°30′30.6″	α_6	65°39′45.9″	+3.4		65°39′49.3″
β_3	60°43′41.6″	+2.4″		60°43′44.1″	β_6	57°20′11.4″	+3.3		57°20′14.7″
γ_3	58°45′44.4″	+2.4″	−1.5″	58°45′45.3″	γ_6	56°59′54.2″	+3.3	−1.5″	56°59′56.0″

※ 계산과정의 단수처리로 인하여 ±0.1″ 정도의 오차가 발생할 경우 0.1″에 대한 오차처리는 90°에 가장 가까운 각에 배분한다.

2) 변규약에 의한 조정

(1) E_1 계산

① $\sin\alpha$ 와 $\sin\beta$ 계산

삼각형	$\sin\alpha$	$\sin\beta$
①	0.867844	0.908608
②	0.904126	0.822801

※ ③, ④, ⑤, ⑥ 삼각형도 동일한 방법으로 계산한다.

② $E_1 = \dfrac{\sin\alpha_1 \times \sin\alpha_2 \times \sin\alpha_3 \times \sin\alpha_4}{\sin\beta_1 \times \sin\beta_2 \times \sin\beta_3 \times \sin\beta_4} - 1 = \dfrac{\Pi\sin\alpha}{\Pi\sin\beta} - 1 = \dfrac{0.413460}{0.413458} - 1 = +5(+0.000005)$

(2) $\Delta\alpha$ 와 $\Delta\beta$ 계산

삼각형	$\Delta = \cos\alpha(\text{또는 }\beta) \times (\sin10'' \times 10^6) = \cos\alpha(\text{또는 }\beta) \times 48.4814$	
	$\Delta\alpha = \cos\alpha \times 48.4814$	$\Delta\beta = \cos\beta \times 48.4814$
①	$\cos 60°12'32.5'' \times 48.4814 = -24''$	$\cos 65°18'49.1'' \times 48.4814 = +20''$
②	$\cos 64°42'20.9'' \times 48.4814 = -21''$	$\cos 55°21'58.2'' \times 48.4814 = +28''$

※ ③, ④, ⑤, ⑥ 삼각형도 동일한 방법으로 계산한다.

(3) E_2 의 계산

각규약에서 조정각으로 계산한 sin값에 초차(Δ)를 더하여 $\sin\alpha'$과 $\sin\beta'$을 구한 후 E_2의 값을 계산한다.

① $\sin\alpha'$과 $\sin\beta'$ 계산

E_1의 값이 +5이므로 $\sin\alpha$값이 크기 때문에, $\sin\alpha$는 (−)하고, $\sin\beta$는 (+)로 하여야 오차가 소거되므로 초차(Δ)를 $-\Delta\alpha$, $+\Delta\beta$로 하여 $\sin\alpha'$, $\sin\beta'$을 계산한다.

삼각형	$\sin\alpha'$	$\sin\beta'$
①	$0.867844 - 24(\Delta\alpha) = 0.867820$	$0.908608 + 20(\Delta\beta) = 0.908628$
②	$0.904126 - 21(\Delta\alpha) = 0.904105$	$0.822801 + 28(\Delta\beta) = 0.822829$

※ ③, ④, ⑤, ⑥ 삼각형도 동일한 방법으로 계산한다.

② $E_2 = \dfrac{\sin\alpha_1' \times \sin\alpha_2' \times \sin\alpha_3' \times \sin\alpha_4'}{\sin\beta_1' \times \sin\beta_2' \times \sin\beta_3' \times \sin\beta_4'} - 1$

$= \dfrac{\Pi\sin\alpha'}{\Pi\sin\beta'} - 1 = \dfrac{0.413339}{0.413529} - 1$

$= -336(-0.000336)$

③ $|E_1 - E_2| = |(+5) - (-336)| = 341$

(4) 경정수(x_1'', x_2'')의 계산

① $x_1'' = \dfrac{10''E_1}{|E_1 - E_2|} = \dfrac{10'' \times (+5)}{|(+5) - (-336)|} = +0.1''$

② $x_2'' = \dfrac{10'' E_2}{|E_1 - E_2|} = \dfrac{10'' \times (-336)}{|(+5) - (-336)|} = -9.9''$

③ 검산 : $|x_1'' - x_2''| = |(+0.1) - (-9.9)| = 10''$

(5) 변규약에 따른 조정각

각명	관측각	각규약 I	각규약 II	각규약 조정각	$\sin\alpha$ $\sin\beta$	$\Delta\alpha$ $\Delta\beta$	$\sin\alpha'$ $\sin\beta'$	$\alpha - x_1''$ $\beta + x_1''$	변규약 조정각
α_1	60°12′29.2″	+3.3″		60°12′32.5″	0.867844	−24	0.867820	−0.1″	60°12′32.4″
β_1	65°18′45.8″	+3.3″		65°18′49.1″	0.908608	+20	0.908628	+0.1″	65°18′49.2″
γ_1	54°28′36.6″								54°28′38.4″
α_2	64°42′21.3″	−0.4″		64°42′20.9″	0.904126	−21	0.904105	−0.1″	64°42′20.8″
β_2	55°21′58.6″	−0.4″		55°21′58.2″	0.822801	+28	0.822829	+0.1″	55°21′58.3″
γ_2	59°55′42.8″								59°55′40.9″
α_3	60°30′28.2″	+2.4″		60°30′30.6″	0.870429	−24	0.870405	−0.1″	60°30′30.5″
β_3	60°43′41.6″	+2.4″		60°43′44.1″	0.872316	+24	0.872340	+0.1″	60°43′44.2″
γ_3	58°45′44.4″								58°45′45.3″
α_4	52°01′38−5″	−2.0″		52°01′36.5″	0.788299	−30	0.788269	−0.1″	52°01′36.4″
β_4	63°00′56.2″	−2.0″		63°00′54.2″	0.891126	+22	0.891148	+0.1″	63°00′54.3″
γ_4	64°57′32.9″								64°57′29.3″
α_5	57°26′31.8″	+2.4″		57°26′34.2″	0.842855	−26	0.842829	−0.1″	57°26′34.1″
β_5	57°40′53.5″	+2.4″		57°40′55.9″	0.845096	+26	0.845122	+0.1″	57°40′56.0″
γ_5	64°52′29.1″								64°52′29.9″
α_6	65°39′45.9″	+3.4″		65°39′49.3″	0.911142	−20	0.911122	−0.1″	65°39′49.2″
β_6	57°20′11.4″	+3.3″		57°20′14.7″	0.841863	+26	0.841889	+0.1″	57°20′14.8″
γ_6	56°59′54.2″								56°59′56.0″

※ 계산과정의 단수처리로 인하여 ±0.1″ 정도의 오차가 발생할 경우 0.1″에 대한 오차처리는 90°에 가장 가까운 각에 배분한다.

3) 기지점간거리 및 방위각 계산

(남문=A, 동문=B, 유1=C, 유2=D)

방향	거리 및 방위각
동문 → 남문	$\Delta x_a^b = x_b - x_a = 464{,}981.43 - 464{,}622.87 = +358.56\text{m}$ $\Delta y_a^b = y_b - y_a = 194{,}264.47 - 197{,}395.45 = -3{,}130.95\text{m}$ (4상한) $\overline{AB} = \sqrt{(\Delta x_a^b)^2 + (\Delta y_a^b)^2} = \sqrt{(+358)^2 + (-3{,}130.95)^2} = 3{,}151.41\text{m}$ $\theta = \tan^{-1}\left(\dfrac{\Delta y_a^b}{\Delta x_a^b}\right) = \tan^{-1}\left(\dfrac{-3{,}130.95}{+358.56}\right) = 83°28′00.8″$ $V_A^B = 360° - \theta = 360° - 83°28′00.8″ = 276°31′59.2″$

4) 소구점 변장 계산

삼각형	방향	변장
①	동문 → 유1	$\overline{AC} = \dfrac{\overline{AB} \times \sin\alpha_1}{\sin\beta_1} = \dfrac{3{,}151.41 \times \sin 60°12'32.4''}{\sin 65°18'49.2''} = 3{,}010.02\text{m}$
①	남문 → 유1	$\overline{BC} = \dfrac{\overline{AB} \times \sin\gamma_1}{\sin\beta_1} = \dfrac{3{,}151.41 \times \sin 54°28'38.4''}{\sin 65°18'49.2''} = 2{,}822.88\text{m}$
②	동문 → 유2	$\overline{AD} = \dfrac{\overline{AC} \times \sin\alpha_2}{\sin\beta_2} = \dfrac{3{,}010.02 \times \sin 64°42'20.8''}{\sin 55°21'58.3''} = 3{,}307.53\text{m}$
②	유1 → 유2	$\overline{CD} = \dfrac{\overline{AC} \times \sin\gamma_2}{\sin\beta_2} = \dfrac{3{,}010.02 \times \sin 59°55'40.9''}{\sin 55°21'58.3''} = 3{,}307.53\text{m}$

※ ③, ④, ⑤, ⑥ 삼각형도 동일한 방법으로 계산한다.

5) 소구점 방위각의 계산

(남문 $= A$, 동문 $= B$, 유1 $= C$, 유2 $= D$)

> ※ 역방위각의 개념
> - 방위각이 180° 이상일 때 = 방위각 $- 180°$
> - 방위각이 180° 미만일 때 = 방위각 $+ 180°$

삼각형	방위각
①	$V_b^c = V_b^a + \alpha_1 = (V_a^b - 180°) + \alpha_1 = (276°31'59.2'' - 180°) + 60°12'32.4'' = 36°19'26.8''$ $V_a^c = V_a^b + \gamma_1 = 276°31'59.2'' + 54°28'38.4'' = 331°00'37.6''$
②	$V_c^d = V_c^a - \alpha_2 = (V_C^A - 180°) + \alpha_2 = (331°00'37.6'' - 180°) + 64°42'20.8'' = 86°18'16.8''$ $V_a^d = V_a^c + \gamma_2 = 331°00'37.6'' + 59°55'40.9'' = 30°56'18.5''$

※ ③, ④, ⑤, ⑥ 삼각형도 동일한 방법으로 계산한다.

6) 소구점 종·횡선좌표 계산

(동문 $= A$, 남문 $= B$, 유1 $= C$, 유2 $= D$)
- 소구점 종선좌표 = 기지점 종선좌표 + 종선차(Δx) ($\Delta x = \cos V \times l$)
- 소구점 횡선좌표 = 기지점 횡선좌표 + 횡선차(Δy) ($\Delta y = \sin V \times l$)

소구점	방향	종·횡선좌표
유1(C)	동문 → 유1	$X_C = X_A + (\overline{AC} \times \cos V_a^c) = 464{,}622.87 + (3{,}010.02 \times \cos 331°00'37.6'') = 467{,}255.76\text{m}$ $Y_C = Y_A + (\overline{AC} \times \sin V_a^c) = 197{,}395.42 + (3{,}010.02 \times \sin 331°00'37.6'') = 195{,}936.61\text{m}$
유1(C)	남문 → 유1	$X_C = X_B + (\overline{BC} \times \cos V_b^c) = 464{,}981.43 + (2{,}822.88 \times \cos 36°19'26.8'') = 467{,}255.77\text{m}$ $Y_C = Y_B + (\overline{BC} \times \sin V_b^c) = 194{,}264.47 + (2{,}822.88 \times \sin 36°19'26.8'') = 195{,}936.61\text{m}$
유1(C)	평균좌표	$X_C = \dfrac{(467{,}255.77 + 467{,}255.76)}{2} = 467{,}255.77\text{m}$ $Y_C = \dfrac{(195{,}936.61 + 195{,}936.61)}{2} = 195{,}936.61\text{m}$

소구점	방향	종 · 횡선좌표
유2(C)	동문 → 유2	$X_D = X_A + (\overline{AD} \times \cos V_a^d) = 464,622.87 + (3,307.53 \times \cos 30°56'18.5'') = 467,459.80\text{m}$ $Y_D = Y_A + (\overline{AD} \times \sin V_a^d) = 197,395.42 + (3,307.53 \times \sin 30°56'18.5'') = 199,095.88\text{m}$
	유1 → 유2	$X_D = X_C + (\overline{CD} \times \cos V_c^d) = 464,255.76 + (3,165.85 \times \cos 86°18'16.8'') = 467,459.80\text{m}$ $Y_D = Y_C + (\overline{CD} \times \sin V_c^d) = 195,936.61 + (3,165.85 \times \sin 86°18'16.8'') = 199,095.88\text{m}$
	평균좌표	$X_D = \dfrac{(467,459.80 + 467,459.80)}{2} = 467,459.80\text{m}$ $Y_D = \dfrac{(199,095.88 + 199,095.88)}{2} = 199,095.88\text{m}$

※ ③, ④, ⑤, ⑥ 삼각형도 동일한 방법으로 계산한다.

7) 점검

최종계산 결과 남문에서 동문에 대한 변장과 방위각은 기지변과 기지방위각에 해당하므로 산출된 값과 비교하여 같아야 하며, 조정계산 결과 변장에서 ±0.01m, 방위각에서 ±0.1″ 이내의 오차가 발생할 수도 있다.

유심다각망 조정계산부(진수)

삼각형	점명	각명	관측각			각규약 조정각		$\dfrac{\Delta\alpha}{\Delta\beta}$	$\dfrac{\sin\alpha}{\sin\beta}$	$\dfrac{\sin\alpha'}{\sin\beta'}$	$\dfrac{\alpha-x_1''}{\beta+x_1''}$	변각 조정각	변장 $\alpha\times\dfrac{\sin\alpha(r)}{\sin\beta}$		방위각		종횡선좌표		점명
				I	II												X	Y	
1	등문	α_1	60°12′29.2″	+3.3″		60°12′32.5″		−24	0.867844	0.867820	−0.1″	60°12′32.4″	등문→유1	3,151.41	남문→등문	276°31′59.2″	464,622.87	197,395.42	남문
	유1	β_1	65°18′45.8″	+3.3″		65°18′49.1″		+20	0.908608	0.908628	+0.1″	65°18′49.2″	2,822.88	등문→유1	36°19′26.8″	464,981.43	194,264.47	등문
	남문	γ_1	54°28′36.6″	+3.3″	−1.5″	54°28′38.4″					γ_1	54°28′38.4″	남문→유1	331°00′37.6″	467,255.77	195,936.61	유1
		+	179°59′51.6″			180°00′00.0″						평균	3,010.02					
		−	180°00′00.0″															
			$e_1 = -8.4$																
2	유1	α_2	64°42′21.3″	−0.4″		64°42′20.9″		−21	0.904126	0.904105	−0.1″	64°42′20.8″	유1→유2	3,165.85	유1→유2	86°18′16.8″	467,255.77	195,936.61	유1
	유2	β_2	55°21′58.6″	−0.4″		55°21′58.2″		+28	0.822801	0.822829	+0.1″	55°21′58.3″	3,241.97	유1→유2		467,459.80	199,095.88	유2
	등문	γ_2	59°55′42.8″	−0.4″	−1.5″	59°55′40.9″					γ_2	59°55′40.9″	남문→유2	3,307.53	남문→유2	30°56′18.5″	467,459.80	199,095.88	
		+	180°00′02.7″			180°00′00.0″						평균							
		−																	
			$e_2 = +2.7$																
3	유2	α_3	60°30′28.2″	+2.4″		60°30′30.6″		−24	0.870429	0.870405	−0.1″	60°30′30.5″	유2→유3	3,241.97	유2→유3	150°25′48.0″	464,640.09	200,695.75	
	유3	β_3	60°43′41.6″	+2.4″		60°43′44.1″		+24	0.872316	0.872340	+0.1″	60°43′44.2″	3,300.37	유2→유3		464,640.09	200,695.75	유3
	등문	γ_3	58°45′44.4″	+2.4″	−1.5″	58°45′45.3″					γ_3	58°45′45.3″	남문→유3		남문→유3	89°42′03.8″	464,640.09	200,695.75	
		+	179°59′54.2″			180°00′00.0″						평균							
		−	180°00′00.0″																
			$e_3 = -5.8$																
4	유3	α_4	52°01′38.5″	−2.0″		52°01′36.5″		−30	0.788299	0.788269	−0.1″	52°01′36.4″	유3→유4	3,355.45	유3→유4	217°40′27.4″	461,984.26	198,644.99	
	유4	β_4	63°00′56.2″	−2.0″		63°00′54.2″		+22	0.891126	0.891148	+0.1″	63°00′54.3″	2,919.54	유3→유4		461,984.25	198,644.99	유4
	등문	γ_4	64°57′32.9″	−2.0″	−1.5″	64°57′29.3″					γ_4	64°57′29.3″	남문→유4		남문→유4	154°39′33.1″	461,984.26	198,644.99	
		+	180°00′07.6″			180°00′00.0″						평균							
		−	180°00′00.0″																
			$e_4 = +7.6$																
5	유4	α_5	57°26′34.2″	+2.4″		57°26′34.2″		−26	0.842855	0.842829	−0.1″	57°26′34.1″	유4→유5	3,127.81	유4→유5	277°12′59.0″	462,377.17	195,541.96	
	유5	β_5	57°40′53.5″	+2.4″		57°40′55.9″		+26	0.845096	0.845122	+0.1″	57°40′56.0″	2,911.80	유4→유5		462,377.16	195,541.95	유5
	등문	γ_5	64°52′29.1″	+2.4″	−1.5″	64°52′29.9″					γ_5	64°52′29.9″	남문→유5		남문→유5	219°32′03.0″	462,377.16	195,541.96	
		+	179°59′54.4″			180°00′00.0″						평균							
		−	180°00′00.0″																
			$e_5 = -5.6$																
6	유5	α_6	65°39′45.9″	+3.4″		65°39′49.3″		−20	0.911142	0.911122	−0.1″	65°39′49.2″	유5→등문	2,900.72	유5→등문	333°52′13.8″	464,981.43	194,264.48	
	남문	β_6	57°20′11.4″	+3.3″		57°20′14.7″		+26	0.841863	0.841889	+0.1″	57°20′14.8″	3,151.42	남문→등문	276°31′59.2″	464,981.43	194,264.46	남문
	등문	γ_6	56°59′54.2″	+3.3″	−1.5″	56°59′56.0″					γ_6	56°59′56.0″	남문→등문		남문→등문	276°31′59.2″	464,981.43	194,264.47	등문
		+	179°59′51.5″			180°00′00.0″						평균							
		−	180°00′00.0″																
			$e_6 = -8.5$																
	Σr		제1기선 l_1			360°00′00.0″		E_1	$\pi\sin\alpha$ 0.413460	$\pi\sin\alpha'$ 0.413390									
	360° 모든 기지내각		제2기선 l_2			360°00′00.0″		E_2	$\pi\sin\beta$ 0.413458	$\pi\sin\beta'$ 0.413529									

$\Sigma e = -18.0$

$(II) = \dfrac{\Sigma e - 3e}{2n} = -1.5''$

$(I) = \dfrac{-e - (II)}{3}$ = ① +3.3″, ② −0.4″, ③ +2.4″

n : 삼각형 수 ④ −2.0″, ⑤ +2.4″, ⑥ +3.3″

$E_1 = \pi\sin\alpha \cdot l_1 - l_2 = +5$

$E_2 = \pi\sin\alpha' \cdot l_1 - l_2 = -336$

$|E_1 - E_2| = 341$

$\Delta\alpha, \Delta\beta = 10''$ 차입

$x_1'' = \dfrac{10'' E_2}{|E_1 - E_2|} = +0.1''$

$x_2'' = \dfrac{10'' E_1}{|E_1 - E_2|} = +9.9''$

검산: $|x_1'' + x_2''| = 10''$

06
지적삼각점측량을 삽입망으로 실시하여 다음과 같은 결과를 얻었다. 각규약 및 변규약에 따른 조정각을 구하시오(단, 각은 0.1″까지, 거리 및 좌표는 m 단위, 소수 둘째 자리까지 계산하시오).

1) 기지점좌표

점명	X좌표(m)	Y좌표(m)
삽4(A)	454,591.97	204,428.53
삽9(B)	457,819.63	204,755.27
삽11(C)	461,216.59	204,692.90

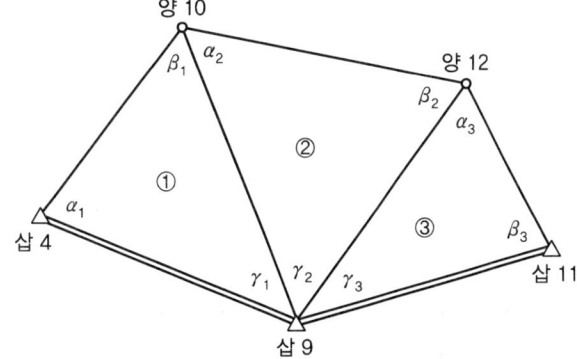

2) 관측내각

점명	각명	관측각	점명	각명	관측각
삽4	α_1	60°12′29.2″	양12	α_3	60°30′28.2″
양10	β_1	65°18′45.8″	삽11	β_3	60°43′41.6″
삽9	γ_1	54°28′37.9″	삽9	γ_3	58°45′45.7″
양10	α_2	64°42′21.3″			
양12	β_2	55°21′58.0″			
삽9	γ_2	59°55′44.1″			

해설

1) 각규약에 의한 조정

(1) 삼각규약에 대한 오차 계산

삼각형	관측각의 합	180°와의 차(ε)
①	179°59′52.9″	−7.1″
②	180°00′03.4″	+3.4″
③	179°59′55.5″	−4.5″

(2) 망규약에 대한 오차 계산

구분	오차
기지내각	$V_B^C - V_B^A = V_B^C - (V_A^B + 180°)$ $= 358°56′53.3″ - (5°46′49.6″ + 180°) = 173°10′03.7″$
관측각 합	$\sum \gamma = \gamma_1 + \gamma_2 + \gamma_3 = 173°10′07.7″$
기지각 오차	$e = \sum \gamma - 기지내각 = 173°10′07.7″ - 173°10′03.7″ = +4.0″$

(3) 망규약 및 삼각규약의 조정량

구분		조정량
망규약		$(\text{II}) = \dfrac{\sum \varepsilon - 3e}{2n} = \dfrac{-8.2 - (3 \times 4.0)}{2 \times 3} = -3.4''$
삼각규약	① 삼각형	$(\text{I}) = \dfrac{-\varepsilon_1 - (\text{II})}{3} = \dfrac{-(-7.1) - (-3.4)}{3} = +3.5''$
	② 삼각형	$(\text{I}) = \dfrac{-\varepsilon_2 - (\text{II})}{3} = \dfrac{-(+3.4) - (-3.4)}{3} = 0''$
	③ 삼각형	$(\text{I}) = \dfrac{-\varepsilon_3 - (\text{II})}{3} = \dfrac{-(-4.5) - (-3.4)}{3} = +2.6''$

(4) 각규약에 따른 조정각

각명	관측각	각규약		조정각
		I	II	
α_1	60°12′29.2″	+3.5″		60°12′32.7″
β_1	65°18′45.8″	+3.5″		65°18′49.3″
γ_1	54°28′37.9″	+3.5″	−3.4″	54°28′38.0″
α_2	64°42′21.3″	0.0″		64°42′21.3″
β_2	55°21′58.0″	0.0″		55°21′58.0″
γ_2	59°55′44.1″	0.0″	−3.4″	59°55′40.7″
α_3	60°30′28.2″	+2.6″		60°30′30.8″
β_3	60°43′41.6″	+2.6″		60°43′44.3″
γ_3	58°45′45.7″	+2.6″	−3.4″	58°45′44.9″

※ 계산과정의 단수처리로 인하여 ±0.1″ 정도의 오차가 발생할 경우 0.1″에 대한 오차처리는 90°에 가장 가까운 각에 배분한다.

2) 변규약에 의한 조정

(1) E_1 계산

① $\sin \alpha$ 와 $\sin \beta$ 계산

삼각형	$\sin \alpha$	$\sin \beta$
①	0.867844	0.908608
②	0.904127	0.822800
③	0.870429	0.872317

② $E_1 = \dfrac{\sin \alpha_1 \times \sin \alpha_2 \times l_1}{\sin \beta_1 \times \sin \beta_2 \times l_2} - 1 = \dfrac{\Pi \sin \alpha \times l_1}{\Pi \sin \beta \times l_2} - 1 = \dfrac{2215.678386}{2215.678338} - 1 = -4(-0.000004)$

(2) $\Delta\alpha$ 와 $\Delta\beta$ 계산

삼각형	$\Delta = \cos\alpha$(또는 β)$\times(\sin 10'' \times 10^6) = \cos\alpha$(또는 β)$\times 48.4814$	
	$\Delta\alpha = \cos\alpha \times 48.4814$	$\Delta\beta = \cos\beta \times 48.4814$
①	$\cos 60°12'32.7'' \times 48.4814 = +24''$	$\cos 65°18'49.3'' \times 48.4814 = -20''$
②	$\cos 64°42'21.3'' \times 48.4814 = +21''$	$\cos 55°21'58.0'' \times 48.4814 = -28''$
③	$\cos 60°30'30.8'' \times 48.4814 = +24''$	$\cos 60°43'44.3'' \times 48.4814 = -24''$

(3) E_2의 계산

각규약에서 조정각으로 계산한 sin값에 초차(Δ)를 더하여 $\sin\alpha'$과 $\sin\beta'$을 구한 후 E_2의 값을 계산한다.

① $\sin\alpha'$과 $\sin\beta'$ 계산

E_1의 값이 -4이므로 $\sin\alpha$값이 작기 때문에, $\sin\alpha$는 $(+)$로 하고, $\sin\beta$는 $(-)$로 하여야 오차가 소거되므로 초차(Δ)를 $+\Delta\alpha$, $-\Delta\beta$로 하여 $\sin\alpha'$, $\sin\beta'$을 계산한다.

삼각형	$\sin\alpha'$	$\sin\beta'$
①	$0.867844 + 24(\Delta\alpha) = 0.867868$	$0.908608 - 20(\Delta\beta) = 0.908588$
②	$0.904127 + 21(\Delta\alpha) = 0.904148$	$0.822800 - 28(\Delta\beta) = 0.822772$
③	$0.870429 + 24(\Delta\alpha) = 0.870453$	$0.872317 - 24(\Delta\beta) = 0.872293$

② $E_2 = \dfrac{\sin\alpha_1' \times \sin\alpha_2' \times l_1}{\sin\beta_1' \times \sin\beta_2' \times l_2} - 1 = \dfrac{\Pi\sin\alpha' \times l_1}{\Pi\sin\beta' \times l_2} - 1 = \dfrac{2215.852220}{2215.502212} - 1 = +158(-0.000158)$

③ $|E_1 - E_2| = |(-4) - (+158)| = 162$

(4) 경정수(x_1'', x_2'')의 계산

① $x_1'' = \dfrac{10'' E_1}{|E_1 - E_2|} = \dfrac{10'' \times (-4)}{|-4-(+158)|} = -0.2''$

② $x_2'' = \dfrac{10'' E_2}{|E_1 - E_2|} = \dfrac{10'' \times (+158)}{|-4-(+158)|} = +9.8''$

③ 검산 : $|x_1'' - x_2''| = |-0.2 - (-9.8)| = 10''$

(5) 변규약에 따른 조정각

각명	관측각	각규약			$\sin\alpha$ $\sin\beta$	$\Delta\alpha$ $\Delta\beta$	$\sin\alpha'$ $\sin\beta'$	$\alpha - x_1''$ $\beta + x_1''$	변규약 조정각
		I	II	조정각					
α_1	$60°12'29.2''$	$+3.5''$		$60°12'32.7''$	0.867844	$+24$	0.867868	$+0.2''$	$60°12'32.9''$
β_1	$65°18'45.8''$	$+3.5''$		$65°18'49.3''$	0.908608	-20	0.908588	$-0.2''$	$65°18'49.1''$
γ_1	$54°28'37.9''$	$+3.5''$	$-3.4''$	$54°28'38.0''$					$54°28'38.0''$
α_2	$64°42'21.3''$	$0.0''$		$64°42'21.3''$	0.904127	$+21$	0.904148	$+0.2''$	$64°42'21.5''$
β_2	$55°21'58.0''$	$0.0''$		$55°21'58.0''$	0.822800	-28	0.822772	$-0.2''$	$55°21'57.8''$
γ_2	$59°55'44.1''$	$0.0''$	$-3.4''$	$59°55'40.7''$					$59°55'40.7''$
α_3	$60°30'28.2''$	$+2.6''$		$60°30'30.8''$	0.870429	$+24$	0.870453	$+0.2''$	$60°30'31.0''$

각명	관측각	각규약		조정각	$\dfrac{\sin\alpha}{\sin\beta}$	$\dfrac{\Delta\alpha}{\Delta\beta}$	$\dfrac{\sin\alpha'}{\sin\beta'}$	$\dfrac{\alpha-x_1''}{\beta+x_1''}$	변규약 조정각
		I	II						
β_3	60°43′41.6″	+2.6″		60°43′44.3″	0.872317	−24	0.872293	−0.2″	60°43′44.1″
γ_3	58°45′45.7″	+2.6″	−3.4″	58°45′44.9″					58°45′44.9″

※ 계산과정의 단수처리로 인하여 ±0.1″ 정도의 오차가 발생할 경우 0.1″에 대한 오차처리는 90°에 가장 가까운 각에 배분한다.

3) 기지점간거리 및 방위각 계산

(삽4=A, 삽9=B, 삽11=C, 양10=D, 양12=E)

방향	거리 및 방위각
삽4 → 삽9	$\Delta x_a^b = x_b - x_a = 457,819.63 - 454,591.97 = +3,227.66\text{m}$ $\Delta y_a^b = y_b - y_a = 204,755.27 - 204,428.53 = +326.74\text{m}\,(1상한)$ $\overline{AB} = \sqrt{(\Delta x_a^b)^2 + (\Delta y_a^b)^2} = \sqrt{(+3,227.66)^2 + (+326.74)^2} = 3,244.16\text{m}$ $\theta = \tan^{-1}\left(\dfrac{\Delta y_a^b}{\Delta x_a^2}\right) = \tan^{-1}\left(\dfrac{326.74}{3,227.66}\right) = 5°46′49.6″$ $V_A^B = \theta = 5°46′49.6″$
삽9 → 삽11	$\Delta x_b^c = x_c - x_b = 461,216.59 - 457,819.63 = +3,396.96\text{m}$ $\Delta y_b^c = y_c - y_b = 204,692.90 - 204,755.27 = -62.37\text{m}\,(4상한)$ $\overline{BC} = \sqrt{(\Delta x_b^c)^2 + (\Delta y_b^c)^2} = \sqrt{(+3,396.96)^2 + (-62.37)^2} = 3,397.53\text{m}$ $\theta = \tan^{-1}\left(\dfrac{\Delta y_b^c}{\Delta x_b^c}\right) = \tan^{-1}\left(\dfrac{-62.37}{+3,396.96}\right) = 1°03′06.7″$ $V_B^C = 360° - \theta = 360° - 1°03′06.7″ = 358°56′53.3″$

4) 소구점 변장 계산

(삽4=A, 삽9=B, 삽11=C, 양10=D, 양12=E)

삼각형	방향	변장
①	삽4 → 양10	$\overline{AD} = \dfrac{\overline{AB} \times \sin\gamma_1}{\sin\beta_1} = \dfrac{3,244.16 \times \sin54°28′38.0″}{\sin65°18′49.1″} = 2,905.95\text{m}$
	삽9 → 양10	$\overline{BD} = \dfrac{\overline{AB} \times \sin\alpha_1}{\sin\beta_1} = \dfrac{3,244.16 \times \sin60°12′32.9″}{\sin65°18′49.1″} = 3,098.62\text{m}$
②	양10 → 양12	$\overline{DE} = \dfrac{\overline{BD} \times \sin\gamma_2}{\sin\beta_2} = \dfrac{3,098.62 \times \sin59°55′40.7″}{\sin55°21′57.8″} = 3,259.04\text{m}$
	삽9 → 양12	$\overline{BE} = \dfrac{\overline{BD} \times \sin\alpha_2}{\sin\beta_2} = \dfrac{3,098.62 \times \sin64°42′21.5″}{\sin55°21′57.8″} = 3,404.89\text{m}$
③	양12 → 삽11	$\overline{EC} = \dfrac{\overline{BE} \times \sin\gamma_3}{\sin\beta_3} = \dfrac{3404.89 \times \sin58°45′44.9″}{\sin60°43′44.1″} = 3,337.40\text{m}$
	삽9 → 삽11	$\overline{BC} = \dfrac{\overline{BE} \times \sin\alpha_3}{\sin\beta_3} = \dfrac{3404.89 \times \sin60°30′31.0″}{\sin60°43′44.1″} = 3,397.53\text{m}$

5) 소구점 방위각 계산

(삼4 = A, 삼9 = B, 삼11 = C, 양10 = D, 양12 = E)

삼각형	방향	방위각
①	삼4 → 양10	$V_A^D = V_A^B - \alpha_1 = 5°46'49.6'' - 60°12'32.9'' = -54°25'43.3'' + 360° = 305°34'16.7''$
①	삼9 → 양10	$V_B^D = V_B^A + \gamma_1 = (V_a^b + 180°) + \gamma_1 = (5°46'49.6'' + 180°) + 54°28'38.0'' = 240°15'27.6''$
②	양10 → 양12	$V_D^E = V_D^A - (\alpha_2 + \beta_1) = (V_a^d - 180°) - (\alpha_2 + \beta_1)$ $= (305°34'16.7'' - 180°) - (64°42'21.5'' + 65°18'49.1'') = -4°26'53.9'' + 360°$ $= 355°33'06.1''$
②	삼9 → 양12	$V_B^E = V_B^C - \gamma_3 = 358°56'53.3'' - 58°45'44.9'' = 300°11'08.4''$
③	양12 → 삼11	$V_E^C = V_E^B - \alpha_3 = (V_b^e - 180°) - \alpha_3 = (300°11'08.4'' - 180°) - 60°30'31.0'' = 59°40'37.4''$
③	삼9 → 삼11	$V_B^C = V_B^E + \gamma_3 = 300°11'08.4'' + 58°45'44.9'' = 358°56'53.3''$

6) 소구점 종·횡선좌표 계산

(삼4 = A, 삼9 = B, 삼11 = C, 양10 = D, 양12 = E)

- 소구점 종선좌표 = 기지점 종선좌표 + 종선차(Δx) ($\Delta x = \cos V \times l$)
- 소구점 횡선좌표 = 기지점 횡선좌표 + 횡선차(Δy) ($\Delta y = \sin V \times l$)

소구점	방향	종·횡선좌표
양10(D)	삼4 → 양10	$X_D = X_A + (\overline{AD} \times \cos V_a^d) = 454,591.97 + (2,905.95 \times \cos 305°34'16.7'') = 456,282.41\text{m}$ $Y_D = Y_A + (\overline{AD} \times \sin V_a^d) = 204428.53 + (2,905.95 \times \sin 305°34'16.7'') = 202,064.85\text{m}$
양10(D)	삼9 → 양10	$X_D = X_B + (\overline{BD} \times \cos V_b^d) = 457,819.63 + (3,098.62 \times \cos 240°15'27.6'') = 456,282.40\text{m}$ $Y_D = Y_B + (\overline{BD} \times \sin V_b^d) = 204,755.27 + (3,098.62 \times \sin 240°15'27.6'') = 202,064.85\text{m}$
양10(D)	평균좌표	$X_C = \dfrac{(456,282.41 + 456,282.40)}{2} = 456,282.40\text{m}$ $Y_C = \dfrac{(202,064.85 + 202,064.85)}{2} = 202,064.85\text{m}$
양12(E)	양10 → 양12	$X_E = X_D + (\overline{DE} \times \cos V_d^e) = 456,282.40 + (3,259.04 \times \cos 355°33'06.1'') = 459,531.62\text{m}$ $Y_E = Y_D + (\overline{DE} \times \sin V_d^e) = 456,282.40 + (3,259.04 \times \sin 355°33'06.1'') = 201,812.08\text{m}$
양12(E)	삼9 → 양12	$X_E = X_B + (\overline{BE} \times \cos V_b^e) = 457,818.63 + (3,404.89 \times \cos 300°11'08.4'') = 459,531.62\text{m}$ $Y_E = Y_B + (\overline{BE} \times \sin V_b^e) = 204,755.27 + (3,404.89 \times \sin 300°11'08.4'') = 201,812.08\text{m}$
양12(E)	평균좌표	$X_D = \dfrac{(459,531.62 + 459,531.62)}{2} = 459,531.62\text{m}$ $Y_D = \dfrac{(201,812.08 + 201,812.08)}{2} = 201,812.08\text{m}$
삼11(C)	양12 → 삼11	$X_C = X_E + (\overline{EC} \times \cos V_e^c) = 459,531.62 + (3,337.40 \times \cos 59°40'37.4'') = 461,216.59\text{m}$ $Y_C = Y_E + (\overline{EC} \times \sin V_e^c) = 201,812.08 + (3,337.40 \times \sin 59°40'37.4'') = 204,692.90\text{m}$
삼11(C)	삼9 → 삼11	$X_C = X_B + (\overline{BC} \times \cos V_b^c) = 457,819.63 + (3,397.53 \times \cos 358°56'53.2'') = 461,216.59\text{m}$ $Y_C = Y_B + (\overline{BC} \times \sin V_b^c) = 204,755.27 + (3,397.53 \times \sin 358°56'53.2'') = 204,692.90\text{m}$
삼11(C)	평균좌표	$X_D = \dfrac{(461,216.59 + 461,216.59)}{2} = 461,216.59\text{m}$ $Y_D = \dfrac{(204,692.90 + 204,692.90)}{2} = 204,692.90\text{m}$

삽입망(표준형) 조정계산부(진수)

삼각형	점명	각명	관측각	각규약 I	각규약 II	조정각	$\frac{\sin\alpha}{\sin\beta}$	$\frac{\Delta\alpha}{\Delta\beta}$	$\frac{\sin\alpha'}{\sin\beta'}$	$\alpha - x_1''$ $\beta + x_1''$	변규약 조정각	변장 $\alpha \times \frac{\sin(r)}{\sin\beta}$	방위각	종횡선좌표 X	종횡선좌표 Y	점명
																삼4
															204,428.53	삼9
	삼4	α_1	60°12′29.2″	+3.5″		60°12′32.7″	0.867844	+24	0.867868	+0.2″	60°12′32.9″	삼4→삼9	삼4→삼9 5°46′49.6″	454,591.97	204,755.27	
	양10	β_1	65°18′45.8″	+3.5″		65°18′49.3″	0.908608	−20	0.908588	−0.2″	65°18′49.1″	3,244.16	삼4→양10 305°34′16.7″	457,819.63		양10
1	삼9	γ_1	54°28′37.9″	+3.5″	−3.4″	54°28′38.0″					54°28′38.0″	2,905.95	삼4→양10	456,282.41	202,064.85	
	+		179°59′52.9″									삼9→양10 240°15′27.6″				
	−		180°00′00.0″									3,098.62	평균	456,282.40	202,064.85	
			$\varepsilon_1 = -7.1$											456,282.40	202,064.85	
	양10	α_2	64°42′21.3″	0.0″		64°42′21.3″	0.904127	+21	0.904148	+0.2″	64°42′21.5″	양10→양12	양10→양12 355°33′06.1″	459,531.62	201,812.08	
	양12	β_2	55°21′58.0″	0.0″		55°21′58.0″	0.822800	−28	0.822772	−0.2″	55°21′57.8″	3,259.04	양10→삼9 300°11′08.3″	459,531.62	201,812.08	양12
2	삼9	γ_2	59°55′44.1″	0.0″	−3.4″	59°55′40.7″					59°55′40.7″	삼9→양12 3,404.89		459,531.62	201,812.08	
	+		180°00′03.4″			180°00′00.0″							평균			
	−		$\varepsilon_2 = +3.4$													
	양12	α_3	60°30′28.2″	+2.6″		60°30′30.8″	0.870429	+24	0.870453	+0.2″	60°30′31.0″	양12→삼11	양12→삼11 59°40′37.3″	461,216.59	204,692.90	삼11
	삼11	β_3	60°43′41.6″	+2.6″		60°43′44.2″	0.872317	−24	0.872293	−0.2″	60°43′44.1″	3,337.40	삼9→삼11 358°56′53.2″	461,216.59	204,692.90	
3	삼9	γ_3	58°45′45.7″	+2.6″	−3.4″	58°45′44.9″					58°45′44.9″	삼9→삼11 3,397.53		461,216.59	204,692.90	
	+		175°59′55.5″			180°00′00.0″							평균			
	−		180°00′00.0″													
			$\varepsilon_3 = -4.5$													
4	α_4											↑	↑			
	β_4															
	γ_4															
	+															
	−															
			$\varepsilon_4 =$													
360° 또는 기지내각			173°10′07.7″	제1기선 l_1	3,244.16m							삼9→삼11 3,397.53	삼9→삼11 358°56′53.3″	461,216.59	204,692.90	삼11
Σr			173°10′03.7″	제2기선 l_2	3,397.53m											
			$e = +4.0$													

$\Sigma e = -8.2$

(II) $= \dfrac{\Sigma e - 3e}{2n} = -3.4″$

(I) $= \dfrac{-\varepsilon - (II)}{3} = ①+3.5″, ②0.0″, ③+2.6″$

n : 삼각형 수

제1기선 l_1 3,244.16m
제2기선 l_2 3,397.53m

	$\pi\sin\alpha \cdot l_1$	$\pi\sin\alpha' \cdot l_1$
E_1	2,215.678386	2,215.852220
E_2	$\pi\sin\beta \cdot l_2$	$\pi\sin\beta' \cdot l_2$
	2,215.678338	2,215.502212

$E_1 = \dfrac{\pi\sin\alpha \cdot l_1}{\pi\sin\beta \cdot l_2} - 1 = -4$

$E_2 = \dfrac{\pi\sin\alpha \cdot l_1}{\pi\sin\beta \cdot l_2} - 1 = +158$

$|E_1 - E_2| = 162$

$\Delta\alpha, \Delta\beta = 10''$차원

$x_1'' = \dfrac{10'' E_1}{|E_1 - E_2|} = -0.2''$

$E_2 = \dfrac{10'' E_2}{|E_1 - E_2|} = +9.8''$

검산 : $|x_1'' + x_2''| = 10''$

약도

07
지적삼각점측량을 삽입망(변형형1)으로 실시하여 다음과 같은 결과를 얻었다. 소구점(보1)의 좌표를 구하시오(단, 각은 0.1″까지, 거리 및 좌표는 m 단위, 소수 둘째 자리까지 계산하시오).

1) 기지점좌표

점명	X좌표(m)	Y좌표(m)
변9(A)	404,245.60	221,105.78
변8(B)	404,428.57	223,208.72
변7(C)	405,137.81	221,485.24

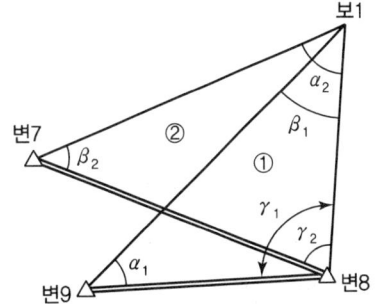

2) 관측내각

점명	각명	관측각	점명	각명	관측각
변9	α_1	33°04′32.0″	보1	α_2	92°15′12.1″
보1	β_1	72°15′54.5″	변7	β_2	40°25′33.1″
변8	γ_1	74°39′23.7″	변8	γ_2	47°19′09.1″

해설

1) 각규약에 의한 조정

(1) 삼각규약에 대한 오차 계산

삼각형	관측각 합	$\varepsilon = (\alpha+\beta+\gamma) - 180°$
①	179°59′50.2″	−9.8″
②	179°59′54.3″	−5.7″

$\sum \varepsilon = \varepsilon_1 - \varepsilon_2 = -9.8″ - (-5.7″) = -4.1″$

※ 변형형이므로 $\varepsilon_1 + \varepsilon_2$가 아닌 $\varepsilon_1 - \varepsilon_2$로 계산한다.

(2) 망규약에 대한 오차 계산

구분	오차
기지내각	$V_b^c - V_b^a = V_b^c - (V_a^b + 180°)$ $= 292°22′04.7″ - (85°01′38.6″ + 180°) = 27°20′26.1″$
관측각 합	$\sum \gamma = \gamma_1 + \gamma_2 = 74°39′23.7″ - 47°19′09.1″ = 27°29′14.6″$
기지각 오차	$e = \sum \gamma - 기지내각 = 27°29′14.6″ - 27°20′26.1″ = -11.5″$

(3) 망규약 및 삼각규약의 조정량

구분		조정량
망규약		$(\mathrm{II}) = \dfrac{\Sigma\varepsilon - 3e}{2n} = \dfrac{-4.1 - \{3\times(-11.5)\}}{2\times 2} = +7.6''$
삼각규약	① 삼각형	$(\mathrm{I}) = \dfrac{-\varepsilon_1 - (\mathrm{II})}{3} = \dfrac{-(-9.8)-(+7.6)}{3} = +0.7''$
	② 삼각형	$(\mathrm{I}) = \dfrac{-\varepsilon_2 - (\mathrm{II})}{3} = \dfrac{-(-5.7)+(+7.6)}{3} = +4.4''$

※ 계산과정의 단수처리로 인하여 ±0.1″ 정도의 오차가 발생할 경우 0.1″에 대한 오차처리는 90°에 가장 가까운 각에 배분한다.

(4) 각규약에 따른 조정각

각명	관측각	각규약 I	각규약 II	조정각
α_1	33°04′32.0″	+0.7″		33°04′32.7″
β_1	72°15′54.5″	+0.7″		72°15′55.2″
γ_1	74°39′23.7″	+0.7″	+7.6″	74°39′32.1″
α_2	92°15′12.1″	+4.4″		92°15′16.6″
β_2	40°25′33.1″	+4.4″		40°25′37.5″
γ_2	47°19′09.1″	+4.4″	−7.6″	47°19′05.9″

※ 계산과정의 단수처리로 인하여 ±0.1″ 정도의 오차가 발생할 경우 0.1″에 대한 오차처리는 90°에 가장 가까운 각에 배분한다.

2) 변규약에 의한 조정

(1) E_1 계산

① $\sin\alpha$ 와 $\sin\beta$ 계산

삼각형	$\sin\alpha$	$\sin\beta$
①	0.545747	0.952477
②	0.999226	0.648480

② $E_1 = \dfrac{\sin\alpha_1 \times \sin\alpha_2 \times l_1}{\sin\beta_1 \times \sin\beta_2 \times l_2} - 1 = \dfrac{\Pi\sin\alpha \times l_1}{\Pi\sin\beta \times l_2} - 1 = \dfrac{1,151.114774}{1,151.143377} - 1 = -25\,(-0.000025)$

(2) $\Delta\alpha$ 와 $\Delta\beta$ 계산

삼각형	$\Delta = \cos\alpha$(또는 β)$\times(\sin 10''\times 10^6) = \cos\alpha$(또는 β)$\times 48.4814$	
	$\Delta\alpha = \cos\alpha \times 48.4814$	$\Delta\beta = \cos\beta \times 48.4814$
①	$\cos 33°04'32.7'' \times 48.4814 = +41''$	$\cos 72°15'55.2'' \times 48.4814 = +15''$
②	$\cos 92°15'16.6'' \times 48.4814 = -2''$	$\cos 40°25'37.5'' \times 48.4814 = +37''$

(3) E_2의 계산

각규약에서 조정각으로 계산한 sin값에 초차(Δ)를 더하여 $\sin\alpha'$과 $\sin\beta'$을 구한 후 E_2의 값을 계산한다.

① $\sin\alpha'$과 $\sin\beta'$ 계산

E_1의 값이 -25이므로 $\sin\alpha$값이 작기 때문에, $\sin\alpha$는 $(+)$로 하고, $\sin\beta$는 $(-)$로 하여야 오차가 소거되므로 초차(Δ)를 $+\Delta\alpha$, $-\Delta\beta$로 하여 $\sin\alpha'$, $\sin\beta'$을 계산한다.

삼각형	$\sin\alpha'$	$\sin\beta'$
①	$0.545747+41(\Delta\alpha)=0.545788$	$0.952477-15(\Delta\alpha)=0.952462$
②	$0.999226-2(\Delta\beta)=0.999228$	$0.648480-37(\Delta\beta)=0.648443$

② $E_2 = \dfrac{\sin\alpha_1' \times \sin\alpha_2' \times l_1}{\sin\beta_1' \times \sin\beta_2' \times l_2} - 1 = \dfrac{\Pi\sin\alpha' \times l_1}{\Pi\sin\beta' \times l_2} - 1 = \dfrac{1,115.198949}{1,115.059569} - 1 = +121(0.000121)$

③ $|E_1 - E_2| = |(-25) - (+121)| = +146$

(4) 경정수(x_1'', x_2'')의 계산

① $x_1'' = \dfrac{10'' E_1}{|E_1 - E_2|} = \dfrac{10'' \times (-25)}{|+146|} = -1.7''$

② $x_2'' = \dfrac{10'' E_2}{|E_1 - E_2|} = \dfrac{10'' \times (+121)}{|146|} = +8.3''$

③ 검산 : $|x_1'' - x_2''| = |-1.7 - (+8.3)| = 10''$

(4) 변규약에 따른 조정각

각명	관측각	각규약 I	각규약 II	조정각	$\sin\alpha$ $\sin\beta$	$\Delta\alpha$ $\Delta\beta$	$\sin\alpha'$ $\sin\beta'$	$\alpha - x_1''$ $\beta + x_1''$	변규약 조정각
α_1	33°04′32.0″	+0.7″		33°04′32.7″	0.545747	+41	0.545788	+1.7″	33°04′34.4″
β_1	72°15′54.5″	+0.7″		72°15′55.2″	0.952477	−15	0.952462	−1.7″	72°15′53.5″
γ_1	74°39′23.7″	+0.7″	+7.6″	74°39′32.1″					74°39′32.1″
α_2	92°15′12.1″	+4.4″		92°15′16.6″	0.999226	−2	0.999228	+1.7″	92°15′18.3″
β_2	40°25′33.1″	+4.4″		40°25′37.5″	0.648480	−37	0.648443	−1.7″	40°25′35.8″
γ_2	47°19′09.1″	+4.4″	−7.6″	47°19′05.9″					47°19′05.9″

※ 계산과정의 단수처리로 인하여 ±0.1″ 정도의 오차가 발생할 경우 0.1″에 대한 오차처리는 90°에 가장 가까운 각에 배분한다.

3) 기지점간거리 및 방위각의 계산

(변9 = A, 변8 = B, 변7 = C 보1 = D)

방향	거리 및 방위각
변9 → 변8	$\Delta x_a^b = x_b - x_a = 404,428.57 - 404,245.60 = +182.97\text{m}$ $\Delta y_a^b = y_b - y_a = 223,208.72 - 221,105.78 = +2,102.94\text{m}$ $\overline{AB} = \sqrt{(\Delta x_a^b)^2 + (\Delta y_a^b)^2} = \sqrt{(+182.97)^2 + (+2,102.94)^2} = 2,110.88\text{m}$ $\theta = \tan^{-1}\left(\dfrac{\Delta y_a^b}{\Delta x_a^b}\right) = \tan^{-1}\left(\dfrac{+2,102.94}{+182.97}\right) = 85°01'38.6''$ (4상한) $V_A^B = 85°01'38.6''$
변8 → 변7	$\Delta x_b^c = x_c - x_b = 405,137.81 - 404,428.57 = +709.24\text{m}$ $\Delta y_b^c = y_c - y_b = 221,485.24 - 223,208.72 = -1,723.48\text{m}$ $\overline{BC} = \sqrt{(\Delta x_b^c)^2 + (\Delta y_b^c)^2} = \sqrt{(+709.24)^2 + (-1,723.48)^2} = 1,863.71\text{m}$ $\theta = \tan^{-1}\left(\dfrac{\Delta y_b^c}{\Delta x_b^c}\right) = \tan^{-1}\left(\dfrac{-1,723.48}{+709.24}\right) = 67°37'55.3''$ (4상한) $V_B^C = 360° - \theta = 360° - 67°37'55.3'' = 292°22'04.7''$

4) 소구점 변장 계산

(변9 = A, 변8 = B, 변7 = C, 보1 = D)

삼각형	방향	변장
①	변9 → 보1	$\overline{AD} = \dfrac{\overline{AB} \times \sin\gamma_1}{\sin\beta_1} = \dfrac{2,110.88 \times \sin 74°39'32.1''}{\sin 72°15'53.5''} = 2,137.24\text{m}$
①	변8 → 보1	$\overline{BD} = \dfrac{\overline{AB} \times \sin\alpha_1}{\sin\beta_1} = \dfrac{2,110.88 \times \sin 33°04'34.3''}{\sin 72°15'53.5''} = 1,209.50\text{m}$
②	보1 → 변7	$\overline{DC} = \dfrac{\overline{BD} \times \sin\gamma_2}{\sin\beta_2} = \dfrac{1,209.50 \times \sin 47°19'05.9''}{\sin 40°25'35.8''} = 1,371.13\text{m}$
②	변8 → 변7	$\overline{BC} = \dfrac{\overline{BD} \times \sin\alpha_2}{\sin\beta_2} = \dfrac{1,209.50 \times \sin 92°15'18.3''}{\sin 40°25'35.8''} = 4,763.30\text{m}$

5) 소구점 방위각 계산

(변9 = A, 변8 = B, 변7 = C, 보1 = D)

삼각형	방위각
①	$V_A^D = V_A^B - \alpha_1 = 85°01'38.6'' - 33°04'34.4'' = 51°57'04.2''$ $V_B^D = V_B^A - \gamma_1 = (V_A^B + 180°) + \gamma_1 = (85°01'38.6'' + 180°) + 74°39'32.4'' = 339°41'10.7''$
②	$V_D^C = (V_B^D - 180°) + \alpha_2 = (339°41'10.7'' - 180°) + 92°15'18.3'' = 251°56'29.0''$ $V_B^C = V_D^B - \gamma_2 = 339°41'10.7'' - 47°19'05.9'' = 292°22'04.8''$

6) 소구점 종·횡선좌표의 계산

(변9 = A, 변8 = B, 변7 = C, 보1 = D)
- 소구점 종선좌표 = 기지점 종선좌표 + 종선차(Δx)($\Delta x = \cos V \times l$)
- 소구점 횡선좌표 = 기지점 횡선좌표 + 횡선차(Δy)($\Delta y = \sin V \times l$)

소구점	방향	종·횡선좌표
보1(D)	변9 → 보1	$X_D = X_A + (\overline{AD} \times \cos V_a^d) = 404{,}245.60 + (2{,}137 \times \cos 51°57'04.2'') = 405{,}562.85\text{m}$ $Y_D = Y_A + (\overline{AD} \times \sin V_a^d) = 221{,}105.78 + (2{,}137 \times \sin 51°57'04.2'') = 222{,}788.83\text{m}$
	변8 → 보1	$X_D = X_B + (\overline{BD} \times \cos V_b^d) = 404{,}428.57 + (1{,}209.50 \times \cos 339°41'10.7'') = 405{,}562.85\text{m}$ $Y_D = Y_B + (\overline{BD} \times \sin V_b^d) = 223{,}208.72 + (1{,}209.50 \times \sin 339°41'10.7'') = 222{,}788.83\text{m}$
	평균좌표	$X_D = \dfrac{(405{,}526.85 + 405{,}526.85)}{2} = 405{,}526.85\text{m}$ $Y_D = \dfrac{(222{,}788.83 + 222{,}788.83)}{2} = 222{,}788.83\text{m}$
보2(E)	보1 → 변7	$X_C = X_D + (\overline{DC} \times \cos V_d^c) = 405{,}562.85 + (1{,}371.13 \times \cos 251°56'29.0'') = 405{,}137.81\text{m}$ $Y_C = Y_D + (\overline{DC} \times \sin V_d^c) = 222{,}788.83 + (1{,}371.13 \times \sin 251°56'29.0'') = 221{,}485.24\text{m}$
	변8 → 변7	$X_C = X_B + (\overline{BC} \times \cos V_b^c) = 404{,}428.57 + (1{,}863.70 \times \cos 292°22'04.8'') = 405{,}137.81\text{m}$ $Y_C = Y_B + (\overline{BC} \times \sin V_b^c) = 223{,}208.72 + (1{,}863.70 \times \cos 292°22'04.8'') = 221{,}485.25\text{m}$
	평균좌표	$X_E = \dfrac{(405{,}137.81 + 405{,}137.81)}{2} = 405{,}137.81\text{m}$ $Y_E = \dfrac{(221{,}485.25 + 221{,}485.25)}{2} = 221{,}485.25\text{m}$

삼압망(변형망1) 조정계산부(진수)

삼각형	점명	각명	관측각	각규약 I	각규약 II	조정각	$\sin\alpha$ $\sin\beta$	$\Delta\alpha$ $\Delta\beta$	$\sin\alpha'$ $\sin\beta'$	$\alpha-x_1''$ $\beta+x_1''$	변규약 조정각	변장 $\alpha \times \frac{\sin\alpha(r)}{\sin\beta}$		방위각		종횡선좌표 X	종횡선좌표 Y	점명
1	변7	α_1	33°04′32.0″	+0.7″		33°04′32.7″	0.545747	+41	0.545788	+1.7″	33°04′34.4″	변9→변8	2,110.88	변9→변8	85°01′38.6″	404,245.60	221,105.78	변9
	보1	β_1	72°15′54.5″	+0.7″		72°15′55.2″	0.952477	−15	0.952462	−1.7″	72°15′53.5″	변9→보1	2,137.24	변9→보1	51°57′04.2″	404,428.57	223,208.72	변8
	변7	γ_1	74°39′23.7″	+7.6″		74°39′32.1″				r_1	74°39′32.1″	변8→보1	1,209.50	변8→보1	339°41′10.7″	405,562.85	222,78.83	보1
	+		179°59′50.2″			180°00′00.0″								평균		405,562.85	222,78.83	
	−		180°00′00.0″													405,562.85	222,78.83	
			$\varepsilon_1 = -9.8$															
2	보1	α_2	92°15′12.1″	+4.4″		92°15′16.6″	0.999226	−2	0.999228	+1.7″	92°15′18.3″	보1→변7	1,371.13	보1→변7	251°56′29.0″	405,137.81	221,485.24	
	변8	β_2	40°25′33.1″	+4.4″		40°25′37.5″	0.648480	−37	0.648443	−1.7″	40°25′35.8″	변8→변7	1,863.70	변8→변7	292°22′04.8″	405,137.81	221,485.25	
	변7	γ_2	47°19′09.1″	+4.4″		47°19′05.9″				r_2	47°19′05.9″					405,137.81	221,485.24	
	+		179°59′54.3″			180°00′00.0″								평균				
	−		180°00′00.0″															
			$\varepsilon_2 = -5.7$															
3		α_3								r_3			↑		↑			
		β_3																
		γ_3																
	+																	
	−																	
			$\varepsilon_3 =$															
4		α_4								r_4			↑		↑			
		β_4																
		γ_4											변8→변7	1,863.70	변8→변7	292°22′04.8″	405,137.81	221,485.24	변7
	+		180°00′00.0″															
	−		180°00′00.0″															
			$\varepsilon_4 =$															

$\sum r$ | 360° 또는 기지내각 | 66°35′45.0″ | 제1기선 l_1 | 2,482.77m | $\pi\sin\alpha \cdot l_1$ | 1,379.991888 | $\pi\sin\alpha' \cdot l_1$ | 1,380.064321
| | 66°36′10.2″ | 제2기선 l_2 | 2,496.47m | $\pi\sin\beta \cdot l_2$ | 1,380.199537 | $\pi\sin\beta' \cdot l_2$ | 1,380.140598

$\sum\varepsilon = +7.6$

$(II) = \frac{\sum\varepsilon - 3e}{2n} = +20.8''$

$(I) = \frac{-\varepsilon - (II)}{3} = ① = -5.0'', ② = -11.4''$

$e = -25.2$

n : 삼각형 수

$E_1 = \pi\sin\alpha \cdot l_1 / \pi\sin\beta \cdot l_2 - 1 = -150$

$E_2 = \pi\sin\alpha' \cdot l_1 / \pi\sin\beta' \cdot l_2 - 1 = -55$

$|E_1 - E_2| = 95$

$\Delta\alpha, \Delta\beta = 10''$ 차입

$x_1'' = \frac{10''E_1}{|E_1 - E_2|} = -15.8''$

$x_2'' = \frac{10''E_2}{|E_1 - E_2|} = -5.8''$

검산: $|x_1'' + x_2''| = 10''$

약도

08

지적삼각점측량을 삽입망(변형형2)으로 실시하여 다음과 같은 결과를 얻었다. 소구점(보1 및 보2)의 좌표를 구하시오(단, 각은 0.1″까지, 거리 및 좌표는 m 단위, 소수 둘째 자리까지 계산하시오).

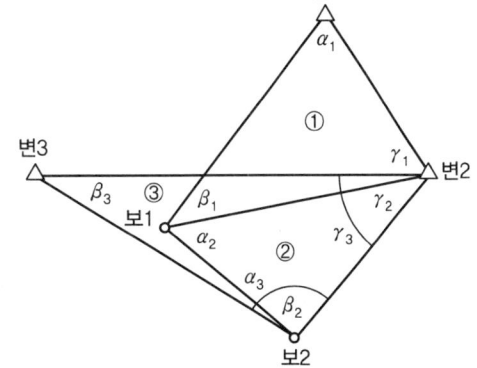

1) 기지점좌표

점명	X좌표(m)	Y좌표(m)
변1(A)	13,933.45	14,602.29
변2(B)	10,449.54	15,456.83
변3(C)	8,951.91	10,462.16

2) 관측내각

점명	각명	관측각	점명	각명	관측각
변1	α_1	37°13′48.3″	보2	α_3	77°15′35.7″
보1	β_1	42°54′16.2″	변3	β_3	63°00′11.7″
변2	γ_1	99°51′31.5″	변2	γ_3	39°44′06.5″
보1	α_2	107°33′47.0″			
보2	β_2	39°39′22.9″			
변2	γ_2	32°46′37.3″			

해설

1) 각규약에 의한 조정

(1) 삼각규약에 대한 오차 계산

삼각형	관측각의 합	180°와의 차(ε)
①	179°59′36.0″	−24.0″
②	179°59′47.2″	−12.8″
③	179°59′53.9″	−6.1″

(2) 망규약에 대한 오차 계산

구분	오차
기지내각	$V_b^a - V_b^c = (V_a^b + 180°) - V_b^c$ $= (166°13′06.5″ + 180°) - 253°18′31.9″ = 93°54′34.6″$
관측각 합	$\Sigma\gamma = \gamma_1 + \gamma_2 - \gamma_3 = 92°54′02.3″$
기지각 오차	$e = \Sigma\gamma - 기지내각 = 92°54′02.3″ - 92°54′34.6″ = -32.3″$

(3) 망규약 및 삼각규약의 조정량

구분		조정량
망규약		$(\mathrm{II}) = \dfrac{\sum \varepsilon - 3e}{2n} = \dfrac{-30.7 - \{3 \times (-32.3)\}}{2 \times 3} = +11.0''$
삼각규약	① 삼각형	$(\mathrm{I}) = \dfrac{-\varepsilon_1 - (\mathrm{II})}{3} = \dfrac{-(-24.0) - (+11.0)}{3} = +4.3''$
	② 삼각형	$(\mathrm{I}) = \dfrac{-\varepsilon_2 - (\mathrm{II})}{3} = \dfrac{-(-12.8) - (+11.0)}{3} = +0.6''$
	③ 삼각형	$(\mathrm{I}) = \dfrac{-\varepsilon_3 - (\mathrm{II})}{3} = \dfrac{-(-6.1) + (+11.0)}{3} = +5.7''$

※ 계산부에서 (Ⅱ)의 값은 각 삼각형의 γ각에 보정하고, (Ⅰ)의 값은 각 삼각형의 α, β, γ각에 배부한다.

(4) 각규약에 따른 조정각

각명	관측각	각규약		조정각
		Ⅰ	Ⅱ	
α_1	37°13′48.3″	+4.3″		37°13′52.6″
β_1	42°54′16.2″	+4.3″		42°54′20.5″
γ_1	99°51′31.5″	+4.3″	+11.0″	99°51′46.8″
α_2	107°33′47.0″	+0.6″		107°33′47.6″
β_2	39°39′22.9″	+0.6″		39°39′23.5″
γ_2	32°46′37.3″	+0.6″	+11.0″	32°46′48.9″
α_3	77°15′35.7″	+5.7″		77°15′41.4″
β_3	63°00′11.7″	+5.7″		63°00′17.4″
γ_3	39°44′06.5″	+5.7″	+11.0″	39°44′01.2″

※ 계산과정의 단수처리로 인하여 ±0.1″ 정도의 오차가 발생할 경우 0.1″에 대한 오차처리는 90°에 가장 가까운 각에 배분한다.

2) 변규약에 의한 조정

(1) E_1 계산

① $\sin \alpha$ 와 $\sin \beta$ 계산

삼각형	$\sin \alpha$	$\sin \beta$
①	0.605034	0.680794
②	0.953385	0.638184
③	0.975387	0.891045

② $E_1 = \dfrac{\sin\alpha_1 \times \sin\alpha_2 \times l_1}{\sin\beta_1 \times \sin\beta_2 \times l_2} - 1 = \dfrac{\Pi \sin\alpha \times l_1}{\Pi \sin\beta \times l_2} - 1 = \dfrac{2{,}018.265181}{2{,}018.659702} - 1 = -195(-0.000195)$

(2) $\Delta\alpha$ 와 $\Delta\beta$ 계산

삼각형	$\Delta = \cos\alpha(또는 \beta) \times (\sin 10'' \times 10^6) = \cos\alpha(또는 \beta) \times 48.4814$	
	$\Delta\alpha = \cos\alpha \times 48.4814$	$\Delta\beta = \cos\beta \times 48.4814$
①	$\cos 37°13'52.6'' \times 48.4814 = +39''$	$\cos 42°54'20.5'' \times 48.4814 = -36''$
②	$\cos 107°33'47.6'' \times 48.4814 = -15''$	$\cos 39°39'23.5'' \times 48.4814 = -37''$
③	$\cos 77°15'41.4'' \times 48.4814 = +11''$	$\cos 63°00'17.4'' \times 48.4814 = -22''$

(3) E_2의 계산

각규약에서 조정각으로 계산한 sin값에 초차(Δ)를 더하여 $\sin\alpha'$과 $\sin\beta'$을 구한 후 E_2의 값을 계산한다.

① $\sin\alpha'$과 $\sin\beta'$ 계산

E_1의 값이 -195이므로 $\sin\alpha$값이 작기 때문에, $\sin\alpha$는 $(+)$로, $\sin\beta$는 $(-)$로 하여야 오차가 소거되므로 초차(Δ)를 $+\Delta\alpha$, $-\Delta\beta$로 하여 $\sin\alpha'$, $\sin\beta'$을 계산한다.

삼각형	$\sin\alpha'$	$\sin\beta'$
①	$0.605034 + 39(\Delta\alpha) = 0.605073$	$0.680794 - 36(\Delta\beta) = 0.680758$
②	$0.953385 - 15(\Delta\alpha) = 0.953370$	$0.638184 - 37(\Delta\beta) = 0.638147$
③	$0.975387 + 11(\Delta\alpha) = 0.975398$	$0.891045 - 22(\Delta\beta) = 0.891023$

② $E_2 = \dfrac{\sin\alpha_1' \times \sin\alpha_2' \times l_1}{\sin\beta_1' \times \sin\beta_2' \times l_2} - 1 = \dfrac{\Pi\sin\alpha' \times l_1}{\Pi\sin\beta' \times l_2} - 1 = \dfrac{2,018.386283}{2,018.386091} - 1 = 0(-0.000000)$

③ $|E_1 - E_2| = |(-195) - (0)| = 195$

(4) 경정수(x_1'', x_2'')의 계산

① $x_1'' = \dfrac{10''E_1}{|E_1 - E_2|} = \dfrac{10'' \times (-195)}{|-195 - (0)|} = -10.0''$

② $x_2'' = \dfrac{10''E_2}{|E_1 - E_2|} = \dfrac{10'' \times (0)}{|-195 - (0)|} = 0''$

③ 검산 : $|x_1'' - x_2''| = |-10.0 - (0)| = 10''$

(5) 변규약에 따른 조정각

각명	관측각	각규약			$\sin\alpha$ $\sin\beta$	$\Delta\alpha$ $\Delta\beta$	$\sin\alpha'$ $\sin\beta'$	$\alpha - x_1''$ $\beta + x_1''$	변규약 조정각
		I	II	조정각					
α_1	37°13'48.3''	+4.3''		37°13'52.6''	0.605034	+39	0.605073	+10.0''	37°14'02.6''
β_1	42°54'16.2''	+4.3''		42°54'20.5''	0.680794	-36	0.680758	-10.0''	42°54'10.5''
γ_1	99°51'31.5''	+4.3''	+11.0''	99°51'46.8''					99°51'46.8''
α_2	107°33'47.0''	+0.6''		107°33'47.6''	0.953385	-15	0.953370	+10.0''	107°33'57.6''
β_2	39°39'22.9''	+0.6''		39°39'23.5''	0.638184	-37	0.638147	-10.0''	39°39'13.5''
γ_2	32°46'37.3''	+0.6''	+11.0''	32°46'48.9''					32°46'48.9''

각명	관측각	각규약			$\sin\alpha$ $\sin\beta$	$\Delta\alpha$ $\Delta\beta$	$\sin\alpha'$ $\sin\beta'$	$\alpha-x_1''$ $\beta+x_1''$	변규약
		I	II	조정각					조정각
α_3	77°15′35.7″	+5.7″		77°15′41.4″	0.975387	+11	0.975398	+10.0″	77°15′51.4″
β_3	63°00′11.7″	+5.7″		63°00′17.4″	0.891045	−22	0.891023	−10.0″	63°00′07.4″
γ_3	39°44′06.5″	+5.7″	+11.0″	39°44′01.2″					39°44′01.2″

※ 계산과정의 단수처리로 인하여 ±0.1″ 정도의 오차가 발생할 경우 0.1″에 대한 오차처리는 90°에 가장 가까운 각에 배분한다.

3) 기지점간거리 및 방위각 계산

(변1 = A, 변2 = B, 변3 = C, 보1 = D, 보2 = E)

방향	거리 및 방위각
변1 → 변2	$\Delta x_a^b = x_b - x_a = 10,449.54 - 13,933.45 = -3,483.91\text{m}$ $\Delta y_a^b = y_b - y_a = 15,456.83 - 14,602.29 = +854.54\text{m}$ (2상한) $\overline{AB} = \sqrt{(\Delta x_a^b)^2 + (\Delta y_a^b)^2} = \sqrt{(-3,483.91)^2 + (+854.54)^2} = 3,587.18\text{m}$ $\theta = \tan^{-1}\left(\dfrac{\Delta y_a^b}{\Delta x_a^b}\right) = \tan^{-1}\left(\dfrac{+854.54}{-3,483.91}\right) = 13°46′53.5″$ $V_A^B = 180° - \theta = 180° - 13°46′53.5″ = 166°13′06.5″$
변2 → 변3	$\Delta x_b^c = x_c - x_b = 8,951.91 - 10,449.54 = -1,497.63\text{m}$ $\Delta y_b^c = y_c - y_b = 10,462.16 - 15,456.83 = -4,994.67\text{m}$ (3상한) $\overline{BC} = \sqrt{(\Delta x_b^c)^2 + (\Delta y_b^c)^2} = \sqrt{(-1,497.63)^2 + (-4,994.67)^2} = 5,214.37\text{m}$ $\theta = \tan^{-1}\left(\dfrac{\Delta y_b^c}{\Delta x_b^c}\right) = \tan^{-1}\left(\dfrac{-4,994.67}{-1,497.63}\right) = 73°18′31.9″$ $V_B^C = 180° - \theta = 180° - 73°18′31.9″ = 253°18′31.9″$

4) 소구점 변장 계산

(변1 = A, 변2 = B, 변3 = C, 보1 = D, 보2 = E)

삼각형	방향	변장
①	변2 → 보1	$\overline{BD} = \dfrac{\overline{AB} \times \sin\alpha_1}{\sin\beta_1} = \dfrac{3,587.18 \times \sin37°14′02.6″}{\sin42°54′10.5″} = 3,188.36\text{m}$
	변1 → 보1	$\overline{AD} = \dfrac{\overline{AB} \times \sin\gamma_1}{\sin\beta_1} = \dfrac{3,587.18 \times \sin99°51′46.8″}{\sin42°54′10.5″} = 5,191.51\text{m}$
②	변2 → 보2	$\overline{BE} = \dfrac{\overline{BD} \times \sin\beta_2}{\sin\alpha_2} = \dfrac{3,188.36 \times \sin39°39′13.5″}{\sin107°33′57.6″} = 4,763.30\text{m}$
	보1 → 보2	$\overline{DE} = \dfrac{\overline{BD} \times \sin\gamma_2}{\sin\beta_2} = \dfrac{3,188.36 \times \sin32°46′48.9″}{\sin39°39′13.5″} = 2,705.08\text{m}$
③	변2 → 변3	$\overline{BC} = \dfrac{\overline{BE} \times \sin\alpha_3}{\sin\beta_3} = \dfrac{4,793.30 \times \sin77°15′51.4″}{\sin60°43′44.1″} = 5,214.36\text{m}$
	보2 → 변3	$\overline{EC} = \dfrac{\overline{BE} \times \sin\gamma_3}{\sin\beta_3} = \dfrac{4793.30 \times \sin39°44′01.2″}{\sin63°00′07.4″} = 3,417.19\text{m}$

5) 소구점 방위각의 계산

(변1=A, 변2=B, 변3=C, 보1=D, 보2=E)

삼각형	방향	방위각
①	변2 → 보1	$V_B^D = V_B^A - \gamma_1 = (V_A^B + 180°) - \gamma_1$ $= (166°13'06.5'' + 180°) - 99°51'46.8'' = 246°21'19.7''$
①	변1 → 보1	$V_A^D = V_A^B + \alpha_1 = 166°13'06.5'' + 37°14'02.6'' = 203°27'09.1''$
②	변2 → 보2	$V_B^E = V_B^D - \gamma_2 = 246°21'19.7'' - 32°46'48.9'' = 213°34'30.8''$
②	보1 → 보2	$V_D^E = V_D^B + \alpha_2 = (V_B^D - 180°) + \alpha_2$ $= (246°21'19.7'' - 180°) + 107°33'57.6'' = 173°55'17.3''$
③	변2 → 변3	$V_B^C = V_B^E - \gamma_3 = 213°34'30.8'' - 39°44'01.2'' = 253°18'32.0''$
③	보2 → 변3	$V_E^C = V_E^B - \alpha_3 = (V_B^E - 180°) - \alpha_3$ $= (213°34'30.8'' - 180°) - 77°15'51.4'' = 316°18'39.4''$

6) 소구점 종·횡선좌표의 계산

(변1=A, 변2=B, 변3=C, 보1=D, 보2=E)

- 소구점 종선좌표 = 기지점 종선좌표 + 종선차(Δx) ($\Delta x = \cos V \times l$)
- 소구점 횡선좌표 = 기지점 횡선좌표 + 횡선차(Δy) ($\Delta y = \sin V \times l$)

소구점	방향	종·횡선좌표
보1(D)	변2 → 보1	$X_D = X_B + (\overline{BD} \times \cos V_b^d) = 10,449.54 + (3,188.36 \times \cos 246°21'19.7'') = 9,170.81\text{m}$ $Y_D = Y_B + (\overline{BD} \times \sin V_b^d) = 15,456.83 + (3,188.36 \times \sin 246°21'19.7'') = 12,536.13\text{m}$
보1(D)	변1 → 보1	$X_D = X_A + (\overline{AD} \times \cos V_a^d) = 13,933.45 + (5,191.51 \times \cos 203°27'09.1'') = 9,170.81\text{m}$ $Y_D = Y_A + (\overline{AD} \times \sin V_a^d) = 14,602.29 + (5,191.51 \times \sin 203°27'09.1'') = 12,536.13\text{m}$
보1(D)	평균좌표	$X_D = \dfrac{(9,170.81 + 9,170.81)}{2} = 9,170.81\text{m}$ $Y_D = \dfrac{(12,536.13 + 12,536.13)}{2} = 12,536.13\text{m}$
보2(E)	변2 → 보2	$X_E = X_B + (\overline{BE} \times \cos V_b^e) = 10,449.54 + (4,763.30 \times \cos 213°34'30.8'') = 6,480.95\text{m}$ $Y_E = Y_B + (\overline{BE} \times \sin V_b^e) = 15,456.83 + (4,763.30 \times \sin 213°34'30.8'') = 12,822.58\text{m}$
보2(E)	보1 → 보2	$X_E = X_D + (\overline{DE} \times \cos V_d^e) = 5,191.51 + (2,705.08 \times \cos 173°55'17.3'') = 6,480.94\text{m}$ $Y_E = Y_D + (\overline{DE} \times \sin V_d^e) = 12,536.13 + (2,705.08 \times \sin 173°55'17.3'') = 12,822.57\text{m}$
보2(E)	평균좌표	$X_E = \dfrac{(6,480.95 + 6,480.94)}{2} = 6,480.94\text{m}$ $Y_E = \dfrac{(12,822.58 + 12,822.57)}{2} = 12,822.58\text{m}$

소구점	방향	종·횡선좌표
변3(C)	변2 → 변3	$X_C = X_B + (\overline{CB} \times \cos V_c^b) = 10,449.54 + (5,214.36 \times \cos 253°18'32.0'') = 8,951.91\text{m}$ $Y_C = Y_B + (\overline{CB} \times \sin V_c^b) = 15,456.83 + (5,214.36 \times \sin 253°18'32.0'') = 10,462.17\text{m}$
	보2 → 변3	$X_C = X_E + (\overline{CE} \times \cos V_c^e) = 6,480.94 + (3,417.19 \times \cos 316°18'39.4'') = 8,951.91\text{m}$ $Y_C = Y_E + (\overline{CE} \times \sin V_c^e) = 12,822.58 + (3,417.19 \times \sin 316°18'39.4'') = 10,462.18\text{m}$
	평균좌표	$X_E = \dfrac{(8,951.91 + 8,951.91)}{2} = 8,951.91\text{m}$ $Y_E = \dfrac{(10,462.17 + 10,462.18)}{2} = 10,462.18\text{m}$

7) 점검

최종계산 결과 변2에서 변3에 대한 변장과 방위각은 기지변과 기지방위각에 해당하므로 산출된 값과 비교하여 같아야 하며, 조정계산 결과 변장에서 ±0.01m, 방위각에서 ±0.1″ 이내의 오차가 발생할 수도 있다.

삽입망(변형형2) 조정계산부(진수)

삼각형	점명	각명	관측각	각규약 I	각규약 II	조정각	$\frac{\sin\alpha}{\sin\beta}$	$\Delta\alpha$ / $\Delta\beta$	$\frac{\sin\alpha'}{\sin\beta'}$	$\alpha - x_1''$ / $\beta + x_1''$	변규약 조정각	변장 $\alpha \times \frac{\sin\alpha(r)}{\sin\beta}$	방위각	종횡선좌표 X	종횡선좌표 Y	점명
1	변1	α_1	37°13′48.3″	+4.3″		37°13′52.6″	0.605034	+39	0.605073	+10.0″	37°14′02.6″	3,587.18	변1→변2	13,933.45	14,602.29	변1
	보1	β_1	42°54′16.2″	+4.3″		42°54′20.5″	0.680794	−36	0.680758	−10.0″	42°54′10.5″	3,183.36	166°13′06.5″	10,449.54	15,456.83	변2
	변2	γ_1	99°51′31.5″	+4.3″	+11.0″	99°51′46.8″				γ_1	99°51′46.8″	5,191.51	변2→보1 246°21′19.7″ 변1→보1 203°27′09.1″ 평균	9,170.81	12,536.13	보1
	+		179°59′36.0″			179°59′59.9″									9,170.81	12,536.13	
	−		180°00′00.0″			180°00′00.0″									9,170.81	12,536.13	
			$e_1 = -24.0$													
2	보1	α_2	107°33′47.0″	+0.6″		107°33′47.6″	0.953385	−15	0.953370	+10.0″	107°33′57.6″	4,793.30	변2→보2 213°34′30.8″	6,480.95	12,822.58	
	보2	β_2	39°39′22.9″	+0.6″		39°39′23.5″	0.638184	−37	0.638147	−10.0″	39°39′13.5″	2,705.08	보1→보2 173°55′17.3″ 평균	6,480.94	12,822.57	보2
	변2	γ_2	32°46′37.3″	+0.6″	+11.0″	32°46′48.9″				γ_2	32°46′48.9″			6,480.94	12,822.58	
	+		179°59′47.2″			180°00′00.0″											
	−		180°00′00.0″														
			$e_2 = -12.8$													
3	보2	α_3	77°15′35.7″	+5.7″		77°15′41.4″	0.975387	+11	0.975398	+10.0″	77°15′51.4″	5,214.36	변2→변3 253°18′32.0″	8,951.91	10,462.17	변3
	변3	β_3	63°00′11.7″	+5.7″		63°00′17.4″	0.891045	−22	0.891023	−10.0″	63°00′07.4″	3,417.19	보2→변3 316°18′39.4″	8,951.91	10,462.17	
	변2	γ_3	39°44′06.5″	+5.7″	+11.0″	39°44′01.2″				γ_3	39°44′01.2″			8,951.91	10,462.17	
	+		179°59′53.9″			180°00′00.0″											
	−		180°00′00.0″														
			$e_3 = -6.1$													
4		α_4											↑			
		β_4											↑			
		γ_4								γ_4						
	+		180°00′00.0″													
			$e_4 =$													
Σr													보2→변3 3,417.19	316°18′39.4″	8,951.91	10,462.17	변3

360° 또는 기지내각 92°54′02.3″ 92°54′34.6″ 제1기선 l_1 3,587.18m
$\Sigma e = -30.7$ 제1기선 l_2 5,214.37m

$e = \frac{\Sigma e - 3e}{2n} = +11.0''$

$(\text{II}) = \frac{-e - (\text{II})}{3} = ① +4.3'', ② +0.6'', ③ +5.7''$

n : 삼각형 수

	$\frac{\pi\sin\alpha \cdot l_1}{\pi\sin\beta \cdot l_2} - 1 = -195$	
E_1	2,018.265181	
	2,018.659702	
E_2	$\frac{\pi\sin\alpha' \cdot l_1}{\pi\sin\beta' \cdot l_2} - 1 = 0$	
	$\pi\sin\alpha' \cdot l_1$ 2,018.386283	
	$\pi\sin\beta'' \cdot l_2$ 2,018.386091	
$|E_1 - E_2| = 195$		

$\Delta\alpha, \Delta\beta = 10''$차 입

$x_1'' = \frac{10''E_2}{|E_1 - E_2|} = -10.0''$

$x_2'' = \frac{10''E_1}{|E_1 - E_2|} = 0''$

검산 : $|x_1'' + x_2''| = 10''$

약도

09

지적삼각점측량을 사각망으로 실시하여 다음과 같은 결과를 얻었다. 주어진 서식에 의하여 소구점의 좌표를 계산하시오(단, 각은 0.1″까지, 거리 및 좌표는 m 단위, 소수 둘째 자리까지 구하시오).

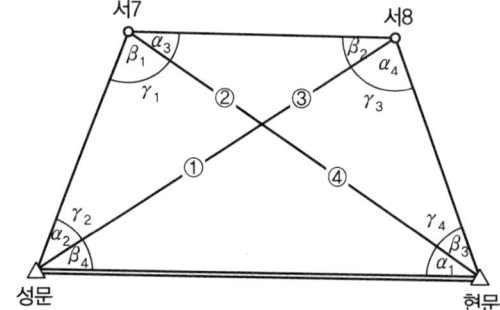

1) 기지점좌표

점명	X좌표(m)	Y좌표(m)
성문(A)	461,581.36	196,279.45
현문(B)	463,738.38	198,087.49

2) 관측내각

점명	각명	관측각	점명	각명	관측각
현문	α_1	50°37′57.8″	서7	α_3	54°13′10.2″
서7	β_1	52°09′22.6″	현문	β_3	51°49′09.8″
성문	α_2	37°28′49.8″	서8	α_4	37°49′11.5″
서8	β_2	36°08′38.9″	성문	β_4	39°43′42.9″

해설

1) 각규약에 의한 조정

(1) 삼각규약에 대한 오차 계산

삼각규약
$e_1 = (\alpha_1 + \beta_4) - (\alpha_3 + \beta_2) = 90°21′40.7″ - 90°21′49.1″ = -8.4″$
$e_2 = (\alpha_2 + \beta_1) - (\alpha_4 + \beta_3) = 89°38′12.4″ - 89°38′21.3″ = -8.9″$

(2) 망규약에 대한 오차 계산

$\varepsilon = (\sum\alpha + \sum\beta) - 360° = 50°37′57.8″ + 52°09′22.6″ + 37°28′49.8″ + 36°08′38.9″$
$\quad + 54°13′10.2″ + 51°49′09.8″ + 37°49′11.5″ + 39°43′42.9″ - 360°$
$= +3.5″$

(3) 망규약 및 삼각규약의 조정량

구분	조정량		
망규약	$\varepsilon = -\dfrac{\varepsilon}{8} = -\dfrac{3.5}{8} = -0.4″$		
삼각규약	$\alpha_1,\ \beta_4,\ \alpha_3,\ \beta_2$		조정량 $= \dfrac{e_1}{4} = \dfrac{8.4}{4} = 2.1″$
	$\alpha_2,\ \beta_1,\ \alpha_4,\ \beta_3$		조정량 $= \dfrac{e_2}{4} = \dfrac{8.9}{4} = 2.2″$

(4) 각규약에 따른 조정량 및 조정각

각명	관측각	조정량		조정각
		$\varepsilon/8$	e	
α_1	50°37′57.8″	−0.4″	+2.1″	50°37′59.5″
β_1	52°09′22.6″	−0.5″	+2.2″	52°09′24.3″
α_2	37°28′49.8″	−0.4″	+2.2″	37°28′51.6″
β_2	36°08′38.9″	−0.4″	−2.1″	36°08′36.4″
α_3	54°13′10.2″	−0.5″	−2.1″	54°13′07.6″
β_3	51°49′09.8″	−0.5″	−2.2″	51°49′07.1″
α_4	37°49′11.5″	−0.4″	−2.2″	37°49′08.9″
β_4	39°43′42.9″	−0.4″	+2.1″	39°43′44.6″

※ 계산과정의 단수처리로 인하여 ±0.1″ 정도의 오차가 발생할 경우 0.1″에 대한 오차처리는 90°에 가장 가까운 각에 배분한다.

2) 변규약에 의한 조정

(1) E_1 계산

① $\sin\alpha$ 와 $\sin\beta$ 계산

삼각형	$\sin\alpha$	$\sin\beta$
①	0.773101	0.789692
②	0.608498	0.589809

※ ③, ④ 삼각형도 동일한 방법으로 계산한다.

② $E_1 = \dfrac{\sin\alpha_1 \times \sin\alpha_2 \times \sin\alpha_3 \times \sin\alpha_4}{\sin\beta_1 \times \sin\beta_2 \times \sin\beta_3 \times \sin\beta_4} - 1 = \dfrac{\Pi\sin\alpha}{\Pi\sin\beta} - 1 = \dfrac{0.234010}{0.2340009} - 1 = +4(+0.000004)$

(2) $\Delta\alpha$ 와 $\Delta\beta$ 계산

삼각형	$\Delta = \cos\alpha$(또는 β)$\times(\sin 10'' \times 10^6) = \cos\alpha$(또는 β)$\times 48.4814$	
	$\Delta\alpha = \cos\alpha \times 48.4814$	$\Delta\beta = \cos\beta \times 48.4814$
①	$\cos 50°37′59.5″ \times 48.4814 = -31″$	$\cos 52°09′24.3″ \times 48.4814 = +30″$
②	$\cos 37°28′51.6″ \times 48.4814 = -38″$	$\cos 36°08′36.4″ \times 48.4814 = +39″$

※ ③, ④ 삼각형도 동일한 방법으로 계산한다.

(3) E_2 의 계산

각규약에서 조정각으로 계산한 sin값에 초차(Δ)를 더하여 $\sin\alpha'$과 $\sin\beta'$을 구한 후 E_2의 값을 계산한다.

① $\sin\alpha'$과 $\sin\beta'$ 계산

E_1의 값이 +4이므로 $\sin\alpha$값이 크기 때문에, $\sin\alpha$는 (−)로 하고, $\sin\beta$는 (+)로 하여야 오차가 소거되므로 초차(Δ)를 −$\Delta\alpha$, +$\Delta\beta$로 하여 $\sin\alpha'$, $\sin\beta'$을 계산한다.

삼각형	$\sin\alpha'$	$\sin\beta'$
①	$0.773101 - 31(\Delta\alpha) = 0.773070$	$0.789692 + 30(\Delta\beta) = 0.789722$
②	$0.608498 - 38(\Delta\alpha) = 0.608460$	$0.589809 + 39(\Delta\beta) = 0.589848$

※ ③, ④ 삼각형도 동일한 방법으로 계산한다.

② $E_2 = \dfrac{\sin\alpha_1' \times \sin\alpha_2' \times \sin\alpha_3' \times \sin\alpha_4'}{\sin\beta_1' \times \sin\beta_2' \times \sin\beta_3' \times \sin\beta_4'} - 1 = \dfrac{\Pi\sin\alpha'}{\Pi\sin\beta'} - 1 = \dfrac{0.233963}{0.234056} - 1$

$= -397(-0.000397)$

③ $|E_1 - E_2| = |(+4) - (-397)| = 401$

(4) 경정수(x_1'', x_2'')의 계산

① $x_1'' = \dfrac{10''E_1}{|E_1 - E_2|} = \dfrac{10'' \times (+4)}{|(+4)-(-397)|} = +0.1''$

② $x_2'' = \dfrac{10''E_2}{|E_1 - E_2|} = \dfrac{10'' \times (-397)}{|(+4)-(-397)|} = -9.9''$

③ 검산 : $|x_1'' - x_2''| = |(+0.1)-(-9.9)| = 10''$

(5) 변규약에 따른 조정각

각명	관측각	각규약 $\varepsilon/8$	각규약 e	각규약 조정각	$\sin\alpha$ / $\sin\beta$	$\Delta\alpha$ / $\Delta\beta$	$\sin\alpha'$ / $\sin\beta'$	$\alpha - x_1''$ / $\beta + x_1''$	변규약 조정각
α_1	50°37′57.8″	−0.4″	+2.1″	50°37′59.5″	0.773101	−31	0.773070	−0.1″	50°37′59.4″
β_1	52°09′22.6″	−0.5″	+2.2″	52°09′24.3″	0.789692	+30	0.789722	+0.1″	52°09′24.4″
α_2	37°28′49.8″	−0.4″	+2.2″	37°28′51.6″	0.608498	−38	0.608460	−0.1″	37°28′51.5″
β_2	36°08′38.9″	−0.4″	−2.1″	36°08′36.4″	0.589809	+39	0.589848	+0.1″	36°08′36.5″
α_3	54°13′10.2″	−0.5″	−2.1″	54°13′07.6″	0.811255	−28	0.811227	−0.1″	54°13′07.5″
β_3	51°49′09.8″	−0.5″	−2.2″	51°49′07.1″	0.786058	+30	0.786088	+0.1″	51°49′07.2″
α_4	37°49′11.5″	−0.4″	−2.2″	37°49′08.9″	0.613171	−38	0.613133	−0.1″	37°49′08.8″
β_4	39°43′42.9″	−0.4″	+2.1″	39°43′44.6″	0.639158	+37	0.639195	+0.1″	39°43′44.7″

3) 기지점간거리 및 방위각 계산

방향	거리 및 방위각
성문 → 현문	$\Delta x_a^b = x_b - x_a = 463,738.38 - 461,581.36 = +2,157.02$m $\Delta y_a^b = y_b - y_a = 198,087.49 - 196,279.45 = +1,818.04$m (1상한) $\overline{AB} = \sqrt{(\Delta x_a^b)^2 + (\Delta y_a^b)^2} = \sqrt{(+2,157.02)^2 + (+1,818.04)^2} = 2,814.56$m $\theta = \tan^{-1}\left(\dfrac{\Delta y_a^b}{\Delta x_a^b}\right) = \tan^{-1}\left(\dfrac{1,818.04}{2,157.02}\right) = 39°58'12.5''$ $V_A^B = \theta = 39°58'12.5''$

4) 소구점 변장 계산

(성문=A, 현문=B, 서7=C, 서8=D)

삼각형	방향	변장
①	성문 → 서7	$\overline{AC} = \dfrac{\overline{AB} \times \sin\alpha_1}{\sin\beta_1} = \dfrac{2,814.56 \times \sin 52°37'59.5''}{\sin 52°09'24.3''} = 2,755.43\text{m}$
①	현문 → 서7	$\overline{BC} = \dfrac{\overline{AB} \times \sin\gamma_1}{\sin\beta_1} = \dfrac{2,814.56 \times \sin 77°12'36.2''}{\sin 52°09'24.3''} = 3,475.69\text{m}$
②	성문 → 서8	$\overline{AD} = \dfrac{\overline{AC} \times \sin\gamma_2}{\sin\beta_2} = \dfrac{2,755.43 \times \sin 106°22'31.9''}{\sin 36°08'36.4''} = 4,482.22\text{m}$
②	서7 → 서8	$\overline{CD} = \dfrac{\overline{AC} \times \sin\alpha_2}{\sin\beta_2} = \dfrac{2,755.43 \times \sin 37°28'51.6''}{\sin 36°08'36.4''} = 2,842.74\text{m}$

※ ③, ④ 삼각형도 동일한 방법으로 계산한다.

5) 소구점 방위각의 계산

(성문=A, 현문=B, 서7=C, 서8=D)

삼각형	방위각
①	$V_B^C = V_B^A + \alpha_1 = (V_A^B + 180°) + \alpha_1 = (39°58'12.5'' + 180°) + 50°37'59.4'' = 270°36'11.9''$ $V_A^C = V_A^B - \gamma_1 = 39°58'12.5'' - 77°12'36.2 = 322°45'36.3''$
②	$V_A^D = V_A^C + \alpha_2 = 322°45'36.3'' + 37°28'51.5'' = 0°14'27.8''$ $V_C^D = V_C^A - \gamma_2 = (V_A^C - 180°) - \gamma_2 = (322°45'36.3'' - 180°) - 106°22'31.9'' = 3°23'04.4''$

※ ③, ④ 삼각형도 동일한 방법으로 계산한다.

6) 소구점(서7, 서8) 종·횡선좌표의 계산

(성문=A, 현문=B, 서7=C, 서8=D)

- 소구점 종선좌표=기지점 종선좌표+종선차(Δx)($\Delta x = \cos V \times l$)
- 소구점 횡선좌표=기지점 횡선좌표+횡선차(Δy)($\Delta y = \sin V \times l$)

소구점	방향	종·횡선좌표
서7(C)	성문 → 서7	$X_C = X_A + (\overline{AC} \times \cos V_a^c) = 461,581.36 + (2,755.43 \times \cos 322°45'36.3'') = 463,774.98\text{m}$ $Y_C = Y_A + (\overline{AC} \times \sin V_a^c) = 196,279.45 + (2,755.43 \times \sin 322°45'36.3'') = 194,611.99\text{m}$
서7(C)	현문 → 서7	$X_C = X_B + (\overline{BC} \times \cos V_b^c) = 463,738.38 + (3,475.69 \times \cos 270°36'11.9'') = 463,774.98\text{m}$ $Y_C = Y_B + (\overline{BC} \times \sin V_b^c) = 198,087.49 + (3,475.69 \times \sin 270°36'11.9'') = 194,611.99\text{m}$
서7(C)	평균좌표	$X_C = \dfrac{(463,774.98 + 463,774.98)}{2} = 463,774.98\text{m}$ $Y_C = \dfrac{(194,611.99 + 194,611.99)}{2} = 194,611.99\text{m}$

소구점	방향	종·횡선좌표
서7(D)	성문 → 서8	$X_D = X_A + (\overline{AD} \times \cos V_a^d) = 461,581.36 + (2,842.74 \times \cos 0°14'27.8'') = 466,063.54\text{m}$ $Y_D = Y_A + (\overline{AD} \times \sin V_a^d) = 196,279.45 + (2,842.74 \times \sin 0°14'27.8'') = 196,298.31\text{m}$
	서7 → 서8	$X_D = X_C + (\overline{CD} \times \cos V_c^d) = 463,774.98 + (2,842.74 \times \cos 36°23'04.4'') = 466,063.54\text{m}$ $Y_D = Y_C + (\overline{CD} \times \sin V_c^d) = 194,611.99 + (2,842.74 \times \sin 36°23'04.4'') = 196,298.31\text{m}$
	평균좌표	$X_D = \dfrac{(466,063.54 + 466,063.54)}{2} = 466,063.54\text{m}$ $Y_D = \dfrac{(196,298.31 + 196,298.31)}{2} = 196,298.31\text{m}$

7) 점검

최종계산 결과 현문에서 성문에 대한 변장과 방위각은 기지변과 기지방위각에 해당하므로 산출된 값과 비교하여 같아야 하며, 조정계산 결과 변장에서 ±0.01m, 방위각에서 ±0.1″ 이내의 오차가 발생할 수도 있다.

사각망 조정계산부(진수)

점명	각명	편축각	각규약 ε/8	각규약 e	조정각	sinα/sinβ	Δα/Δβ	sinα'/sinβ'	α−x_1'' / β+x_1''	변규약 조정각	변장 α×sinα(r)/sinβ	방위각	종횡선좌표 X	종횡선좌표 Y	점명
현문	$α_1$	50°37′57.8″	−0.4″	+2.1″	50°37′59.5″	0.773101	−31	0.773070	−0.1″	50°37′59.4″	성문→현문 2,814.56	성문→현문 39°58′12.5″	461,581.36	196,279.45	성문
서17	$β_1$	52°09′22.6″	−0.5″	+2.2″	52°09′24.3″	0.789692	+30	0.789722	+0.1″	52°09′24.4″	현문→서17 3,475.69	현문→서17 270°36′11.9″	463,738.38	198,087.49	현문
										77°12′36.2″	성문→서17 2,755.43	성문→서17 322°45′36.3″	463,774.98	194,611.99	서17
										$γ_1$		평균	463,774.98	194,611.99	
성문	$α_2$	37°28′49.8″	−0.4″	+2.2″	37°28′51.6″	0.608498	−38	0.608460	−0.1″	37°28′51.5″		성문→서8 4,482.22	463,774.98	194,611.99	
서8	$β_2$	36°08′38.9″	−0.4″	−2.1″	36°08′36.4″	0.589809	+39	0.589848	+0.1″	36°08′36.5″		0°14′27.8″	466,063.54	196,298.31	서8
										106°22′31.9″	서17→서8 2,842.74	서17→서8 36°23′04.4″	466,063.54	196,298.31	
										$γ_2$		평균	466,063.54	196,298.31	
서17	$α_3$	54°13′10.2″	−0.5″	−2.1″	54°13′07.6″	0.811255	−28	0.811227	−0.1″	54°13′07.5″	서17→현문 3,475.70	서17→현문 90°36′11.9″	463,738.38	198,087.50	
현문	$β_3$	51°49′09.8″	−0.5″	−2.2″	51°49′07.1″	0.786058	+30	0.786088	+0.1″	51°49′07.2″	서17→현문 2,933.86	서17→현문 142°25′19.1″	463,738.39	198,087.50	현문
										73°57′45.3″		평균	463,738.38	198,087.50	
										$γ_3$					
서8	$α_4$	37°49′11.5″	−0.4″	−2.2″	37°49′08.9″	0.613171	−38	0.613133	−0.1″	37°49′08.8″	서8→성문 4,482.22	서8→성문 180°14′27.9″	461,581.36	196,279.45	서8
성문	$β_4$	39°43′42.9″	−0.4″	+2.1″	39°43′44.6″	0.639158	+37	0.639195	+0.1″	39°43′44.7″	현문→성문 2,814.57	현문→성문 219°58′12.5″	461,581.35	196,279.44	성문
										102°27′06.6″		평균	461,581.36	196,279.45	
										$γ_4$					
	$Σα+β$	360°00′03.5″			360°00′00.0″						현문→성문 2,814.57	현문→성문 219°58′12.5″	461,581.36	196,279.45	성문
		e=+3.5″				E_1	πsinα 0.234010	πsinα' 0.233963							
−	−	ε/8=−0.4″				E_2	πsinβ 0.234009	πsinβ' 0.234056							

$α_2+β_4 = 90−21−40.7$ $E_1 = \dfrac{\pi\sinα}{\pi\sinβ}−1 = +4$ $Δα, Δβ = 10″$ 차임

$α_3+β_2 = 90−21−49.1$ $\dfrac{e_1}{4} = −2.1$ $E_2 = \dfrac{\pi\sinα'}{\pi\sinβ'}−1 = −397$ $x_1'' = \dfrac{10″E_1}{|E_1 − E_2|} = +0.1″$

$e_1 = −8.4$ $|E_1 − E_2| = 401$ $x_2'' = \dfrac{10″E_2}{|E_1 − E_2|} = −9.9″$

$α_2+β_1 = 89−38−12.4$ $\dfrac{e_2}{4} = −2.2$ 검산: $|x_1'' + x_2''| = 10″$

$e_1 = −8.4$

$α_4+β_3 = 89−38−21.3$

$e_2 = −8.9$

약도

10 지적삼각점측량을 삼각쇄망으로 실시하여 다음과 같은 결과를 얻었다. 주어진 서식에 의하여 소구점의 좌표를 구하시오(단, 각은 0.1″까지, 거리 및 좌표는 m 단위, 소수 둘째자리까지 계산하시오).

1) 기지점좌표

점명	X좌표(m)	Y좌표(m)
쇄10(A)	463,519.46	195,425.73
쇄7(B)	467,341.13	193,900.88
쇄9(C)	464,715.47	202,290.49
수문(D)	469,390.96	199,769.07

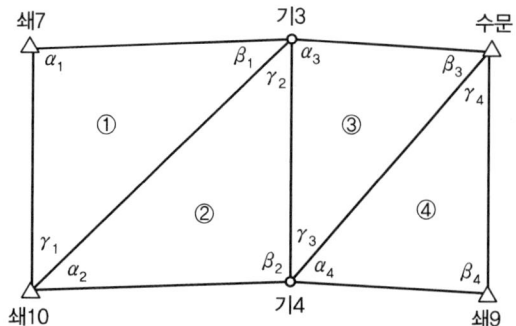

2) 관측내각

점명	각명	관측각	점명	각명	관측각
쇄7	α_1	85°17′29.6″	기3	α_3	82°06′28.7″
기3	β_1	57°06′29.4″	수문	β_3	59°57′23.9″
쇄10	γ_1	37°35′52.8″	기4	γ_3	37°56′17.0″
쇄10	α_2	62°35′05.3″	기4	α_4	72°12′07.7″
기4	β_2	72°22′27.5″	쇄9	β_4	69°43′00.5″
기3	γ_2	45°02′21.5″	수문	γ_4	37°04′51.1″

해설

1) 기지점간거리 및 방위각의 계산

(쇄10 = A, 쇄7 = B, 쇄9 = C, 수문 = D)

방향	거리 및 방위각
쇄10 → 쇄7	$\Delta x_a^b = x_b - x_a = 467,341.13 - 463,519.46 = +3,821.67$m $\Delta y_a^b = y_b - y_a = 193,900.88 - 195,425.73 = -1,524.85$m $\overline{AB} = \sqrt{(\Delta x_a^b)^2 + (\Delta y_a^b)^2} = \sqrt{(+3,821.67)^2 + (-1,524.85)^2} = 4,114.65$m $\theta = \tan^{-1}\left(\dfrac{\Delta y_a^b}{\Delta x_a^b}\right) = \tan^{-1}\left(\dfrac{-1,524.85}{+3,821.67}\right) = 21°45′07.4″$ (4상한) $V_A^B = 360° - \theta = 360° - 21°45′07.4″ = 338°14′52.6″$
쇄9 → 수문	$\Delta x_c^d = x_d - x_c = 469,390.96 - 464,715.47 = +4,675.49$m $\Delta y_c^d = y_d - y_c = 199,769.07 - 202,290.49 = -2,521.42$m $\overline{CD} = \sqrt{(\Delta x_c^d)^2 + (\Delta y_c^d)^2} = \sqrt{(+4,675.49)^2 + (-2,521.42)^2} = 5,312.04$m $\theta = \tan^{-1}\left(\dfrac{\Delta y_c^d}{\Delta x_c^d}\right) = \tan^{-1}\left(\dfrac{-2,521.42}{+4,675.49}\right) = 28°20′14.3″$ (4상한) $V_C^D = 360° - \theta = 360° - 28°20′14.3″ = 331°39′45.7″$

2) 각규약에 의한 조정

(1) 삼각규약에 대한 오차 및 조정량

삼각형	관측각의 합	180°와의 차(e)	조정량
①	179°59′51.8″	−8.2″	$e = \dfrac{-\varepsilon_1}{3} = \dfrac{-(-8.2)}{3} = +2.7″$
②	179°59′54.3″	−5.7″	$e = \dfrac{-\varepsilon_2}{3} = \dfrac{-(-5.7)}{3} = +1.9″$
③	180°00′09.6″	+9.6″	$e = \dfrac{-\varepsilon_3}{3} = \dfrac{-(-9.6)}{3} = -3.2″$
④	179°59′59.3″	−0.7″	$e = \dfrac{-\varepsilon_4}{3} = \dfrac{-(+0.7)}{3} = +0.2″$

(2) 방위각에 대한 오차 계산

$\sum \gamma(홀수) = 37°35′55.5″ + 37°56′13.8″ = 75°32′09.3″$

$\sum \gamma(짝수) = 45°02′23.4″ + 37°04′51.3″ = 82°07′14.7″$

$V_d^c = $ 기지 출발방위각(V_A^B) + {$\sum \gamma(홀수) - \sum \gamma(짝수)$} − 기지 도착방위각($V_C^D$)

$= 338°14′52.6″ + (75°32′09.3″ - 82°07′14.7″) - 331°39′45.7″ = +1.5″$

(3) 기지각에 대한 오차 계산

γ각이 좌측에 있을 때	γ각이 우측에 있을 때
$\alpha = -\dfrac{q}{2n} = -0.2″$	$\alpha = +\dfrac{q}{2n} = +0.2″$
$\beta = -\dfrac{q}{2n} = -0.2″$	$\beta = +\dfrac{q}{2n} = +0.2″$
$\gamma = +\dfrac{q}{n} = +0.4″$	$\gamma = -\dfrac{q}{n} = -0.4″$

(4) 각규약에 따른 조정량 및 조정각

각명	관측각	각규약			조정각
		$\varepsilon/3$	조정각	경정수	조정각
α_1	85°17′29.6″	+2.8″	85°17′32.4″	+0.2″	85°17′32.6″
β_1	57°06′29.4″	+2.7″	57°06′32.1″	+0.2″	57°06′32.3″
γ_1	37°35′52.8″	+2.7″	37°35′55.5″	−0.4″	37°35′55.1″
α_2	62°35′05.3″	+1.9″	62°35′07.2″	−0.2″	62°35′07.0″
β_2	72°22′27.5″	+1.9″	72°22′29.4″	−0.2″	72°22′29.2″
γ_2	45°02′21.5″	+1.9″	45°02′23.4″	+0.4″	45°02′23.8″
α_3	82°06′28.7″	−3.2″	82°06′25.5″	+0.2″	82°06′25.7″
β_3	59°57′23.9″	−3.2″	59°57′20.7″	+0.2″	59°57′20.9″

각명	관측각	"각규약"			
		ε/3	조정각	경정수	조정각
γ_3	37°56′17.0″	−3.2″	37°56′13.8″	−0.4″	37°56′13.4″
α_4	73°12′07.7″	+0.3″	73°12′08.0″	−0.2″	73°12′07.8″
β_4	69°43′00.5″	+0.2″	69°43′00.7″	−0.2″	69°43′00.5″
γ_4	37°04′51.1″	+0.2″	37°04′51.3″	+0.4″	37°04′51.7″

※ 계산과정의 단수처리로 인하여 ±0.1″ 정도의 오차가 발생할 경우 0.1″에 대한 오차처리는 90°에 가장 가까운 각에 배분한다.

3) 변규약에 의한 조정

(1) E_1 계산

① $\sin\alpha$와 $\sin\beta$ 계산

삼각형	$\sin\alpha$	$\sin\beta$
①	0.996626	0.839705
②	0.887697	0.953057

※ ③, ④ 삼각형도 동일한 방법으로 계산한다.

② $E_1 = \dfrac{\sin\alpha_1 \times \sin\alpha_2 \times l_1}{\sin\beta_1 \times \sin\beta_2 \times l_2} - 1 = \dfrac{\Pi\sin\alpha \times l_1}{\Pi\sin\beta \times l_2} - 1 = \dfrac{3{,}451.893695}{3{,}451.774669} - 1 = +34(+0.000034)$

(2) $\Delta\alpha$와 $\Delta\beta$ 계산

삼각형	$\Delta = \cos\alpha(\text{또는 }\beta) \times (\sin 10'' \times 10^6) = \cos\alpha(\text{또는 }\beta) \times 48.4814$	
	$\Delta\alpha = \cos\alpha \times 48.4814$	$\Delta\beta = \cos\beta \times 48.4814$
①	$\cos 85°17′32.6″ \times 48.4814 = -4″$	$\cos 57°06′32.3″ \times 48.4814 = +26″$
②	$\cos 62°35′07.0″ \times 48.4814 = +22″$	$\cos 72°22′29.2″ \times 48.4814 = +15″$

※ ③, ④ 삼각형도 동일한 방법으로 계산한다.

(3) E_2의 계산

각규약에서 조정각으로 계산한 sin값에 초차(Δ)를 더하여 $\sin\alpha'$과 $\sin\beta'$을 구한 후 E_2의 값을 계산한다.

① $\sin\alpha'$과 $\sin\beta'$ 계산

E_1의 값이 +34이므로 $\sin\alpha$값이 작기 때문에, $\sin\alpha$는 (−)로, $\sin\beta$는 (+)로 하여야 오차가 소거되므로 초차(Δ)를 $-\Delta\alpha$, $+\Delta\beta$로 하여 $\sin\alpha'$, $\sin\beta'$을 계산한다.

삼각형	$\sin\alpha'$	$\sin\beta'$
①	$0.996626 - 4(\Delta\alpha) = 0.996622$	$0.839705 + 26(\Delta\beta) = 0.839731$
②	$0.887697 + 22(\Delta\alpha) = 0.887675$	$0.953057 + 15(\Delta\beta) = 0.953072$

※ ③, ④ 삼각형도 동일한 방법으로 계산한다.

② $E_2 = \dfrac{\sin\alpha_1' \times \sin\alpha_2' \times l_1}{\sin\beta_1' \times \sin\beta_2' \times l_2} - 1 = \dfrac{\Pi\sin\alpha' \times l_1}{\Pi\sin\beta' \times l_2} - 1 = \dfrac{3,451.719419}{3,452.094145} - 1 = -109(-0.000109)$

③ $|E_1 - E_2| = |(+34) - (-109)| = 143$

(4) 경정수(x_1'', x_2'')의 계산

① $x_1'' = \dfrac{10''E_1}{|E_1 - E_2|} = \dfrac{10'' \times (+35)}{|+35 - (-109)|} = +2.4''$

② $x_2'' = \dfrac{10''E_2}{|E_1 - E_2|} = \dfrac{10'' \times (-109)}{|+35 - (-109)|} = -7.6''$

③ 검산 : $|x_1'' - x_2''| = |+2.4 - (-7.6)| = 10''$

(5) 변규약에 따른 조정각

각명	관측각	각규약			$\dfrac{\sin\alpha}{\sin\beta}$	$\dfrac{\Delta\alpha}{\Delta\beta}$	$\dfrac{\sin\alpha'}{\sin\beta'}$	$\dfrac{\alpha - x_1''}{\beta + x_1''}$	변규약 조정각
		$\varepsilon/3$	조정각	경정수	조정각					
α_1	85°17′29.6″	+2.8″	85°17′32.4″	+0.2″	85°17′32.6″	0.996626	−4	0.996622	−2.4″	85°17′30.2″
β_1	57°06′29.4″	+2.7″	57°06′32.1″	+0.2″	57°06′32.3″	0.839705	+26	0.839731	+2.4″	57°06′34.7″
γ_1	37°35′52.8″	+2.7″	37°35′55.5″	−0.4″	37°35′55.1″					37°35′55.1″
α_2	62°35′05.3″	+1.9″	62°35′07.2″	−0.2″	62°35′07.0″	0.887697	+22	0.887675	−2.4″	62°35′04.6″
β_2	72°22′27.5″	+1.9″	72°22′29.4″	−0.2″	72°22′29.2″	0.953057	+15	0.953072	+2.4″	72°22′31.6″
γ_2	45°02′21.5″	+1.9″	45°02′23.4″	+0.4″	45°02′23.8″					45°02′23.8″
α_3	82°06′28.7″	−3.2″	82°06′25.5″	+0.2″	82°06′25.7″	0.990526	−7	0.990519	−2.4″	82°06′23.5″
β_3	59°57′23.9″	−3.2″	59°57′20.7″	+0.2″	59°57′20.9″	0.865639	−24	0.865663	+2.4″	59°57′23.3″
γ_3	37°56′17.0″	−3.2″	37°56′13.8″	−0.4″	37°56′13.4″					37°56′13.4″
α_4	73°12′07.7″	+0.3″	73°12′08.0″	−0.2″	73°12′07.8″	0.957330	−14	0.957316	−2.4″	73°12′05.4″
β_4	69°43′00.5″	+0.2″	69°43′00.7″	−0.2″	69°43′00.5″	0.937991	−17	0.938008	+2.4″	69°43′02.9″
γ_4	37°04′51.1″	+0.2″	37°04′51.3″	+0.4″	37°04′51.7″					37°04′51.7″

※ 계산과정의 단수처리로 인하여 ±0.1″ 정도의 오차가 발생할 경우 0.1″에 대한 오차처리는 90°에 가장 가까운 각에 배분한다.

4) 소구점 변장 계산

(쇄10 = A, 쇄7 = B, 쇄9 = C, 수문 = D, 기3 = E, 기4 = F)

삼각형	방향	변장
①	쇄10 → 기3	$\overline{AE} = \dfrac{\overline{AB} \times \sin\alpha_1}{\sin\beta_1} = \dfrac{4,114.65 \times \sin 85°17'30.2''}{\sin 57°06'34.7''} = 4,883.54\text{m}$
	쇄7 → 기3	$\overline{BE} = \dfrac{\overline{AB} \times \sin\gamma_1}{\sin\beta_1} = \dfrac{4,114.65 \times \sin 37°35'55.1''}{\sin 57°06'34.7''} = 2,989.67\text{m}$
②	쇄10 → 기4	$\overline{AF} = \dfrac{\overline{AE} \times \sin\gamma_2}{\sin\beta_2} = \dfrac{4,883.54 \times \sin 45°02'23.8''}{\sin 72°22'31.6''} = 3,625.78\text{m}$
	기3 → 기4	$\overline{EF} = \dfrac{\overline{AE} \times \sin\alpha_2}{\sin\beta_2} = \dfrac{4,883.54 \times \sin 62°35'04.6''}{\sin 72°22'31.6''} = 4,548.58\text{m}$

※ ③, ④ 삼각형도 동일한 방법으로 계산한다.

5) 소구점 방위각 계산

(쇄10＝A, 쇄7＝B, 쇄9＝C, 수문＝D, 기3＝E, 기4＝F)

삼각형	방위각
①	$V_B^E = V_B^A - \alpha_1 = (V_A^B - 180°) - \alpha_1 = (338°14'52.6'' - 180°) + 62°35'04.6'' = 72°57'22.4''$ $V_A^E = V_A^B + \gamma_1 = 338°14'52.6'' + 37°35'55.1'' = 375°50'47.7'' - 360° = 15°50'47.7''$
②	$V_A^F = V_A^E + \alpha_2 = 15°50'47.7'' + 62°35'04.6'' = 78°25'52.3''$ $V_E^F = V_E^A - \gamma_2 = (V_A^E + 180°) - \gamma_2 = (15°50'47.7'' + 180°) - 45°02'23.8'' = 150°48'23.9''$

※ ③, ④ 삼각형도 동일한 방법으로 계산한다.

6) 소구점 종·횡선좌표 계산

(쇄10＝A, 쇄7＝B, 쇄9＝C, 수문＝D, 기3＝E, 기4＝F)

- 소구점 종선좌표＝기지점 종선좌표＋종선차(Δx)($\Delta x = \cos V \times l$)
- 소구점 횡선좌표＝기지점 횡선좌표＋횡선차(Δy)($\Delta y = \sin V \times l$)

소구점	방향	종·횡선좌표
기3	쇄10 → 기3	$X_E = X_A + (\overline{AE} \times \cos V_a^c) = 468,217.41 + (4,883.54 \times \cos 15°50'47.7'') = 468,217.41\text{m}$ $Y_E = Y_A + (\overline{AE} \times \sin V_a^c) = 196,759.25 + (4,883.54 \times \sin 15°50'47.7'') = 196,759.24\text{m}$
	쇄7 → 기3	$X_E = X_B + (\overline{BE} \times \cos V_b^e) = 467,341.13 + (2,989.67 \times \cos 72°57'22.4'') = 468,217.41\text{m}$ $Y_E = Y_B + (\overline{BE} \times \sin V_b^e) = 193,900.88 + (2,989.67 \times \sin 72°57'22.4'') = 196,759.25\text{m}$
	평균좌표	$X_E = \dfrac{(468,217.41 + 468,217.41)}{2} = 468,217.41\text{m}$ $Y_E = \dfrac{(196,759.25 + 196,759.24)}{2} = 196,759.24\text{m}$
기4	쇄10 → 기4	$X_F = X_B + (\overline{BF} \times \cos V_b^f) = 463,519.46 + (3,625.78 \times \cos 78°25'52.3'') = 464,246.59\text{m}$ $Y_F = Y_B + (\overline{BF} \times \sin V_b^f) = 195,425.73 + (3,625.78 \times \sin 78°25'52.3'') = 198,977.85\text{m}$
	기3 → 기4	$X_F = X_E + (\overline{EF} \times \cos V_e^f) = 468,217.41 + (4,548.58 \times \cos 150°48'23.9'') = 464,246.60\text{m}$ $Y_F = Y_E + (\overline{EF} \times \sin V_e^f) = 196,759.24 + (4,548.58 \times \sin 150°48'23.9'') = 198,977.85\text{m}$
	평균좌표	$X_F = \dfrac{(464,246.59 + 464,246.60)}{2} = 464,246.60\text{m}$ $Y_D = \dfrac{(198,977.85 + 198,977.85)}{2} = 198,977.85\text{m}$

※ ③, ④ 삼각형도 동일한 방법으로 계산한다.

7) 점검

최종계산 결과 남문에서 동문에 대한 변장과 방위각은 기지변과 기지방위각에 해당하므로 산출된 값과 비교하여 같아야 하며, 조정계산 결과 변장에서 ±0.01m, 방위각에서 ±0.1″ 이내의 오차가 발생할 수도 있다.

삼각쇄 조정계산부(진수)

삼각형	점명	각명	관측각	e/3	각규약 조정각	각규약 경정수	각규약 조정각	$\sin\alpha$ / $\sin\beta$	$\Delta\alpha$ / $\Delta\beta$	$\sin\alpha'$ / $\sin\beta'$	$\alpha-x_1''$ / $\beta+x_1''$	변규약 조정각	변장 $\alpha \times \dfrac{\sin\alpha(\gamma)}{\sin\beta}$	방위각	종횡선좌표 X	종횡선좌표 Y	점명
1	세7	α_1	85°17′29.6″	+2.8″	85°17′32.4″	+0.2″	85°17′32.6″	0.996626	−4	0.996622	−2.4″	85°17′30.2″	4,114.65	세10 → 세7 338°14′52.6″	463,519.46	195,425.73	세10
	기13	β_1	57°06′29.4″	+2.7″	57°06′32.1″	+0.2″	57°06′32.3″	0.839705	+26	0.839731	+2.4″	57°06′34.7″	2,989.67	세7 → 기13 72°57′22.4″	467,341.13	193,900.88	세7
	세10	γ_1	37°35′52.8″	+2.7″	37°35′55.5″	−0.4″	37°35′55.1″					37°35′55.1″	4,883.54	세10 → 기13 15°51′47.7″	468,217.41	196,759.25	기13
	+		179°59′51.8″	+8.2″								γ_1		평균	468,217.41	196,759.24	
	−		180°00′00.0″														
			$\varepsilon_1 = -8.2″$														
2	세10	α_2	62°35′05.3″	+1.9″	62°35′07.2″	−0.2″	62°35′07.0″	0.887697	+22	0.887675	−2.4″	62°35′04.6″	3,625.78	세10 → 기14 78°25′52.3″	464,246.59	198,977.85	
	기14	β_2	72°22′27.5″	+1.9″	72°22′29.4″	−0.2″	72°22′29.2″	0.953057	+15	0.953072	+2.4″	72°22′31.6″	3,230.48	기14 → 기13 150°48′23.9″	464,246.60	198,977.85	기14
	기13	γ_2	45°02′21.5″	+1.9″	45°02′23.4″	+0.4″	45°02′23.8″					45°02′23.8″	4,548.58		464,246.60	198,977.85	
	+		179°59′54.3″	+5.7″								γ_2		평균			
	−		180°00′00.0″														
			$\varepsilon_2 = -5.7″$														
3	기13	α_3	82°06′28.7″	−3.2″	82°06′25.5″	+0.2″	82°06′25.7″	0.990526	−7	0.990519	−2.4″	82°06′23.5″	5,204.77	기13 → 수문 68°42′00.6″	469,390.88	199,769.05	
	수문	β_3	59°57′23.9″	−3.2″	59°57′20.7″	+0.2″	59°57′20.9″	0.865639	−24	0.865663	+2.4″	59°57′23.3″	3,345.63	기14 → 수문 8°44′37.3″	469,390.88	199,769.05	수문
	기14	γ_3	37°56′17.0″	−3.2″	37°56′13.8″	−0.4″	37°56′13.4″					37°56′13.4″			469,390.88	199,769.05	
	+		180°00′09.6″	−9.6″								γ_3		평균			
	−		180°00′00.0″														
			$\varepsilon_3 = +9.6″$														
4	기14	α_4	73°12′07.7″	+0.3″	73°12′08.0″	−0.2″	73°12′07.8″	0.957330	−14	0.957316	−2.4″	73°12′05.4″		기14 → 세9 81°56′42.7″	464,715.39	202,290.47	
	세9	β_4	69°43′00.5″	+0.2″	69°43′00.7″	−0.2″	69°43′00.5″	0.937991	−17	0.938008	+2.4″	69°43′02.9″		세9 → 수문 151°39′45.6″	464,715.39	202,290.47	세9
	수문	γ_4	37°04′51.1″	+0.2″	37°04′51.3″	+0.4″	37°04′51.7″					37°04′51.7″	5,312.04	기14 → 세9 151°39′45.7″	464,715.39	202,290.47	
	+		179°59′59.3″	+0.7″								γ_4		평균			
	−		180°00′00.0″														
			$\varepsilon_4 = -0.7″$														

신출방위각 151°39′47.2″   기지방위각 151°39′45.7″ $q = +1.5″$

제1기선 l_1 4,114.65m   제2기선 l_2 5,312.04m

각규약 경정수 계산

γ가이 좌측에 있을 때
$\alpha = -\dfrac{q}{2n} = -0.2$
$\beta = -\dfrac{q}{2n} = -0.2$
$\gamma = +\dfrac{q}{n} = +0.4$

γ가이 우측에 있을 때
$\alpha = +\dfrac{q}{2n} = +0.2$
$\beta = +\dfrac{q}{2n} = +0.2$
$\gamma = -\dfrac{q}{n} = -0.4$

n : 삼각형 수

	$\pi\sin\alpha \cdot l_1$	3,451.893695		$\pi\sin\alpha' \cdot l_1$	3,451.719419
E_1	$\pi\sin\beta \cdot l_2$	3,451.774669	E_2	$\pi\sin\beta' \cdot l_2$	3,452.094145

$E_1 = \dfrac{\pi\sin\alpha \cdot l_1}{\pi\sin\beta \cdot l_2} - 1 = +34$

$E_2 = \dfrac{\pi\sin\alpha' \cdot l_1}{\pi\sin\beta' \cdot l_2} - 1 = -109$

$|E_1 - E_2| = 143$

$\Delta\alpha, \Delta\beta = 10''$차임

$x_1'' = \dfrac{10'' E_1}{|E_1 - E_2|} = +2.4''$

$x_2'' = \dfrac{10'' E_2}{|E_1 - E_2|} = -7.6''$

검산 : $|x_1'' + x_2''| = 10''$

약도

CHAPTER 02 지적삼각보조점측량

01 개요

지적삼각보조점측량은 삼각점, 지적삼각점 및 지적삼각보조점을 기초로 하여 지적도근점측량의 기초가 되는 지적삼각보조점을 설치하기 위한 측량으로서, 측량지역의 지형 관계상 지적삼각점 또는 지적삼각보조점의 설치 또는 재설치를 필요로 하는 경우, 지적도근점의 설치 또는 재설치를 위하여 지적삼각점 또는 지적삼각보조점의 설치를 필요로 하는 경우, 세부측량의 시행상 지적삼각점의 설치를 필요로 하는 경우에 실시한다.

02 설치 및 계산

설치	• 측량지역의 지형 관계상 지적삼각점 또는 지적삼각보조점의 설치 또는 재설치를 필요로 하는 경우 • 지적도근점의 설치 또는 재설치를 위하여 지적삼각점 또는 지적삼각보조점의 설치를 필요로 하는 경우 • 세부측량의 시행상 지적삼각점의 설치를 필요로 하는 경우
절차	계획 수립 → 준비 및 현지답사 → 선점 및 조표 → 관측 및 계산 → 성과 작성
구성 형태	교회법 및 다각망도선법(교점다각망)
계산	경위의측량방법 및 전파 또는 광파기 측량방법과 다각망도선법(교점다각망)

03 실시 기준

1) 교회법

(1) 경위의측량방법으로 수평각관측을 하는 경우

① 관측은 20초독 이상의 경위의를 사용한다.
② 수평각관측은 2대회(윤곽도는 0°, 90°로 한다)의 방향관측법에 따른다.
③ 수평각의 측각공차는 다음 표에 따를 것. 이 경우 삼각형 내각의 관측치를 합한 값과 180°와의 차는 내각을 전부 관측한 경우에 적용한다.

종별	1방향각	1측회의 폐색	삼각형 내각관측의 합과 180°와의 차	기지각과의 차
공차	40초 이내	±40초 이내	±50초 이내	±50초 이내

④ 계산 단위는 다음 표에 따른다.

종별	각	변의 길이	진수	좌표
공차	초	cm	6자리 이상	cm

⑤ 2개의 삼각형으로부터 계산한 위치의 연결교차($\sqrt{종선교차^2 + 횡선교차^2}$)가 0.30m 이하일 때에는 그 평균치를 지적삼각보조점의 위치로 할 것. 이 경우 기지점과 소구점 사이의 방위각 및 거리는 평균치에 따라 새로 계산하여 정한다.

(2) 경위의측량방법으로 연직각 관측을 하는 경우

① 각 측점에서 정·반으로 각 2회 관측한다.
② 관측치의 최대치와 최소치의 교차가 30초 이내인 때에는 그 평균치를 연직각으로 한다.

(3) 전파 또는 광파기측량방법으로 변장 관측을 하는 경우

① 전파 또는 광파측거기는 표준편차가 ±[5mm+5ppm] 이상인 정밀측거기를 사용한다.
② 점간거리는 5회 측정하여 그 측정치의 최대치와 최소치의 교차가 평균치의 10만분의 1 이하일 때에는 그 평균치를 측정거리로 하고, 원점에 투영된 평면거리에 따라 계산한다.
③ 기지각과의 차(差)에 관하여는 ±40초 이내로 한다.

2) 다각망도선법

(1) 경위의측량방법으로 수평각관측을 하는 경우

① 관측은 20초독 이상의 경위의를 사용한다.

② 계산은 다음 표에 따른다.

종별	각	변의 길이	진수	좌표
단위	초	cm	6자리 이상	cm

(2) 경위의측량방법으로 연직각 관측을 하는 경우

① 각 측점에서 정·반으로 각 2회 관측한다.
② 관측치의 최대치와 최소치의 교차가 30초 이내인 때에는 그 평균치를 연직각으로 한다.

(3) 전파 또는 광파기측량방법으로 변장 관측을 하는 경우

① 전파 또는 광파측거기는 표준편차가 ±[5mm+5ppm] 이상인 정밀측거기를 사용한다.
② 점간거리는 5회 측정하여 그 측정치의 최대치와 최소치의 교차가 평균치의 10만분의 1 이하일 때에는 그 평균치를 측정거리로 하고, 원점에 투영된 평면거리에 따라 계산한다.

04 교회법

지적삼각보조점측량 및 지적도근점측량 시 3점 이상의 기지점을 이용하여 소구점의 좌표를 구하는 방법으로 3방향 교회를 원칙으로 하나 부득이한 경우 2방향 교회에 의하여 소구점의 위치를 구할 수 있다.

1) 교회법 부호

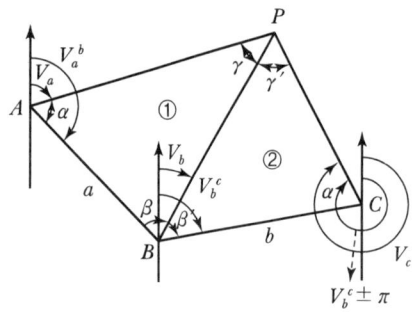

여기서, V_a, V_b, V_c : 소구방위각
V_a^b, V_b^c, V_c^b : 방위각
A, B, C : 기지점
P : 소구점
$\alpha, \beta, \gamma, \alpha', \beta', \gamma'$: 내각

2) 교회법 유형

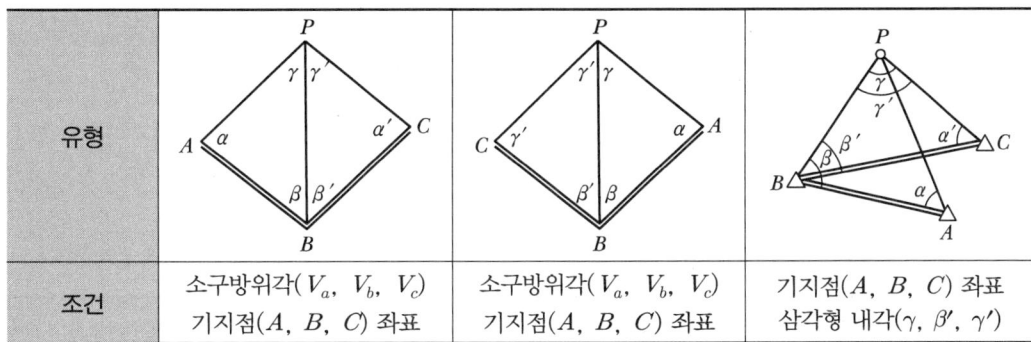

유형			
조건	소구방위각(V_a, V_b, V_c) 기지점(A, B, C) 좌표	소구방위각(V_a, V_b, V_c) 기지점(A, B, C) 좌표	기지점(A, B, C) 좌표 삼각형 내각(γ, β', γ')

3) 기지점의 종·횡선차

방향	ΔX	ΔY
$A \rightarrow B$	(B점의 X좌표)−(A점의 X좌표)	(B점의 Y좌표)−(A점의 Y좌표)
$B \rightarrow C$	(C점의 X좌표)−(B점의 X좌표)	(C점의 Y좌표)−(B점의 Y좌표)
$A \rightarrow C$	(C점의 X좌표)−(A점의 X좌표)	(C점의 Y좌표)−(A점의 Y좌표)

4) 방위각 및 거리 계산

종·횡선차	종선차(Δx) = $X_b - X_a$ 횡선차(Δy) = $Y_b - Y_a$
방위각(θ)	$\tan\theta = \dfrac{\Delta y}{\Delta x}$ $\therefore \theta = \tan^{-1}\dfrac{\Delta y}{\Delta x}$
방위(V) 1상한(Ⅰ)	$V = \theta$
방위(V) 2상한(Ⅱ)	$V = 180° - \theta$
방위(V) 3상한(Ⅲ)	$V = 180° + \theta$
방위(V) 4상한(Ⅳ)	$V = 360° - \theta$

5) 내각 및 방위각 계산

방위각에 의하여 내각을 구하는 방법	내각에 의하여 방위각을 구하는 방법
$\alpha = V_A^B - V_a$ $\beta = V_b - (V_A^B \pm 180°)$ $\alpha = V_a - V_b$ $\alpha' = V_c - (V_B^C \pm 180°)$ $\beta' = V_B^C - V_b$ $\gamma' = V_b - V_c$	$V_a = V_A^B - a$ $V_b = (V_A^B \pm 180°) + \beta$ 또는 $V_b = V_B^C - \beta'$ $V_c = (V_B^C \pm 180°) + \alpha$

※ V_b각은 조정방법에 따라 일치하지 않을 수 있으며, 고점과 C점에서만 계산을 실시한다.

6) 소구점 종·횡좌표 계산

구분	A점에서 소구점 P의 계산	C점에서 소구점 P의 계산
변장	$AP = \dfrac{a \cdot \sin\beta}{\sin\gamma}$	$CP = \dfrac{b \cdot \sin\beta'}{\sin\gamma'}$
소구점좌표	$\Delta x = AP \times \cos V_a$ $\Delta y = AP \times \sin V_a$ $P_{x1} = A_x + \Delta x$ $P_{y1} = A_y + \Delta y$	$\Delta x = CP \times \cos V_c$ $\Delta y = CP \times \sin V_c$ $P_{x2} = C_x + \Delta x$ $P_{y2} = C_y + \Delta y$
평균좌표		$P_x = (P_{x1} + P_{x2}) \div 2$ $P_y = (P_{y1} + P_{y2}) \div 2$

7) 계산 순서

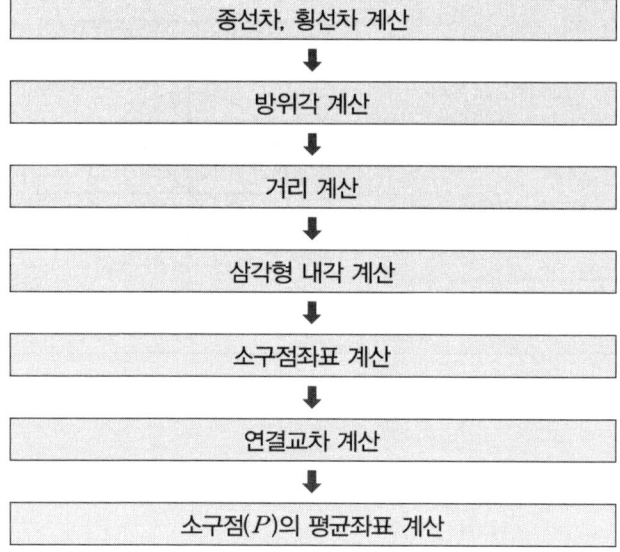

예제 01

두 점의 평면직교좌표가 아래와 같을 때 방위각과 거리를 계산하시오(단, 각은 0.1초, 거리는 cm 단위까지 계산하시오).

점명	X좌표(m)	Y좌표(m)
A	-300.23	200.18
B	400.15	-100.01

해설

1) 거리 및 방위각 계산

구분	거리 및 방위각
거리	$\Delta x_a^b = x_b - x_a = 400.15 - (-300.23) = 700.38\text{m}$ $\Delta y_a^b = y_b - y_a = -100.01 - 200.18 = -300.19\text{m}\,(4상한)$ $\overline{AB} = \sqrt{(\Delta x_a^b)^2 + (\Delta y_a^b)^2} = \sqrt{(+700.38)^2 + (-300.19)^2} = 762.00\text{m}$
방위각	$\theta = \tan^{-1}\left(\dfrac{\Delta y_a^b}{\Delta x_a^b}\right) = \tan^{-1}\left(\dfrac{-300.19}{+700.38}\right) = 23°12'01.7''$ $V_A^B = 360° - \theta = 360° - 23°12'01.7'' = 336°47'58.3''$

예제 02

그림과 같은 토지경계점 중 장애물로 인하여 B점을 결정할 수 없어 경계점 $ABCD$가 잘 보이는 P점에서 다음과 같이 측정하였다. B점의 좌표를 구하시오(단, 단위는 m이며, 거리는 소수 둘째 자리까지, 각은 초단위까지 계산하시오).

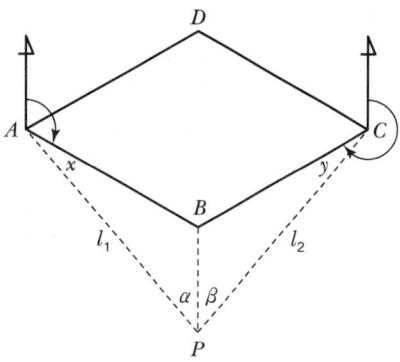

점명	X좌표(m)	Y좌표(m)
A	428,745.16	196,321.74
C	429,145.16	197,521.74
거리	$AP(l_1) = 919.24\text{m}$ $CP(l_2) = 827.65\text{m}$	
내각	$\alpha = 49°11'06''$ $x = 8°20'38''$ $\beta = 43°27'07''$ $y = 8°40'23''$	
방위각	$V_A^B = 104°02'10''$ $V_C^B = 213°41'24''$	

해설

1) 기지점간거리 계산

방향	거리 및 방위각
$A \to B$	$\dfrac{l_1}{\sin\{180°-(x+\alpha)\}} = \dfrac{AB}{\sin\alpha}$ $AB = \dfrac{l_1 \times \sin\alpha}{\sin\{180°-(x+\alpha)\}} = \dfrac{919.24 \times \sin49°11'06''}{\sin122°28'16''} = 824.62\text{m}$
$C \to B$	$\dfrac{l_2}{\sin\{180°-(y+\beta)\}} = \dfrac{CB}{\sin\beta}$ $CB = \dfrac{l_2 \times \sin\beta}{\sin\{180°-(y+\beta)\}} = \dfrac{827.65 \times \sin43°27'07''}{\sin127°52'30''} = 721.11\text{m}$
$P \to B$	$\dfrac{PB}{\sin x} = \dfrac{AB}{\sin\alpha}$ $PB = \dfrac{AB \times \sin x}{\sin\alpha} = \dfrac{824.62 \times \sin8°20'38''}{\sin49°11'06''} = 158.11\text{m}$

2) B점 종·횡선좌표 계산

소구점	방향	종·횡선좌표
B점	$A \to B$	$X_B = X_A + (AB \times \cos V_A^B) = 428,745.16 + (824.62 \times \cos 104°02'10'') = 428,545.16\text{m}$ $Y_B = Y_A + (AB \times \sin V_A^B) = 196,321.74 + (824.62 \times \sin 104°02'10'') = 197,121.74\text{m}$

예제 03 다음 그림과 같은 교회망에서 소구점의 내각을 구하시오(단, 각은 1초 단위까지 계산하시오).

1) 기지점좌표

점명	X좌표(m)	Y좌표(m)
A	465,364.04	226,974.08
B	466,420.38	229,303.62
C	468,830.06	229,165.42

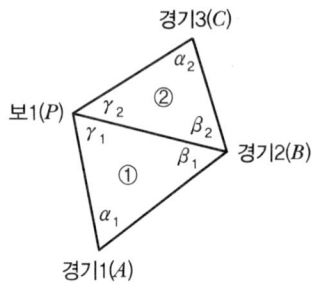

2) 관측방위각

점명	관측각
$A \rightarrow P$	355°24′38″
$B \rightarrow P$	297°21′22″
$C \rightarrow P$	237°02′20″

해설

1) 기지점간거리 및 방위각 계산

(경기1 = A, 경기2 = B, 경기3 = C, 보1 = P)

방향	거리 및 방위각
$A \rightarrow B$	$\Delta x_a^b = x_b - x_a = 466,420.38 - 465,364.04 = +1,056.34\text{m}$ $\Delta y_a^b = y_b - y_a = 229,303.62 - 226,974.08 = +2,329.54\text{m}$ $\overline{AB} = \sqrt{(\Delta x_a^b)^2 + (\Delta y_a^b)^2} = \sqrt{(+1,056.34)^2 + (2,329.54)^2} = 2,557.85\text{m}$ $\theta = \tan^{-1}\left(\dfrac{\Delta y_a^b}{\Delta x_a^b}\right) = \tan^{-1}\left(\dfrac{2,329.54}{1,056.34}\right) = 65°36′28″(1상한)$ $V_A^B = \theta = 65°36′28″$
$B \rightarrow C$	$\Delta x_b^c = x_c - x_b = 468,830.06 - 466,420.38 = +2,409.68\text{m}$ $\Delta y_b^c = y_c - y_b = 229,165.42 - 229,303.62 = -138.20\text{m}$ $\overline{BC} = \sqrt{(\Delta x_b^c)^2 + (\Delta y_b^c)^2} = \sqrt{(+2,409.68)^2 + (-138.20)^2} = 2,413.64\text{m}$ $\theta = \tan^{-1}\left(\dfrac{\Delta y_b^c}{\Delta x_b^c}\right) = \tan^{-1}\left(\dfrac{138.20}{2,409.68}\right) = 3°16′57″(4상한)$ $V_B^C = 360° - \theta = 360° - 3°16′57″ = 356°43′03″$

2) 소구점 내각 계산

삼각형	거리 및 방위각
①	$\alpha_1 = V_A^B - V_A^P = 65°36′28″ - 355°24′38″ = -289°46′10″ + 360° = 70°11′50″$ $\beta_1 = V_B^P - V_B^A = V_B^P - (V_A^B \pm 180°) = 297°21′22″ - (65°36′28″ + 180°) = 51°44′54″$ $\gamma_1 = V_P^A - V_P^B = (V_A^P \pm 180°) - (V_B^P \pm 180°)$ $\quad = (355°24′38″ - 180°) - (297°21′22″ - 180°) = 58°03′16″$ 검산 : $\alpha_1 + \beta_1 + \gamma_1 = 70°11′50″ + 51°44′54″ + 58°03′16″ = 180°$
②	$\alpha_2 = V_C^P - V_C^B = V_C^P - (V_B^C \pm 180°) = 237°02′20″ - (356°43′03″ - 180°) = 60°19′17″$ $\beta_2 = V_B^C - V_B^P = 356°43′03″ - 297°21′22″ = 59°21′41″$ $\gamma_2 = V_P^B - V_P^C = (V_B^P \pm 180°) - (V_C^P \pm 180°)$ $\quad = (297°21′22″ - 180°) - (237°02′20″ - 180°) = 60°19′02″$ 검산 : $\alpha_1 + \beta_1 + \gamma_1 = 60°19′17″ + 59°21′41″ + 60°19′02″ = 180°$

05 다각망도선법(교점다각망)

다각망도선법(교점다각망)은 지적삼각보조점측량과 지적도근점측량 시 여러 개의 도선으로 망을 구성하여 각각의 도선에서 발생하는 오차를 소거하기 위한 것으로, 1교점 다각망도선(X형, Y형)과 2교점 다각망도선(A형, H형)으로 구분된다.

1) 망 형태 및 조건식

(1) 망 형태

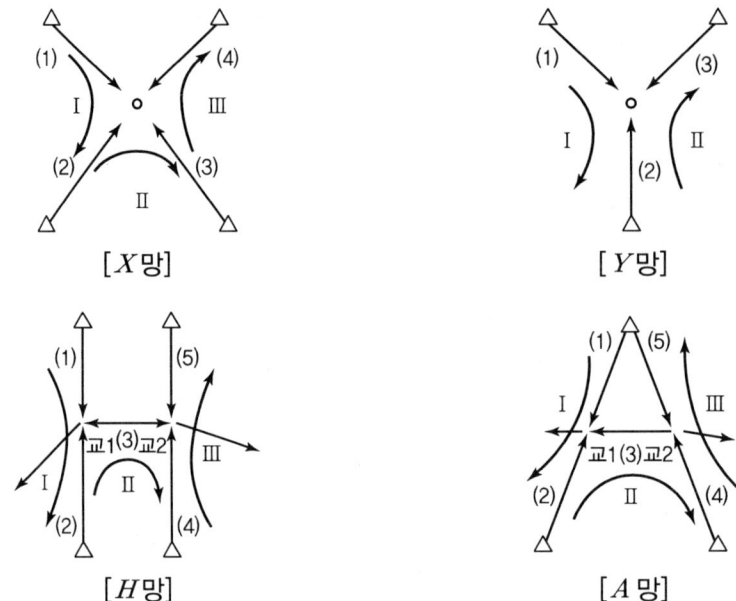

[X망]   [Y망]

[H망]   [A망]

(2) 조건식 수

최소조건식수 = 도선수 − 교점수

구분	조건식수	최소조건식수
X망	4개	도선수(4) − 교점수(1) = 3개
Y망	3개	도선수(3) − 교점수(1) = 2개
$H \cdot A$망	4개	도선수(4) − 교점수(1) = 3개

(3) 망별 조건방정식

구분	조건방정식	비고
X망	Ⅰ = (1) − (2) + W_1 = 0 Ⅱ = (2) − (3) + W_2 = 0 Ⅲ = (3) − (4) + W_3 = 0 Ⅳ = (4) − (1) + W_4 = 0	최소조건식 수는 3개로 계산에서는 Ⅳ조건식을 생략함
Y망	Ⅰ = (1) − (2) + W_1 = 0 Ⅱ = (2) − (3) + W_2 = 0 Ⅲ = (3) − (1) + W_3 = 0	최소조건식 수는 2개로 계산에서는 Ⅲ조건식을 생략함
$H \cdot A$망	Ⅰ = (1) − (2) + W_1 = 0 Ⅱ = (2) + (3) − (4) + W_2 = 0 Ⅲ = (4) − (5) + W_3 = 0	

2) 계산 공식

(1) 1교점다각망($X \cdot Y$망) 계산

① 관측방위각 계산

$$T_2' = T_1 + \sum \alpha - 180°(n-1)$$

여기서, T_2' : 관측방위각 T_1 : 기지방위각
$\sum \alpha$: 관측각의 합 n : 관측점수

※ 교점과 교점으로 이루어진 도선은 관측각의 합만 계산

② 경중률 계산
- 관측각($\sum N$) : 각 도선별 측점수
- 거리($\sum S$) : 각 도선별 거리의 합을 1,000으로 나눈 수

③ 방위각 오차 계산

구분	순서	계산식
X망	Ⅰ Ⅱ Ⅲ	W_1 = (1)도선 − (2)도선 W_2 = (2)도선 − (3)도선 W_3 = (3)도선 − (4)도선
Y망	Ⅰ Ⅱ	W_1 = (1)도선 − (2)도선 W_2 = (2)도선 − (3)도선
$H \cdot A$망	Ⅰ Ⅱ Ⅲ	W_1 = (1)도선 − (2)도선 W_2 = (2)도선 + (3)도선 − (4)도선 W_3 = (4)도선 − (5)도선

④ 평균방위각 계산

$$평균방위각 = \frac{\frac{\alpha_1}{N_1}+\frac{\alpha_2}{N_2}+\frac{\alpha_3}{N_3}+\frac{\alpha_4}{N_4}}{\frac{1}{N_1}+\frac{1}{N_2}+\frac{1}{N_3}+\frac{1}{N_4}} = \frac{\frac{\sum \alpha_n}{\sum Nn}}{\frac{1}{\sum Nn}}$$

여기서, α_n : 방위각으로서 초단위
N_n : 경중률로서 측점수

⑤ 측각오차 배분
  ㉠ 도선별 측각오차 = 도선별 관측방위각 − 평균방위각
  ㉡ 배분수 = −(측각오차 ÷ 반수의 총합) × 해당 반수
  ㉢ 공차한계 : $10\sqrt{n}$

  여기서, n : 폐색변을 포함한 변수

⑥ 평균 종·횡선좌표 계산
  ㉠ 종·횡선좌표의 계산
  • 종선좌표 = $X + \sum \Delta x$
  • 횡선좌표 = $Y + \sum \Delta y$

  ㉡ 평균 종·횡선좌표의 계산

  • 평균 종선좌표 = $\dfrac{\dfrac{X_1}{S_1}+\dfrac{X_2}{S_2}+\dfrac{X_3}{S_3}+\dfrac{X_4}{S_4}}{\dfrac{1}{S_1}+\dfrac{1}{S_2}+\dfrac{1}{S_3}+\dfrac{1}{S_4}} = \dfrac{\dfrac{\sum X_n}{\sum Sn}}{\dfrac{1}{\sum Sn}}$

  • 평균 횡선좌표 = $\dfrac{\dfrac{Y_1}{S_1}+\dfrac{Y_2}{S_2}+\dfrac{Y_3}{S_3}+\dfrac{Y_4}{S_4}}{\dfrac{1}{S_1}+\dfrac{1}{S_2}+\dfrac{1}{S_3}+\dfrac{1}{S_4}} = \dfrac{\dfrac{\sum Y_n}{\sum S_n}}{\dfrac{1}{\sum S_n}}$

  여기서, X_n, Y_n : 교점의 cm 단위의 좌푯값
  S_n : 경중률로서 도선별 거리의 합을 1,000으로 나눈 수

(2) 2교점다각망($H \cdot A$망) 계산

① 관측방위각 계산

$T_2' = T_1 + \sum \alpha - 180°(n-1)$

여기서, T_2' : 관측방위각 T_1 : 기지방위각
$\sum \alpha$: 관측각의 합 n : 관측점수

※ 교점과 교점으로 이루어진 도선은 관측각의 합만 계산

② 경중률 계산
　㉠ 관측각(ΣN) : 각 도선별 측점수
　㉡ 거리(ΣS) : 각 도선별 거리의 합을 1,000으로 나눈 수

③ 방위각오차 계산

구분	계산식
$H \cdot A$망	$W_1 =$ (1)도선 방위각 $-$ (2)도선 방위각 $W_2 =$ (2)도선 방위각 $-$ (3)도선 방위각 $-$ (4)도선 방위각 $W_3 = -$ (4)도선 방위각 $-$ (5)도선 방위각

④ 평균방위각의 계산

$$평균방위각 = \frac{\dfrac{\alpha_1}{N_1}+\dfrac{\alpha_2}{N_2}+\dfrac{\alpha_3}{N_3}+\dfrac{\alpha_4}{N_4}+\dfrac{\alpha_5}{N_5}}{\dfrac{1}{N_1}+\dfrac{1}{N_2}+\dfrac{1}{N_3}+\dfrac{1}{N_4}+\dfrac{1}{N_5}} = \frac{\dfrac{\Sigma \alpha_n}{\Sigma Nn}}{\dfrac{1}{\Sigma Nn}}$$

여기서, α_n : 방위각으로서 초단위
　　　　N_n : 경중률로서 측점수

⑤ 측각오차 배분
　㉠ 도선별 측각오차 = 평균방위각 $-$ 도선별 관측방위각
　㉡ 배분수 = $-$(측각오차 $\div$ 반수의 총합) $\times$ 해당 반수
　㉢ 공차한계 : $10\sqrt{n}$
　　　여기서, n : 폐색변을 포함한 변수

⑥ 평균 종 · 횡선좌표 계산
　㉠ 종 · 횡선좌표의 계산
　　· 종선좌표 $= X + \Sigma \Delta x$
　　· 횡선좌표 $= Y + \Sigma \Delta y$
　㉡ 평균 종 · 횡선좌표의 계산

　　· 평균 종선좌표 $= \dfrac{\dfrac{X_1}{S_1}+\dfrac{X_2}{S_2}+\dfrac{X_3}{S_3}+\dfrac{X_4}{S_4}+\dfrac{X_5}{S_5}}{\dfrac{1}{S_1}+\dfrac{1}{S_2}+\dfrac{1}{S_3}+\dfrac{1}{S_4}+\dfrac{1}{S_5}} = \dfrac{\dfrac{\Sigma X_n}{\Sigma Sn}}{\dfrac{1}{\Sigma Sn}}$

　　· 평균 횡선좌표 $= \dfrac{\dfrac{Y_1}{S_1}+\dfrac{Y_2}{S_2}+\dfrac{Y_3}{S_3}+\dfrac{Y_4}{S_4}+\dfrac{Y_5}{S_5}}{\dfrac{1}{S_1}+\dfrac{1}{S_2}+\dfrac{1}{S_3}+\dfrac{1}{S_4}+\dfrac{1}{S_5}} = \dfrac{\dfrac{\Sigma Y_n}{\Sigma S_n}}{\dfrac{1}{\Sigma S_n}}$

여기서, X_n, Y_n : 교점의 cm 단위의 좌푯값
　　　　S_n : 경중률로서 도선별 거리의 합을 1,000으로 나눈 수

⑦ 상관방정식

최소제곱법을 이용할 경우 계산을 편리하게 하기 위해서 각 도선의 측점 합계를 동일하게 10으로 나누고 각 도선의 거리 합계를 1,000으로 나누어 경중률로 한다.

순서	ΣN	ΣS	I(a)	II(b)	III(c)
(1)			+1		
(2)			−1	+1	
(3)				+1	
(4)				−1	+1
(5)					−1

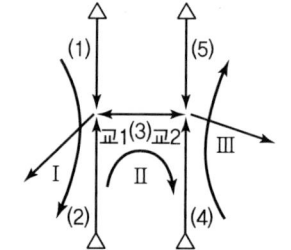

조건식	I	$I = (1) - (2) + W_1 = 0$	(1)	−(2)		
			+1	−1		
	II	$II = (2) + (3) - (4) + W_2 = 0$	(2)	+(3)	−(4)	
			+1	+1	−1	
	III	$III = (4) - (5) + W_3 = 0$	(4)	−(5)		
			+1	−1		

⑧ 표준방정식

표준방정식의 수는 조건방정식의 수와 같으므로 3개의 표준방정식을 세울 수 있다.

$[Paa]K_1 + [Pab]K_2 + [Pac]K_3 + W_1 = 0$

$[Pbb]K_2 + [Pbc]K_3 + W_2 = 0$

$[Pcc]K_3 + W_3 = 0$

여기서, $[Paa] = Pa_1^2 + Pa_2^2 + \cdots + Pa_n^2$

$[Pab] = Pa_1b_1 + Pa_2b_2 + \cdots + Pa_nb_n$

$[Pac] = Pa_1c_1 + Pa_2c_2 + \cdots + Pa_nc_n$

I	II	III	W_α	Σ
$[Paa]$	$[Pab]$	$[Pac]$	$W_1 = (1) - (2)$	$[Paa] + [Pab] + [Pac] + W_1$
	$[Pbb]$	$[Pbc]$	$W_2 = (2) + (3) - (4)$	$[Pab] + [Pbb] + [Pbc] + W_2$
		$[Pcc]$	$W_3 = (4) - (5)$	$[Pac] + [Pbc] + [Pcc] + W_3$

3) 계산 순서

(1) 1교점다각망($X \cdot Y$망)

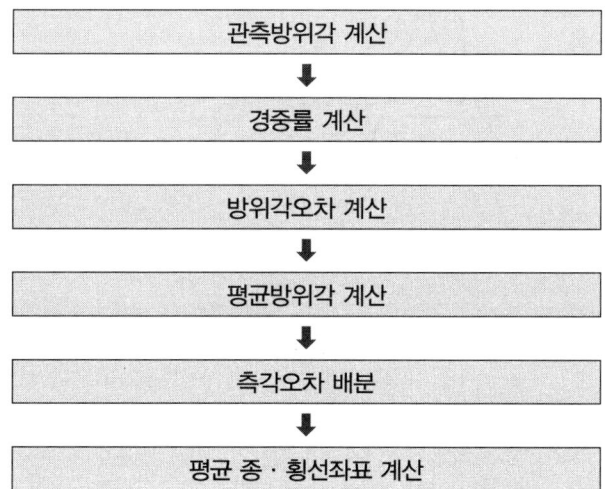

(2) 2교점다각망($H \cdot A$망)

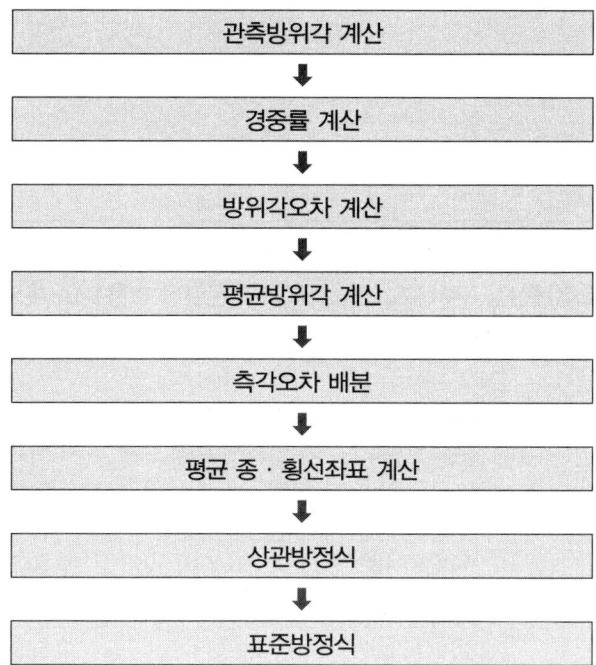

예제 04 교점다각망 A형의 최소조건식수를 계산하고, 화살표로 표시된 도선의 관측방향을 기준으로 조건식을 작성하시오.

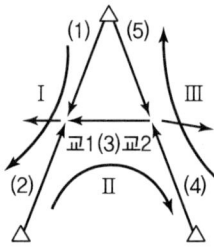

해설

1) 최소조건식 수

도선수 − 교점수 = 5 − 2 = 3

2) 조건식

$\text{I} = (1) - (2) + W_1 = 0$
$\text{II} = (2) + (3) - (4) + W_2 = 0$
$\text{III} = (4) - (5) + W_3 = 0$

예제 05 지적삼각보조점측량을 X형의 다각망도선법으로 실시하여 다음과 같은 결과를 얻었다. 주어진 서식에 따라 다각망조정계산을 구하시오(단, 서식의 계산란을 이용하여 계산과정을 명시하고 계산부를 완성하시오).

도선	경중률		관측방위각	X좌표(m)	Y좌표(m)
	측점수(ΣN)	측정거리(ΣS)			
(1)	18	1.488	116°50′10″	4,138.55	7,593.69
(2)	7	0.950	116°49′48″	4,138.61	7,593.74
(3)	20	1.522	116°50′05″	4,138.57	7,593.68
(4)	13	1.080	116°49′50″	4,138.63	7,593.71

해설

1) 방위각 및 종·횡선좌표 오차 계산

(1) 방위각 오차

순서	조건방정식	방위각
I	$W_1 = (1) - (2)$	$W_1 = 116°50'10'' - 116°49'48'' = +22''$
II	$W_2 = (2) - (3)$	$W_2 = 116°49'48'' - 116°50'05'' = -17''$
III	$W_3 = (3) - (4)$	$W_3 = 116°50'05'' - 116°49'50'' = +15''$

(2) 종·횡선좌표 오차

순서	조건방정식	종선좌표	횡선좌표
I	$W_1 = (1) - (2)$	$W_1 = 0.55 - 0.61 = -0.06\text{m}$	$W_1 = 0.69 - 0.74 = -0.05\text{m}$
II	$W_2 = (2) - (3)$	$W_2 = 0.61 - 0.57 = +0.04\text{m}$	$W_2 = 0.74 - 0.68 = +0.06\text{m}$
III	$W_3 = (3) - (4)$	$W_3 = 0.57 - 0.63 = -0.06\text{m}$	$W_3 = 0.68 - 0.71 = -0.036\text{m}$

2) 평균 방위각 및 평균 종·횡선좌표 계산

구분	계산식
평균 방위각	$\dfrac{\frac{\sum \alpha_n}{\sum Nn}}{\frac{1}{\sum Nn}} = \dfrac{\frac{70}{18}+\frac{48}{7}+\frac{65}{20}+\frac{50}{13}}{\frac{1}{18}+\frac{1}{7}+\frac{1}{20}+\frac{1}{13}} = 55'' = 116°49'55''$
평균 종선좌표	$\dfrac{\frac{\sum X_n}{\sum Sn}}{\frac{1}{\sum Sn}} = \dfrac{\frac{0.55}{1.488}+\frac{0.61}{0.950}+\frac{0.57}{1.522}+\frac{0.63}{1.080}}{\frac{1}{1.488}+\frac{1}{0.950}+\frac{1}{1.522}+\frac{1}{1.080}} = 0.60\text{m} = 4{,}138.60\text{m}$
평균 횡선좌표	$\dfrac{\frac{\sum X_n}{\sum Sn}}{\frac{1}{\sum Sn}} = \dfrac{\frac{0.69}{1.488}+\frac{0.74}{0.950}+\frac{0.68}{1.522}+\frac{0.71}{1.080}}{\frac{1}{1.488}+\frac{1}{0.950}+\frac{1}{1.522}+\frac{1}{1.080}} = 0.71\text{m} = 7{,}593.71\text{m}$

3) 방위각 및 종·횡선좌표 보정량 계산

구분	계산식
방위각	평균 방위각 − 도선별 관측방위각
평균 종·횡선좌표	평균 종선좌표 − 도선별 종선좌표 평균 횡선좌표 − 도선별 횡선좌표

(1) 방위각 보정량

도선	방위각 보정량
(1)	116°49′55″−116°50′10″=−15″
(2)	116°49′55″−116°49′48″=+7″
(3)	116°49′55″−116°50′05″=−10″
(4)	116°49′55″−116°49′50″=+5″

(2) 종·횡선좌표 보정량

도선	종선좌표 보정량	횡선좌표 보정량
(1)	4,138.60−4,138.55=+0.05	7,593.71−7,593.69=+0.02
(2)	4,138.60−4,138.61=−0.01	7,593.71−77,593.74=−0.03
(3)	4,138.60−4,138.57=+0.03	7,593.71−77,593.68=+0.03
(4)	4,138.60−4,138.63=−0.03	7,593.71−77,593.71=0

예제 06

교점다각망 A형의 방위각과 종·횡선좌표의 1차 계산 결과를 주어진 서식을 이용하여 상관방정식을 작성하고, 표준방정식의 값을 구하시오.

도선	경중률 측점수(ΣN)	경중률 측정거리(ΣS)	방위각	X좌표(m)	Y좌표(m)
(1)	8	0.64	230°59′07″	1,890.36	3,773.64
(2)	9	0.84	230°59′16″	1,890.14	3,773.50
(2)+(3)	5	0.44	183°04′55″	2,153.66	4,114.94
(4)	9	0.88	183°05′03″	2,153.67	4,115.07
(5)	5	0.35	183°04′45″	2,153.85	4,114.99

해설

1) 방위각 및 종·횡선좌표 오차 계산

(1) 방위각 오차

순서	조건방정식	방위각
Ⅰ	$W_1=(1)-(2)$	$W_1=230°59′07″-230°59′16″=-9″$
Ⅱ	$W_2=(2)+(3)-(4)$	$W_2=183°04′55″-183°05′03″=-8″$
Ⅲ	$W_3=(4)-(5)$	$W_3=183°05′03″-183°04′45″=+18″$

(2) 종·횡선좌표 오차

순서	조건방정식	종선좌표	횡선좌표
I	$W_1 = (1) - (2)$	$W_1 = 0.36 - 0.14 = +0.22\text{m}$	$W_1 = 0.64 - 0.50 = +0.14\text{m}$
II	$W_2 = (2) + (3) - (4)$	$W_2 = 0.66 - 0.67 = -0.01\text{m}$	$W_2 = 0.94 - 1.07 = -0.13\text{m}$
III	$W_3 = (4) - (5)$	$W_3 = 0.67 - 0.85 = -0.18\text{m}$	$W_3 = 1.07 - 0.99 = +0.08\text{m}$

2) 상관방정식의 작성

구분	ΣN	ΣS	I (a)	II (b)	III (c)
(1)	8	0.64	+1		
(2)	9	0.84	-1	+1	
(3)	5	0.44		+1	
(4)	9	0.88		-1	+1
(5)	5	0.35			-1

3) 표준방정식의 계산

(1) 방위각

구분	계산식
제1식	$[Paa] = (+1^2 \times 8) + (-1^2 \times 9) = +17$ $[Pab] = (-1) \times (+1) \times 9 = -9$ $[Pac] = 0$
제2식	$[Paa] = (+1^2 \times 8) + (-1^2 \times 9) = +17$ $[Pab] = (-1) \times (+1) \times 9 = -9$ $[Pac] = 0$
제3식	$[Pcc] = (+1^2 \times 9) + (-1^2 \times 5) = +14$

W_a는 방위각 오차를 기재하며, Σ는 다음과 같이 계산한다.

I	II	III	W_a	Σ
+17	-9	0	-9	-1
	+23	-9	-8	-3
		+14	+18	+23

(2) 종·횡선좌표

구분	계산식
제1식	$[Paa] = (+1^2 \times 0.64) + (-1^2 \times 0.84) = +1.48$ $[Pab] = (-1) \times (+1) \times 0.84 = -0.84$ $[Pac] = 0$
제2식	$[Pbb] = (+1^2 \times 0.84) + (-1^2 \times 0.44) + (-1^2 \times 0.88) = +2.16$ $[Pbc] = (-1) \times (+1) \times 0.88 = -0.88$
제3식	$[Pcc] = (+1^2 \times 0.88) + (-1^2 \times 0.35) = +1.23$

W_x, W_y는 종·횡선오차를 기재하며, Σ는 다음과 같이 계산한다.

I	II	III	W_x	Σ	W_y	Σ
+1.48	−0.84	0	+0.22	+0.86	+0.14	+0.78
	+2.16	−0.88	−0.01	+0.43	−0.13	+0.31
		+1.23	−0.18	+0.17	+0.08	+0.43

4) 평균방위각 및 평균 종·횡선좌표 계산

구분	계산식
평균 방위각	평균방위각 = $\dfrac{\dfrac{\alpha_1}{N_1}+\dfrac{\alpha_2}{N_2}+\dfrac{\alpha_3}{N_3}+\dfrac{\alpha_4}{N_4}}{\dfrac{1}{N_1}+\dfrac{1}{N_2}+\dfrac{1}{N_3}+\dfrac{1}{N_4}} = \dfrac{\dfrac{\Sigma \alpha_n}{\Sigma Nn}}{\dfrac{1}{\Sigma Nn}}$ 여기서, α_n는 방위각으로서 초단위 N_n는 경중률로서 측점수
평균 종·횡선좌표	평균 종선좌표 = $\dfrac{\dfrac{X_1}{S_1}+\dfrac{X_2}{S_2}+\dfrac{X_3}{S_3}+\dfrac{X_4}{S_4}}{\dfrac{1}{S_1}+\dfrac{1}{S_2}+\dfrac{1}{S_3}+\dfrac{1}{S_4}} = \dfrac{\dfrac{\Sigma X_n}{\Sigma Sn}}{\dfrac{1}{\Sigma Sn}}$ 평균 횡선좌표 = $\dfrac{\dfrac{Y_1}{S_1}+\dfrac{Y_2}{S_2}+\dfrac{Y_3}{S_3}+\dfrac{Y_4}{S_4}}{\dfrac{1}{S_1}+\dfrac{1}{S_2}+\dfrac{1}{S_3}+\dfrac{1}{S_4}} = \dfrac{\dfrac{\Sigma Y_n}{\Sigma S_n}}{\dfrac{1}{\Sigma S_n}}$ 여기서, X_n, Y_n : 교점의 cm 단위의 좌푯값 S_n : 경중률로서 도선별 거리의 합을 1,000으로 나눈 수

CHAPTER 02 실전 및 핵심문제

※ 본 실전문제는 수험자의 정보를 토대로 작성하였으므로 일부 다를 수 있으며, 실전 대비 목적으로 작성한 것입니다.

01

지적삼각보조측량을 교회법으로 실시하여 다음과 같은 결과를 얻었다. 주어진 서식으로 보8의 좌표를 구하시오(단, 단위는 m이며, 거리는 소수 둘째 자리까지, 각은 초단위까지 계산하시오).

1) 기지점좌표

점명	X좌표(m)	Y좌표(m)
교5(A)	429,751.84	196,731.45
교7(B)	427,511.49	195,429.32
교9(C)	425,073.20	196,442.81

2) 소구방위각

$$V_a = 148°17'29''$$
$$V_b = 93°54'48''$$
$$V_c = 38°34'19''$$

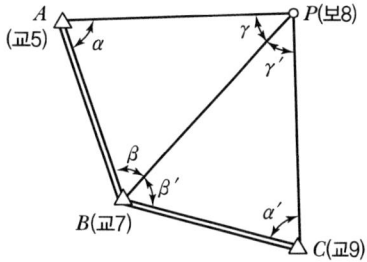

해설

1) 종·횡선차 계산

방향	종·횡선차
교5 → 교7	$\Delta x_a^b = x_b - x_a = 427,511.49 - 427,511.49 = -2,240.35\text{m}$ $\Delta y_a^b = y_b - y_a = 195,429.32 - 196,731.45 = -1,302.13\text{m}$
교7 → 교9	$\Delta x_b^c = x_c - x_b = 425,073.20 - 427,511.49 = -2,438.29\text{m}$ $\Delta y_b^c = y_c - y_b = 196,442.81 - 195,429.32 = +1,013.49\text{m}$

2) 기지점간거리 및 방위각 계산

방향	거리, 방위 및 방위각
교5 → 교7	$\overline{AB} = \sqrt{(\Delta x)^2 + (\Delta y)^2} = \sqrt{(-2,240.35)^2 + (-1,302.13)^2} = 2,591.28\text{m}$ $\theta = \tan^{-1}\left(\dfrac{\Delta y}{\Delta x}\right) = \tan^{-1}\left(\dfrac{1,302.13}{2,240.35}\right) = 30°09'57''(3상한)$ $V_A^B = 180° + \theta = 180° + 30°09'57'' = 210°09'57''$
교7 → 교9	$\overline{BC} = \sqrt{(\Delta x)^2 + (\Delta y)^2} = \sqrt{(-2,438.29)^2 + (+1,013.49)^2} = 2,640.53\text{m}$ $\theta = \tan^{-1}\left(\dfrac{\Delta y}{\Delta x}\right) = \tan^{-1}\left(\dfrac{+1,013.49}{-2,438.29}\right) = 22°34'14''(2상한)$ $V_B^C = 180° - \theta = 180° - 22°34'14'' = 157°25'46''$

3) 삼각형 내각 계산

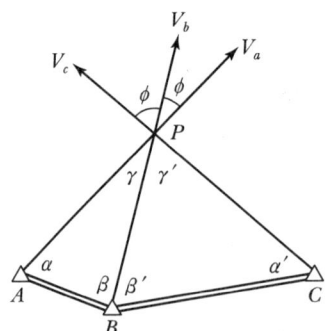

삼각형	내각
△ABP	$\alpha = V_A^B - V_a = 210°09'57'' - 148°17'29'' = 61°52'28''$ $\beta = V_b - V_B^A = V_b - (V_A^B \pm 180°) = 93°54'48'' - (210°09'57'' - 180°) = 63°44'51''$ $\gamma = V_a - V_b = 148°17'29'' - 93°54'48'' = 54°22'41''$ 검산 : $\alpha + \beta + \gamma = 61°52'28'' + 63°44'51'' + 54°22'41'' = 180°$
△BCP	$\alpha' = V_c - V_C^B = V_c - (V_B^C \pm 180°) = 38°34'19'' - (157°25'46'' + 180°) = 61°08'33''$ $\beta' = V_B^C - V_b = 157°25'46'' - 93°54'48'' = 63°30'58''$ $\gamma' = V_b - V_c = 93°54'48'' - 38°34'19'' = 55°20'29''$ 검산 : $\alpha' + \beta' + \gamma' = 61°08'33'' + 63°30'58'' + 55°20'29'' = 180°$

4) 소구점 변장 및 종 · 횡선좌표 계산

(교5 = A, 교7 = B, 교9 = C, 보8 = D)

구분		변장 및 좌표
변장	교5 → 보8	$\overline{AP} = \dfrac{\overline{AB} \cdot \sin\beta}{\sin\gamma} = \dfrac{2,591.28 \times \sin63°44'51''}{\sin54°22'41''} = 2,858.98\text{m}$
	교9 → 보8	$\overline{CP} = \dfrac{\overline{BC} \cdot \sin\beta'}{\sin\gamma'} = \dfrac{2,640.53 \times \sin63°30'58''}{\sin55°20'29''} = 2,873.28\text{m}$

구분		변장 및 좌표
보8 좌표	교5 → 보8	$\Delta X_1 = \dfrac{\overline{AB} \cdot \sin\beta}{\sin\gamma} \times \cos V_a = \dfrac{2,591.28 \times \sin63°44'51''}{\sin54°22'41''} \times \cos148°17'29'' = -2,432.22\text{m}$ $\Delta Y_1 = \dfrac{\overline{AB} \cdot \sin\beta}{\sin\gamma} \times \sin V_a = \dfrac{2,591.28 \times \sin63°44'51''}{\sin54°22'41''} \times \sin148°17'29'' = +1,502.68\text{m}$ $X_{P_1} = X_A + \Delta X_1 = 429,751.84 + (-2,432.22) = 427,319.62\text{m}$ $Y_{P_1} = Y_A + \Delta Y_1 = 196,731.45 + (+1,502.68) = 198,234.13\text{m}$
	교9 → 보8	$\Delta X_2 = \dfrac{\overline{BC} \cdot \sin\beta'}{\sin\gamma'} \times \cos V_c = \dfrac{2,640.53 \times \sin63°30'58''}{\sin55°20'29''} \times \cos38°34'19'' = +2,246.41\text{m}$ $\Delta Y_2 = \dfrac{\overline{BC} \cdot \sin\beta'}{\sin\gamma'} \times \sin V_c = \dfrac{2,640.53 \times \sin63°30'58''}{\sin55°20'29''} \times \sin38°34'19'' = +1,791.48\text{m}$ $X_{P_2} = X_C + \Delta X_2 = 425,073.20 + (+2,246.41) = 427,319.61\text{m}$ $Y_{P_2} = Y_C + \Delta Y_2 = 196,442.81 + (+1,791.48) = 198,234.29\text{m}$
	평균좌표	$X_P = \dfrac{(427,319.61 + 427,319.60)}{2} = 427,319.61\text{m}$ $Y_P = \dfrac{(198,234.13 + 198,234.29)}{2} = 198,234.22\text{m}$ (5사5입 적용함)

5) 교차(연결교차) 및 공차 계산

구분	변장 및 좌표
교차 (연결교차)	종선교차 = 427,319.62 − 427,319.61 = +0.01m 횡선교차 = 198,234.13 − 198,234.29 = −0.16m 연결교차(공차) = $\sqrt{(\text{종선교차})^2 + (\text{횡선교차})^2} = \sqrt{(+0.01)^2 + (-0.16)^2} = 0.10\text{m}$
공차	공차 = 0.3m

교회점 계산부

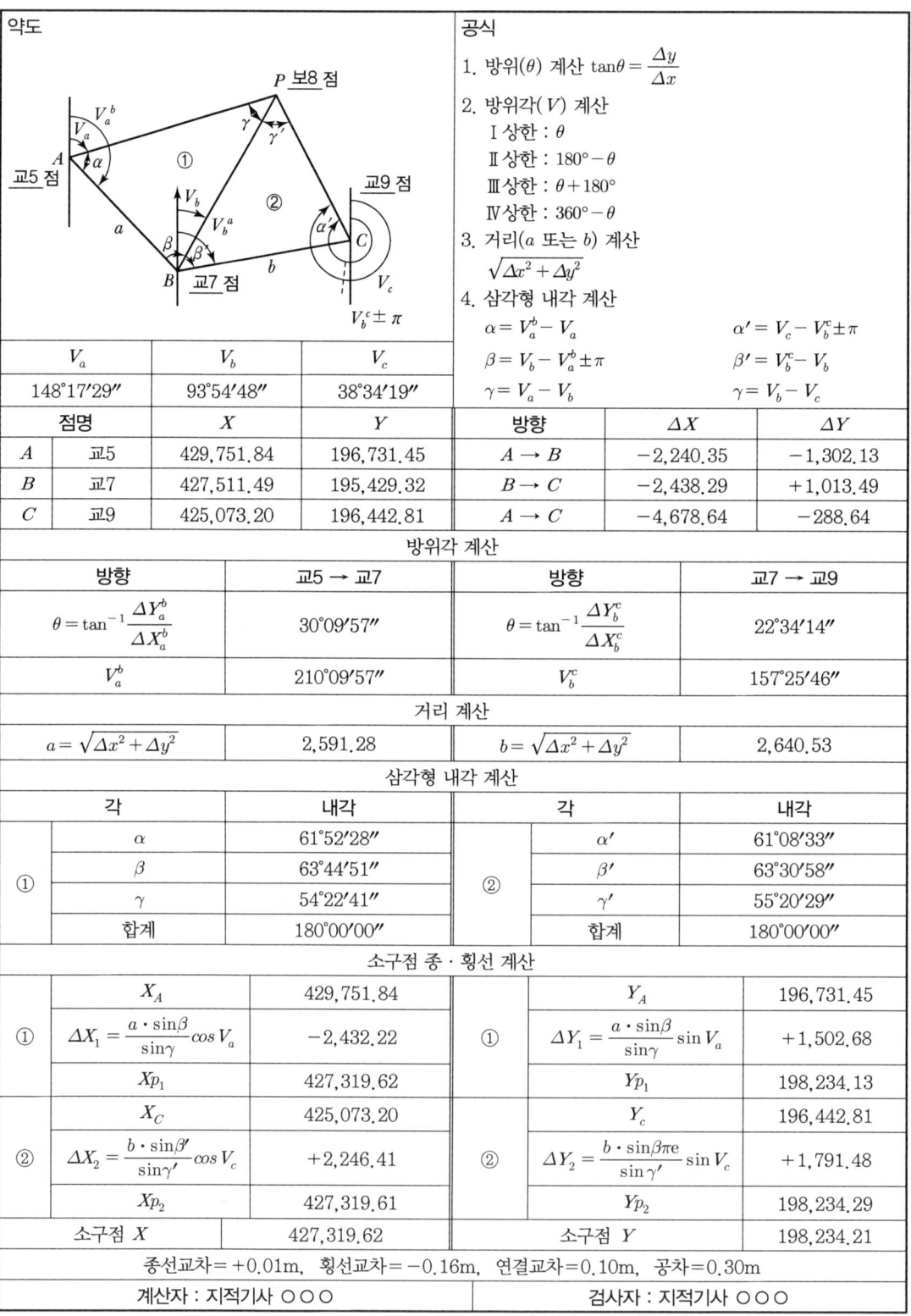

	V_a	V_b	V_c
	148°17′29″	93°54′48″	38°34′19″

	점명	X	Y	방향	ΔX	ΔY
A	교5	429,751.84	196,731.45	$A \to B$	−2,240.35	−1,302.13
B	교7	427,511.49	195,429.32	$B \to C$	−2,438.29	+1,013.49
C	교9	425,073.20	196,442.81	$A \to C$	−4,678.64	−288.64

방위각 계산				
방향	교5 → 교7		방향	교7 → 교9
$\theta = \tan^{-1}\dfrac{\Delta Y_a^b}{\Delta X_a^b}$	30°09′57″		$\theta = \tan^{-1}\dfrac{\Delta Y_b^c}{\Delta X_b^c}$	22°34′14″
V_a^b	210°09′57″		V_b^c	157°25′46″

거리 계산				
$a = \sqrt{\Delta x^2 + \Delta y^2}$	2,591.28		$b = \sqrt{\Delta x^2 + \Delta y^2}$	2,640.53

	각	내각		각	내각
①	α	61°52′28″	②	α'	61°08′33″
	β	63°44′51″		β'	63°30′58″
	γ	54°22′41″		γ'	55°20′29″
	합계	180°00′00″		합계	180°00′00″

소구점 종·횡선 계산					
①	X_A	429,751.84	①	Y_A	196,731.45
	$\Delta X_1 = \dfrac{a \cdot \sin\beta}{\sin\gamma}\cos V_a$	−2,432.22		$\Delta Y_1 = \dfrac{a \cdot \sin\beta}{\sin\gamma}\sin V_a$	+1,502.68
	Xp_1	427,319.62		Yp_1	198,234.13
②	X_C	425,073.20	②	Y_C	196,442.81
	$\Delta X_2 = \dfrac{b \cdot \sin\beta'}{\sin\gamma'}\cos V_c$	+2,246.41		$\Delta Y_2 = \dfrac{b \cdot \sin\beta\pi e}{\sin\gamma'}\sin V_c$	+1,791.48
	Xp_2	427,319.61		Yp_2	198,234.29
	소구점 X	427,319.62		소구점 Y	198,234.21

종선교차=+0.01m, 횡선교차=−0.16m, 연결교차=0.10m, 공차=0.30m

계산자 : 지적기사 ○○○ 검사자 : 지적기사 ○○○

02

지적삼각보조측량을 교회법으로 실시하여 다음과 같은 결과를 얻었다. 주어진 서식으로 보8의 좌표를 구하시오(단, 단위는 m이며, 거리는 소수 둘째 자리까지, 각은 초단위까지 계산하시오).

1) 기지점좌표

점명	X좌표(m)	Y좌표(m)
용9(A)	425,073.20	196,442.81
용7(B)	427,511.49	195,429.32
용5(C)	429,751.84	196,731.45

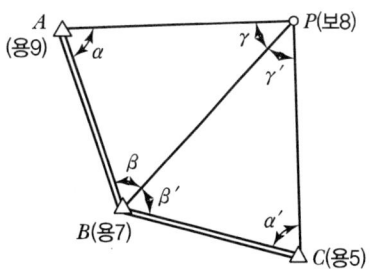

2) 소구방위각

$V_a = 38°34'19''$

$V_b = 93°54'48''$

$V_c = 148°17'29''$

해설

1) 망도 작성

문제에서 기지점좌표와 방위각이 주어졌을 때에는 주어진 문제의 망도를 대략적으로 그려 봄으로써 계산에 차질이 발생하는 것을 예방할 수 있다.

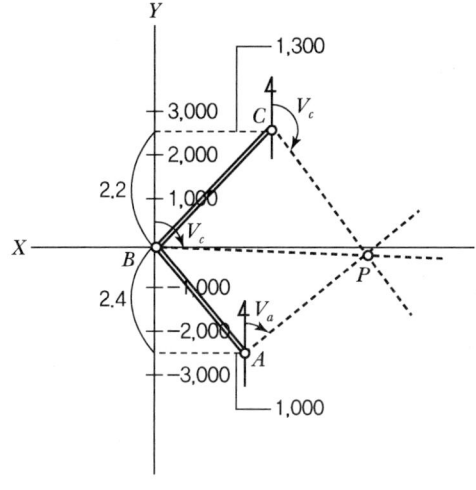
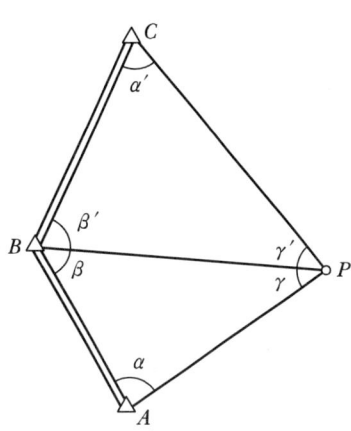

2) 종·횡선차 계산

방향	종·횡선차
교9 → 교7	$\Delta x_a^b = x_b - x_a = 427,511.49 - 425,073.20 = +2,438.29\text{m}$ $\Delta y_a^b = y_b - y_a = 195,429.32 - 196,442.81 = -1,013.49\text{m}$
교7 → 교5	$\Delta x_b^c = x_c - x_b = 429,751.84 - 427,511.49 = +2,240.35\text{m}$ $\Delta y_b^c = y_c - y_b = 196,731.45 - 195,429.32 = +1,302.13\text{m}$
교9 → 교5	$\Delta x_a^c = x_c - x_a = 429,751.84 - 425,073.20 = +4,678.64\text{m}$ $\Delta y_a^c = y_c - y_a = 196,731.45 - 196,442.81 = +288.64\text{m}$

3) 기지점간거리 및 방위각 계산

(교9 = A, 교7 = B, 교5 = C, 보8 = D)

방향	오차, 거리 및 방위각
교9 → 교7	$\overline{AB} = \sqrt{(\Delta x)^2 + (\Delta y)^2} = \sqrt{(+2,438.29)^2 + (-1,013.49)^2} = 2,640.53\text{m}$ $\theta = \tan^{-1}\left(\dfrac{\Delta y}{\Delta x}\right) = \tan^{-1}\left(\dfrac{-1,013.49}{+2,438.29}\right) = 22°34'14''(4\text{상한})$ $V_A^B = 360° - \theta = 360° - 22°34'14'' = 337°25'46''$
교7 → 교5	$\overline{BC} = \sqrt{(\Delta x)^2 + (\Delta y)^2} = \sqrt{(-2,240.35)^2 + (+1,302.313)^2} = 2,591.28\text{m}$ $\theta = \tan^{-1}\left(\dfrac{\Delta y}{\Delta x}\right) = \tan^{-1}\left(\dfrac{+1,302.13}{+2,240.35}\right) = 30°09'57''(1\text{상한})$ $V_B^C = \theta = 30°09'57''$

4) 삼각형 내각 계산

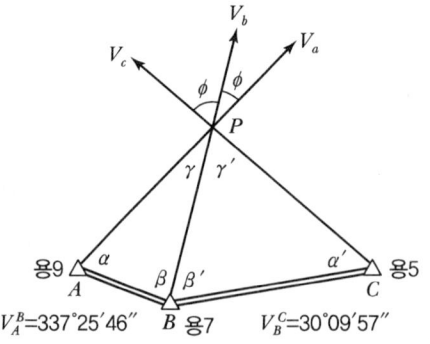

$V_A^B = 337°25'46''$ $V_B^C = 30°09'57''$

삼각형	내각
△ABP	$\alpha = V_a - V_A^B = 38°34'19'' - 337°25'46'' = -298°51'27'' + 360° = 61°08'33''$ $\beta = V_B^A - V_b = (V_A^B \pm 180°) - V_b = (337°25'46'' - 180°) - 93°54'48'' = 63°30'58''$ $\gamma = V_a - V_b = 93°54'48'' - 38°34'19'' = 55°20'29''$ 검산 : $\alpha + \beta + \gamma = 61°08'33'' + 63°30'58'' + 55°20'29'' = 180°$
△BCP	$\alpha' = V_C^B - V_c = (V_B^C \pm 180°) - V_c = (30°09'57'' + 180°) - 148°17'29'' = 61°52'28''$ $\beta' = V_b - V_B^C = 93°54'48'' - 30°09'57'' = 63°44'51''$ $\gamma' = V_c - V_b = 148°17'29'' - 93°54'48'' = 54°22'41''$ 검산 : $\alpha' + \beta' + \gamma' = 61°52'28'' + 63°44'51'' + 54°22'41'' = 180°$

5) 소구점 변장 및 종 · 횡선좌표 계산

(교9 = A, 교7 = B, 교5 = C, 보8 = D)

구분		변장 및 좌표
변장	교9 → 보8	$\overline{AP} = \dfrac{\overline{AB} \cdot \sin\beta}{\sin\gamma} = \dfrac{2,640.53 \times \sin 63°30'58''}{\sin 55°20'29''} = 2,873.28\text{m}$
	교5 → 보8	$\overline{CP} = \dfrac{\overline{BC} \cdot \sin\beta'}{\sin\gamma'} = \dfrac{2,591.28 \times \sin 63°44'51''}{\sin 54°22'41''} = 2,858.98\text{m}$
보8 좌표	교9 → 보8	$\Delta X_1 = \dfrac{\overline{AB} \cdot \sin\beta}{\sin\gamma} \times \cos V_a = \dfrac{2,640.53 \times \sin 63°30'58''}{\sin 55°20'29''} \times \cos 38°34'19'' = +2,246.41\text{m}$ $\Delta Y_1 = \dfrac{\overline{AB} \cdot \sin\beta}{\sin\gamma} \times \sin V_a = \dfrac{2,640.53 \times \sin 63°30'58''}{\sin 55°20'29''} \times \sin 38°34'19'' = +1,791.48\text{m}$ $X_{P_1} = X_A + \Delta X_1 = 425,073.20 + (+2,246.41) = 427,319.61\text{m}$ $Y_{P_1} = Y_A + \Delta Y_1 = 196,442.81 + (+1,791.48) = 198,234.29\text{m}$
	교5 → 보8	$\Delta X_2 = \dfrac{\overline{BC} \cdot \sin\beta'}{\sin\gamma'} \times \cos V_c = \dfrac{2,591.28 \times \sin 63°44'51''}{\sin 54°22'41''} \times \cos 148°17'29'' = -2,432.22\text{m}$ $\Delta Y_2 = \dfrac{\overline{BC} \cdot \sin\beta'}{\sin\gamma'} \times \sin V_c = \dfrac{2,591.28 \times \sin 63°44'51''}{\sin 54°22'41''} \times \sin 148°17'29'' = +1,502.68\text{m}$ $X_{P_2} = X_C + \Delta X_2 = 429,751.84 + (-2,432.22) = 427,319.62\text{m}$ $X_{P_2} = Y_C + \Delta Y_2 = 196,731.45 + (+1,502.68) = 198,234.13\text{m}$
	평균좌표	$X_P = \dfrac{(427,319.61 + 427,319.62)}{2} = 427,319.62\text{m}$ $Y_P = \dfrac{(198,234.29 + 198,234.13)}{2} = 198,234.21\text{m}$

6) 교차(연결교차) 및 공차 계산

구분	변장 및 좌표
교차 (연결교차)	종선교차 = 427,319.61 − 427,319.62 = −0.01m 횡선교차 = 198,234.29 − 198,234.13 = +0.16m 연결교차(공차) = $\sqrt{(\text{종선교차})^2 + (\text{횡선교차})^2} = \sqrt{(-0.01)^2 + (+0.16)^2} = 0.16\text{m}$
공차	공차 = 0.30m

교회점 계산부

약도

공식

1. 방위(θ)계산 $\tan\theta = \dfrac{\Delta y}{\Delta x}$
2. 방위각(V) 계산
   - Ⅰ상한 : θ
   - Ⅱ상한 : $180° - \theta$
   - Ⅲ상한 : $\theta + 180°$
   - Ⅳ상한 : $360° - \theta$
3. 거리(a 또는 b) 계산
   $\sqrt{\Delta x^2 + \Delta y^2}$
4. 삼각형 내각 계산
   - $\alpha = V_a^b - V_a$
   - $\beta = V_b - V_a^b \pm \pi$
   - $\gamma = V_a - V_b$
   - $\alpha' = V_c - V_b^c \pm \pi$
   - $\beta' = V_b^c - V_b$
   - $\gamma' = V_b - V_c$

V_a	V_b	V_c
38°34′19″	93°54′48″	148°17′29″

점명		X	Y	방향	ΔX	ΔY
A	교9	425,073.20	196,442.81	$A \to B$	+2,438.29	−1,013.49
B	교7	427,511.49	195,429.32	$B \to C$	+2,240.35	+1,302.13
C	교5	429,751.84	196,731.45	$A \to C$	+4,678.64	+288.64

방위각 계산

방향	교9 → 교7	방향	교7 → 교5
$\theta = \tan^{-1} \dfrac{\Delta Y_a^b}{\Delta X_a^b}$	22°34′14″	$\theta = \tan^{-1} \dfrac{\Delta Y_b^c}{\Delta X_b^c}$	30°09′57″
V_a^b	337°25′46″	V_b^c	30°09′57″

거리 계산

$a = \sqrt{\Delta x^2 + \Delta y^2}$	2,640.53	$b = \sqrt{\Delta x^2 + \Delta y^2}$	2,591.28

삼각형 내각 계산

	각	내각		각	내각
①	α	61°08′33″	②	α'	61°52′28″
	β	63°30′58″		β'	63°44′51″
	γ	55°20′29″		γ'	54°22′41″
	합계	180°00′00″		합계	180°00′00″

소구점 종·횡선 계산

①	X_A	425,073.20	①	Y_A	196,442.81
	$\Delta X_1 = \dfrac{a \cdot \sin\beta}{\sin\gamma} \cos V_a$	+2,246.41		$\Delta Y_1 = \dfrac{a \cdot \sin\beta}{\sin\gamma} \sin V_a$	+1,792.48
	Xp_1	427,319.61		Yp_1	198,234.29
②	X_C	429,751.84	②	Y_C	196,731.45
	$\Delta X_2 = \dfrac{b \cdot \sin\beta'}{\sin\gamma'} \cos V_c$	−2,432.22		$\Delta Y_2 = \dfrac{b \cdot \sin\beta'}{\sin\gamma'} \sin V_c$	+1,502.68
	Xp_2	427,319.62		Yp_2	198,234.13
소구점 X		427,319.62	소구점 Y		198,234.21

종선교차 = −0.01m, 횡선교차 = +0.16m, 연결교차 = 0.10m, 공차 = 0.30m

계산자 : 지적기사 ○○○　　　　　　　검사자 : 지적기사 ○○○

03

지적삼각보조점측량을 교회법으로 실시하여 다음과 같은 결과를 얻었다. 주어진 서식으로 보8의 좌표를 구하시오(단, 단위는 m이며, 거리는 소수 둘째 자리까지, 각은 초단위까지 계산하시오).

1) 기지점좌표

점명	X좌표(m)	Y좌표(m)
기1(A)	455,847.19	221,583.93
기2(B)	457,129.48	220,436.73
기3(C)	457,129.48	222,584.21

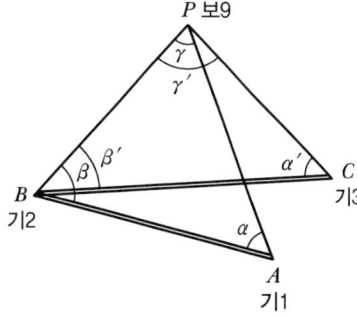

2) 소구방위각

$\gamma = 35°18'19''$

$\beta' = 43°30'31''$

$\gamma' = 60°58'51''$

해설

1) 종 · 횡선차 계산

방향	종 · 횡선차
기1 → 기2	$\Delta x_a^b = x_b - x_a = 457,129.48 - 455,847.19 = +1,282.29\text{m}$ $\Delta y_a^b = y_b - y_a = 220,436.73 - 221,583.93 = -1,147.20\text{m}$
기2 → 기3	$\Delta x_b^c = x_c - x_b = 457,129.48 - 457,129.48 = 0$ $\Delta y_b^c = y_c - y_b = 222,584.21 - 220,436.73 = +2,147.48\text{m}$
기1 → 기3	$\Delta x_a^c = x_c - x_a = 457,129.48 - 455,847.19 = +1,282.29\text{m}$ $\Delta y_a^c = y_c - y_a = 222,584.21 - 221,583.93 = +1,000.28\text{m}$

2) 기지점간거리 및 방위각 계산

방향	거리, 방위 및 방위각
기1 → 기2	$\overline{AB} = \sqrt{(\Delta x)^2 + (\Delta y)^2} = \sqrt{(+1,282.29)^2 + (-1,147.20)^2} = 1,720.56\text{m}$ $\theta = \tan^{-1}\left(\dfrac{\Delta y}{\Delta x}\right) = \tan^{-1}\left(\dfrac{-1,147.20}{+1,282.29}\right) = 41°49'03''(4상한)$ $V_A^B = 360° - \theta = 360° - 41°49'03'' = 318°10'57''$
기2 → 기3	$\overline{BC} = \sqrt{(\Delta x)^2 + (\Delta y)^2} = \sqrt{(0)^2 + (+2,147.48)^2} = 2,147.48\text{m}$ $\theta = \tan^{-1}\left(\dfrac{\Delta y}{\Delta x}\right) = \tan^{-1}\left(\dfrac{+2,147.48}{0}\right) = 90°00'00''(1상한)$ $V_B^C = \theta = 90°00'00''$

3) 소구방위각 및 삼각형 내각 계산

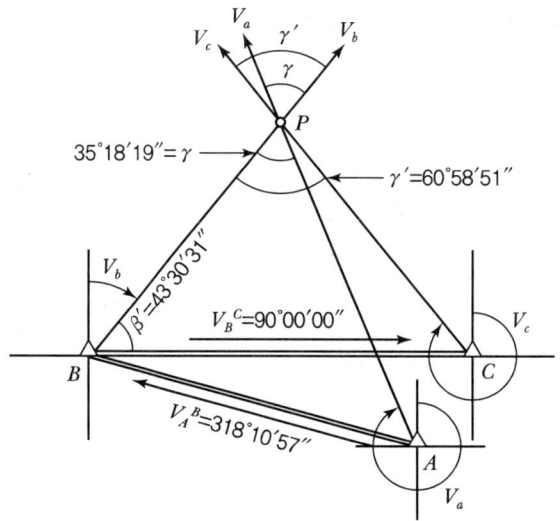

(1) 소구방위각 계산

$\alpha' = 180° - (\beta' + \gamma') = 180° - (43°30'31'' + 60°58'51'') = 75°30'38''$

$V_b = V_B^C - \beta' = 90°00'00'' - 43°30'31'' = 46°29'29''$

$V_a = V_b - \gamma = 46°29'29'' - 35°18'19'' = 11°11'10''$

$V_c = V_C^B + \alpha' = (V_B^C \pm 180°) + \alpha' = (90°00'00'' + 180°) + 75°30'38'' = 345°30'38''$

(2) 삼각형 내각 계산

삼각형	내각
△ABP	$\alpha = V_a - V_A^B = 11°11'10'' - 318°10'57'' = -306°59'47'' + 360° = 53°00'13''$ $\beta = V_B^A - V_b = (V_A^B \pm 180°) - V_b = (318°10'57'' - 180°) - 46°29'29'' = 91°41'28''$ $\gamma = 35°18'19''$ 검산 : $\alpha + \beta + \gamma = 53°00'13'' + 91°41'28'' + 35°18'19'' = 180°$
△BCP	$\alpha' = 75°30'38''$ $\beta' = 43°30'31''$ $\gamma' = 60°58'51''$ 검산 : $\alpha' + \beta' + \gamma' = 75°30'38'' + 43°30'31'' + 60°58'51'' = 180°$

4) 소구점 변장 및 종·횡선좌표 계산

(기1 = A, 기2 = B, 기3 = C, 보9 = D)

구분		변장 및 좌표
변장	기1 → 보9	$\overline{AP} = \dfrac{\overline{AB} \cdot \sin\beta}{\sin\gamma} = \dfrac{1,720.56 \times \sin 91°41'28''}{\sin 35°18'19''} = 2,975.80\text{m}$
	기3 → 보9	$\overline{CP} = \dfrac{\overline{BC} \cdot \sin\beta'}{\sin\gamma'} = \dfrac{2,147.48 \times \sin 43°30'31''}{\sin 60°58'51''} = 1,690.72\text{m}$
보9(D)	기1 → 보9	$\Delta X_1 = \dfrac{\overline{AB} \cdot \sin\beta}{\sin\gamma} \times \cos V_a = \dfrac{1,720.56 \times \sin 91°41'28''}{\sin 35°18'19''} \times \cos 11°11'10'' = +2,919.26\text{m}$ $\Delta Y_1 = \dfrac{\overline{AB} \cdot \sin\beta}{\sin\gamma} \times \sin V_a = \dfrac{1,720.56 \times \sin 91°41'28''}{\sin 35°18'19''} \times \sin 11°11'10'' = +577.29\text{m}$ $X_{P_1} = X_A + \Delta X_1 = 455,847.19 + (+2,919.26) = 458,766.45\text{m}$ $Y_{P_1} = Y_A + \Delta Y_1 = 221,583.93 + (+577.29) = 222,161.22\text{m}$
	기3 → 보9	$\Delta X_2 = \dfrac{\overline{BC} \cdot \sin\beta'}{\sin\gamma'} \times \cos V_c = \dfrac{2,147.48 \times \sin 43°30'31''}{\sin 60°58'51''} \times \cos 345°30'38'' = 1,636.94\text{m}$ $\Delta Y_2 = \dfrac{\overline{BC} \cdot \sin\beta'}{\sin\gamma'} \times \sin V_c = \dfrac{2,147.48 \times \sin 43°30'31''}{\sin 60°58'51''} \times \sin 345°30'38'' = -423.02\text{m}$ $X_{P_2} = X_C + \Delta X_2 = 457,129.48 + (+1,636.94) = 458,766.42\text{m}$ $Y_{P_2} = Y_C + \Delta Y_2 = 222,584.21 + (-423.02) = 222,161.19\text{m}$
	평균좌표	$X_P = \dfrac{(458,766.45 + 458,766.42)}{2} = 458,766.44\text{m}$ $Y_P = \dfrac{(222,161.22 + 222,161.19)}{2} = 222,161.20\text{m}$ (5사5입 적용함)

5) 교차(연결교차) 및 공차 계산

구분	변장 및 좌표
교차 (연결교차)	종선교차 = 458,766.45 − 458,766.42 = +0.03m 횡선교차 = 222,161.22 − 222,161.19 = +0.03m 연결교차(공차) = $\sqrt{(\text{종선교차})^2 + (\text{횡선교차})^2} = \sqrt{(+0.03)^2 + (-0.03)^2} = 0.04\text{m}$
공차	공차 = 0.3m

교회점계산부

약도	공식

(삼각형 도해: P 보9, B 기2, C 기3, A 기1, 각도 $\gamma, \gamma', \beta, \beta', \alpha, \alpha'$)	1. 방위(θ) 계산 $\tan\theta = \dfrac{\Delta y}{\Delta x}$
	2. 방위각(V) 계산
	  Ⅰ상한 : θ
	  Ⅱ상한 : $180°-\theta$
	  Ⅲ상한 : $\theta+180°$
	  Ⅳ상한 : $360°-\theta$
	3. 거리(a 또는 b) 계산 $\sqrt{\Delta x^2+\Delta y^2}$
	4. 삼각형 내각 계산
	  $\alpha = V_a^b - V_a$ $\alpha' = V_c - V_b^c \pm \pi$
	  $\beta = V_b - V_a^b \pm \pi$ $\beta' = V_b^c - V_b$
	  $\gamma = V_a - V_b$ $\gamma' = V_b - V_c$

V_a	V_b	V_c
11°11′10″	46°29′29″	345°30′38″

	점명	X	Y	방향	ΔX	ΔY
A	기1	455,847.19	221,583.93	A → B	+1,282.29	−1,147.20
B	기2	457,129.48	220,436.73	B → C	0.00	+2,147.48
C	기3	457,129.48	222,584.21	A → C	+1,282.29	+1,000.28

방위각 계산

방향	교9 → 교8	방향	교8 → 교7
$\theta = \tan^{-1}\dfrac{\Delta Y_{AB}}{\Delta X_{AB}}$	41°49′03″	$\theta = \tan^{-1}\dfrac{\Delta Y_{BC}}{\Delta X_{BC}}$	90°00′00″
V_a^b	318°10′57″	V_b^c	90°00′00″

거리 계산

$a = \sqrt{\Delta x^2+\Delta y^2}$	1,720.56	$b = \sqrt{\Delta x^2+\Delta y^2}$	2,147.48

삼각형 내각 계산

	각	내각		각	내각
①	α	53°00′13″	②	α'	75°30′38″
	β	91°41′28″		β'	43°30′31″
	γ	35°18′19″		γ'	60°58′51″
	합계	180°00′00″		합계	180°00′00″

소구점 종횡선 계산

①	X_A	455,847.19	①	Y_A	221,583.93
	$\Delta X_1 = \dfrac{a\cdot\sin\beta}{\sin\gamma}\cos V_a$	+2,919.26		$\Delta Y_1 = \dfrac{a\cdot\sin\beta}{\sin\gamma}\sin V_a$	+577.29
	Xp_1	458,766.45		Yp_1	222,161.22
②	X_C	457,129.48	②	Y_C	222,584.21
	$\Delta X_2 = \dfrac{b\cdot\sin\beta'}{\sin\gamma'}\cos V_c$	+1,636.94		$\Delta Y_2 = \dfrac{b\cdot\sin\beta'e}{\sin\gamma'}\sin V_c$	−423.02
	Xp_2	458,766.42		Yp_2	222,161.19
	소구점 X	458,766.44		소구점 Y	222,161.20

종선교차= +0.03m, 횡선교차= +0.03m, 연결교차= 0.04m, 공차= 0.30m

계산자 : 지적기사 ○○○	검사자 : 지적기사 ○○○

04 지적삼각보조점측량을 X형의 다각망도선법으로 실시하여 다음과 같은 결과를 얻었다. 주어진 서식에 따라 다각망조정계산을 구하시오(단, 서식의 계산란을 이용하여 계산과정을 명시하고 계산부를 완성하시오).

도선	경중률 측점수($\sum N$)	경중률 측정거리($\sum S$)	관측방위각	X좌표(m)	Y좌표(m)
(1)	18	1.488	116°50′10″	4,138.55	7,593.69
(2)	7	0.950	116°49′48″	4,138.61	7,593.74
(3)	20	1.522	116°50′05″	4,138.57	7,593.68
(4)	13	1.080	116°49′50″	4,138.63	7,593.71

해설

1) 방위각 및 종·횡선좌표 오차 계산

(1) 방위각 오차

순서	조건방정식	방위각
I	$W_1 = (1) - (2)$	$W_1 = 116°50′10″ - 116°49′48″ = +22″$
II	$W_2 = (2) - (3)$	$W_2 = 116°49′48″ - 116°50′05″ = -17″$
III	$W_3 = (3) - (4)$	$W_3 = 116°50′05″ - 116°49′50″ = +15″$

(1) 종·횡선좌표 오차

순서	조건방정식	종선좌표	횡선좌표
I	$W_1 = (1) - (2)$	$W_1 = 0.55 - 0.61 = -0.06\text{m}$	$W_1 = 0.69 - 0.74 = -0.05\text{m}$
II	$W_2 = (2) - (3)$	$W_2 = 0.61 - 0.57 = +0.04\text{m}$	$W_2 = 0.74 - 0.68 = +0.06\text{m}$
III	$W_3 = (3) - (4)$	$W_3 = 0.57 - 0.63 = -0.06\text{m}$	$W_3 = 0.68 - 0.71 = -0.036\text{m}$

2) 평균방위각 및 평균 종·횡선좌표 계산

구분	계산식
평균 방위각	$\dfrac{\dfrac{\sum \alpha_n}{\sum Nn}}{\dfrac{1}{\sum Nn}} = 116°49′ + \left(\dfrac{\dfrac{70}{18} + \dfrac{48}{7} + \dfrac{65}{20} + \dfrac{50}{13}}{\dfrac{1}{18} + \dfrac{1}{7} + \dfrac{1}{20} + \dfrac{1}{13}} \right) = 116°49′55″$
평균 종선좌표	$\dfrac{\dfrac{\sum X_n}{\sum Sn}}{\dfrac{1}{\sum Sn}} = 4,138.00 + \left(\dfrac{\dfrac{0.55}{1.488} + \dfrac{0.61}{0.950} + \dfrac{0.57}{1.522} + \dfrac{0.63}{1.080}}{\dfrac{1}{1.488} + \dfrac{1}{0.950} + \dfrac{1}{1.522} + \dfrac{1}{1.080}} \right) = 4,138.60\text{m}$
평균 횡선좌표	$\dfrac{\dfrac{\sum X_n}{\sum Sn}}{\dfrac{1}{\sum Sn}} = 7,593.00 + \left(\dfrac{\dfrac{0.69}{1.488} + \dfrac{0.74}{0.950} + \dfrac{0.68}{1.522} + \dfrac{0.71}{1.080}}{\dfrac{1}{1.488} + \dfrac{1}{0.950} + \dfrac{1}{1.522} + \dfrac{1}{1.080}} \right) = 7,593.71\text{m}$

3) 방위각 및 종·횡선좌표 보정량 계산

구분	계산식
방위각	평균 방위각 – 도선별 관측방위각
평균 종·횡선좌표	평균 종선좌표 – 도선별 종선좌표 평균 횡선좌표 – 도선별 횡선좌표

(1) 방위각 보정량

도선	방위각 보정량
(1)	$116°49'55'' - 116°50'10'' = -15''$
(2)	$116°49'55'' - 116°49'48'' = +7''$
(3)	$116°49'55'' - 116°50'05'' = -10''$
(4)	$116°49'55'' - 116°49'50'' = +5''$

(2) 종·횡선좌표 보정량

도선	종선좌표 보정량	횡선좌표 보정량
(1)	$4,138.60 - 4,138.55 = +0.05$	$7,593.71 - 7,593.69 = +0.02$
(2)	$4,138.60 - 4,138.61 = -0.01$	$7,593.71 - 77,593.74 = -0.03$
(3)	$4,138.60 - 4,138.57 = +0.03$	$7,593.71 - 77,593.68 = +0.03$
(4)	$4,138.60 - 4,138.63 = -0.03$	$7,593.71 - 77,593.71 = 0$

교점다각망 계산부($X \cdot Y$형)

약도

보3, 보4, (1), (4), I, 교7, III, (2), (3), II, 보6, 보8

( ), (1), (3), ( ), I, (2), II, ( ), ( )

조건식 (좌)
조건식	I	$(1)-(2)+W_1=\theta$
	II	$(2)-(3)+W_2=\theta$
	III	$(3)-(4)+W_3=\theta$

조건식 (우)
조건식	I	$(1)-(2)+W_1=\theta$
	II	$(2)-(3)+W_2=\theta$

경중률 (좌)
		ΣN	ΣS
경중률	(1)	18	1.488
	(2)	7	0.950
	(3)	20	1.522
	(4)	13	1.080

경중률 (우)
		ΣN	ΣS
경중률	(1)		
	(2)		
	(3)		
	(4)		

1. 방위각

순서	도선	관측	보정	평균
I	(1)	116°50′10″	−15	116°49′55″
	(2)	116°49′48″	+7	116°49′55″
	W_1	+22		
II	(2)	116°49′48″	+7	116°49′55″
	(3)	116°50′05″	−10	116°49′55″
	W_2	−17		
III	(3)	116°50′05″	−10	116°49′55″
	(4)	116°49′50″	+5	116°49′55″
	W_3	+15		

2. 종선좌표

순서	도선	관측	보정	평균
I	(1)	4,138.55	+5	4,138.60
	(2)	4,138.61	−1	4,138.60
	W_1	−0.06		
II	(2)	4,138.61	−1	4,138.60
	(3)	4,138.57	+3	4,138.60
	W_2	+0.04		
III	(3)	4,138.57	+3	4,138.60
	(4)	4,138.63	−3	4,138.60
	W_3	−0.06		

3. 횡선좌표

순서	도선	관측	보정	평균
I	(1)	7,593.69	+2	7,593.71
	(2)	7,593.74	−3	7,593.71
	W_1	−0.05		
II	(2)	7,593.74	−3	7,593.71
	(3)	7,593.68	−3	7,593.71
	W_2	+0.06		
III	(3)	7,593.68	+3	7,593.71
	(4)	7,593.71	0	7,593.71
	W_3	−0.03		

4. 계산

1) 평균 방위각 $= 116°49' + \left(\dfrac{\frac{\Sigma \alpha_n}{\Sigma Nn}}{\frac{1}{\Sigma Nn}} = \dfrac{\frac{70}{18} + \frac{48}{7} + \frac{65}{20} + \frac{50}{13}}{\frac{1}{18} + \frac{1}{7} + \frac{1}{20} + \frac{1}{13}} \right) = 116°49'55''$

2) 평균 종선좌표 $= 4,138.00 + \left(\dfrac{\frac{\Sigma X_n}{\Sigma Sn}}{\frac{1}{\Sigma Sn}} = \dfrac{\frac{0.55}{1.488} + \frac{0.61}{0.950} + \frac{0.57}{1.522} + \frac{0.63}{1.080}}{\frac{1}{1.488} + \frac{1}{0.950} + \frac{1}{1.522} + \frac{1}{1.080}} \right) = 4,138.60 \text{m}$

3) 평균 횡선좌표 $= 7,593.00 + \left(\dfrac{\frac{\Sigma X_n}{\Sigma Sn}}{\frac{1}{\Sigma Sn}} = \dfrac{\frac{0.69}{1.488} + \frac{0.74}{0.950} + \frac{0.68}{1.522} + \frac{0.71}{1.080}}{\frac{1}{1.488} + \frac{1}{0.950} + \frac{1}{1.522} + \frac{1}{1.080}} \right) = 7,593.71 \text{m}$

$W=$오차, $N=$도선별 점수, $S=$측점 간 거리, $\alpha=$관측방위각

05 지적삼각보조점측량을 Y형의 다각망도선법으로 실시하여 다음과 같은 결과를 얻었다. 주어진 서식에 따라 다각망조정계산을 구하시오.

도선	경중률		관측방위각	X좌표(m)	Y좌표(m)
	측점수(ΣN)	측정거리(ΣS)			
(1)	18	10.41	24°42′38″	2,174.93	6,283.57
(2)	10	5.69	24°42′15″	2,175.08	6,283.48
(3)	8	5.14	24°42′21″	2,175.01	6,283.50

해설

1) 방위각 및 종·횡선좌표 오차 계산

(1) 방위각 오차

순서	조건방정식	방위각
I	$W_1 = (1) - (2)$	$W_1 = 24°42′38″ - 24°42′15″ = +23″$
II	$W_2 = (2) - (3)$	$W_1 = 24°42′15″ - 24°42′21″ = -6″$

(2) 종·횡선좌표 오차

순서	조건방정식	종선좌표	횡선좌표
I	$W_1 = (1) - (2)$	$W_1 = 4.93 - 5.08 = -0.15\mathrm{m}$	$W_1 = 3.57 - 3.48 = +0.09\mathrm{m}$
II	$W_2 = (2) - (3)$	$W_2 = 5.08 - 5.01 = +0.07\mathrm{m}$	$W_2 = 3.48 - 3.50 = -0.02\mathrm{m}$

2) 평균방위각 및 평균 종·횡선좌표 계산

구분	계산식
평균 방위각	$\dfrac{\frac{\Sigma \alpha_n}{\Sigma Nn}}{\frac{1}{\Sigma Nn}} = 24°42′ + \left(\dfrac{\frac{38}{18} + \frac{15}{10} + \frac{21}{8}}{\frac{1}{18} + \frac{1}{10} + \frac{1}{8}} \right) = 24°42′22″$
평균 종선좌표	$\dfrac{\frac{\Sigma X_n}{\Sigma Sn}}{\frac{1}{\Sigma Sn}} = 2,174.00 + \left(\dfrac{\frac{0.93}{10.41} + \frac{1.08}{5.69} + \frac{1.01}{5.14}}{\frac{1}{10.41} + \frac{1}{5.69} + \frac{1}{5.14}} \right) = 2,174.02\mathrm{m}$
평균 횡선좌표	$\dfrac{\frac{\Sigma X_n}{\Sigma Sn}}{\frac{1}{\Sigma Sn}} = 6,283.00 + \left(\dfrac{\frac{0.57}{10.41} + \frac{0.48}{5.69} + \frac{0.50}{5.14}}{\frac{1}{10.41} + \frac{1}{5.69} + \frac{1}{5.14}} \right) = 6,283.51\mathrm{m}$

3) 방위각 및 종·횡선좌표 보정량 계산

구분	계산식
방위각	평균 방위각 – 도선별 관측방위각
평균 종·횡선좌표	평균 종선좌표 – 도선별 종선좌표 평균 횡선좌표 – 도선별 횡선좌표

(1) 방위각 보정량

도선	방위각 보정량
(1)	$24°42'22'' - 24°42'38'' = -16''$
(2)	$24°42'22'' - 24°42'15'' = +7''$
(3)	$24°42'22'' - 24°42'21'' = +1''$

(2) 종·횡선좌표 보정량

도선	종선좌표 보정량	횡선좌표 보정량
(1)	$5.02 - 4.93 = +0.09\text{m}$	$3.51 - 3.57 = -0.06\text{m}$
(2)	$5.02 - 5.08 = -0.06\text{m}$	$3.51 - 3.48 = +0.03\text{m}$
(3)	$5.02 - 5.01 = +0.01\text{m}$	$3.51 - 3.50 = +0.01\text{m}$

교점다각망 계산부($X \cdot Y$형)

약도

조건식 (좌):
- I: $(1)-(2)+W_1=\theta$
- II: $(2)-(3)+W_2=\theta$
- III: $(3)-(4)+W_3=\theta$

조건식 (우):
- I: $(1)-(2)+W_1=\theta$
- II: $(2)-(3)+W_2=\theta$

경중률 (좌):

	ΣN	ΣS
(1)		
(2)		
(3)		
(4)		

경중률 (우):

	ΣN	ΣS
(1)	18	10.41
(2)	10	5.69
(3)	8	5.14
(4)		

1. 방위각

순서	도선	관측	보정	평균
I	(1)	24°42′38″		24°42′22″
I	(2)	24°42′15″		24°42′22″
I	W_1	+23		
II	(2)	24°42′15″		24°42′22″
II	(3)	24°42′21″		24°42′22″
II	W_2			
III	(3)			
III	(4)			
III	W_3			

2. 종선좌표

순서	도선	관측	보정	평균
I	(1)	2,174.93	+9	2,175.02
I	(2)	2,175.08	−6	2,175.02
I	W_1	−0.15		
II	(2)	2,175.08	−6	2,175.02
II	(3)	2,175.01	+1	2,175.02
II	W_2	+0.07		
III	(3)			
III	(4)			
III	W_3			

3. 횡선좌표

순서	도선	관측	보정	평균
I	(1)	6,283.57	−6	6,283.51
I	(2)	6,283.48	+3	6,283.51
I	W_1	+0.09		
II	(2)	6,283.48	+3	6,283.51
II	(3)	6,283.50	+1	6,283.51
II	W_2	−0.02		
III	(3)			
III	(4)			
III	W_3			

4. 계산

1) 평균 방위각 $= \dfrac{\dfrac{\Sigma \alpha_n}{\Sigma Nn}}{\dfrac{1}{\Sigma Nn}} = 24°42' + \left(\dfrac{\dfrac{38}{18}+\dfrac{15}{10}+\dfrac{21}{8}}{\dfrac{1}{18}+\dfrac{1}{10}+\dfrac{1}{8}} \right) = 24°42'22''$

2) 평균 종선좌표 $= \dfrac{\dfrac{\Sigma X_n}{\Sigma Sn}}{\dfrac{1}{\Sigma Sn}} = 2,174.00 + \left(\dfrac{\dfrac{0.93}{10.41}+\dfrac{1.08}{5.69}+\dfrac{1.01}{5.14}}{\dfrac{1}{10.41}+\dfrac{1}{5.69}+\dfrac{1}{5.14}} \right) = 2,174.02\text{m}$

3) 평균 횡선좌표 $= \dfrac{\dfrac{\Sigma X_n}{\Sigma Sn}}{\dfrac{1}{\Sigma Sn}} = 6,283.00 + \left(\dfrac{\dfrac{0.57}{10.41}+\dfrac{0.48}{5.69}+\dfrac{0.50}{5.14}}{\dfrac{1}{10.41}+\dfrac{1}{5.69}+\dfrac{1}{5.14}} \right) = 6,283.51\text{m}$

W=오차, N=도선별 점수, S=측점 간 거리, α=관측방위각

06 지적삼각보조점측량을 A형의 다각망도선법으로 실시하여 방위각과 종·횡선좌표의 1차 계산 결과를 주어진 서식을 이용하여 상관방정식을 작성하고, 표준방정식의 값을 구하시오.

도선	경중률 측점수(ΣM)	경중률 측정거리(ΣS)	도선	관측방위각	X좌표(m)	Y좌표(m)
(1)	8	0.64	(1)	230°59′07″	1,890.36	3,773.64
(2)	9	0.84	(2)	230°59′16″	1,890.14	3,773.50
(3)	5	0.44	(2)+(3)	183°04′55″	2,153.66	4,114.94
(4)	9	0.88	(4)	183°05′03″	2,153.67	4,115.07
(5)	5	0.35	(5)	183°04′45″	2,153.85	4,114.99

해설

1) 방위각 및 종·횡선좌표 오차 계산

(1) 방위각 오차

순서	조건방정식	방위각
I	$W_1 = (1)-(2)$	$W_1 = 230°59′07″ - 230°59′16″ = -9″$
II	$W_2 = (2)+(3)-(4)$	$W_2 = 183°04′55″ - 183°05′03″ = -8″$
III	$W_3 = (4)-(5)$	$W_3 = 183°05′03″ - 183°04′45″ = +18″$

(2) 종·횡선좌표 오차

순서	조건방정식	종선좌표	횡선좌표
I	$W_1 = (1)-(2)$	$W_1 = 0.36 - 0.14 = +0.22$m	$W_1 = 0.64 - 0.50 = +0.14$m
II	$W_2 = (2)+(3)-(4)$	$W_2 = 0.66 - 0.67 = -0.01$m	$W_2 = 0.94 - 1.07 = -0.13$m
III	$W_3 = (4)-(5)$	$W_3 = 0.67 - 0.85 = -0.18$m	$W_3 = 1.07 - 0.99 = +0.08$m

2) 상관방정식의 작성

도선	ΣN	ΣS	I (a)	II (b)	III (c)
(1)	8	0.64	+1		
(2)	9	0.84	-1	+1	
(3)	5	0.44		+1	
(4)	9	0.88		-1	+1
(5)	5	0.35			-1

3) 표준방정식 계산

(1) 표준방정식(방위각)

구분	계산
제1식	$[Paa] = (+1^2 \times 8) + (-1^2 \times 9) = +17$ $[Pab] = (-1) \times (+1) \times 9 = -9$ $[Pac] = 0$
제2식	$[Paa] = (+1^2 \times 8) + (-1^2 \times 9) = +17$ $[Pab] = (-1) \times (+1) \times 9 = -9$ $[Pac] = 0$
제3식	$[Pcc] = (+1^2 \times 9) + (-1^2 \times 5) = +14$

W_a는 방위각 오차를 기재하며, Σ는 다음과 같이 계산한다.

Ⅰ	Ⅱ	Ⅲ	W_a	Σ
+17	−9	0	−9	−1
	+23	−9	−8	−3
		+14	+18	+23

(2) 표준방정식(종·횡선좌표)

구분	계산식
제1식	$[Paa] = (+1^2 \times 0.64) + (-1^2 \times 0.84) = +1.48$ $[Pab] = (-1) \times (+1) \times 0.84 = -0.84$ $[Pac] = 0$
제2식	$[Pbb] = (+1^2 \times 0.84) + (-1^2 \times 0.44) + (-1^2 \times 0.88) = +2.16$ $[Pbc] = (-1) \times (+1) \times 0.88 = -0.88$
제3식	$[Pcc] = (+1^2 \times 0.88) + (-1^2 \times 0.35) = +1.23$

W_x, W_y는 종·횡선오차를 기재하며, Σ는 다음과 같이 계산한다.

Ⅰ	Ⅱ	Ⅲ	W_x	Σ	W_y	Σ
+1.48	−0.84	0	+0.22	+0.86	+0.14	+0.78
	+2.16	−0.88	−0.01	+0.43	−0.13	+0.31
		+1.23	−0.18	+0.17	+0.08	+0.43

4) 평균 방위각 및 평균 종·횡선좌표 계산

구분		계산식
평균 방위각	Ⅰ	$\dfrac{\dfrac{\Sigma \alpha_n}{\Sigma Nn}}{\dfrac{1}{\Sigma Nn}} = 230°59' + \left[\dfrac{\dfrac{7}{8} + \dfrac{16}{9}}{\dfrac{1}{8} + \dfrac{1}{9}}\right] = 230°59'11''$
평균 방위각	Ⅱ	$\dfrac{\dfrac{\Sigma \alpha_n}{\Sigma Nn}}{\dfrac{1}{\Sigma Nn}} = 183°04' + \left[\dfrac{\dfrac{55}{5} + \dfrac{63}{9} + \dfrac{45}{5}}{\dfrac{1}{5} + \dfrac{1}{9} + \dfrac{1}{5}}\right] = 183°04'53''$

구분		계산식
평균 종선좌표	I	$\dfrac{\dfrac{\sum \alpha_n}{\sum Nn}}{\dfrac{1}{\sum Nn}} = 1,890 + \left[\dfrac{\dfrac{0.36}{0.64} + \dfrac{0.14}{0.84}}{\dfrac{1}{0.64} + \dfrac{1}{0.84}}\right] = 1,890.26\text{m}$
	II	$\dfrac{\dfrac{\sum \alpha_n}{\sum Nn}}{\dfrac{1}{\sum Nn}} = 2,153 + \left[\dfrac{\dfrac{0.66}{1.32} + \dfrac{0.67}{0.88} + \dfrac{0.85}{0.35}}{\dfrac{1}{1.32} + \dfrac{1}{0.88} + \dfrac{1}{0.35}}\right] = 2,153.78\text{m}$
평균 횡선좌표	I	$\dfrac{\dfrac{\sum \alpha_n}{\sum Nn}}{\dfrac{1}{\sum Nn}} = 3,773 + \left[\dfrac{\dfrac{0.64}{0.64} + \dfrac{0.50}{0.84}}{\dfrac{1}{0.64} + \dfrac{1}{0.84}}\right] = 3,773.58\text{m}$
	II	$\dfrac{\dfrac{\sum \alpha_n}{\sum Nn}}{\dfrac{1}{\sum Nn}} = 4,114 + \left[\dfrac{\dfrac{0.94}{1.32} + \dfrac{1.07}{0.88} + \dfrac{0.99}{0.35}}{\dfrac{1}{1.32} + \dfrac{1}{0.88} + \dfrac{1}{0.35}}\right] = 4,114.99\text{m}$

5) 방위각 및 종·횡선좌표 보정량 계산

구분	계산식
방위각	평균 방위각 – 도선별 관측방위각
평균 종·횡선좌표	평균 종선좌표 – 도선별 종선좌표 평균 횡선좌표 – 도선별 횡선좌표

(1) 방위각 보정량

도선	방위각 보정량
(1)	230°59′11″ − 230°59′07″ = +4″
(2)	230°59′11″ − 230°59′16″ = −5″
(2)+(3)	183°04′53″ − 183°04′55″ = −2″
(4)	183°04′53″ − 183°05′03″ = −10″
(5)	183°04′53″ − 183°04′45″ = +8″

(2) 종·횡선좌표 보정량

도선	종선좌표 보정량	횡선좌표 보정량
(1)	1,890.26 − 1,890.36 = −0.10m	3,773.58 − 3,773.64 = −0.06m
(2)	1,890.26 − 1,890.14 = +0.12m	3,773.58 − 3,773.50 = +0.08m
(2)+(3)	2,153.78 − 2,153.66 = +0.12m	4,114.99 − 4,114.94 = +0.05m
(4)	2,153.78 − 2,153.67 = +0.11m	4,114.99 − 4,115.07 = −0.08m
(5)	2,153.78 − 2,153.85 = −0.07m	4,114.99 − 4,114.99 = 0m

교점다각망 계산부($H \cdot A$형)

약도

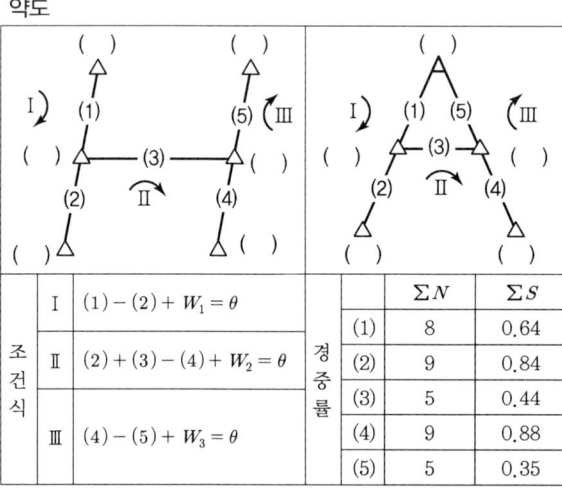

조건식		
I	$(1)-(2)+W_1=\theta$	
II	$(2)+(3)-(4)+W_2=\theta$	
III	$(4)-(5)+W_3=\theta$	

경중률		ΣN	ΣS
	(1)	8	0.64
	(2)	9	0.84
	(3)	5	0.44
	(4)	9	0.88
	(5)	5	0.35

1. 방위각

순서	도선	관측	보정	평균
I	(1)	230°59′07″	+4″	230°59′11″
	(2)	230°59′16″	−5″	230°59′11″
	W_1	−9		
II	(2)+(3)	183°04′55″	−2″	183°04′53″
	(4)	183°05′03″	−10″	183°04′53″
	W_2	−8		
III	(4)	183°05′03″	−10″	183°04′53″
	(5)	183°04′45″	+8″	183°04′53″
	W_3	+18		

2. 종선좌표

순서	도선	관측	보정	평균
I	(1)	1,890.36	−10	1,890.26
	(2)	1,890.14	+12	1,890.26
	W_1	+0.22		
II	(2)+(3)	2,153.66	+12	2,153.78
	(4)	2,153.67	+11	2,153.78
	W_2	−0.01		
III	(4)	2,153.67	+11	2,153.78
	(5)	2,153.85	−7	2,153.78
	W_3	−0.18		

3. 횡선좌표

순서	도선	관측	보정	평균
I	(1)	3,773.64	−6	3,773.58
	(2)	3,773.50	+8	3,773.58
	W_1	+0.14		
II	(2)+(3)	4,114.94	+5	4,114.99
	(4)	4,115.07	−8	4,114.99
	W_2	−0.13		
III	(4)	4,115.07	−8	4,114.99
	(5)	4,114.99	0	4,114.99
	W_3	+0.08		

4. 계산

1) 상관방정식

순서	ΣN	ΣS	I	II	III
(1)	8	0.64	+1		
(2)	9	0.84	−1	+1	
(3)	5	0.44		+1	
(4)	9	0.88		−1	+1
(5)	5	0.35			−1

2) 표준방정식(방위각)

I	II	III	$W\alpha$	Σ
+17	−9	0	−9	−1
	+23	−9	−8	−3
		+14	+18	+23

3) 표준방정식(종선좌표)

I	II	III	W_x	Σ
+1.48	−0.84	0	+0.22	+0.86
	+2.16	−0.88	−0.01	+0.43
		+1.23	−0.18	+0.17

4) 표준방정식(횡선좌표)

I	II	III	W_y	Σ
+1.48	−0.84	0	+0.14	+0.78
	+2.16	−0.88	−0.13	+0.31
		+1.23	+0.08	+0.43

CHAPTER 03 지적도근점측량

01 개요

지적도근점측량은 세부측량의 기준이 되는 지적도근점을 설치하기 위한 측량으로서, 축척변경을 위한 측량을 하는 경우, 도시개발사업 등으로 인하여 지적확정측량을 하는 경우, 도시지역에서 세부측량을 하는 경우, 측량지역의 면적이 해당 지적도 1장에 해당하는 면적 이상인 경우, 세부측량을 하기 위하여 특히 필요한 경우에 실시한다.

02 설치 및 계산

설치	• 축척변경을 위한 측량을 하는 경우 • 도시개발사업 등으로 인하여 지적확정측량을 하는 경우 • 도시지역에서 세부측량을 하는 경우 • 측량지역의 면적이 해당 지적도 1장에 해당하는 면적 이상인 경우 • 세부측량을 하기 위하여 특히 필요한 경우
절차	계획 수립 → 준비 및 현지답사 → 선점 및 조표 → 관측 및 계산 → 성과 작성
도선형태	도선법, 교회법 및 다각망도선법(복합망)
계산	배각법 및 방위각법

03 지적도근점의 도선구성

지적도근점은 결합도선, 폐합도선, 왕복도선 및 다각망도선으로 구성하여야 한다.

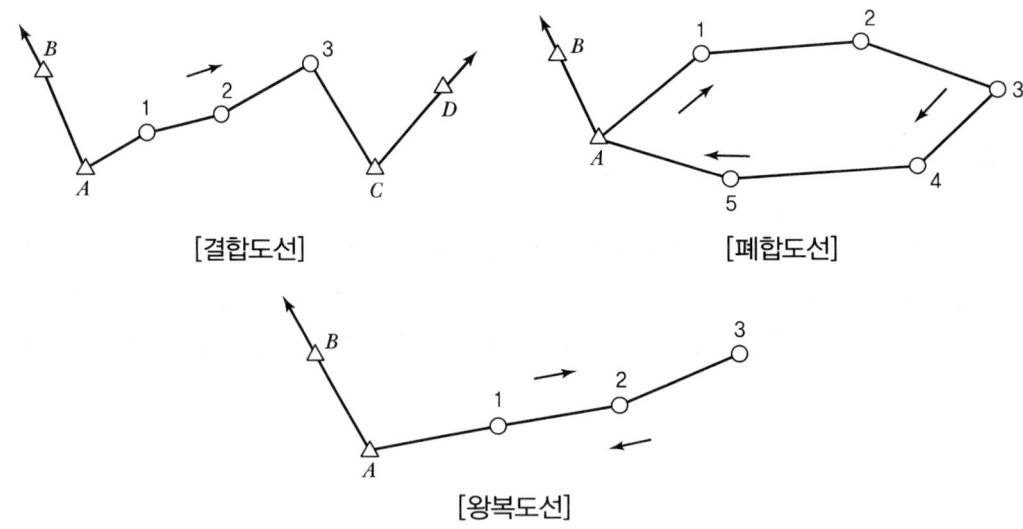

[결합도선]   [폐합도선]

[왕복도선]

04 실시 기준

1) 경위의측량방법, 전파기 또는 광파기측량방법으로 수평각관측을 하는 경우

① 수평각의 관측은 시가지지역, 축척변경지역 및 경계점좌표등록부 시행지역에 대하여는 배각법에 따르고, 그 밖의 지역에 대하여는 배각법과 방위각법을 혼용한다.
② 관측은 20초독 이상의 경위의를 사용한다.
③ 관측과 계산은 다음 표에 따른다.

종별	각	측정 횟수	변의 길이	진수	좌표
배각법	초	3회	cm	5자리 이상	cm
방위각법	분	1회	cm	5자리 이상	cm

2) 경위의측량방법, 전파기 또는 광파기측량방법으로 연직각 관측을 하는 경우

연직각을 관측하는 경우에는 올려본 각과 내려본 각을 관측하여 그 교차가 90초 이내일 때에는 그 평균치를 연직각으로 한다.

3) 경위의측량방법, 전파기 또는 광파기측량방법으로 변장 관측을 하는 경우

점간거리를 측정하는 경우에는 2회 측정하여 그 측정치의 교차가 평균치의 3,000분의 1 이하일 때에는 그 평균치를 점간거리로 한다. 이 경우 점간거리가 경사거리일 때에는 수평거리로 계산하여야 한다.

4) 다각망도선법(복합망)

① 3점 이상의 기지점을 포함한 결합다각방식에 의한다.
② 1도선의 점의 수는 기지점과 교점을 포함하여 20개 이하로 한다. 이 경우 1도선이라 함은 기지점과 교점 또는 교점과 교점 간을 말한다.
③ 1도선의 거리는 4km 이하로 한다. 이 경우 1도선의 거리라 함은 기지점과 교점 간 또는 교점과 교점 간 거리의 총합계를 말한다.
④ 지적도근점표지 점간거리는 500m 이하로 한다(지적삼각보조점표지의 점간거리는 평균 0.5km 이상 1km 이하로 한다).
⑤ 성과 결정을 위한 관측 및 계산의 과정은 지적도근점측량부에 기재하여야 한다.
⑥ 망의 형태에 따라 도선별로 번호를 (1), (2), (3) 등으로 순차 기재한다.

05 배각법

배각법은 관측의 정도를 높이기 위하여 시가지지역에서 주로 사용하며 도선은 기지점 간을 연결하는 결합도선에 의하여 행하는 것을 원칙으로 한다.

1) 측각오차 및 공차 계산

(1) 측각오차

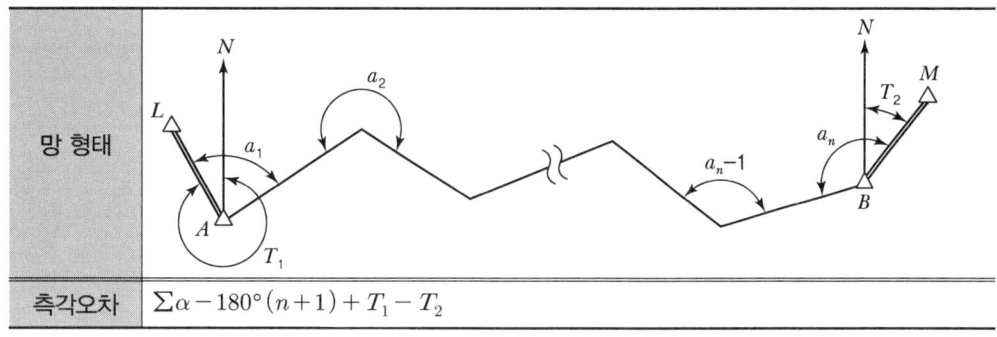

망 형태	
측각오차	$\sum \alpha - 180°(n+1) + T_1 - T_2$

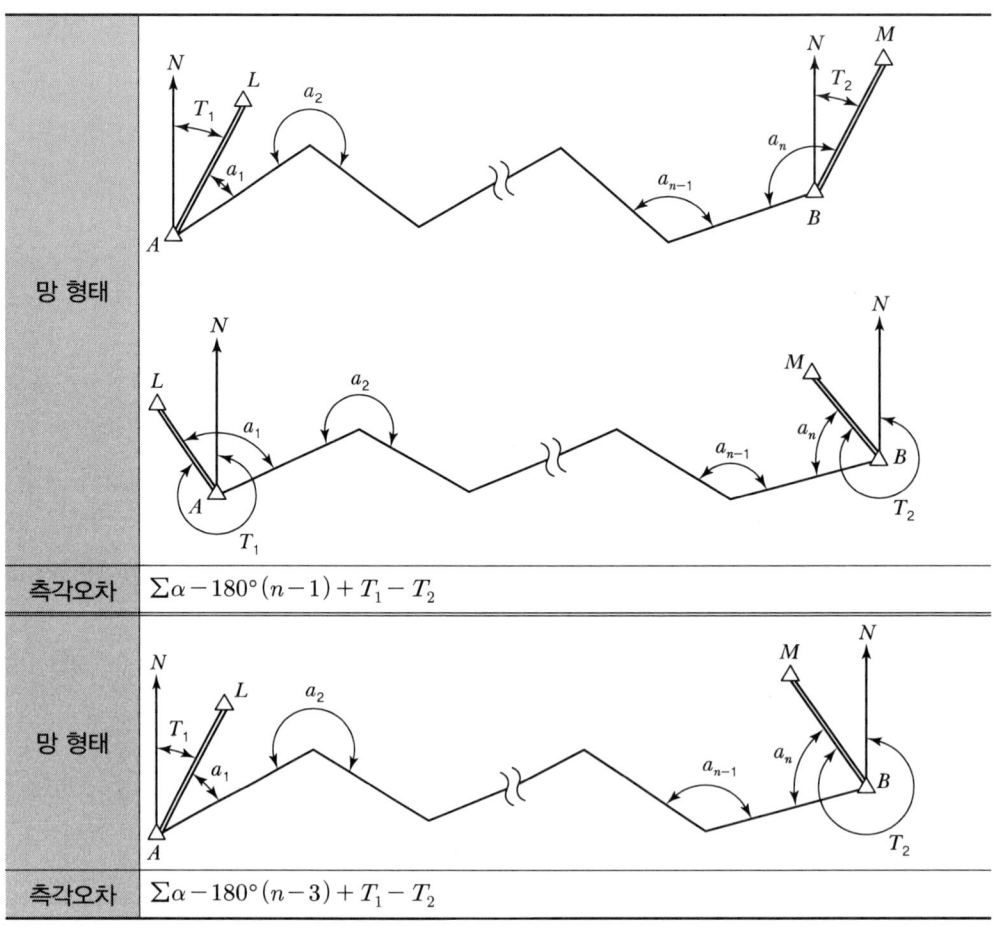

망 형태	
측각오차	$\sum \alpha - 180°(n-1) + T_1 - T_2$
망 형태	
측각오차	$\sum \alpha - 180°(n-3) + T_1 - T_2$

(2) 공차(측각오차)

① 1등 도선 : $\pm 20\sqrt{n}$ 초 이내

② 2등 도선 : $\pm 30\sqrt{n}$ 초 이내

여기서, n : 폐색변을 포함한 변수

2) 측각오차 배분

측선장에 반비례하여 각 측선의 관측각에 배분한다.

(1) 거리반수

$$거리반수(R) = \frac{1,000}{L}$$

여기서, L : 각 측선의 수평거리

(2) 측각오차 배분

$$K = -\frac{e}{R} \times r$$

여기서, K : 각 측선에 배분할 초단위 각도
 e : 초단위의 오차
 R : 폐색변을 포함한 각 측선장의 반수의 총합계
 r : 각 측선장의 반수(반수는 측선장 1m를 1,000으로 나눈 수)

3) 방위각 계산

측정방향	방위각	그림
우회각 측정	$V_1 = W_a + \alpha_1$ $V_2 = (V_1 \pm 180°) + \alpha_2$ $V_3 = (V_2 \pm 180°) + \alpha_3$ ⋮	
좌회각 측정	$V_1 = W_a - \alpha_1$ $V_2 = (V_1 \pm 180°) - \alpha_2$ $V_3 = (V_2 \pm 180°) - \alpha_3$ ⋮	

4) 종·횡선차 계산

구분	종·횡선오차
기본식	$\Delta x = L \times \cos V$ 여기서, L : 수평거리 V : 측선의 개정방위각
기지점	종선차＝도착점의 종선좌표－출발점의 종선좌표 횡선차＝도착점의 횡선좌표－출발점의 횡선좌표
관측점	종선차(f_x)＝관측종선차의 합($\sum \Delta x$)－기지종선차 횡선차(f_y)＝관측횡선차의 합($\sum \Delta y$)－기지횡선차

5) 연결오차 및 공차 계산

(1) 연결오차

$$연결오차 = \sqrt{(f_x)^2 + (f_y)^2}$$

(2) 공차(연결오차)

① 1등도선 : $\pm M \times \dfrac{1}{100} \sqrt{n}\, cm$ 이내

② 2등도선 : $\pm M \times \dfrac{1.5}{100} \sqrt{n}\, cm$ 이내

여기서, M : 축척분모
n : 측정한 수평거리의 총합을 100으로 나눈 수

6) 종·횡선오차 배분

각 측선의 종·횡선차 길이에 비례하여 배분한다.

$$T = -\dfrac{e}{L} \times n$$

여기서, T : 각 측선의 종·횡선차에 배분할 cm 단위의 보정치
e : 종선오차(또는 횡선오차)
L : 종·횡선차의 절대치 합계
n : 각 측선의 종·횡선차

7) 종·횡선좌표 계산

① 출발점의 기지점좌표의 종선 : 종선차와 보정치를 순차적으로 더한다.
② 출발점의 기지점좌표의 횡선 : 횡선차와 보정치를 순차적으로 더한다.

8) 계산 순서

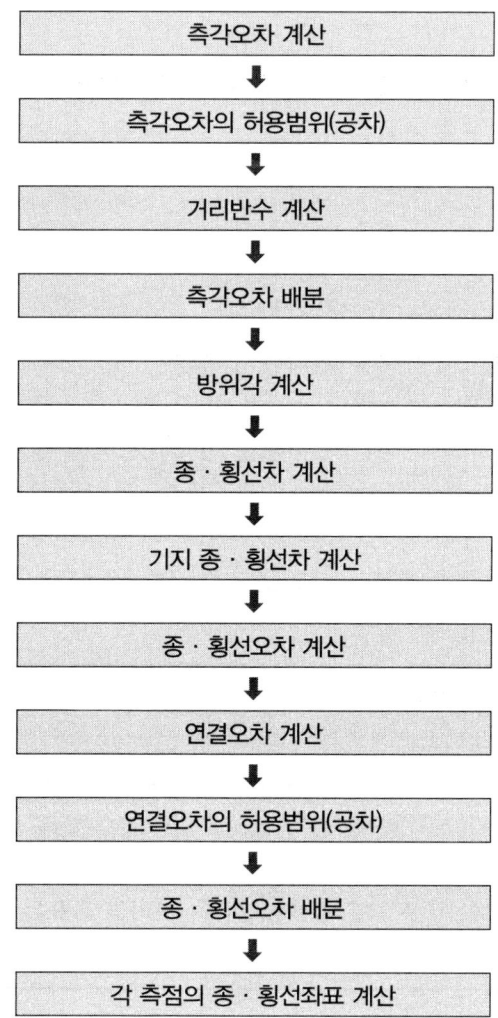

06 방위각법

방위각법은 기지방위각에 의하여 순차적으로 방위각을 관측하는 것을 말하며 배각법에 비하여 정도는 떨어진다.

1) 계산공식

(1) 방위각 및 거리 계산

① 방위각(V) 계산

종·횡선차	종선차(Δx) = $X_a - X_b$ 횡선차(Δy) = $Y_a - Y_b$
방위각(θ)	$\tan\theta = \left|\dfrac{\Delta y}{\Delta x}\right|$ $\therefore \theta = \tan^{-1}\left|\dfrac{\Delta y}{\Delta x}\right|$

② 거리($\overline{AB}$) 계산

거리($\overline{AB}$)	$\overline{AB}(l) = \dfrac{\Delta x}{\cos V}$ 또는 $\dfrac{\Delta y}{\sin V}$
거리 검산	$\overline{AB}(l) = \sqrt{(\Delta x)^2 + (\Delta y)^2}$

(2) 측각오차 및 공차 계산

방위각법에 의한 지적도근점측량의 계산을 할 경우 각은 분 단위까지, 거리와 좌표는 cm 단위까지 산출한다.

측각오차	관측방위각 − 기지방위각
공차	1등도선 : ±1.0$\sqrt{n}$ 분 이내 2등도선 : ±1.5$\sqrt{n}$ 분 이내 여기서, n : 폐색변을 포함한 변수

(3) 측각오차 배분

변의 수에 비례하여 각 측선의 방위각에 배분한다.

$$K_n = -\dfrac{e}{S} \cdot s$$

여기서, K_n : 각 측선의 순서대로 배분할 분단위의 각도
e : 분단위의 오차
S : 폐색변을 포함한 변의 수
s : 각 측선의 순서

(4) 개정방위각 및 수평거리

① 오차를 측선에 따라 배분한 후 개정방위각으로 기재한다.
② 수평거리는 방위각관측 및 거리측정부의 수평거리에서 옮겨 기재하고 합계를 계산하며 수평거리는 cm 단위까지 계산한다.

(5) 종·횡선차 계산

$$\Delta x = L \times \cos V, \ \Delta y = L \times \sin V$$

여기서, L : 수평거리
V : 측선의 개정방위각

(6) 관측종·횡선오차 계산

종선오차(f_x) = 관측종선차의 합($\Sigma \Delta x$) - 기지종선차
횡선오차(f_y) = 관측횡선차의 합($\Sigma \Delta y$) - 기지횡선차

(7) 연결오차 및 공차 계산

연결오차	$\sqrt{(f_x)^2 + (f_y)^2}$
공차	1등도선 : $M \times \dfrac{1}{100} \sqrt{n}$ cm 이내 2등도선 : $M \times \dfrac{1.5}{100} \sqrt{n}$ cm 이내 여기서, M : 축척분모 n : 측정한 수평거리의 총합을 100으로 나눈 수

(8) 종·횡선오차 배분

각 측선장에 비례하여 배분한다.

$$T_n = -\frac{e}{L} \times n$$

여기서, T_n : 각 측선의 종선차(또는 횡선차)에 배분할 cm 단위의 보정치
e : 종선오차 (또는 횡선오차)
L : 각 측선장의 총합계
n : 각 측선의 측선장

(9) 종·횡선좌표 계산

① 출발점의 기지점좌표의 종선 : 종선차와 보정치를 순차적으로 더한다.
② 출발점의 기지점좌표의 횡선 : 횡선차와 보정치를 순차적으로 더한다.

2) 계산 순서

```
조건 선택
   ↓
방위각 및 내각 계산
   ↓
M, N 계산
   ↓
P, Q점의 좌표계산
   ↓
측각오차 계산
   ↓
폐색오차의 허용범위(공차)
   ↓
측각오차 배분
   ↓
방위각 계산
   ↓
종・횡선차 계산
   ↓
기지 종・횡선차 계산
   ↓
종・횡선오차 계산
   ↓
연결오차 계산
   ↓
연결오차의 허용범위(공차)
   ↓
종・횡선오차 배분
   ↓
각 측점의 종・횡선좌표 계산
```

CHAPTER 03 실전 및 핵심문제

※ 본 실전문제는 수험자의 정보를 토대로 작성하였으므로 일부 다를 수 있으며, 실전 대비 목적으로 작성한 것입니다.

01

지적도근점측량을 배각법으로 실시하여 다음과 같은 결과를 얻었다. 지적도근점측량계산부에 의하여 지적도근점좌표를 구하시오(단, 도선명은 "가"이고, 축척은 1,000분의 1임).

1) 기지점좌표

점명	X좌표(m)	Y좌표(m)
보5	448,536.46	193,354.75
보1	448,395.16	193,674.99

2) 기지방위각

점명	방위각
출발 기지방위각(보5 → 보8)	315−42−56
도착 기지방위각(보1 → 보3)	161−15−44

3) 관측각 및 거리

측점	시준점	관측각	수평거리(m)	방위각	X좌표(m)	Y좌표(m)
보5	보8	00°00′00″		315°42′56″	448,536.46	193,354.75
보5	1	222°47′12″	45.19			
1	2	167°37′05″	51.78			
2	3	181°55′49″	50.88			
3	4	139°41′16″	68.53			
4	5	195°26′54″	56.15			
5	6	189°54′51″	49.22			
6	7	232°06′39″	39.72			
7	8	162°34′33″	34.51			
8	9	54°29′44″	48.95			
9	보1	159°43′52″	245.27		448,395.16	193,674.99
보1	보3	299°15′27″		161°15′44″		

해설

1) 측각오차 및 공차 계산

기본식	$\Sigma\alpha - 180°(n-1) + T_1 - T_2$ 여기서, $\Sigma\alpha$: 관측값의 합 T_1 : 출발 기지방위각 T_2 : 도착 기지방위각 n : 폐색변을 포함한 변수
측각오차	$\Sigma\alpha - 180°(n-1) + T_1 - T_2 = 2{,}005°33'22'' - 180°(11-1) + 315°42'56'' - 161°15'44'' = +34''$
공차	1등도선 $= \pm 20\sqrt{n}$ 초 이내 $= \pm 20\sqrt{11} = \pm 66.3'' = \pm 66''$ 여기서, n : 폐색변을 포함한 변수 ※ 공차 계산 시 소요 자릿수 이하는 무조건 버린다.

2) 측각오차 배분

(1) 거리 반수

기본식	Σ거리 반수$(R) = 1{,}000 \div L$ 여기서, L : 각 측선의 수평거리	
측점	시준점	수평거리(m)	거리 반수
보5	1	45.19	$1{,}000 \div 45.19 = 22.1$
1	2	51.78	$1{,}000 \div 51.78 = 19.3$
2	3	50.88	$1{,}000 \div 50.88 = 19.7$
3	4	68.53	$1{,}000 \div 68.53 = 14.6$
4	5	56.15	$1{,}000 \div 56.15 = 17.8$
5	6	49.22	$1{,}000 \div 49.22 = 20.3$
6	7	39.72	$1{,}000 \div 39.72 = 25.2$
7	8	34.51	$1{,}000 \div 34.51 = 29.0$
8	9	48.95	$1{,}000 \div 48.95 = 20.4$
9	보1	245.27	$1{,}000 \div 245.27 = 4.1$
보1	보3	979.75	
합계		690.2	192.5

(2) 측각오차 배분

기본식	$K=-\dfrac{e}{R}\times r$ (측선장에 반비례하여 각 측선의 관측각에 배분) 여기서, K : 각 측선에 배분할 초단위 각도 e : 초단위의 오차 R : 폐색변을 포함한 각 측선장 반수의 총합계 n : 각 측선장의 반수	
측점	시준점	측각오차
보5	1	$K_1=-\dfrac{34}{193.5}\times 22.1=-3.88=-4''$
1	2	$K_2=-\dfrac{34}{193.5}\times 19.3=-3.39=-3''$
2	3	$K_3=-\dfrac{34}{193.5}\times 19.7=-3.46=-3''$
3	4	$K_4=-\dfrac{34}{193.5}\times 14.6=-2.57=-3''$
4	5	$K_5=-\dfrac{34}{193.5}\times 17.8=-3.13=-3''$
5	6	$K_6=-\dfrac{34}{193.5}\times 20.3=-3.57=-4''$
6	7	$K_7=-\dfrac{34}{193.5}\times 25.2=-4.43=-4''$
7	8	$K_8=-\dfrac{34}{193.5}\times 29.0=-5.10=-5''$
8	9	$K_2=-\dfrac{34}{193.5}\times 20.4=-3.58=-4''$
9	보1	$K_2=-\dfrac{34}{193.5}\times 4.1=-0.72=-1''$
합계		$-34''$

※ 측각오차가 (+)이면 (−)로, (−)이면 (+)로 계산한다. 배부량의 합계와 측각오차가 ±1″ 차이가 나는 것은 단수처리상에서 발생하는 것으로 구하려고 하는 다음 숫자가 0.5에 가까운 값에 가감하여 조정한다.

3) 방위각 계산

기본식		보5-1(1측선)=출발방위각+K_1 1-2(2측선)=1방향선의 방위각+K_2
측점	시준점	방위각
보5	보8	315°42′56″
보5	1	315°42′56″+(-4″)+222°47′12″=178°30′04″
1	2	178°30′04″-180°+(-3″)+167°37′05″=166°07′06″
2	3	166°074′06″-180°+(-3″)+181°55′49″=168°02′52″
3	4	168°02′52″-180°+(-3″)+139°41′16″=127°44′05″
4	5	127°44′05″-180°+(-3″)+195°26′54″=143°10′56″
5	6	143°10′56″-180°+(-4″)+189°54′51″=153°05′43″
6	7	153°05′43″-180°+(-4″)+232°06′39″=205°12′18″
7	8	205°12′18″-180°+(-5″)+162°34′33″=187°46′46″
8	9	187°46′46″-180°+(-4″)+54°29′44″=62°16′26″
9	보1	62°16′26″-180°+(-1″)+159°43′32″=42°00′17″
보1	보3	42°00′17″-180°+299°15′27″=161°15′44″
기지방위각		161°15′44″

4) 종·횡선차 계산

기본식		종선차(Δx)=$L \times \cos V$ 횡선차(Δy)=$L \times \sin V$ 여기서, L : 거리 V : 방위각	
측점	시준점	종선차	횡선차
보5	1	$\Delta x = 45.19 \times \cos 178°30′04″ = -45.17$m	$\Delta y = 45.19 \times \sin 178°30′04″ = +1.18$m
1	2	$\Delta x = 51.78 \times \cos 166°07′06″ = -50.27$m	$\Delta y = 51.78 \times \sin 166°07′06″ = +12.42$m
2	3	$\Delta x = 50.88 \times \cos 168°02′52″ = -49.78$m	$\Delta y = 50.88 \times \sin 168°02′52″ = +10.54$m
3	4	$\Delta x = 68.53 \times \cos 127°44′05″ = -41.94$m	$\Delta y = 68.53 \times \sin 127°44′05″ = +54.20$m
4	5	$\Delta x = 56.15 \times \cos 143°10′56″ = -44.95$m	$\Delta y = 56.15 \times \sin 143°10′56″ = +33.65$m
5	6	$\Delta x = 49.22 \times \cos 153°05′43″ = -43.89$m	$\Delta y = 49.22 \times \sin 153°05′43″ = +22.27$m
6	7	$\Delta x = 39.72 \times \cos 205°12′18″ = -35.94$m	$\Delta y = 39.72 \times \sin 205°12′18″ = -16.92$m
7	8	$\Delta x = 34.51 \times \cos 187°46′46″ = -34.19$m	$\Delta y = 34.51 \times \sin 187°46′46″ = -4.67$m
8	9	$\Delta x = 48.95 \times \cos 62°16′26″ = +22.77$m	$\Delta y = 48.95 \times \sin 62°16′26″ = +43.33$m
9	보1	$\Delta x = 245.27 \times \cos 42°00′17″ = +182.26$m	$\Delta y = 245.27 \times \sin 42°00′17″ = +164.13$m
절대치 합계		$\sum |\Delta x| = 551.16$	$\sum |\Delta y| = 363.31$
합계		$\sum \Delta x = -141.10$	$\sum \Delta y = 320.13$

5) 기지 및 관측 종·횡선오차 계산

(1) 종선오차(f_x)

종선차의 합 $\Sigma \Delta x$	$(-45.17)+(-5.27)+\cdots+(+22.77)+(+182.26)=-141.10\text{m}$
기지종선차	$448,395.16-448,536.46=-141.30\text{m}$ (보1−보5)
종선오차(f_x)	종선차의 합($\Sigma \Delta x$)−기지종선차=$-141.10-(-141.30)=+0.20\text{m}$

(2) 횡선오차(f_y)

횡선차의 합 $\Sigma \Delta y$	$(+1.18)+(+12.42)+\cdots+(+43.33)+(+164.13)=+320.13\text{m}$
기지횡선차	$193,674.99-193,354.75=+320.24\text{m}$ (보1−보5)
횡선오차(f_y)	횡선차의 합($\Sigma \Delta y$)−기지횡선차=$+320.13-(+320.24)=-0.11\text{m}$

6) 연결오차 및 공차 계산

연결오차	$\sqrt{(종선오차)^2+(횡선오차)^2}=\sqrt{(f_x)^2+(f_y)^2}$ $=\sqrt{(+0.20)^2+(-0.11)^2}=0.23\text{m}$
공차	1등도선$=M\times\dfrac{1}{100}\sqrt{n}\,\text{cm}=1,000\times\dfrac{1}{100}\sqrt{690.20/100}=0.263\text{m}=0.26\text{m}$ 여기서, M : 축척분모 n : 측정한 수평거리의 총합을 100으로 나눈 수 ※ 공차 계산 시 소요 자릿수 이하는 무조건 버린다. 예를 들어, 33.7cm라도 공차의 결정은 33cm로 한다.

7) 종·횡선차 보정량 계산

기본식	$T=-\dfrac{e}{L}\times n$ (각 측선의 종·횡선차 길이에 비례하여 배분) 여기서, T : 각 측선의 종·횡선차에 배분할 cm 단위의 보정치 e : 종선오차 (또는 횡선오차) L : 종·횡선차의 절대치 합계 n : 각 측선의 종·횡선차

측점	시준점	종선차 보정량	횡선차 보정량
보5	1	$T_1=-\dfrac{20}{551.16}\times 45.17=-2\text{cm}$	$T_1=+\dfrac{11}{363.31}\times 1.18=+0.04=0\text{cm}$
1	2	$T_2=-\dfrac{20}{551.16}\times 50.27=-2\text{cm}$	$T_2=+\dfrac{11}{363.31}\times 12.42=+0.38=0\text{cm}$
2	3	$T_3=-\dfrac{20}{551.16}\times 49.78=-1.81=-2\text{cm}$	$T_3=+\dfrac{11}{363.31}\times 10.54=+0.32=0\text{cm}$
3	4	$T_4=-\dfrac{20}{551.16}\times 41.94=-1.52=-2\text{cm}$	$T_4=+\dfrac{11}{363.31}\times 54.20=+1.64=+2\text{cm}$
4	5	$T_5=-\dfrac{20}{551.16}\times 44.95=-1.63=-2\text{cm}$	$T_5=+\dfrac{11}{363.31}\times 33.65=+1.02=+1\text{cm}$

측점	시준점	종선차 보정량	횡선차 보정량
5	6	$T_6 = -\dfrac{20}{551.16} \times 43.89 = -1.59 = -2\text{cm}$	$T_6 = +\dfrac{11}{363.31} \times 22.27 = +0.67 = +1\text{cm}$
6	7	$T_7 = -\dfrac{20}{551.16} \times 35.94 = -1.30 = -1\text{cm}$	$T_7 = +\dfrac{11}{363.31} \times 16.92 = +0.51 = +1\text{cm}$
7	8	$T_8 = -\dfrac{20}{551.16} \times 34.19 = -1.24 = -1\text{cm}$	$T_3 = +\dfrac{11}{363.31} \times 4.67 = +0.14 = 0\text{cm}$
8	9	$T_9 = -\dfrac{20}{551.16} \times 22.77 = -0.83 = -1cm$	$T_9 = +\dfrac{11}{363.31} \times 43.33 = +1.31 = +1\text{cm}$
9	보1	$T_{10} = -\dfrac{20}{551.16} \times 182.26 = -6.61 = -7\text{cm}$	$T_{10} = +\dfrac{11}{363.31} \times 164.13 = +4.97 = +5\text{cm}$
합계			

※ 종·횡차가 1cm 차이가 발생할 때에는 소요자리 다음 수의 크기에 따라 올리고 내리는 방법으로 처리한다.

8) 종·횡선좌표 계산

기본식	종선좌표(X) = 출발기지종선좌표 + 보정치 + Δx_1 횡선좌표(Y) = 출발기지종선좌표 + 보정치 + Δy_1

측점	시준점	종선좌표	횡선좌표
보5	1	$448,536.46 + (-45.17) + (-0.02) = 448,491.27\text{m}$	$193,354.75 + (+1.18) + (+0) = 193,355.93\text{m}$
1	2	$448,491.27 + (-50.27) + (-0.02) = 448,440.98\text{m}$	$193,355.93 + (+12.42) + (+0) = 193,368.35\text{m}$
2	3	$448,440.98 + (-49.78) + (-0.02) = 448,391.18\text{m}$	$193,368.35 + (+10.54) + (0) = 193,378.89\text{m}$
3	4	$448,391.18 + (-41.94) + (-0.01) = 448,349.23\text{m}$	$193,378.89 + (+54.20) + (+0.02) = 193,433.11\text{m}$
4	5	$448,349.23 + (44.95) + (-0.02) = 448,304.26\text{m}$	$193,433.11 + (+33.65) + (+0.01) = 193,466.77\text{m}$
5	6	$448,304.26 + (-43.89) + (-0.01) = 448,200.36\text{m}$	$193,466.77 + (+22.27) + (+0.01) = 193,489.05\text{m}$
6	7	$448,200.36 + (-35.94) + (-0.01) = 448,224.41\text{m}$	$193,489.05 + (-16.92) + (+0.01) = 193,472.14\text{m}$
7	8	$448,224.41 + (-34.19) + (-0.01) = 448,190.21\text{m}$	$193,472.14 + (-4.67) + (0) = 193,467.47\text{m}$
8	9	$448,190.21 + (+22.77) + (-0.01) = 448,212.97\text{m}$	$193,467.47 + (+43.33) + (+0.01) = 193,510.81\text{m}$
9	보1	$448,212.97 + (+182.26) + (-0.07) = 448,395.16\text{m}$	$193,510.81 + (+164.13) + (+0.05) = 193,674.99\text{m}$

지적도근점측량 계산부(배각법)

도선명 : 가 　　　　　　　　　　　　　　　　　　　　　　　축척 : 1,000분의 1

측점	시준점	보정치 관측각	반수 수평거리	방위각	종선차(ΔX) 보정치 종선좌표(X)	횡선차(ΔY) 보정치 횡선좌표(Y)
보5	보8	000°00′00″		315°42′56″	448,536.46	193,354.75
보5	1	−4 222°47′12″	22.1 45.19	178°30′04″	−45.17 −2 448,491.27	+1.18 0 193,355.93
1	2	−3 167°37′05″	19.3 51.78	166°07′06″	−50.27 −2 448,440.98	+12.42 0 193,368.35
2	3	−3 181°55′49″	19.7 50.88	168°02′52″	−49.78 −2 448,391.18	+10.54 0 193,378.89
3	4	−3 139°41′16″	14.6 68.53	127°44′05″	−41.94 −1 448,349.23	+54.20 +2 193,433.11
4	5	−3 195°26′54″	17.8 56.15	143°10′56″	−44.95 −2 448,340.26	+33.65 +1 193,466.77
5	6	−4 189°54′51″	20.3 49.22	153°05′43″	−43.89 −1 448,260.36	+22.27 +1 193,489.05
6	7	−4 232°06′39″	25.2 39.72	205°12′18″	−35.94 −1 448,224.41	−16.92 +1 193,472.14
7	8	−5 162°34′33″	29.0 34.51	187°46′46″	−34.19 −1 448,190.21	−4.67 0 193,467.47
8	9	−4 54°29′44″	20.4 48.95	62°16′26″	+22.77 −1 448,212.97	+43.33 +1 193,510.81
9	보1	−1 159°43′32″	4.1 245.27	42°00′17″	+182.26 −4 448,395.16	+164.13 +5 193,674.99
보1	보3	299°15′27″		161°15′44″		
$n=10,\ \alpha=2,005°33′22″$ $-180°(n-1)=1,800°00′00″$ $+T_1=315°42′56″$ $-T_2=161°15′44″$			(193.5) (979.7)		$\sum\lvert\Delta x\rvert=+551.16$ $\sum\Delta x=-141.10$ 기지 $=-141.30$ $f_x=+0.20$	$\sum\lvert\Delta y\rvert=+363.31$ $\sum\Delta y=+320.13$ 기지 $=+320.24$ $f_y=+0.11$
오차 $=+34″$, 공차 $=\pm66″$					연결오차 $=0.28$m, 공차 $=0.26$m	

02
지적도근점측량을 배각법으로 실시하여 다음과 같은 결과를 얻었다. 지적도근점측량계산부에 의하여 지적도근점좌표를 구하시오(단, 도선명은 "가"이고, 축척은 1,000분의 1임).

1) 기지점좌표

점명	X좌표(m)	Y좌표(m)
보1	461,575.50	213,624.17
보5	461,104.24	213,740.77

2) 기지방위각

점명	방위각
출발 기지방위각(보5 → 보8)	43°28′34″
도착 기지방위각(보1 → 보3)	56°49′37″

3) 관측각 및 거리

측점	시준점	관측각	수평거리(m)	방위각	X좌표(m)	Y좌표(m)
보1	보2	00°00′00″		43°28′34″	461,575.50	213,624.17
보1	1	105°43′45″	219.79			
1	2	197°11′52″	79.76			
2	3	261°04′56″	89.45			
3	4	132°38′54″	72.19			
4	5	82°29′54″	61.32			
5	보5	237°09′15″	95.46		461,104.24	213,740.77
보5	보6	77°03′05″		56°49′37″		

해설

1) 측각오차 및 공차 계산

기본식	$\Sigma\alpha - 180°(n-1) + T_1 - T_2$ 여기서, $\Sigma\alpha$: 관측값의 합 T_1 : 출발 기지방위각 T_2 : 도착 기지방위각 n : 폐색변을 포함한 변수
측각오차	$\Sigma\alpha - 180°(n-1) + T_1 - T_2$ $= 1,093°21′21″ - 180°(11-1) + 43°28′34″ - 56°49′37″ = +18″$
공차	1등도선 = $\pm 20\sqrt{n}$ 초 이내 = $\pm 20\sqrt{7} = \pm 52.9″ = \pm 52″$ 여기서, n : 폐색변을 포함한 변수 ※ 공차 계산 시 소요 자릿수 이하는 무조건 버린다.

2) 측각오차 배분

(1) 거리 반수

기본식	거리 반수(R) = 1,000 ÷ L 여기서, L : 각 측선의 수평거리	
측점	시준점	수평거리(m)	거리 반수

측점	시준점	수평거리(m)	거리 반수
보1	1	219.79	1,000 ÷ 219.75 = 4.5
1	2	79.76	1,000 ÷ 79.76 = 12.5
2	3	89.45	1,000 ÷ 89.45 = 11.2
3	4	72.19	1,000 ÷ 72.19 = 13.9
4	5	61.32	1,000 ÷ 61.32 = 16.3
5	보5	95.46	1,000 ÷ 95.46 = 10.5
합계		617.97	68.9

(2) 측각오차 배분

기본식	$K = -\dfrac{e}{R} \times r$ (측선장에 반비례하여 각 측선의 관측각에 배분) 여기서, K : 각 측선에 배분할 초단위 각도 e : 초단위의 오차 R : 폐색변을 포함한 각 측선장 반수의 총합계 n : 각 측선장의 반수

측점	시준점	측각오차
보1	1	$K_1 = \dfrac{+18}{68.9} \times 4.5 = -1.18 = -1''$
1	2	$K_2 = \dfrac{+18}{68.9} \times 12.5 = -3.27 = -3''$
2	3	$K_3 = \dfrac{+18}{68.9} \times 11.2 = -2.93 = -3''$
3	4	$K_4 = \dfrac{+18}{68.9} \times 13.9 = -3.63 = -4''$
4	5	$K_5 = \dfrac{+18}{68.9} \times 16.3 = -4.26 = -4''$
5	보5	$K_6 = \dfrac{+18}{68.9} \times 10.5 = -2.74 = -3''$
합계		$-18''$

※ 측각오차가 (+)이면 (-)로, (-)이면 (+)로 계산한다. 배부량의 합계와 측각오차가 ±1″ 차이 나는 것은 단수처리상에서 발생하는 것으로 구하려고 하는 다음 숫자가 0.5에 가까운 값에 가감하여 조정한다.

3) 방위각 계산

기본식		보5-1(1측선)=출발방위각+K_1 1-2(2측선)=1방향선의 방위각+K_2
측점	시준점	방위각
보1	보2	43°28′34″
보1	1	43°28′34″+(−1″)+105°43′45″=149°12′18″
1	2	149°12′18″−180°+(−3″)+197°11′52″=166°07′07″
2	3	166°07′07″−180°+(−3″)+261°04′36″=247°28′40″
3	4	247°28′40″−180°+(−4″)+132°38′54″=200°07′30″
4	5	200°07′30″−180°+(−4″)+82°29′54″=102°37′20″
5	보5	102°37′20″−180°+(−3″)+237°09′15″=159°46′32″
보5	보6	159°46′32″−180°+77°03′05″=56°49′37″
기지방위각		56°49′37″

4) 종 · 횡선차 계산

기본식		종선차(Δx) = $L \times \cos V$ 횡선차(Δy) = $L \times \sin V$ 여기서, L : 거리 V : 방위각	
측점	시준점	종선차	횡선차
보1	1	$\Delta x = 219.79 \times \cos 149°12′18″ = -188.80$m	$\Delta y = 219.79 \times \sin 149°12′18″ = +112.53$m
1	2	$\Delta x = 79.76 \times \cos 166°24′07″ = -77.52$m	$\Delta y = 79.76 \times \sin 166°24′07″ = +18.75$m
2	3	$\Delta x = 89.45 \times \cos 247°28′40″ = -34.26$m	$\Delta y = 89.45 \times \sin 247°28′40″ = -82.63$m
3	4	$\Delta x = 72.19 \times \cos 200°07′30″ = -67.78$m	$\Delta y = 72.19 \times \sin 200°07′30″ = -24.84$m
4	5	$\Delta x = 61.32 \times \cos 102°37′20″ = -13.40$m	$\Delta y = 61.32 \times \sin 102°37′20″ = +59.84$m
5	보5	$\Delta x = 95.46 \times \cos 159°46′32″ = -89.57$m	$\Delta y = 95.46 \times \sin 159°46′32″ = +33.00$m
절대치 합계		$\Sigma|\Delta x|=471.33$	$\Sigma|\Delta y|=331.59$
합계		$\Sigma \Delta x = -471.33$	$\Sigma \Delta y = +116.65$

5) 기지 및 관측 종 · 횡선오차 계산

(1) 종선오차(f_x)

종선차의 합 $\Sigma \Delta x$	$(-188.80)+(-77.52)+\cdots+(-13.40)+(-89.57)=-471.33$m
기지종선차	$461,104.24-461,575.50=-471.26$m (보5−보1)
종선오차(f_x)	종선차의 합($\Sigma \Delta x$)−기지종선차=$-471.33-(-471.26)=-0.07$m

(2) 횡선오차(f_y)

횡선차의 합 $\Sigma \Delta y$	$(+112.53)+(+18.75)+\cdots+(+59.84)+(+33.00)=+116.65\text{m}$
기지횡선차	$213,740.77-213,624.17=+116.60\text{m}(보5-보1)$
횡선오차(f_y)	횡선차의 합($\Sigma \Delta y$)-기지횡선차$=+116.65-(+116.60)=+0.05\text{m}$

6) 연결오차 및 공차 계산

연결오차	$\sqrt{(종선오차)^2+(횡선오차)^2}=\sqrt{(f_x)^2+(f_y)^2}$ $=\sqrt{(\pm 0.07)^2+(+0.05)^2}=0.086=0.09\text{m}$
공차	1등도선$=M \times \dfrac{1}{100}\sqrt{n}\text{ cm}=1,000 \times \dfrac{1}{100}\sqrt{617.97/100}=0.249\text{m}=0.24\text{m}$ 여기서, M : 축척분모 　　　　n : 측정한 수평거리의 총합을 100으로 나눈 수 ※ 공차 계산시 소요 자릿수 이하는 무조건 버린다. 예를 들어, 33.7cm라도 공차의 결정은 33cm로 한다.

7) 종 · 횡선차 보정량 계산

기본식	$T=-\dfrac{e}{L} \times n$ (각 측선의 종 · 횡선차 길이에 비례하여 배분) 여기서, T : 각측선의 종 · 횡선차에 배분할 cm 단위의 보정치 　　　　e : 종선오차(또는 횡선오차) 　　　　L : 종 · 횡선차의 절대치의 합계 　　　　n : 각 측선의 종 · 횡선차

측점	시준점	종선차 보정량	횡선차 보정량
보1	1	$T_1=-\dfrac{(-7)}{471.33} \times 188.80 =+2.80 =+3\text{cm}$	$T_1=-\dfrac{(+5)}{331.59} \times 112.53 =-1.70 =-2\text{cm}$
1	2	$T_2=-\dfrac{(-7)}{471.33} \times 77.52 =+1.15 =+1\text{cm}$	$T_2=-\dfrac{(+5)}{331.59} \times 18.75 =-0.28 =0\text{cm}$
2	3	$T_3=-\dfrac{(-7)}{471.33} \times 34.26 =0.51 =+1\text{cm}$	$T_3=-\dfrac{(+5)}{331.59} \times 82.63 =-1.25 =-1\text{cm}$
3	4	$T_4=-\dfrac{(-7)}{471.33} \times 67.78 =1.01 =+1\text{cm}$	$T_4=-\dfrac{(+5)}{331.59} \times 24.84 =-0.37 =0\text{cm}$
4	5	$T_5=-\dfrac{(-7)}{471.33} \times 13.40 =+0.20 =0\text{cm}$	$T_5=-\dfrac{(+5)}{331.59} \times 59.84 =-0.90 =-1\text{cm}$
5	보5	$T_6=-\dfrac{(-7)}{471.33} \times 89.57 =+1.33 =+1\text{cm}$	$T_6=-\dfrac{(+5)}{331.59} \times 33.00 =-0.50 =-1\text{cm}$
합계		+7cm	-5cm

※ 종 · 횡차가 1cm 차이가 발생할 때에는 소요자리 다음 수의 크기에 따라 올리고 내리는 방법으로 처리한다.

8) 종·횡선좌표 계산

기본식	종선좌표(X)=출발 기지종선좌표+보정치+Δx_1 횡선좌표(Y)=출발 기지종선좌표+보정치+Δy_1	
측점	시준점	종선좌표	횡선좌표

측점	시준점	종선좌표	횡선좌표
보1	1	$461,575.50+(-188.80)+(+0.03)=461,386.730\text{m}$	$213,624.17+(+112.53)+(-002)=213,736.68\text{m}$
1	2	$461,386.730+(-77.52)+(-77.52)+(+0.01)$ $=461,309.22\text{m}$	$213,736.68+(18.75)+(0)=213,75543\text{m}$
2	3	$461,309.22+(-34.26)+(+0.01)=461,274.97\text{m}$	$213,75543+(-82.63)+(-0.01)=213,672.79\text{m}$
3	4	$461,274.97+(-67.78)+(+0.01)=461,207.20\text{m}$	$213,672.79+(-24.84)+(0)=213,647.95\text{m}$
4	5	$461,207.20+(-13.40)+(0)=461,193.80\text{m}$	$213,647.95+(+59.84)+(-001)=213,707.78\text{m}$
5	보5	$461,193.80+(-89.57)+(+0.01)=461,104.24\text{m}$	$213,707.78+(+33.00)+(-0.01)=213,740.77\text{m}$

지적도근점측량 계산부(배각법)

도선명 : 가
축척 : 1,000분의 1

측점	시준점	보정치 관측각	반수 수평거리	방위각	종선차(ΔX) 보정치 종선좌표(X)	횡선차(ΔY) 보정치 횡선좌표(Y)
보1	보2	0°00′00″		43°28′34″	461,575.50	
보1	1	−1 105°43′45″	4.5 219.79	149°12′18″	−188.80 +0.03 461,386.730	+112.53 −0.02 213,736.68
1	2	−3 197°11′52″	12.5 79.76	166°24′07″	−77.52 +0.01 461,309.22	+18.75 0.00 213,755.43
2	3	−3 261°04′36″	11.2 89.45	247°28′40″	−34.26 +0.01 461,274.97	−82.63 −0.01 213,672.79
3	4	−4 132°38′54″	13.9 72.19	200°07′30″	−67.78 +0.01 461,207.20	−24.84 0.00 213,647.95
4	5	−4 82°29′54″	16.3 61.32	102°37′20″	−13.40 +0.00 461,193.80	+59.84 −0.01 213,707.78
5	보5	−3 237°09′15″	10.5 95.46	159°46′32″	−89.57 +0.01 461,104.24	+33.00 −0.01 213,740.77
보5	보6	77°03′05″		56°49′37″		
			(86.9) (617.97)			
$n=7$, $\Sigma\alpha=1,096°21′21″$ $-180°(n-1)=1,080°00′00″$ $+T_1=43°28′34″$ $-T_2=56°49′37″$ 오차 = +18″, 공차 = ±52″					$\Sigma\|\Delta x\|=471.33$ $\Sigma\Delta x=-471.33$ 기지 = −471.26 $f_x=-0.07$	$\Sigma\|\Delta y\|=331.59$ $\Sigma\Delta x=+116.65$ 기지 = +116.60 $f_x=+0.05$
					연결오차 = 0.09m, 공차 = ±0.24m	

03 지적도근점측량을 방위각법으로 실시하여 다음의 관측치를 얻었다. 지적도근측량점계산부에 의하여 지적도근점의 좌표를 구하시오(단, 1등도선이고, 축척은 1,200분의 1임).

1) 기지점좌표

점명	X좌표(m)	Y좌표(m)
보5	452,365.71	194,783.24
보10	452,145.79	193,999.91

2) 기지방위각

점명	방위각
출발 기지방위각(보5 → 보4)	187−48
도착 기지방위각(보10 → 보11)	315−43

3) 관측방위각 및 거리

측점	시준점	관측각	수평거리(m)	방위각	X좌표(m)	Y좌표(m)
보5	보6	000°00′		187°48′	452,365.71	194,783.24
보5	1	249°54′	110.45			
1	2	295°47′	220.59			
2	3	197°55′	74.83			
3	4	187°33′	55.14			
4	5	231°57′	77.32			
5	6	283°45′	86.07			
6	7	331°29′	106.12			
7	8	269°24′	54.58			
8	9	235°11′	61.98			
9	보10	219°37′	235.79		452,145.79	193,999.91
보10	보11	315°46′		315°43′		

해설

1) 측각오차 및 공차 계산

측각오차	도착 관측방위각 − 도착 기지방위각 = 315°46′ − 315°43′ = +3′
공차	1등도선 = ±1.0√n 분 이내 = ±1.0√11 = ±3.3′ = ±3′ 여기서, n : 폐색변을 포함한 변수 ※ 공차 계산 시 소요 자릿수 이하는 무조건 버린다.

2) 측각오차 배분

기본식	$K_n = -\dfrac{e}{S} \cdot s$ (변의 수에 비례하여 각 측선의 방위각에 배분) 여기서, K_n : 각 측선의 순서대로 배분할 분단위의 각도 e : 분단위의 오차 S : 폐색변을 포함한 변의 수 s : 각 측선의 순서	
측점	시준점	측각오차
보5	1	$K_1 = -\dfrac{3}{11} \times 1 = -0.27 = 0'$
1	2	$K_2 = -\dfrac{3}{11} \times 2 = -0.55 = -1'$
2	3	$K_3 = -\dfrac{3}{11} \times 3 = -0.82 = -1'$
3	4	$K_4 = -\dfrac{3}{11} \times 4 = -1.09 = -1'$
4	5	$K_5 = -\dfrac{3}{11} \times 5 = -1.36 = -1'$
5	6	$K_6 = -\dfrac{3}{11} \times 6 = -1.64 = -2'$
6	7	$K_7 = -\dfrac{3}{11} \times 7 = -1.91 = -2'$
7	8	$K_8 = -\dfrac{3}{11} \times 8 = -2.18 = -2'$
8	9	$K_9 = -\dfrac{3}{11} \times 9 = -2.45 = -2'$
9	보10	$K_{10} = -\dfrac{3}{11} \times 10 = -2.73 = -3'$
보10	보11	$K_{11} = -\dfrac{3}{11} \times 11 = -3.00 = -3'$

3) 개정방위각 및 수평거리

① 오차를 측선에 따라 배분한 후 개정방위각으로 기재한다.
② 수평거리는 방위각관측 및 거리측정부의 수평거리에서 옮겨 기재하고 합계를 계산하며 수평거리는 cm 단위까지 계산한다.

4) 종·횡선차 계산

기본식	종선차(Δx) = $L \times \cos V$ 횡선차(Δy) = $L \times \sin V$ 여기서, L : 거리 V : 방위각	
측점	시준점	종선차	횡선차
보5	1	$\Delta x = 110.45 \times \cos 249°54' = -37.96\text{m}$	$\Delta y = 110.45 \times \sin 249°54' = -103.72\text{m}$
1	2	$\Delta x = 220.59 \times \cos 295°47' = +95.89\text{m}$	$\Delta y = 220.59 \times \sin 295°47' = -198.66\text{m}$
2	3	$\Delta x = 74.83 \times \cos 197°55' = -71.21\text{m}$	$\Delta y = 74.83 \times \sin 197°55' = -23.00\text{m}$
3	4	$\Delta x = 55.14 \times \cos 187°33' = -54.66\text{m}$	$\Delta y = 55.14 \times \sin 187°33' = -7.23\text{m}$
4	5	$\Delta x = 77.32 \times \cos 231°57' = -47.67\text{m}$	$\Delta y = 77.32 \times \sin 231°57' = -60.87\text{m}$
5	6	$\Delta x = 86.07 \times \cos 283°45' = +20.41\text{m}$	$\Delta y = 86.07 \times \sin 283°45' = -83.62\text{m}$
6	7	$\Delta x = 106.12 \times \cos 331°29' = +93.22\text{m}$	$\Delta y = 106.12 \times \sin 331°29' = -50.72\text{m}$
7	8	$\Delta x = 54.58 \times \cos 269°24' = -0.60\text{m}$	$\Delta y = 54.58 \times \sin 269°24' = -54.58\text{m}$
8	9	$\Delta x = 61.98 \times \cos 235°11' = -35.42\text{m}$	$\Delta y = 61.98 \times \sin 235°11' = -50.86\text{m}$
9	보10	$\Delta x = 235.79 \times \cos 219°37' = -181.77\text{m}$	$\Delta y = 235.79 \times \sin 219°37' = -150.19\text{m}$
합계		$\sum \Delta x = -219.77$	$\sum \Delta y = -783.45$

5) 관측 종·횡선오차 계산

종선오차(f_x)	종선차의 합($\sum \Delta x$) − 기지종선차 = −141.10 − (−141.30) = +0.20m
횡선오차(f_y)	횡선차의 합($\sum \Delta y$) − 기지횡선차 = −783.45 − (−783.33) = −0.12m

6) 연결오차 및 공차 계산

연결오차	$\sqrt{(\text{종선오차})^2 + (\text{횡선오차})^2} = \sqrt{(f_x)^2 + (f_y)^2}$ $= \sqrt{(+0.15)^2 + (-0.12)^2} = 0.19\text{m}$
공차	1등도선 = $M \times \dfrac{1}{100}\sqrt{n}\,\text{cm} = 1,200 \times \dfrac{1}{100}\sqrt{1,082.87/100} = 0.39\text{m}$ 여기서, M : 축척분모 　　　　n : 측정한 수평거리의 총합을 100으로 나눈 수
	공차 계산 시 소요 자릿수 이하는 무조건 버린다. 예를 들어, 33.7cm라도 공차의 결정은 33cm로 한다.

7) 종·횡선오차 보정량 계산

기본식	$T_n = -\dfrac{e}{L} \times n$ (각 측선장에 비례하여 배분) 여기서, T_n : 각 측선의 종선차(또는 횡선차)에 배분할 cm 단위의 보정치 e : 종선오차(또는 횡선오차) L : 각 측선장의 총합계 n : 각 측선의 측선장	

측점	시준점	종선차 보정량	횡선차 보정량
보5	1	$C_1 = -\dfrac{15}{1,082.87} \times 110.45 = -1.53 = -2\text{cm}$	$C_1 = +\dfrac{12}{1,082.87} \times 110.45 = +1.22 = 1\text{cm}$
1	2	$C_2 = -\dfrac{15}{1,082.87} \times 220.59 = -3.06 = -3\text{cm}$	$C_2 = +\dfrac{12}{1,082.87} \times 220.45 = +2.44 = 2\text{cm}$
2	3	$C_3 = -\dfrac{15}{1,082.87} \times 74.83 = -1.04 = -1\text{cm}$	$C_3 = +\dfrac{12}{1,082.87} \times 74.83 = +0.83 = 1\text{cm}$
3	4	$C_4 = -\dfrac{15}{1,082.87} \times 55.14 = -0.76 = -1\text{cm}$	$C_4 = +\dfrac{12}{1,082.87} \times 55.14 = +0.61 = +1\text{cm}$
4	5	$C_5 = -\dfrac{15}{1,082.87} \times 77.32 = -1.07 = -1\text{cm}$	$C_5 = +\dfrac{12}{1,082.87} \times 77.32 = +0.86 = +1\text{cm}$
5	6	$C_6 = -\dfrac{15}{1,082.87} \times 86.07 = -1.19 = -1\text{cm}$	$C_6 = +\dfrac{12}{1,082.87} \times 86.07 = +0.95 = +1\text{cm}$
6	7	$C_7 = -\dfrac{15}{1,082.87} \times 106.12 = -1.47 = -1\text{cm}$	$C_7 = +\dfrac{12}{1,082.87} \times 106.12 = +1.18 = +1\text{cm}$
7	8	$C_8 = -\dfrac{15}{1,082.87} \times 54.58 = -0.76 = -1\text{cm}$	$C_8 = +\dfrac{12}{1,082.87} \times 54.58 = +0.60 = 0\text{cm}$
8	9	$C_9 = -\dfrac{15}{1,082.87} \times 61.98 = -0.86 = -1cm$	$C_9 = +\dfrac{12}{1,082.87} \times 61.98 = +0.69 = 1\text{cm}$
9	보10	$C_{10} = -\dfrac{15}{1,082.87} \times 235.79 = -3.27 = -3\text{cm}$	$C_{10} = +\dfrac{12}{1,082.87} \times 235.79 = +2.61 = +3\text{cm}$
합계		-15cm	$+12\text{cm}$

※ 종·횡차가 1cm 차이가 발생할 때에는 소요자리 다음 수의 크기에 따라 올리고 내리는 방법으로 처리한다.

8) 종·횡선좌표 계산

기본식	종선좌표(X)=출발 기지종선좌표+보정치+Δx_1 횡선좌표(Y)=출발 기지종선좌표+보정치+Δy_1	
측점	시준점	종선좌표	횡선좌표
보5	1	$452,365.71+(-37.96)+(-0.02)=452,327.73$m	$194,783.24+(-103.72)+(+0.01)=194,679.53$m
1	2	$452,327.73+(+95.89)+(-0.03)=452,423.59$m	$194,679.53+(-198.66)+(+0.02)=194,480.89$m
2	3	$452,423.59+(-71.21)+(-0.01)=452,352.37$m	$194,480.89+(-23.00)+(+0.01)=194,457.90$m
3	4	$452,352.37+(-54.66)+(-0.01)=452,297.70$m	$194,457.90+(-7.23)+(+0.01)=194,450.68$m
4	5	$452,297.70+(-47.67)+(-0.01)=452,250.02$m	$194,450.68+(-60.87)+(+0.01)=194,389.82$m
5	6	$452,250.02+(+20.41)+(-0.01)=452,270.42$m	$194,389.82+(-83.62)+(+0.01)=194,306.21$m
6	7	$452,270.42+(+93.22)+(-0.01)=452,363.63$m	$194,306.21+(-50.72)+(+0.01)=194,255.50$m
7	8	$452,363.63+(-0.60)+(-0.01)=452,357.59$m	$194,255.50+(-54.58)+(0)=194,200.92$m
8	9	$452,357.59+(-35.42)+(-0.01)=452,322.16$m	$194,200.92+(-50.86)+(+0.01)=194,150.07$m
9	보10	$452,322.16+(-181.77)+(-0.03)=452,145.79$m	$194,150.07+(-150.19)+(+0.03)=193,999.91$m

지적도근점측량 계산부(방위각법)

축척 : 1,200분의 1

측점	시준점	보정치 방위각	수평거리	개정방위각	종선차(ΔX) 보정치 종선좌표(X)	횡선차(ΔY) 보정치 횡선좌표(Y)
보5	보4	187°48′		187°48′	452,365.71	194,783.24
보5	1	0 249°54′	110.45	249°54′	−37.96 −2 452,327.73	−103.72 +1 194,679.53
1	2	−1 295°47′	220.59	295°46′	+95.89 −3 452,423.59	−198.66 +2 194,480.89
2	3	−1 197°55′	74.83	197°54′	−71.21 −1 452,352.37	−23.00 +1 194,457.90
3	4	−1 187°33′	55.14	187°32′	−54.66 −1 452,297.70	−7.23 +1 194,450.68
4	5	−1 231°57′	77.32	231°56′	−47.67 −1 452,250.02	−60.87 +1 194,389.82
5	6	−2 283°45′	86.07	283°43′	+20.41 −1 452,270.42	−83.62 +1 194,306.21
6	7	−2 331°29′	106.12	331°27′	+93.22 −1 452,363.63	−50.72 +1 194,255.50
7	8	−2 269°24′	54.58	269°22′	−0.60 −1 452,357.59	−54.58 0 194,200.92
8	9	−2 235°11′	61.98	235°09′	−35.42 −1 452,322.16	−50.86 +1 194,150.07
9	보10	−3 219°37′	235.79	219°34′	−181.77 −3 452,145.79	−150.19 +3 194,999.91
보10	보11	−3 35°46′	(1,082.87)	315°43′	$\Sigma\Delta x = -219.77$ 기지 = −219.92 $f_x = +0.15$	$\Sigma\Delta y = -783.45$ 기지 = −783.33 $f_y = -0.12$
$n = 10$						
오차 = −3′ 공차 = ±3′					연결오차 = 0.19m 공차 = 0.39m	

CHAPTER 04 세부측량

01 개요

지적측량은 도해세부측량과 수치세부측량으로 구분하는데, 수치세부측량은 토지의 경계점을 도해적으로 표시하지 않고 수학적인 좌표로 표시하는 측량으로 경위의측량방법, 전파기 또는 광파기측량방법에 의한다. 도해지적측량은 토지의 경계점을 토지의 주변 현황(기지)에 기초하여 도해적인 방법으로 성과를 결정하는 측량이며 주로 평판측량방법에 의한다.

02 수치세부측량의 실시 기준

1) 관측 기준

① 거리측정 단위는 1cm로 한다.
② 측량결과도는 당해 토지의 지적도 또는 임야도와 동일한 축척으로 작성한다. 다만, 도시개발사업 및 농경지정리사업 등의 시행지역과 축척변경시행지역은 500분의 1로 하되, 필요한 경우에는 도면은 6,000분의 1까지 작성할 수 있다.
③ 토지의 경계가 곡선을 이룰 때에는 가급적 현재 상태와 다르게 되지 아니하도록 경계점을 측정하여 연결한다. 이 경우 직선으로 연결하는 중앙종거의 길이는 5cm 내지 10cm로 한다.

2) 관측 및 계산

① 미리 각 경계점에 표지를 설치하여야 한다.
② 도선법 또는 방사법에 의한다.
③ 관측은 20초독 이상의 정밀 경위의를 사용한다.
④ 수평각관측은 1대회의 방향관측법이나 2배각의 배각법에 의하되 방향관측법인 경우 1측회의 폐색을 요하지 아니한다.

⑤ 연직각의 관측은 정·반으로 1회 관측하여 그 교차가 5분 이내인 때에는 그 평균치를 연직각으로 하되 분 단위로 독정한다.
⑥ 수평각의 측각공차는 다음 표에 의한다.

종별	1 방향각	1배각과 2배각의 평균값에 대한 교차
공차	60초 이내	40초 이내

⑦ 경계점의 거리 측정은 2회 측정하여 그 측정치의 교차가 평균치의 3,000분의 1이하인 때 그 평균치를 점간거리로 하되 경사거리는 수평거리로 계산하여야 한다.
⑧ 계산방법은 다음 표에 의한다.

종별	각	변장	진수	좌표
단위	초	cm	5자리 이상	cm

3) 지적확정측량

① 지적확정측량을 하는 경우 필지별 경계점은 위성기준점, 통합기준점, 삼각점, 지적삼각점, 지적삼각보조점 및 지적도근점에 따라 측정하여야 한다.
② 지적확정측량을 할 때에는 미리 사업계획도와 도면을 대조하여 각 필지의 위치 등을 확인하여야 한다.
③ 도시개발사업 등으로 지적확정측량을 하려는 지역에 임야도를 갖춰 두는 지역의 토지가 있는 경우에는 등록전환을 하지 아니할 수 있다.
④ 지적확정측량 방법과 절차에 대해서는 국토교통부장관이 정한다.

03 도해세부측량의 실시 기준

1) 관측 기준

① 거리측정단위는 지적도를 갖춰 두는 지역에서는 5cm, 임야도를 갖춰 두는 지역에서는 50cm로 한다.
② 측량결과도는 그 토지가 등록된 도면과 동일한 축척으로 작성한다.
③ 세부측량의 기준이 되는 위성기준점, 통합기준점, 삼각점, 지적삼각점, 지적삼각보조점, 지적도근점 및 기지점이 부족한 경우에는 측량상 필요한 위치에 보조점을 설치하여 활용한다.

④ 경계점은 기지점을 기준으로 하여 지상경계선과 도상경계선의 부합 여부를 현형법·도상원호교회법·지상원호교회법 또는 거리비교확인법 등으로 확인하여 정한다.
⑤ 평판측량방법에 따른 세부측량은 교회법·도선법 및 방사법에 따른다.

2) 관측 및 계산

(1) 교회법으로 하는 경우

① 전방교회법 또는 측방교회법에 따른다.
② 3방향 이상의 교회에 따른다.
③ 방향각의 교각은 30° 이상 150° 이하로 한다.
④ 방향선의 도상길이는 평판의 방위표정에 사용한 방향선의 도상길이 이하로서 10cm 이하로 한다. 다만, 광파조준의 또는 광파측거기를 사용하는 경우에는 30cm 이하로 할 수 있다.
⑤ 측량결과 시오삼각형이 생긴 경우 내접원의 지름이 1mm 이하일 때에는 그 중심을 점의 위치로 한다.

(2) 도선법으로 하는 경우

① 위성기준점, 통합기준점, 삼각점, 지적삼각점, 지적삼각보조점 및 지적도근점, 그 밖에 명확한 기지점 사이를 서로 연결한다.
② 도선의 측선장은 도상길이 8cm 이하로 한다. 다만, 광파조준의 또는 광파측거기를 사용할 때에는 30cm 이하로 할 수 있다.
③ 도선의 변은 20개 이하로 한다.
④ 도선의 폐색오차가 도상길이 $\frac{\sqrt{N}}{3}$mm 이하인 경우 그 오차는 다음의 계산식에 따라 이를 각 점에 배분하여 그 점의 위치로 한다.

$$Mn = \frac{e}{N} \times n$$

여기서, Mn : 각 점에 순서대로 배분할 mm 단위의 도상길이
e : mm 단위의 오차
N : 변의 수
n : 변의 순서

(3) 방사법으로 하는 경우

1방향선의 도상길이는 10cm 이하로 한다. 다만, 광파조준의 또는 광파측거기를 사용할 때에는 30cm 이하로 할 수 있다.

3) 보정량, 수평거리의 계산 및 지상거리의 허용범위

① 평판측량방법으로 거리를 측정하는 경우 도곽선의 신축량이 0.5mm 이상일 때에는 다음의 계산식에 따른 보정량을 산출한 후 도곽선이 늘어난 경우에는 실측거리에 보정량을 더하고, 줄어든 경우에는 실측거리에서 보정량을 뺀다.

$$보정량 = \frac{신축량(지상) \times 4}{도곽선길이의 합계(지상)} \times 실측거리$$

② 평판측량방법에 따라 경사거리를 측정하는 경우 수평거리의 계산
  ㉠ 조준의[앨리데이드(alidade)]를 사용한 경우

$$D = l \frac{1}{\sqrt{1 + (\frac{n}{100})^2}}$$

  여기서, D : 수평거리
  　　　l : 경사거리
  　　　n : 경사분획

  ㉡ 망원경조준의(망원경앨리데이드)를 사용한 경우

$$D = l\cos\theta \text{ 또는 } l\sin\alpha$$

  여기서, D : 수평거리
  　　　l : 경사거리
  　　　θ : 연직각
  　　　α : 천정각 또는 천저각

③ 평판측량방법에 있어서 도상에 영향을 미치지 아니하는 지상거리의 축척별 허용범위는 $1/10 \times M$ mm로 한다(M은 축척분모를 말한다).

04 교차점 계산

경계점좌표등록부 시행지역에서 분할측량 또는 지적확정측량을 할 경우 직선과 직선의 교차점 위치를 결정하기 위해 직선과 직선의 교차점 계산을 한다.

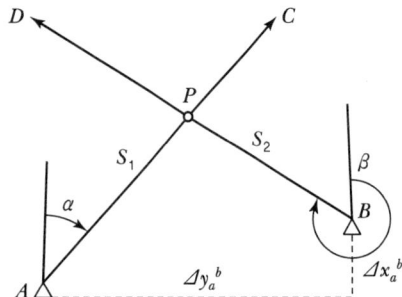

여기서, A, B, C, D : 기지점
α : $\overline{AB}$ 방위각
β : $\overline{BD}$ 방위각

1) 계산공식

구분	A점을 이용할 경우	B점을 이용할 경우
방위각	$V_b^d(\beta) : \Delta x_b^d = x_d - x_b, \ \Delta y_b^d = y_d - y_b,$ 방위(θ) $= \tan^{-1}\left(\dfrac{\Delta y}{\Delta x}\right)$	
	$V_a^c(\alpha) : \Delta x_a^c = x_c - x_a, \ \Delta y_a^c = y_c - y_a,$ 방위(θ) $= \tan^{-1}\left(\dfrac{\Delta y}{\Delta x}\right)$	
거리	$S_1 = \dfrac{\Delta y_a^b \cdot \cos\beta - \Delta x_a^b \cdot \sin\beta}{\sin(\alpha - \beta)}$	$S_2 = \dfrac{\Delta y_a^b \cdot \cos\alpha - \Delta x_a^b \cdot \sin\alpha}{\sin(\alpha - \beta)}$
P점 좌표	$X_P = X_A + S_1 \cdot \cos\alpha$ $Y_P = Y_A + S_1 \cdot \sin\alpha$	$X_P = X_B + S_2 \cdot \cos\beta$ $Y_P = Y_B + S_2 \cdot \sin\beta$

2) 계산 순서

```
방위각[ $V_a^c(\alpha)$, $V_b^d(\beta)$ ] 계산
        ↓
방위각( $V_a^b$ ) 계산
        ↓
방위각[ $V_a^c(\alpha) - V_b^d(\beta)$ ] 계산
        ↓
거리( $S_1$, $S_2$ ) 계산
        ↓
소구점( $P$ ) 계산
        ↓
$P$점의 평균좌표 계산
```

예제 01

다음 그림과 같이 $\overline{AC}$와 $\overline{BD}$의 직선이 교차하는 P점의 좌표를 구하시오(단, 계산은 반올림하여 각도는 0.1″ 단위까지, S_1과 S_2의 길이는 소수 둘째 자리까지, 기타의 거리 및 좌표는 cm 단위까지 계산하시오).

점명	종선(X)좌표(m)	횡선(Y)좌표(m)
$D(1)$	464,362.57	202,512.67
$B(2)$	464,308.12	202,689.38
$C(3)$	464,366.91	202,675.44
$A(4)$	464,311.76	202,525.88

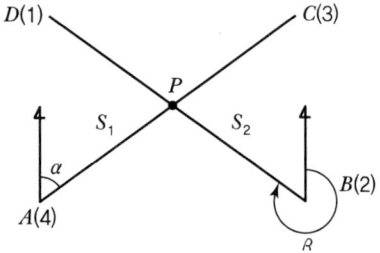

해설

1) 방위각 계산

방향	방위각
$A \to C$	$\Delta x_a^c = x_c - x_a = 464,366.91 - 464,311.76 = +55.15\text{m}$ $\Delta y_a^c = y_c - y_a = 202,675.44 - 202,525.88 = +149.56\text{m}$ $\theta = \tan^{-1}\left(\dfrac{\Delta y_a^c}{\Delta x_a^c}\right) = \tan^{-1}\left(\dfrac{+149.56}{+55.15}\right) = 69°45'31.1''$ $V_A^C(\alpha) = \theta = 69°45'31.1''$
$B \to D$	$\Delta x_b^d = x_d - x_b = 464,362.57 - 464,308.12 = +54.45\text{m}$ $\Delta y_b^d = y_d - y_b = 202,512.67 - 202,689.38 = -176.71\text{m}$ $\theta = \tan^{-1}\left(\dfrac{\Delta y_b^d}{\Delta x_b^d}\right) = \tan^{-1}\left(\dfrac{-176.71}{+54.45}\right) = 72°52'27.3''(4상한)$ $V_A^B(\beta) = 360° - \theta = 360° - 72°52'27.3'' = 287°07'32.7''$
$A \to B$	$\Delta x_a^b = x_b - x_a = 464,308.12 - 464,311.76 = -3.64\text{m}$ $\Delta y_a^b = y_b - y_a = 202,689.38 - 202,525.88 = +163.50\text{m}$ $\theta = \tan^{-1}\left(\dfrac{\Delta y_a^b}{\Delta x_a^b}\right) = \tan^{-1}\left(\dfrac{+163.50}{-3.64}\right) = 88°43'28.7''(2상한)$ $V_A^B = 180° - \theta = 180° - 88°43'28.7'' = 91°16'31.3''$

2) 거리 계산

$\alpha - \beta$	$69°45'31.1'' - 287°07'32.7'' = -217°22'01.6'' + 360° = 142°37'58.4''$
S_1	$\dfrac{\Delta y_b^d \cdot \cos\beta - \Delta x_a^d \cdot \sin\beta}{\sin(\alpha - \beta)}$ $= \dfrac{(+163.50 \times \cos 287°07'32.7'') - (-3.64 \times \sin 287°07'32.7'')}{\sin 142°37'58.4''} = 73.5966\text{m}$
S_2	$\dfrac{\Delta y_b^d \cdot \cos\alpha - \Delta x_a^d \cdot \sin\alpha}{\sin(\alpha - \beta)}$ $= \dfrac{(+163.50 \times \cos 69°45'31.1'') - (-3.64 \times \sin 69°45'31.1'')}{\sin 142°37'58.4''} = 98.8306\text{m}$

3) 소구점(P) 종·횡선좌표 계산

방향	종·횡선좌표
$A \rightarrow P$	$\Delta X = S_1 \cdot \cos V_A^C(\alpha) = 73.5966 \times \cos 69°45'31.1'' = +25.46\text{m}$ $\Delta Y = S_1 \cdot \sin V_A^C(\alpha) = 73.5966 \times \sin 69°45'31.1'' = +69.05\text{m}$ $X_P = X_A + \Delta X = 464,311.76 + (+25.46) = 464,337.22\text{m}$ $Y_P = Y_A + \Delta Y = 202,525.88 + (+69.05) = 202,594.93\text{m}$
$B \rightarrow P$	$\Delta X = S_2 \cdot \cos V_A^C(\beta) = 98.8306 \times \cos 287°07'32.7'' = +29.10\text{m}$ $\Delta Y = S_2 \cdot \sin V_A^C(\beta) = 98.8306 \times \sin 287°07'32.7'' = -94.45\text{m}$ $X_P = X_B + \Delta X = 464,308.12 + (+29.10) = 464,337.22\text{m}$ $Y_P = Y_B + \Delta Y = 202,689.38 + (-94.45) = 202,594.93\text{m}$
P점의 평균좌표	$X_P = \dfrac{(464,337.22 + 464,337.22)}{2} = 464,337.22\text{m}$ $Y_P = \dfrac{(202,594.93 + 202,594.93)}{2} = 202,594.93\text{m}$ (5사5입 적용함)

교차점계산부

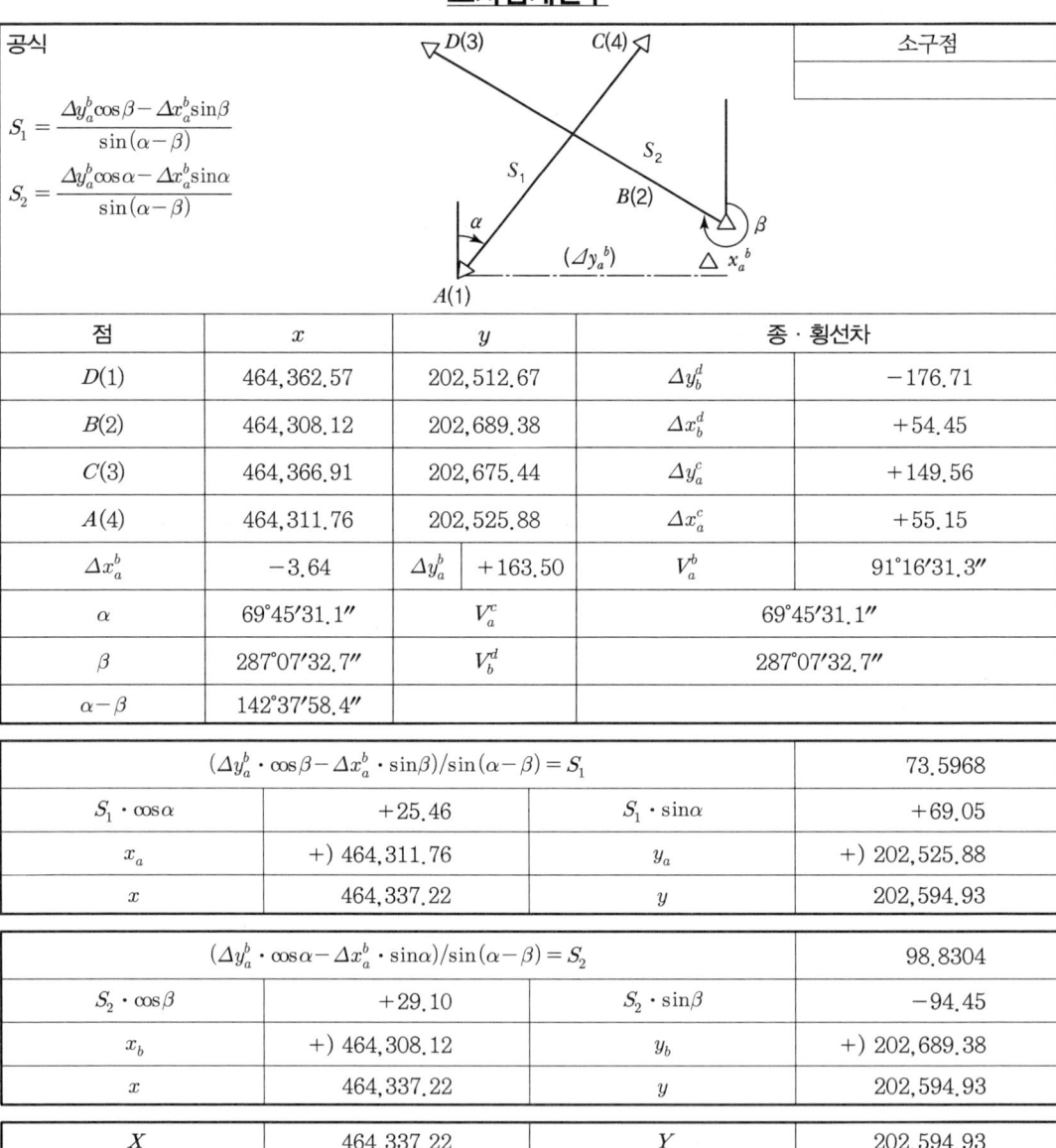

공식

$$S_1 = \frac{\Delta y_a^b \cos\beta - \Delta x_a^b \sin\beta}{\sin(\alpha-\beta)}$$

$$S_2 = \frac{\Delta y_a^b \cos\alpha - \Delta x_a^b \sin\alpha}{\sin(\alpha-\beta)}$$

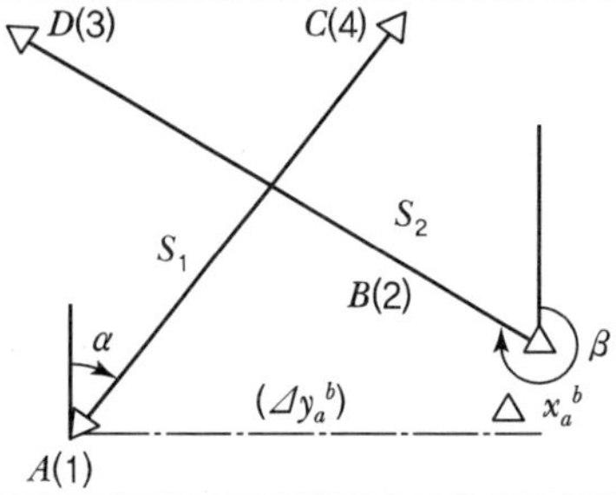

소구점

점	x	y		종 · 횡선차	
$D(1)$	464,362.57	202,512.67		Δy_b^d	−176.71
$B(2)$	464,308.12	202,689.38		Δx_b^d	+54.45
$C(3)$	464,366.91	202,675.44		Δy_a^c	+149.56
$A(4)$	464,311.76	202,525.88		Δx_a^c	+55.15
Δx_a^b	−3.64	Δy_a^b	+163.50	V_a^b	91°16′31.3″
α	69°45′31.1″	V_a^c		69°45′31.1″	
β	287°07′32.7″	V_b^d		287°07′32.7″	
$\alpha-\beta$	142°37′58.4″				

$(\Delta y_a^b \cdot \cos\beta - \Delta x_a^b \cdot \sin\beta)/\sin(\alpha-\beta) = S_1$			73.5968
$S_1 \cdot \cos\alpha$	+25.46	$S_1 \cdot \sin\alpha$	+69.05
x_a	+) 464,311.76	y_a	+) 202,525.88
x	464,337.22	y	202,594.93

$(\Delta y_a^b \cdot \cos\alpha - \Delta x_a^b \cdot \sin\alpha)/\sin(\alpha-\beta) = S_2$			98.8304
$S_2 \cdot \cos\beta$	+29.10	$S_2 \cdot \sin\beta$	−94.45
x_b	+) 464,308.12	y_b	+) 202,689.38
x	464,337.22	y	202,594.93

X	464,337.22	Y	202,594.93

05 원(곡선)과 직선의 교차점 계산

원곡선과 직선도로가 교차되는 중심점을 설치하기 위해 원곡선과 직선의 교차점 계산을 한다.

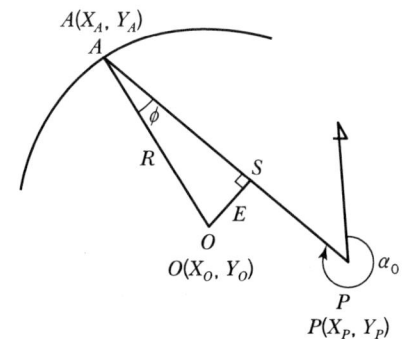

여기서, $A(X_A, X_A)$: 원과 직선의 교차점
$P(X_P, Y_P)$: 원곡선의 중심점
$O(X_O, Y_O)$: 직선에서 내린 점
R : 원곡선의 곡률반경
E : 원곡선 중심에서 직선거리(수선장)

1) 계산공식

(1) 방법 1

구분	계산식
O점에서 P점의 종 · 횡선차($\Delta x, \Delta y$) 계산	종선차(Δx) = $X_P - X_O$ 횡선차(Δy) = $Y_P - Y_O$
수선장 E의 계산	$E = \Delta y \cdot \cos \alpha_o - \Delta x \cdot \sin \alpha_o$
ϕ의 계산	$\sin \phi = \dfrac{E}{R} \rightarrow \phi = \sin^{-1}\left(\dfrac{E}{R}\right)$
방위각(V_O^A)의 계산	$V_O^A = V_P^A \pm \phi$ ※ E의 계산값이 +면 ϕ값도 +, −이면 ϕ값도 −가 됨
A점의 좌표 계산	$X_A = X_O + R \cdot \cos V_O^A$ $Y_A = Y_O + R \cdot \sin V_O^A$

(2) 방법 2

구분	계산식
O점에서 P점에 대한 방위각(V_O^P) 및 거리(L)의 계산	종선차(Δx) = $X_P - X_O$ 횡선차(Δy) = $Y_P - Y_O$ $\tan \alpha = \left(\dfrac{\Delta y}{\Delta x}\right) \rightarrow \alpha = \tan^{-1}\left(\dfrac{\Delta y}{\Delta x}\right)$ $L = \sqrt{\Delta x^2 + \Delta y^2}$
$\angle OPA$의 계산	$\angle OPA = V_P^Q - (V_O^P \pm 180°)$

구분	계산식
ϕ의 계산	$\sin\phi = \dfrac{E}{R} \rightarrow \phi = \sin^{-1}\left(\dfrac{E}{R}\right)$ $\sin\angle OPA = \dfrac{E}{L} \rightarrow E = L\times\sin\angle OPA$ $\therefore \phi = \sin^{-1}\left(\dfrac{L\times\sin\angle OPA}{R}\right)$
방위각(V_O^A)의 계산	$V_O^A = V_P^A \pm \phi$ ※ E의 계산값이 (+)면 ϕ값도 (+), (−)이면 ϕ값도 (−)가 됨
A점의 좌표 계산	$X_A = X_O + R\cdot\cos V_O^A$ $Y_A = Y_O + R\cdot\sin V_O^A$

2) 계산 순서

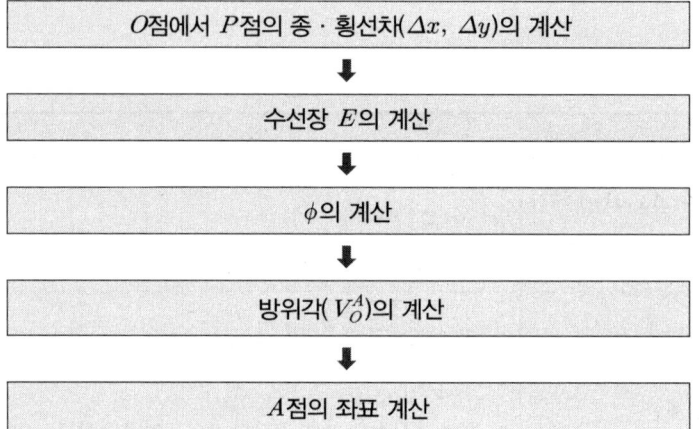

예제 02

다음 그림과 같이 원(곡선)과 직선이 교차하는 경우에 $\overline{OA}$ 방위각(V_O^A) 및 교점 A점의 좌표를 구하시오[단, 서식 계산과정에서 검산과정도 반드시 계산하여야 하며, 각도는 1″ 까지, (1)~(5)의 칸은 소수 다섯째 자리까지 구하고, 기타의 항(좌표)은 소수 둘째 자리 (cm 단위)까지 계산하시오].

점명	X좌표(m)	Y좌표(m)
O	741.97	707.02
P	751.83	705.07

$V_P^A(\alpha_o) = 132°26'12''$, $R = 200\text{m}$

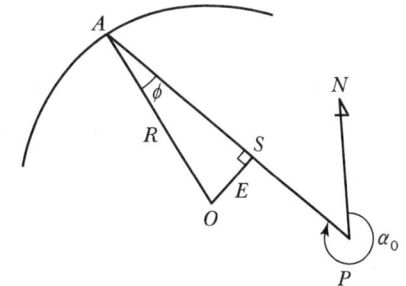

해설

1) 방법 1

(1) O점에서 P점의 종·횡선차 계산

$\Delta x_o^p = x_p - x_o = 71.83 - 741.97 = 9.86\text{m}$

$\Delta y_o^p = y_p - y_o = 705.07 - 707.02 = -1.95\text{m}$

(2) 수선장(E) 계산

$\Delta y \cdot \cos \alpha_o = -1.95 \times \cos 132°26''12'' = 1.31581\text{m}$

$\Delta x \cdot \sin \alpha_o = 9.86 \times \sin 132°26''12'' = 7.27691\text{m}$

$E = \Delta y \cdot \cos \alpha_o - \Delta x \cdot \sin \alpha_o = 1.31581 - 7.27691 = -5.96110\text{m}$

(3) ϕ 계산

$\gamma = \sin^{-1}\left(\dfrac{E}{R}\right) = \sin^{-1}\left(\dfrac{-5.96110}{200}\right) = -1°42''28.7''$

(4) 방위각 계산

$V_O^A = V_P^A \pm \phi = 132°26''12'' + (-1°42''28.7'') = 130°43''43.3''$

(5) 소구점(A) 종·횡선좌표 계산

$\Delta X = R \cdot \cos V_O^A = 200 \times \cos 130°43''43.3'' = -130.49560\text{m}$

$\Delta Y = R \cdot \sin V_O^A = 200 \times \sin 130°43''43.3'' = +151.56153\text{m}$

$X_A = X_O + (R \cdot \cos V_O^A) = 741.97 + (-130.49560) = 611.47\text{m}$

$Y_A = Y_O + (R \cdot \sin V_O^A) = 707.02 + (+151.56153) = 858.58\text{m}$

(6) 검산

$\Delta x_p^a = x_a - x_p = 611.47 - 751.83 = -140.36\text{m}$

$$\Delta y_p^a = y_a - y_p = 858.58 - 705.07 = +153.51 \text{m}$$

$$S = \frac{\Delta x}{\cos \alpha_o} = \frac{-140.36}{\cos 132°26'12''} = 208.01 \text{m}$$

$$S = \frac{\Delta y}{\sin \alpha_o} = \frac{153.51}{\sin 132°26'12''} = 208.00 \text{m}$$

$$\alpha_o = \tan^{-1}\left(\frac{\Delta y}{\Delta x}\right) = \tan^{-1}\left(\frac{153.51}{140.36}\right) = 47°33'43.7''(2상한)$$

$$V_P^A(\alpha_o) = 180° - \alpha = 180° - 47°33''43.7'' = 132°26''16.3''$$

※ 검산 방위각은 $132°26'16.3''$이고, P점을 지나는 방위각은 $V_P^A(\alpha_o) = 132°26'12''$로 $4.3''$의 차이는 미세하므로 측량상의 오차로 본다.

2) 방법 2

(1) O점에서 P점의 방위각 및 거리 계산

$$\Delta x_o^p = x_p - x_o = 71.83 - 741.97 = +9.86 \text{m}$$

$$\Delta y_o^p = y_p - y_o = 705.07 - 707.02 = -1.95 \text{m}(4상한)$$

$$\theta = \tan^{-1}\left(\frac{\Delta y}{\Delta x}\right) = \tan^{-1}\left(\frac{1.95}{9.86}\right) = 11°11''13''$$

$$V_O^P = 360° - \theta = 360° - 11°11''13'' = 348°48''47''$$

$$\overline{OP} = \sqrt{(\Delta x)^2 + (\Delta y)^2} = \sqrt{(+9.86)^2 + (-1.95)^2} = 10.0510 \text{m}$$

(2) ∠OPA 계산

$$\angle OPA = V_P^A - (V_O^P - 180°) = 132°26''12'' - (348°48''47'' - 180°) = -36°22''35'' + 360°$$
$$= 323°37''25''$$

(3) ϕ 계산

$$\sin\phi = \frac{E}{R} \rightarrow \phi = \sin^{-1}\left(\frac{E}{R}\right) = \sin^{-1}\left(\frac{10.0510 \times \sin 323°37''25''}{200.00}\right) = -1°42''28.7''$$

(4) 방위각 계산

$$V_O^A = V_P^A + \phi = 132°26''12'' + (-1°42''28.7'') = 130°43''43.3''$$

(5) 소구점(A) 종·횡선좌표 계산

$$X_A = X_O + (R \cdot \cos V_O^A) = 741.97 + (200 \times \cos 130°43''43.3'') = 611.47 \text{m}$$

$$Y_A = Y_O + (R \cdot \sin V_O^A) = 707.02 + (200 \times \sin 130°43''43.3'') = 858.58 \text{m}$$

06 가구점 계산

도로 가로교차부의 교차로에서 가구정점 부분을 잘라 도로로 편입함으로써 차량 유통을 원활하게 하기 위해 가구정점, 교각, 우절장, 전제장 등의 가구점을 계산한다.

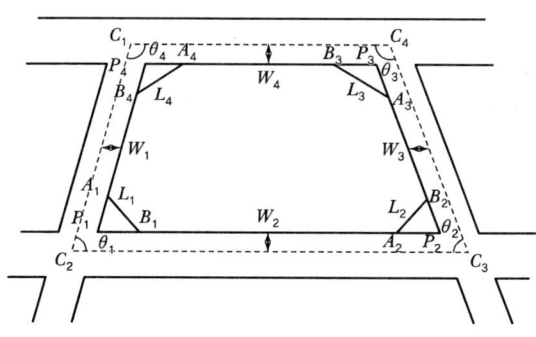

여기서, 가로 중심점 : C_1, C_2, C_3, C_4
가로의 반폭 : W_1, W_2, W_3, W_4
가구정점 : P_1, P_2, P_3, P_4
교각(협각) : θ_1, θ_2, θ_3, θ_4
전제장 : PA, PB
가구점 : A, B
가구변장(우절장) : $\overline{A_2B_2}$
가구정점 간 거리 : $\overline{P_1P_2}$
중심점 간 거리 : $\overline{C_1C_2}$

1) 계산공식

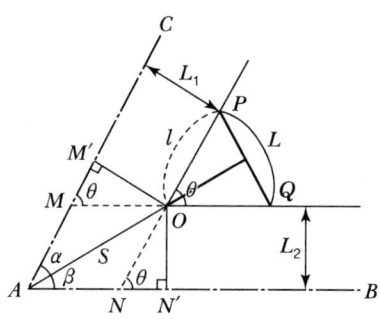

여기서, PQ 거리 : 우절장(L)
$OP = OQ$ 거리 : 전제장(l)

교각의 계산	$\theta = V_A^B - V_A^C$
전제장의 계산	피타고라스 정리에 의해 $\sin\dfrac{\theta}{2} = \dfrac{L/2}{l}$ ∴ $l = \dfrac{L}{2} \cdot \operatorname{cosec}\dfrac{\theta}{2}$
전제면적의 계산	피타고라스 정리에 의해 $\tan\dfrac{\theta}{2} = \dfrac{L/2}{h}$, $h = \dfrac{L}{2} \cdot \cot\dfrac{\theta}{2}$ $A = \dfrac{1}{2} \cdot L \cdot h = \dfrac{1}{2} \cdot L \cdot \dfrac{L}{2} \cdot \cot\dfrac{\theta}{2}$ ∴ $A = \left(\dfrac{L}{2}\right)^2 \cdot \cot\dfrac{\theta}{2}$

AM'와 $S(AO)$의 계산	$AM(=ON) : \sin\theta = \dfrac{L_2}{ON} \to ON = L_2 \times \dfrac{1}{\sin\theta}$ $\quad\quad\quad\quad : \tan\theta = \dfrac{L_1}{MM'} \to MM' = L_1 \times \dfrac{1}{\tan\theta}$ $AM' = AM + MM'$, $S(AO) = \sqrt{(L_1)^2 + (AM')^2}$
가구정점의 계산	$O_X = A_X + S \cdot \cos V_A^O$, $O_Y = A_Y + S \cdot \sin V_A^O$
가구점의 계산	P점 : $P_X = O_X + l \cdot \cos V_A^C$, $P_Y = O_Y + l \cdot \sin V_A^C$
	Q점 : $Q_X = O_X + l \cdot \cos V_A^B$, $Q_Y = O_Y + l \cdot \sin V_A^B$

2) 계산 순서

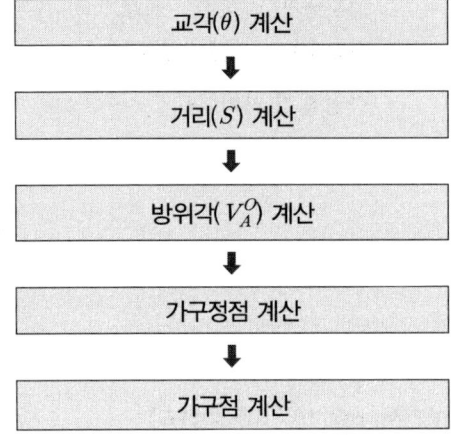

예제 03

다음 그림에서 A, B, C점은 도로의 중심점이다. 주어진 조건으로 O점과 가구전제점 P, Q점의 좌표를 구하시오(단, $\overline{AC}$와 $\overline{OP}$, $\overline{AB}$와 $\overline{OQ}$는 서로 평행하고, $\overline{OP}$와 $\overline{OQ}$의 길이는 같으며, 계산은 반올림하여 각도는 초단위까지, 거리는 소수 넷째 자리까지, 좌표는 소수 둘째 자리까지 계산하시오).

점명	X좌표(m)	Y좌표(m)
A	466,501.47	193,753.33
B	466,431.31	193,895.57

$V_A^C = 48°36'46''$
제장$(L) = 5\text{m}$
노폭 : $L_1 = 4\text{m}$
$L_2 = 3\text{m}$

해설

1) 방위각(V_A^B) 계산

$\Delta x_a^b = x_b - x_a = 466,431.31 - 466,501.47 = -70.16\text{m}$

$\Delta y_a^b = y_b - y_a = 193,895.57 - 193,753.33 = +142.24\text{m}$ (2상한)

$\theta = \tan^{-1}\left(\dfrac{\Delta y}{\Delta x}\right) = \tan^{-1}\left(\dfrac{142.24}{70.16}\right) = 63°44'43''$

$V_A^B = 180° - \theta = 180° - 63°44'43'' = 116°15'17''$

2) 교각(θ) 계산

$\theta = V_A^B - V_A^C = 116°15'17'' - 48°36'46'' = 67°38'31''$

3) $AM(ON)$ 길이 계산

$AM = L_2 \times \dfrac{1}{\sin\theta} = 3 \times \dfrac{1}{\sin 67°38'31''} = 3.2439\text{m}$

4) MM' 길이 계산

$MM' = L_1 \times \dfrac{1}{\tan\theta} = 4 \times \dfrac{1}{\tan 67°38'31''} = 1.6453\text{m}$

5) AM' 길이 계산

$AM' = AM + MM' = 3.2439 + 1.6453 = 4.8892\text{m}$

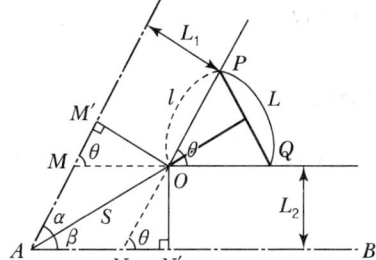

6) $S(AO)$ 길이 계산

$$S(AO) = \sqrt{(L_1)^2 + (AM')^2} = \sqrt{(4)^2 + (4.8892)^2} = 6.3170\text{m}$$

7) A점에서 O점에 대한 방위각(V_A^O) 계산

$$\angle M'AO = \sin^{-1}\left(\frac{L_1}{S}\right) = \sin^{-1}\left(\frac{4}{6.3170}\right) = 39°17'15''$$

$$V_A^O = V_A^C + \angle M'AO = 48°36'46'' + 39°17'15'' = 87°54'01''$$

8) 가구정점(O점) 계산

$$O_X = A_X + (S \cdot \cos V_A^O) = 466,501.47 + (6.3170 \times \cos 87°54'01'') = 466,501.70\text{m}$$

$$O_Y = A_Y + (S \cdot \sin V_A^O) = 193,753.33 + (6.3170 \times \sin 87°54'01'') = 193,759.64\text{m}$$

9) 전제장[$OP(l) = OQ$] 계산

$$OP(l) = \frac{PQ(L)}{2} \times \operatorname{cosec}\frac{\theta}{2} = \frac{5}{2} \times \operatorname{cosec}\frac{67°38'31''}{2} = 4.4915\text{m}$$

10) 가구점(P점) 계산

$$P_X = O_X + (l \cdot \cos V_A^C) = 466,431.31 + (4.4915 \times \cos 48°36'46'') = 466,504.67\text{m}$$

$$P_Y = O_Y + (l \cdot \sin V_A^C) = 193,895.57 + (4.4915 \times \sin 48°36'46'') = 193,763.01\text{m}$$

11) 가구점(Q점) 계산

$$Q_X = O_X + (l \cdot \cos V_A^B) = 466,431.31 + (4.4915 \times \cos 116°15'17'') = 466,499.71\text{m}$$

$$Q_Y = O_Y + (l \cdot \sin V_A^B) = 193,895.57 + (4.4915 \times \sin 116°15'17'') = 193,763.67\text{m}$$

12) 검산

$$PQ = \sqrt{(Q_X - P_X)^2 + (Q_Y - P_Y)^2} = \sqrt{(499.71 - 504.67)^2 + (763.67 - 763.01)^2} = 5\text{m}$$

07 면적 분할

표시된 경계표지를 경계로 하여 분할측량을 실시할 때에는 기 등록선에 교차되도록 교차점 계산으로 좌표를 구하지만, 면적을 지정하여 분할하는 경우에는 여러 가지 유형으로 나타날 수 있으나 크게 AD와 BC가 평행할 경우와 평행하지 않을 경우가 있다.

1) 계산공식

(1) AD와 BC가 평행할 경우

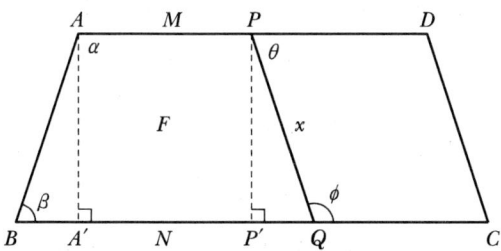

유형	지정 조건	공식
$AD \parallel BC$	$AB \parallel PQ$	$N = M = \dfrac{F}{L \cdot \sin\beta} \rightarrow F = N \cdot L\sin\beta$
	$\phi \neq 90°$	$M = \dfrac{F}{L \cdot \sin\beta} - \dfrac{L \cdot \cos\beta - \chi \cdot \cos\phi}{2}$ $N = \dfrac{F}{L \cdot \sin\beta} + \dfrac{L \cdot \cos\beta - \chi \cdot \cos\phi}{2}$ $\left(\chi = \dfrac{L \cdot \sin\beta}{\sin\phi}\right)$
	$\phi = 90°$ ($BC \perp PQ$)	$M = \dfrac{F}{L \cdot \sin\beta} - \dfrac{L \cdot \cos\beta}{2}$ $N = \dfrac{F}{L \cdot \sin\beta} + \dfrac{L \cdot \cos\beta}{2}$ $(\chi = L \cdot \sin\beta)$
	M, N 거리	$M = \dfrac{2F}{L \cdot \sin\beta} - N$ $N = \dfrac{2F}{L \cdot \sin\beta} - M$

(2) AD와 BC가 평행하지 않을 경우

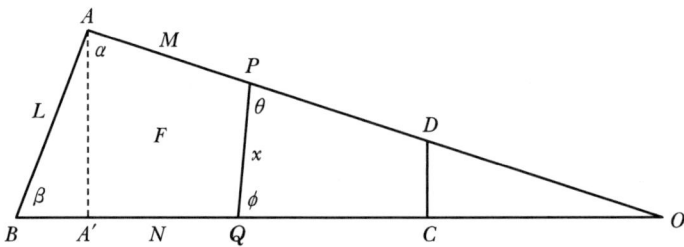

유형	지정 조건	공식
$AD \not\parallel BC$	$AB \parallel PQ$	$M=(L-x)\sin\beta \cdot \csc(\alpha+\beta)$ $N=(L-x)\sin\alpha \cdot \csc(\alpha+\beta)$ $[\chi = \sqrt{L^2-2F(\cot\alpha+\cot\beta)}\,]$
	$AB \not\parallel PQ$	$M=(L \cdot \sin\beta - x \cdot \sin\phi) \cdot \csc(\alpha+\beta)$ $N=(L \cdot \sin\alpha - x \cdot \sin\theta) \cdot \csc(\alpha+\beta)$ $\left[\chi = \sqrt{\left(\dfrac{L^2}{\cot\alpha+\cot\beta}-2F\right)(\cot\theta+\cot\phi)}\,\right]$
	$\theta=90°$ $(BC \perp PQ)$	$M=(L \cdot \sin\beta - x) \cdot \csc(\alpha+\beta)$ $N=(L \cdot \sin\alpha - x \cdot \cos(\alpha+\beta)) \cdot \csc(\alpha+\beta)$ $\left[\chi = \sqrt{\left(2F-\dfrac{L^2}{\cot\alpha+\cot\beta}\right)\tan(\alpha+\beta)}\,\right]$
	$\theta=90°$ $(AD \perp QP)$	$M=[L \cdot \sin\beta - x \cdot \cos(\alpha+\beta)] \cdot \csc(\alpha+\beta)$ $N=(L \cdot \sin \cdot \alpha - x) \cdot \csc(\alpha+\beta)$ $\left[\chi = \sqrt{\left(2F-\dfrac{L^2}{\cot\alpha+\cot\beta}\right) \cdot \tan(\alpha+\beta)}\,\right]$
	M, N 거리	$M=\dfrac{2F-ML \cdot \sin\alpha}{L \cdot \sin\alpha - M \cdot \sin(\alpha+\beta)}$ $N=\dfrac{2F-ML \cdot \sin\alpha}{L \cdot \sin\beta - M \cdot \sin(\alpha+\beta)}$

2) 계산 순서

```
방위각과 거리 계산
      ↓
각 내각($\alpha, \beta, \alpha+\beta$) 계산
      ↓
$M, N, x$ 계산
      ↓
$P$점의 좌표 계산
      ↓
$Q$점의 좌표 계산
```

예제 04

다음 그림과 같이 면적지정분할을 하기 위한 다음 조건에 의하여 점 P, Q의 좌표를 구하시오(단, 계산 시 각은 1초, 거리는 소수 넷째 자리까지 계산하시오).

1) 도형

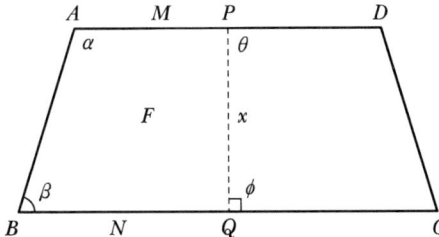

2) 점의 좌표

점명	X좌표(m)	Y좌표(m)
A	7,186.72	5,840.70
B	7,145.44	5,865.65
C	7,184.05	5,938.04
D	7,225.33	5,913.09

3) 조건

① $\overline{AD} \parallel \overline{BC}$
② $\overline{AB} \parallel \overline{PQ}$
③ $F = 1,500\text{m}^2$

해설

1) 거리 및 방위각 계산

방향	거리 및 방위각
$A \to B$	$\Delta x_a^b = x_b - x_a = 7,145.44 - 7,186.72 = -41.28\text{m}$ $\Delta y_a^b = y_b - y_a = 5,865.65 - 5,840.70 = +24.95\text{m}$ $\overline{AB}(L) = \sqrt{(\Delta x_a^b)^2 + (\Delta y_a^b)^2} = \sqrt{(-41.28)^2 + (+24.95)^2} = 48.2342\text{m}$ $\theta = \tan^{-1}\left(\dfrac{\Delta y_a^b}{\Delta x_a^b}\right) = \tan^{-1}\left(\dfrac{+24.95}{-41.28}\right) = 31°08'56.9''(2상한)$ $V_A^B = 180° - \theta = 180° - 31°08'56.9'' = 148°51'03.1''$
$B \to C$	$\Delta x_b^c = x_c - x_b = 7,184.05 - 7,145.44 = +38.61\text{m}$ $\Delta y_b^c = y_c - y_b = 5,938.04 - 5,865.65 = +72.39\text{m}$ $\overline{BC} = \sqrt{(\Delta x_b^c)^2 + (\Delta y_b^c)^2} = \sqrt{(+38.61)^2 + (+72.39)^2} = 82.0429\text{m}$ $\theta = \tan^{-1}\left(\dfrac{\Delta y_b^c}{\Delta x_b^c}\right) = \tan^{-1}\left(\dfrac{+72.39}{+38.61}\right) = 61°55'34.6''(1상한)$ $V_B^C = \theta = 61°55'34.6''$

2) β, M, N 계산

$AD /\!/ BC$이므로 $V_A^D = V_B^C = 61°55'34.6''$

$\therefore \beta = V_B^C - V_B^A = V_B^C - (V_A^B - 180°) = 61°55'34.6'' - (148°51'03.1'' - 180°) = 93°04'31.5''$

$M = N = \dfrac{F}{L \cdot \sin\beta} = \dfrac{1,500}{48.2342 \times \sin 93°04'31.5''} = 31.1431\text{m}$

3) 종·횡선좌표 계산

측점	종·횡선좌표
P점	$X_P = X_A + (M \times \cos V_A^D) = 7,186.72 + (31.1431 \times \cos 61°55'34.6'') = 7,201.38\text{m}$ $Y_P = Y_A + (M \times \sin V_A^D) = 5,840.70 + (31.1431 \times \sin 61°55'34.6'') = 5,868.18\text{m}$
Q점	$X_Q = X_B + (N \times \cos V_B^C) = 7,145.44 + (31.1431 \times \cos 61°55'34.6'') = 7,160.10\text{m}$ $Y_Q = Y_B + (N \times \sin V_B^C) = 5,865.65 + (31.1431 \times \sin 61°55'34.6'') = 5,893.13\text{m}$

면적지정분할계산부

$\overline{AD} \parallel \overline{BC}$, $\overline{AB} \parallel \overline{PQ}$, $F = 1{,}500\text{m}^2$

점명	부호	X(m)	Y(m)
	A	7,186.72	5,840.70
	B	7,145.44	5,865.65
	C	7,184.05	5,938.04
	D	7,225.33	5,913.09
	P		
	Q		

방향	방위각	방향	방위각		
V_a^b	148°51′03.1″	$\alpha + \beta$		F	1,500
V_a^d		ϕ		2F	
α		θ		L	48.2342
V_b^c	61°55′34.6″			L2	
V_b^a	328°51′03.1″			M	31.1431
β	93°04′31.5″	ϕ	120°00′00″	N	31.1431
$\alpha + \beta$		$\theta + \phi$		F	
				좌표면적	1,500

$$M = N = \frac{F}{L \cdot \sin\beta} = \frac{1{,}500}{48.2342 \times \sin 93°04′31.5″} = 31.1431\text{m}$$

좌표 계산

P		Q	
X_A	7,186.72m	X_B	7,145.44m
$M \cdot \cos V_a^d$	14.66	$N \cdot \cos V_b^c$	14.66
X_P	7,201.38m	X_P	7,160.10m
Y_A	5,840.70m	Y_B	5,865.65m
$M \cdot \cos V_a^d$	27.48	$N \cdot \cos V_b^c$	27.48
Y_P	5,868.18m	Y_P	5893.13m

08 경계정정

지적공부에 등록된 경계가 잘못되어 있어 이를 정정하여 바로 잡기 위하여 하는 측량을 말한다. 다시 말하면, 현지의 경계는 변동이 없는데 지적공부에 등록된 토지의 경계가 잘못 등록되어 있을 경우 또는 경계점좌표등록부에 등록된 좌표가 오류가 있을 때 현지의 경계대로 도면 또는 좌표를 정정하기 위하여 실시하는 측량을 말한다.

경계정정에는 $AD/\!/BC$인 경우와 $AD\!\!\not/\!\!/BC$인 경우의 2가지 조건이 있다.

- $AD/\!/BC$인 경우
- $AD\!\!\not/\!\!/BC$인 경우
  - $\overline{AD}$상의 점 P를 고정
  - $\angle PQB = \phi$일 때
  - $\angle PQB = 90°$일 때
  - $PQ/\!/BC$ 조건

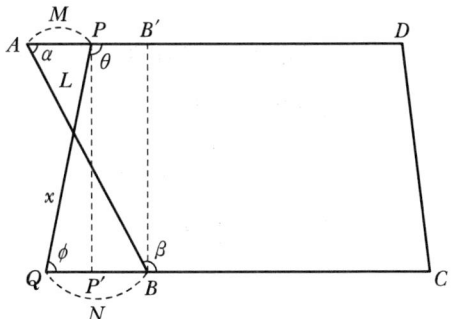

1) 계산공식

(1) $AD/\!/BC$인 경우

① $\overline{AD}$상의 점 P를 고정

$\triangle ABB'$면적 = $\square PQBB'$ 면적

$\dfrac{1}{2}AB' \times BB' = \dfrac{1}{2}(QB + PB') \times BB'$

위 식의 양변에 2를 곱하고 BB'로 나누면

$AB' = QB + PB'$

$L\cos\alpha = N + (L\cos\alpha - M)$

$\therefore N = M$, 즉 $N = M$되도록 Q점을 계산

($AD/\!/BC$ 조건에서는 $M = N$임)

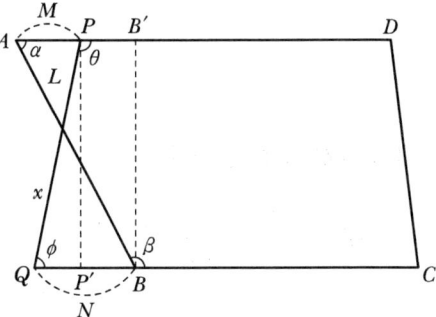

② ∠PQB=φ일 때

$M = N$이며,

$M = \dfrac{L}{2}(\sin\alpha \cdot \cot\phi + \cos\alpha)$

$x = \sqrt{L^2 + 4M - L \cdot \cos\alpha}$ 로
점 P, Q를 구한다.

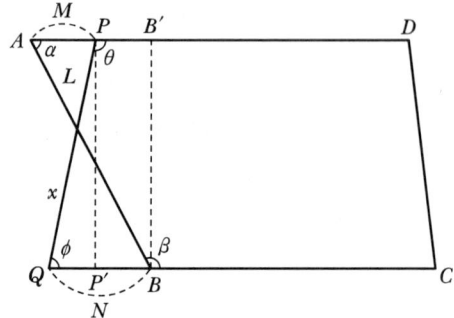

③ ∠PQB=90°일 때

$\cot 90°$이므로

$M = N = \dfrac{L}{2} \cdot \cos\alpha$ 로
점 P, Q를 구한다.

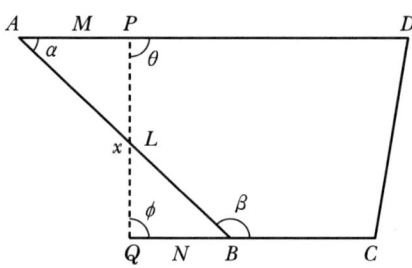

④ PQ∥DC 조건

□ABCD의 면적을 F라 하면,

$M = N = \dfrac{F}{x \cdot \sin\phi}$ 로
점 P, Q를 구한다.

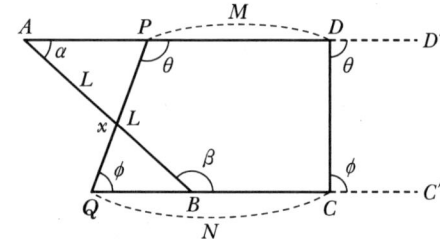

(2) AD∦BC인 경우

$M = \dfrac{(L \cdot \sin\beta - x \cdot \sin\phi)}{\sin(\alpha+\beta)}$

$N = \dfrac{(x \cdot \sin\theta - L \cdot \sin\alpha)}{\sin(\alpha+\beta)}$

$x = L \cdot \sqrt{\dfrac{\sin\alpha \cdot \sin\beta}{\sin\theta \cdot \sin\phi}}$ 로
점 P, Q를 구한다.

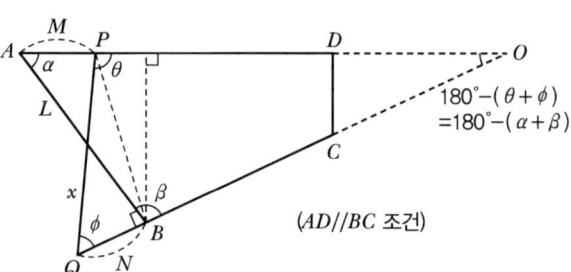

(AD//BC 조건)

2) 계산 순서

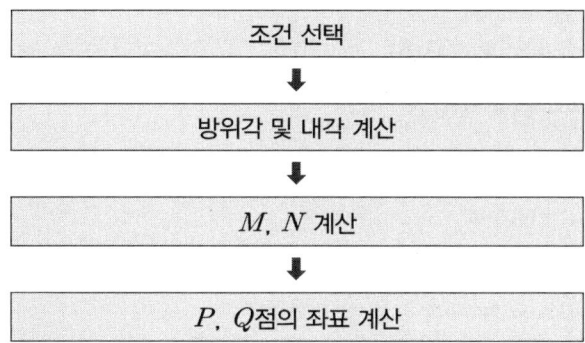

예제 05 그림과 같은 필지(1-8 대)를 경계정정하고자 한다. 주어진 조건에 의하여 P, Q점의 좌표를 구하시오(단, 좌표는 m 단위로 소수 둘째 자리까지 계산하시오).

1) 조건

① 면적의 증감이 없도록 함
② $\overline{BC}$의 연장선상에 Q점이 있게 하고, $\overline{BC}$와 $\overline{PQ}$가 직각이 되도록 함
③ $\overline{AD}$선상에 P점이 있어야 함

2) 점의 좌표

측점	X좌표(m)	Y좌표(m)
A	810.59	351.99
B	777.34	374.86
C	783.95	424.41
D	806.53	424.85

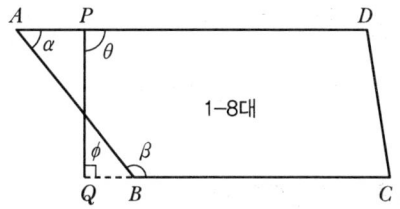

해설

1) 방위각 계산

방향	오차, 방위 및 방위각
$A \to B$	$\Delta x_a^b = x_b - x_a = 777.34 - 810.59 = -33.25\text{m}$ $\Delta y_a^b = y_b - y_a = 374.86 - 351.99 = +22.87\text{m}$ (2상한) $\theta = \tan^{-1}\left(\dfrac{\Delta y_a^b}{\Delta x_a^b}\right) = \tan^{-1}\left(\dfrac{+22.87}{-33.25}\right) = 34°31'15.4''$ $V_A^B = 180° - \theta = 180° - 34°31'15.4'' = 145°28'44.6''$

방향	오차, 방위 및 방위각
$A \to D$	$\Delta x_a^d = x_d - x_a = 806.53 - 810.59 = -4.06\text{m}$ $\Delta y_a^d = y_d - y_a = 424.85 - 351.99 = +72.86\text{m}\,(2상한)$ $\theta = \tan^{-1}\left(\dfrac{\Delta y_a^d}{\Delta x_a^d}\right) = \tan^{-1}\left(\dfrac{+72.86}{-4.06}\right) = 86°48'38.1''$ $V_A^D = 180° - \theta = 180° - 86°48'38.1'' = 93°11'21.9''$
$V \to C$	$\Delta x_b^c = x_c - x_b = 783.95 - 777.34 = +6.61\text{m}$ $\Delta y_b^c = y_c - y_b = 424.41 - 374.86 = +49.55\text{m}\,(1상한)$ $\theta = \tan^{-1}\left(\dfrac{\Delta y_b^c}{\Delta x_b^c}\right) = \tan^{-1}\left(\dfrac{49.55}{6.61}\right) = 82°24'05.6''$ $V_B^C = \theta = 82°24'05.6''$

2) 내각 계산

$\alpha = V_A^B - V_A^D = 145°28'44.6'' - 93°11'21.9'' = 52°17'22.7''$

$\beta = V_B^C - V_B^A = 82°24'05.6'' - 325°28'44.6'' = 116°55'21.0'',\ \phi = 90°$

$\angle AOB = 180° - (\alpha + \beta) = 180° - (52°17'22.7'' + 116°55'21.0'') = 10°47'16.3''$

$\theta = 180° - (\phi + \angle AOB) = 180° - (90° + 10°47'16.3'') = 79°12'43.7''$

3) 거리 계산

$L = \sqrt{(\Delta x)^2 + (\Delta y)^2} = \sqrt{(22.87)^2 + (-33.25)^2} = 40.36\text{m}$

$x = L \cdot \sqrt{\dfrac{\sin \alpha \cdot \sin \beta}{\sin \theta \cdot \sin \phi}} = 40.36 \times \sqrt{\dfrac{\sin 52°17'22.7'' \times \sin 116°55'21.0''}{\sin 79°12'43.7'' \times \sin 90°}} = 34.20\text{m}$

$M = \dfrac{(L \cdot \sin \beta - x \cdot \sin \phi)}{\sin(\alpha + \beta)} = \dfrac{(40.36 \times \sin 116°55'21.0'' - 34.20 \times \sin 90°)}{\sin(52°17'22.7'' + 116°55'21.0'')} = 9.54\text{m}$

$N = \dfrac{(x \cdot \sin \theta - L \cdot \sin \alpha)}{\sin(\alpha + \beta)} = \dfrac{(34.20 \times \sin 79°12'43.7'' - 40.36 \times \sin 52°17'22.7'')}{\sin(52°17'22.7'' + 116°55'21.0'')} = 8.90\text{m}$

4) 종 · 횡선좌표 계산

측점	종 · 횡선좌표
P점	$X_P = X_A + (M \cdot \cos V_A^D) = 810.59 + (9.54 \times \cos 93°11'21.9'') = 810.06\text{m}$ $Y_P = Y_A + (M \cdot \sin V_A^D) = 351.99 + (9.54 \times \sin 93°11'21.9'') = 361.52\text{m}$
Q점	$X_Q = X_B + (N \cdot \cos V_C^B) = 777.34 + (8.90 \times \cos 262°24'05.6'') = 776.16\text{m}$ $Y_Q = Y_B + (N \cdot \sin V_C^B) = 374.86 + (8.90 \times \sin 262°24'05.6'') = 366.04\text{m}$

09 도곽선의 좌표 계산

지적도면의 도곽은 전체 국토를 1장의 도면에 등록할 수 없기 때문에 부득이 전국의 토지를 축척별로 1도엽의 종선과 횡선의 지상거리로 나누어 구획하며, 일반 원점지역과 구소삼각지역의 도곽구획으로 구분할 수 있다. 일반 원점지역이란 동부원점, 중부원점, 서부원점으로 종선좌표에 50만m(제주도지역 : 55만m), 횡선좌표에 20만m을 더하여 계산한다(세계측지계에 따르는 경우에는 종선좌표에 60만m, 횡선좌표에 20만m을 더함). 구소삼각지역은 원점의 종·횡선좌표가 (0, 0)으로 계산되었기 때문에 정(+), 부(−) 부호가 나타날 수 있다.

1) 축척별 도곽선 크기

구분	축척	도상길이		지상길이	
		X(mm)	Y(mm)	X(mm)	Y(mm)
토지대장등록지 (지적도)	1/500	300	400	150	200
	1/1,000	300	400	300	400
	1/600	333.333	416.667	200	250
	1/1,200	333.333	416.667	400	500
	1/2,400	333.333	416.667	800	1,000
임야대장등록지 (임야도)	1/3,000	400	500	1,200	1,500
	1/6,000	400	500	2,400	3,000

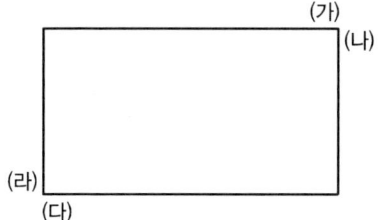

가 : 상단 종선좌표
나 : 우측 횡선좌표
다 : 하단 종선좌표
라 : 좌측 횡선좌표

2) 계산 순서

(1) 일반 원점지역에 종선좌표 50만m, 횡선좌표 20만m 가상수치를 가산할 경우

① 종선좌표 결정

> ① 전개할 종선좌표에서 500,000m을 뺀다.

↓

> ② 그 수치를 도곽선 종선길이로 나눈다.

↓

> ③ 나눈 정수를 도곽선 종선길이로 곱한다.

↓

> ④ 그 수치에 500,000m를 더한다.
> - 500,000m보다 크면 하부 종선좌표를 먼저 계산한다.
> - 500,000m보다 작으면 상부 종선좌표를 먼저 계산한다.

↓

> ⑤ 종선좌표에서 도곽선 종선길이를 가감한다.
> - 하부 종선좌표에는 도곽선 종선길이를 더하여 상부 종선좌표를 계산한다.
> - 상부 종선좌표에는 도곽선 종선길이를 빼서 하부 종선좌표를 계산한다.

② 횡선좌표 결정

> ① 전개할 횡선좌표에서 200,000m을 뺀다.

↓

> ② 그 수치를 도곽선 횡선길이로 나눈다.

↓

> ③ 나눈 정수를 도곽선 횡선길이로 곱한다.

↓

> ④ 그 수치에 200,000m를 더한다.
> - 200,000m보다 크면 좌측 횡선좌표를 먼저 계산한다.
> - 200,000m보다 작으면 우측 횡선좌표를 먼저 계산한다.

↓

> ⑤ 횡선좌표에서 따라 도곽선 횡선길이를 가감한다.
> - 좌측 횡선좌표에는 도곽선 횡선길이를 더하여 우측 횡선좌표를 계산한다.
> - 우측 횡선좌표에는 도곽선 횡선길이를 빼서 좌측 횡선좌표를 계산한다.

(2) 일반 원점지역에 종선좌표 50만m, 횡선좌표 20만m 가상수치를 가산하지 않았을 경우

① 종선좌표 결정

> ① 전개할 종선좌표를 도곽선 종선길이로 나눈다.

▼

> ② 나눈 정수를 도곽선 종선길이로 곱한다.
> - 0보다 크면 하부 종선좌표를 먼저 계산한다.
> - 0보다 작으면 상부 종선좌표를 먼저 계산한다.

▼

> ③ 종선좌표에 따라 도곽길이를 가감한다.
> - 하부 종선좌표에는 도곽선 종선길이를 더하여 상부 종선좌표를 계산한다.
> - 상부 종선좌표에는 도곽선 종선길이를 빼서 하부 종선좌표를 계산한다.

② 횡선좌표 결정

> ① 전개할 종선좌표를 횡선 종선길이로 나눈다.

▼

> ② 나눈 정수를 도곽선 횡선길이로 곱한다.
> - 0보다 크면 좌측 횡선좌표를 먼저 계산한다.
> - 0보다 작으면 우측 횡선좌표를 먼저 계산한다.

▼

> ③ 횡선좌표에 따라 도곽길이를 가감한다.
> - 좌측 횡선좌표에는 도곽선 횡선길이를 더하여 우측 횡선좌표를 계산한다.
> - 우측 횡선좌표에는 도곽선 횡선길이를 빼서 좌측 횡선좌표를 계산한다.

예제 06 중부원점지역에 있는 지적도근점의 좌표가 $X=435,752.86$m, $Y=197,536.45$m이고 이 지역의 지적도 축척이 1,000분의 1일 때 가로·세로 도곽선의 도상길이(cm)와 지상길이(m), 지적도근점을 포용할 수 있는 도곽선의 좌표를 구하시오.

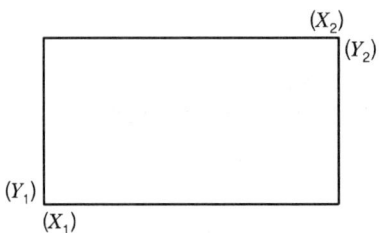

해설

1) 1/1,000 도곽선의 도상길이와 지상길이

도상길이	종선(X)=30cm, 횡선(Y)=40cm
지상길이	종선(X)=300m, 횡선(Y)=400m

2) 도곽선 종·횡선좌표 계산

종선좌표	횡선좌표
① 종선좌표에서 500,000을 뺀다. $X=435,752.86-500,000=-64,247.14$m	① 횡선좌표에서 200,000을 뺀다. $Y=197,536.45-200,000=-2,463.55$m
② 도곽선 종선길이로 나눈다. $-64,247.14 \div 300 = -214.16$m	② 도곽선 횡선길이로 나눈다. $-2,463.55 \div 400 = -6.16$m
③ 도곽선 종선길이로 나눈 정수를 곱한다. $-214 \times 300 = -64,200$m	③ 도곽선 횡선길이로 나눈 정수를 곱한다. $-6 \times 400 = -2,400$m
④ 원점에서의 거리에 500,000을 더한다. $-64,200+500,000=435,800$m → 종선의 상부좌표(X_2) ※ $X=435,752.86$이 500,000 이하이기 때문에 상부 종선좌표가 먼저 결정된다.	④ 원점에서의 거리에다 200,000을 더한다. $-2,400+2200,000=197,600$m → 횡선의 우측좌표(Y_2) ※ $Y=197,536.45$가 200,000 이하이기 때문에 우측 횡선좌표가 먼저 결정된다.
⑤ 종선의 상부좌표에서 도곽선 종선길이를 뺀다. $435,800-300=435,500$m → 종선의 하부좌표(X_1)	⑤ 횡선의 우측좌표에서 도곽선 횡선길이를 뺀다. $197,600-400=197,200$m → 횡선의 좌측좌표(Y_1)

∴ $X_1=435,500$m, $X_2=435,800$m, $Y_1=197,200$m, $Y_2=197,600$m

10 면적 계산

면적이란 지적공부에 등록된 필지의 수평면상 넓이를 말하며, 면적의 단위는 제곱미터(m^2)로 한다. 도해지역에서는 전자면적측정기를 이용하여 면적을 측정하고, 경계점좌표등록부가 작성된 지역에서는 좌표면적계산법에 의하여 면적을 측정하여 지적공부에 등록한다.

1) 도해면적 계산

(1) 측정면적 허용교차 계산

$$A = \pm 0.023^2 M\sqrt{F}$$

여기서, A : 허용면적
M : 축척분모
F : 2회 측정한 면적의 합계를 2로 나눈 수

(2) 도곽선의 신축량 계산

$$S = \frac{\Delta X_1 + \Delta X_2 + \Delta X_3 + \Delta X_4}{4}$$

여기서, S : 신축량
ΔX_1 : 왼쪽 종선의 신축된 차 ΔX_2 : 오른쪽 종선의 신축된 차
ΔY_1 : 위쪽 횡선의 신축된 차 ΔY_2 : 아래쪽 횡선의 신축된 차

(3) 면적보정계수 계산

$$Z = \frac{X \cdot Y}{\Delta X \cdot \Delta Y}$$

여기서, Z : 보정계수 X : 도곽선 종선길이
Y : 도곽선 횡선길이 ΔX : 신축된 도곽선 종선길이의 합/2
ΔY : 신축된 도곽선 횡선길이의 합/2

(4) 신구면적 허용오차 계산

① 등록전환

$$A = 0.026^2 M\sqrt{F}$$

여기서, A : 오차 허용면적
M : 임야도 축척분모(3,000분의 1인 지역의 축척분모는 6,000으로 한다)
F : 등록전환될 면적

② 토지분할

$$A = 0.026^2 M\sqrt{F}$$

여기서, A : 오차 허용면적
M : 축척분모(3,000분의 1인 지역의 축척분모는 6,000으로 한다)
F : 원면적

(5) 보정면적의 계산

보정면적 = 측정면적 × 보정계수

(6) 산출면적 계산

$$r = \frac{F}{A} \times a$$

여기서, r : 각 필지의 산출면적　　　　F : 원면적
A : 측정면적 합계 또는 보정면적 합계　　a : 각 필지의 측정면적 또는 보정면적

※ 결정면적은 원면적과 일치하도록 산출면적의 구하려는 끝자리의 다음 숫자가 큰 것부터 순차로 올려서 정하되, 구하려는 끝자리의 다음 숫자가 서로 같을 때에는 산출면적이 큰 것을 올려서 정한다.

(7) 결정면적 계산

① 면적의 단위 결정

㉠ 지적도의 축척이 600분의 1인 지역과 경계점좌표등록부에 등록하는 지역의 토지면적은 소수점 이하 한 자리 단위로 하되, $0.1m^2$ 미만의 끝수가 있는 경우 $0.05m^2$ 미만일 때에는 버리고 $0.05m^2$를 초과할 때에는 올리며, $0.05m^2$일 때에는 구하려는 끝자리의 숫자가 0 또는 짝수이면 버리고 홀수이면 올린다. 다만, 1필지의 면적이 $0.1m^2$ 미만일 때에는 $0.1m^2$로 한다.

㉡ 기타 지역의 축척은 토지의 면적에 $1m^2$ 미만의 끝수가 있는 경우 $0.5m^2$ 미만일 때에는 버리고 $0.5m^2$를 초과하는 때에는 올리며, $0.5m^2$일 때에는 구하려는 끝자리의 숫자가 0 또는 짝수이면 버리고 홀수이면 올린다. 다만, 1필지의 면적이 $1m^2$ 미만일 때에는 $1m^2$로 한다.

② 측량계산의 끝수처리

㉠ 방위각의 각치(角値), 종·횡선의 수치 또는 거리를 계산하는 경우 구하려는 끝자리의 다음 숫자가 5 미만일 때에는 버리고 5를 초과할 때에는 올리며, 5일 때에는 구하려는 끝자리의 숫자가 0 또는 짝수이면 버리고 홀수이면 올린다. 다만, 전자계산조직을 이용하여 연산할 때에는 최종수치에만 이를 적용한다.

ⓒ 지적측량에서 도면의 축척별 면적등록단위를 반올림 시에는 5사5입 원칙을 적용한다.

구분		1/600 지역과 경계점좌표등록부 지역	기타 지역
면적단위 (최소단위)		0.1m^2	1m^2
		0.1m^2 미만일 때에는 0.1m^2	1m^2 미만일 때에는 1m^2
끝수처리	4사5입	0.05m^2 미만 → 버림 0.05m^2 초과 → 올림	0.05m^2 미만 → 버림 0.5m^2 초과 → 올림
	5사5입	0.05m^2 구하고자 하는 수 홀수 → 올림 짝수 → 내림	0.5m^2 구하고자 하는 수 홀수 → 올림 짝수 → 내림

2) 계산 순서

면적보정계수 계산
↓
신구면적 허용오차 계산
↓
필지별 보정면적 계산
↓
필지별 산출면적 계산
↓
필지별 결정면적 계산

3) 좌표면적 계산

면적 $A = □2'233' + □3'344' - □2'211' - □1'144'$
Y값을 밑변과 윗변의 길이로 하고, X값의 차이를 높이로 하는 사다리꼴 면적을 구하면

$$A = \frac{1}{2}\sum_{i=1}^{n} X_i(Y_{i+1} - Y_{i-1})$$

$$A = \frac{1}{2}[\sum X_n(Y_{n+1} - Y_{n-1})]$$

또는 $A = \frac{1}{2}[\sum Y_n(X_{n+1} - X_{n-1})]$

$$A = \frac{1}{2}[x_1(y_2 - y_6) + x_2(y_3 - y_1) + x_3(y_4 - y_2) + x_4(y_5 - y_3) + \cdots]$$

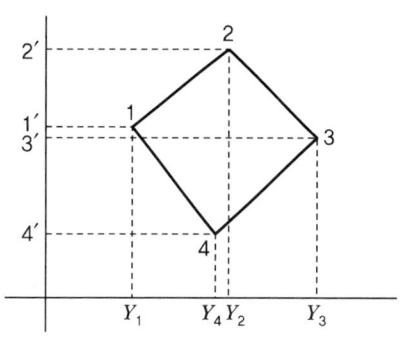

4) 기타 면적 계산

(1) 삼사법

삼각형의 밑변과 높이를 측정하여 면적을 계산하는 방법

$A = \dfrac{1}{2}ah$

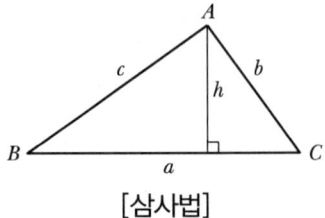
[삼사법]

(2) 이변법

2변을 길이와 사이각(협각)을 측정하여 면적을 계산하는 방법

$A = \dfrac{1}{2}ab\sin\gamma = \dfrac{1}{2}ac\sin\beta = \dfrac{1}{2}bc\sin\alpha$

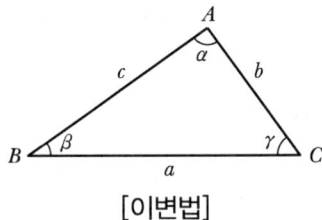
[이변법]

(3) 삼변법(헤론의 공식)

3변(a, b, c)을 측정하여 면적을 계산하는 방법

$A = \sqrt{s(s-a)(s-b)(s-c)}$, $s = \dfrac{a+b+c}{2}$

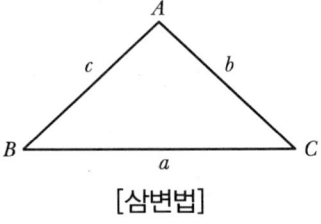
[삼변법]

예제 07

축척이 1,000분의 1인 지역에서 원면적이 1,357m²인 보라동 50번지의 토지를 3필지로 분할하기 위하여 전자면적계로 면적을 측정하여 표와 같은 결과를 얻었다. 지적법규의 규정에 의하여 면적측정부를 작성하시오(단, 도곽신축량은 $\Delta X = +0.5$mm, $\Delta Y = +0.5$mm이며 계산방법은 지적관련법규 및 규정에 따른다).

지번	1회 측정값(m²)	2회 측정값(m²)
50	321.5	324.7
50-1	616.8	613.3
50-2	404.5	407.8

해설

1) 면적보정계수 계산

기본식	$Z = \dfrac{X \cdot Y}{\Delta X \cdot \Delta Y}$ 여기서, Z : 보정계수 X : 도곽선 종선길이 Y : 도곽선 횡선길이 ΔX : 신축된 도곽선 종선길이의 합/2 ΔY : 신축된 도곽선 횡선길이의 합/2
도상길이로 계산	$Z = \dfrac{X \cdot Y}{\Delta X \cdot \Delta Y} = \dfrac{333.33 \times 416.67}{(333.33 + 0.5)(416.67 + 0.5)} = 0.9971$
지상길이로 계산	$Z = \dfrac{X \cdot Y}{\Delta X \cdot \Delta Y} = \dfrac{300 \times 400}{(400 + 0.5)(500 + 0.5)} = 0.9971$

-0.7mm를 지상거리로 환산

축척 = $\dfrac{도상거리}{지상거리}$, $\dfrac{1}{1,000} = \dfrac{+0.5\text{mm}}{실제거리}$

∴ 실제거리 = $+0.5 \times 1,000 = +500$mm $= +0.5$m

2) 신구면적 허용오차(공차)

지번	1회 측정값(m²)	2회 측정값(m²)	측정값 평균(m²)
50	321.5	324.7	323.1
50-1	616.8	613.3	615.1
50-2	404.5	407.8	406.2
공차	$A = \pm 0.026^2 M\sqrt{F} = \pm 0.026^2 \times 1,000 \times \sqrt{1,357} = \pm 24.9 = \pm 24\text{m}^2$ 여기서, A : 오차 허용면적 M : 축척분모 F : 원면적 ※ 공차의 소수점 이하는 버린다.		

3) 필지별 보정면적의 계산

기본식	보정면적＝측정면적×보정계수
50번지	$323.1 \times 0.9971 = 322.2 m^2$
50-1번지	$615.1 \times 0.9971 = 613.3 m^2$
50-2번지	$406.2 \times 0.9971 = 405.0 m^2$
합계	$1,340.5 m^2$

4) 필지별 산출면적 계산

기본식	$r = \dfrac{F}{A} \times a$ 여기서, r : 각 필지의 산출면적　　　　　F : 원면적 　　　　A : 측정면적 합계 또는 보정면적 합계　a : 각 필지의 측정면적 또는 보정면적
50번지	$\dfrac{1,357}{1,340.5} \times 322.2 \times 326.2 = m^2$
50-1번지	$\dfrac{1,357}{1,340.5} \times 613.3 \times 620.8 = m^2$
50-2번지	$\dfrac{1,357}{1,340.5} \times 405.0 \times 410.0 = m^2$
합계	$1,357.0 m^2$

※ 산출면적의 합계는 반드시 원면적과 같아야 하며 단수처리상 차이가 있을 경우 증감하여 원면적과 같게 만들어 결정한다.

5) 필지별 결정면적

지번	결정면적
50번지	$326 m^2$
50-1번지	$621 m^2$
50-2번지	$410 m^2$
합계	$1,357 m^2$

※ 축척이 1/1,000 지역이기 때문에 정수만 등록하며, 결정면적이 반드시 원면적(대장면적)과 일치하는지 확인해야 한다.

면적측정부

축척 $\dfrac{1}{1,000}$

동리명	지번	측정방법	측정횟수 제1회	측정횟수 제2회	측정면적(m²)	도곽신축보정계수	보정면적(m²)	원면적(m²)	산출면적	결정면적	비고
보라동	50	전산	321.5	324.7	323.1	0.9971	322.2		326.2	326	
	50-1	〃	616.8	613.3	615.1	〃	613.3		620.8	621	
	50-2	〃	404.5	407.8	406.2	〃	405.0		410.0	410	
	50				1,344.4			1,357	1,357		

예제 08 지적도의 축척이 1/500 지역에 있는 다음 도형의 좌표면적을 계산하시오.

측점부호	X좌표(m)	Y좌표(m)
1	6,466.20	4,598.10
2	6,441.40	4,587.60
3	6,436.40	4,607.10
4	6,444.10	4,626.80

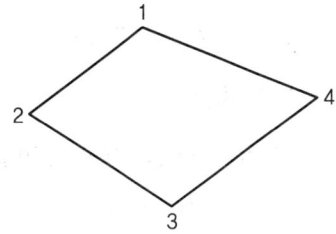

좌표면적계산부

측점번호	X_n	Y_n	면적 계산			
			$X_{n+1} - X_{n-1}$	$Y_{n+1} - Y_{n-1}$	$X_n(Y_{n+1} - Y_{n-1})$	$Y_n(X_{n+1} - X_{n-1})$
1						
2						
3						
4						

해설

좌표면적계산부

측점번호	X_n	Y_n	면적 계산			
			$X_{n+1} - X_{n-1}$	$Y_{n+1} - Y_{n-1}$	$X_n(Y_{n+1} - Y_{n-1})$	$Y_n(X_{n+1} - X_{n-1})$
1	6,466.20	4,598.10	−39.20	−2.70	−253,475.0400	−12,414.8700
2	6,441.40	4,587.60	9.00	−29.80	57,972.6000	−136,710.4800
3	6,436.40	4,607.10	39.20	2.70	252,306.8800	12,439.1700
4	6,444.10	4,626.80	−9.00	29.80	−57,996.9000	137,878.6400
					−1,192.4600	1,192.4600
					1,192.4600÷2=596.2300	
					$A = 596.2\text{m}^2$	

11 기타

1) 평판측량의 수평·수직거리

(1) 수평거리 계산

① 시준판의 눈금과 폴의 높이를 측정했을 경우

$D : H = 100 : (n_1 - n_2)$ 이므로

$D = \dfrac{100}{n_1 - n_2} H$

여기서, D : 수평거리
$n_1 - n_2$: 시준판의 눈금
H : 상하 측표(폴)의 간격

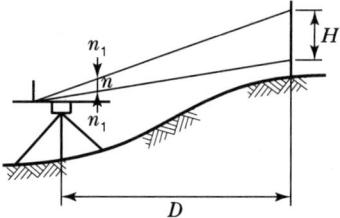

② 경사거리를 알고 있을 경우

$D : l = 100 : \sqrt{100^2 + n^2}$ 이므로

$D = \dfrac{100}{\sqrt{100^2 + n^2}} l$

여기서, D : 수평거리
l : 경사거리
n : 시준판의 눈금

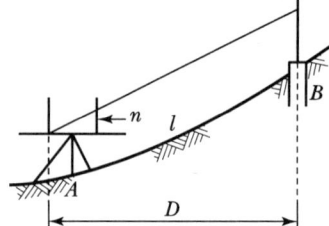

③ 망원경조준의를 사용한 경우

$D = l \cos\theta$ 또는 $l \sin\alpha$

여기서, D : 수평거리 l : 경사거리
θ : 연직각 α : 천정각 또는 천저각

(2) 수직거리 계산

$H_b = H_a + I + H - h$ 이므로

$H = \dfrac{nD}{100}$

여기서, D : 수평거리
H_a : a점의 지반고
H_b : b점의 지반고
I : 기계고
n : 시준판의 눈금

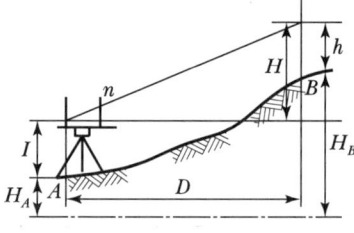

2) 도선법의 오차배분

평판측량을 도선법으로 실시한 경우 도선의 측선장은 도상 8cm 이하로, 다만, 광파조준의를 사용하는 때에는 20cm 이하로 할 수 있으며, 도선의 변수는 20변 이하로 한다.

도선의 폐색오차가 도상길이 $\frac{\sqrt{N}}{3}$ mm 이하인 때에는 다음 식에 따라 이를 각 점에 배분한다.

$$Mn = \frac{e}{N} \times n$$

여기서, M_n : 각 점의 순서대로 배분할 도상길이
e : 오차
N : 변의 수
n : 변의 순서

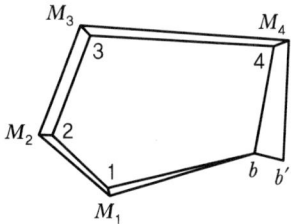

3) 평판측량의 오차

평판측량의 오차에는 기계오차, 세울 때 오차, 측정할 때의 오차, 제도할 때의 오차 등이 있다.

(1) 기계적인 오차

① 앨리데이드의 외심오차

$$e_1 = \frac{e}{M}$$

여기서, e_1 : 도상오차(mm) e : 외심오차
M : 축척 분모수

② 앨리데이드의 시준오차

$$e_2 = \frac{\sqrt{d^2 + f^2}}{2l} L$$

여기서, e_2 : 도상오차(mm) d : 시준공의 지름
f : 시준사의 지름 l : 양시준판의 간격
l : 방향선의 길이

(2) 평판을 세울 때의 오차

① 평판의 기울기오차

$$e_3 = \frac{b}{r} \cdot \frac{n}{100} l$$

여기서, e_3 : 도상오차(mm) r : 기포관의 곡률반지름
b : 기포이동량 $\frac{n}{100}$: 평판의 경사
l : 방향선의 길이

② 구심오차

$$e_4 = \frac{q \cdot M}{2}$$

여기서, e_4 : 구심오차(mm)　　　q : 제도 허용오차
　　　　M : 축척 분모수

③ 표정오차

$$\theta = \frac{0.2}{R}$$

여기서, θ : 자침 중심에서의 각
　　　　R : 자침 길이의 $\frac{1}{2}$

CHAPTER 04 실전 및 핵심문제

※ 본 실전문제는 수험자의 정보를 토대로 작성하였으므로 일부 다를 수 있으며, 실전 대비 목적으로 작성한 것입니다.

01 다음 그림과 같이 $\overline{AC}$와 $\overline{BD}$의 직선이 교차하는 P점의 좌표를 구하시오(단, 계산은 반올림하여 각도는 $0.1''$ 단위까지, S_1과 S_2의 길이는 소수 둘째 자리까지, 기타의 거리 및 좌표는 cm 단위까지 계산하시오).

점명	종선(X)좌표(m)	횡선(Y)좌표(m)
$D(1)$	464,362.57	202,512.67
$B(2)$	464,308.12	202,689.38
$C(3)$	464,366.91	202,675.44
$A(4)$	464,311.76	202,525.88

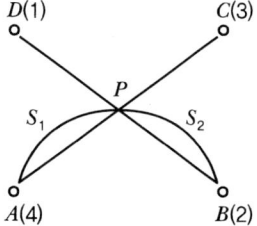

해설

1) 방위각 계산

방향	오차, 방위 및 방위각
$A \to B$	$\Delta x_a^b = x_b - x_a = 464,308.12 - 464,311.76 = -3.64\text{m}$ $\Delta y_a^b = y_b - y_a = 202,689.38 - 202,525.88 = +163.50\text{m}$ $\theta = \tan^{-1}\left(\dfrac{\Delta y_a^b}{\Delta x_a^b}\right) = \tan^{-1}\left(\dfrac{+163.50}{-3.64}\right) = 88°43'28.7''(2상한)$ $V_A^B = 180° - \theta = 180° - 88°43'28.7'' = 91°16'31.3''$
$B \to D$	$\Delta x_b^d = x_d - x_b = 464,362.57 - 464,308.12 = +54.45\text{m}$ $\Delta y_b^d = y_d - y_b = 202,512.67 - 202,689.38 = -176.71\text{m}$ $\theta = \tan^{-1}\left(\dfrac{\Delta y_b^d}{\Delta x_b^d}\right) = \tan^{-1}\left(\dfrac{-176.71}{+54.45}\right) = 72°52'27.3''(4상한)$ $V_A^B(\beta) = 360° - \theta = 360° - 72°52'27.3'' = 287°07'32.7''$
$A \to C$	$\Delta x_a^c = x_c - x_a = 464,366.91 - 464,311.76 = +55.15\text{m}$ $\Delta y_a^c = y_c - y_a = 202,675.44 - 202,525.88 = +149.56\text{m}$ $\theta = \tan^{-1}\left(\dfrac{\Delta y_a^c}{\Delta x_a^c}\right) = \tan^{-1}\left(\dfrac{+149.56}{+55.15}\right) = 69°45'31.1''$ $V_A^C(\alpha) = \theta = 69°45'31.1''$

2) 거리 계산

$\alpha - \beta$	$69°45'31.1'' - 287°07'32.7'' = -217°22'01.6'' + 360° = 142°37'58.4''$
S_1	$\dfrac{\Delta y_a^b \cdot \cos\beta - \Delta x_a^b \cdot \sin\beta}{\sin(\alpha-\beta)}$ $= \dfrac{(+163.50 \times \cos 287°07'32.7'') - (-3.64 \times \sin 287°07'32.7'')}{\sin 142°37'58.4''} = 73.5966\text{m}$
S_2	$\dfrac{\Delta y_a^b \cdot \cos\alpha - \Delta x_a^b \cdot \sin\alpha}{\sin(\alpha-\beta)}$ $= \dfrac{(+163.50 \times \cos 69°45'31.1'') - (-3.64 \times \sin 69°45'31.1'')}{\sin 142°37'58.4''} = 98.8306\text{m}$

3) 소구점(P) 종·횡선좌표 계산

방향	종·횡선좌표
$A \rightarrow P$	$\Delta X = S_1 \cdot \cos V_A^C(\alpha) = 73.5966 \times \cos 69°45'31.1'' = +25.46\text{m}$ $\Delta Y = S_1 \cdot \sin V_A^C(\alpha) = 73.5966 \times \sin 69°45'31.1'' = +69.05\text{m}$ $X_P = X_A + \Delta X = 464,311.76 + (+25.46) = 464,337.22\text{m}$ $Y_P = Y_A + \Delta Y = 202,525.88 + (+69.05) = 202,594.93\text{m}$
$B \rightarrow P$	$\Delta X = S_2 \cdot \cos V_A^C(\beta) = 98.8306 \times \cos 287°07'32.7'' = +29.10\text{m}$ $\Delta Y = S_2 \cdot \sin V_A^C(\beta) = 98.8306 \times \sin 287°07'32.7'' = -94.45\text{m}$ $X_P = X_B + \Delta X = 464,308.12 + (+29.10) = 464,337.22\text{m}$ $Y_P = Y_B + \Delta Y = 202,689.38 + (-94.45) = 202,594.93\text{m}$
P점의 평균좌표	$X_P = \dfrac{(464,337.22 + 464,337.22)}{2} = 464,337.22\text{m}$ $Y_P = \dfrac{(202,594.93 + 202,594.93)}{2} = 202,594.93\text{m}$ (5사5입 적용함)

교차점계산부

공식

$$S_1 = \frac{\Delta y_a^b \cos\beta - \Delta x_a^b \sin\beta}{\sin(\alpha-\beta)}$$

$$S_2 = \frac{\Delta y_a^b \cos\alpha - \Delta x_a^b \sin\alpha}{\sin(\alpha-\beta)}$$

소구점

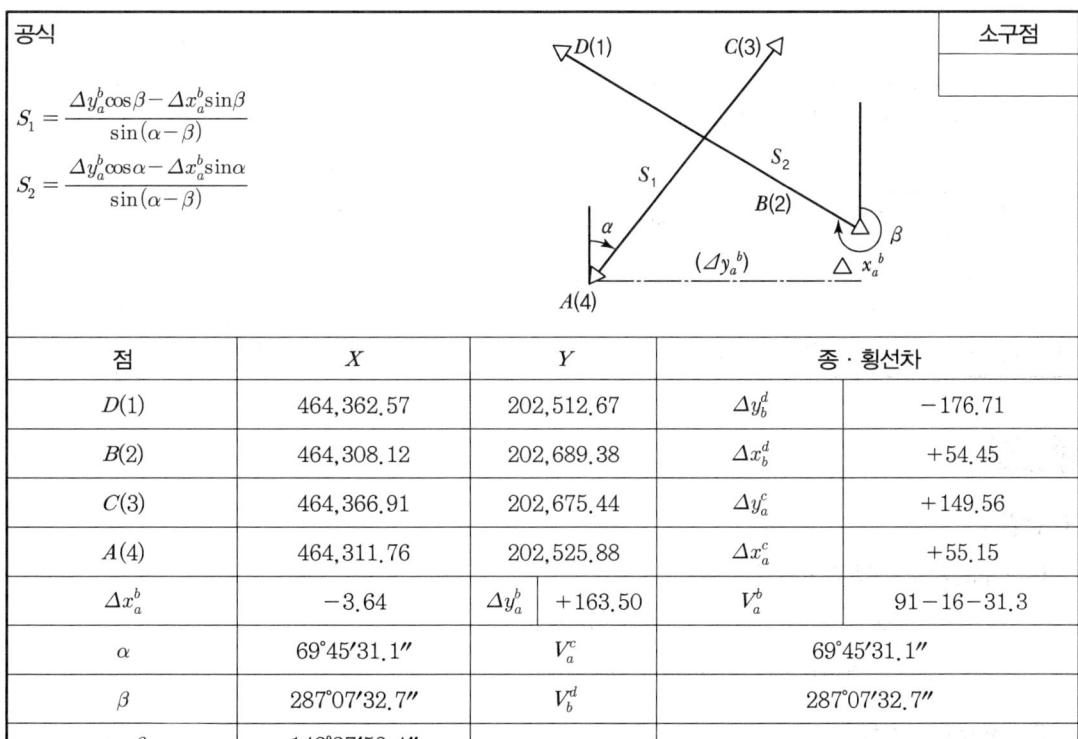

점	X	Y		종 · 횡선차
$D(1)$	464,362.57	202,512.67	Δy_b^d	-176.71
$B(2)$	464,308.12	202,689.38	Δx_b^d	$+54.45$
$C(3)$	464,366.91	202,675.44	Δy_a^c	$+149.56$
$A(4)$	464,311.76	202,525.88	Δx_a^c	$+55.15$
Δx_a^b	-3.64	Δy_a^b	$+163.50$	V_a^b	$91-16-31.3$
α	69°45′31.1″	V_a^c		69°45′31.1″
β	287°07′32.7″	V_b^d		287°07′32.7″
$\alpha-\beta$	142°37′58.4″			

$(\Delta y_a^b \cdot \cos\beta - \Delta x_a^b \cdot \sin\beta)/\sin(\alpha-\beta) = S_1$				73.5968
$S_1 \cdot \cos\alpha$	$+25.46$	$S_1 \cdot \sin\alpha$		$+69.05$
x_a	$+) \; 464,311.76$	y_a		$+) \; 202,525.88$
x	464,337.22	y		202,594.93

$(\Delta y_a^b \cdot \cos\alpha - \Delta x_a^b \cdot \sin\alpha)/\sin(\alpha-\beta) = S_2$				98.8304
$S_2 \cdot \cos\beta$	$+29.10$	$S_2 \cdot \sin\beta$		-94.45
x_b	$+) \; 464,308.12$	y_b		$+) \; 202,689.38$
x	464,337.22	y		202,594.93

X	464,337.22	Y	202,594.93

02 다음 그림과 같이 원(곡선)과 직선이 교차하는 경우에 $\overline{OA}$ 방위각(V_O^A) 및 교점 A점의 좌표를 구하시오[단, 서식 계산과정에서 검산과정도 반드시 계산하여야 하며, 각도는 $1''$까지, (1)~(5)의 칸은 소수 다섯째 자리까지 구하고, 기타의 항(좌표)은 소수 둘째 자리(cm 단위)까지 계산하시오].

점명	X좌표(m)	Y좌표(m)
O	4,567.89	3,456.78
P	4,588.69	3,499.84

$V_P^A(\alpha_o) = 288°43'56''$, $R = 80.77\text{m}$

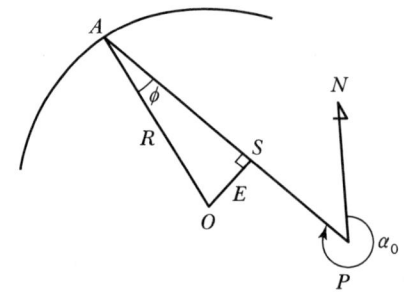

해설

1) 방법 1

(1) O점에서 P점의 종·횡선차 계산

$\Delta x_o^p = x_p - x_o = 4,588.69 - 4,567.89 = +20.80\text{m}$

$\Delta y_o^p = y_p - y_o = 3,499.84 - 3,456.78 = +43.06\text{m}$

(2) 수선장(E) 계산

$\Delta y_o^p \cdot \cos\alpha_o = +43.06 \times \cos 288°43'56'' = +13.82853\text{m}$

$\Delta x_o^p \cdot \sin\alpha_o = +20.80 \times \sin 288°43'56'' = -19.69822\text{m}$

$E = \Delta y_o^p \cdot \cos\alpha_o - \Delta x_o^p \cdot \sin\alpha_o = 13.82853 - (-19.69822) = +33.52675\text{m}$

(3) ϕ 계산

$\phi = \sin^{-1}\left(\dfrac{E}{R}\right) = \sin^{-1}\left(\dfrac{+33.52675}{80.77}\right) = 24°31'30''$

(4) 방위각 계산

$V_O^A = V_P^A \pm \phi = 288°43'56'' + (24°31'30'') = 313°15'26''$

※ 수선장(E) 값이 부호가 (+)이면 ϕ의 값도 (+)가 되므로 방위각(V_O^A)은 ϕ각만큼 (+)하고, 수선장(E) 값이 부호가 (−)이면 ϕ의 값도 (−)가 되므로 방위각(V_O^A)은 ϕ각만큼 (−)한다.

(5) 소구점(A) 종·횡선좌표 계산

$\Delta X = R \cdot \cos V_O^A = 80.77 \times \cos 313°15'26'' = +55.34965\text{m}$

$\Delta Y = R \cdot \sin V_O^A = 80.77 \times \sin 313°15'26'' = -58.82355\text{m}$

$X_A = X_O + \Delta X = 4,567.89 + (+55.34965) = 4,623.24\text{m}$

$Y_A = Y_O + \Delta Y = 3,456.78 + (-58.82355) = 3,397.96\text{m}$

(6) 검산

$$\Delta x_p^a = x_a - x_p = 4{,}623.24 - 4{,}588.69 = +34.55\text{m}$$

$$\Delta y_p^a = y_a - y_p = 3{,}397.96 - 3{,}499.84 = -101.88\text{m}$$

$$\frac{\Delta x_p^a}{\cos \alpha_o} = \frac{+34.55}{\cos 288°43'56''} = 107.58\text{m}$$

$$\frac{\Delta y_p^a}{\sin \alpha_o} = \frac{-101.88}{\sin 288°43'56''} = 107.58\text{m}$$

$$\theta = \tan^{-1}\left(\frac{\Delta y}{\Delta x}\right) = \tan^{-1}\left(\frac{-101.88}{+34.55}\right) = 71°16'01''(4\text{상한})$$

$$V_P^A = 360° - \theta = 360° - 71°16'01'' = 288°43'59''$$

※ $V_P^A(\alpha_o) = 288°43'56''$ 와 검산한 $V_P^A = 288°43'59''$의 3″가 차이는 소수점 자릿수 계산과정에서 발생한 것이다.

2) 방법 2

(1) O점에서 P점의 방위각 및 거리 계산

$$\Delta x_o^p = x_p - x_o = 4{,}588.69 - 4{,}567.89 = +20.80\text{m}$$

$$\Delta y_o^p = y_p - y_o = 3{,}499.84 - 3{,}456.78 = +43.06\text{m}$$

$$\theta = \tan^{-1}\left(\frac{\Delta y_o^p}{\Delta x_o^p}\right) = \tan^{-1}\left(\frac{+43.06}{+20.80}\right) = 64°13'02''(1\text{상한})$$

$$V_O^P = \theta = 64°13'02''$$

$$\overline{OP} = \sqrt{(\Delta x)^2 + (\Delta y)^2} = \sqrt{(+20.80)^2 + (+43.06)^2} = 47.8205\text{m}$$

(2) ∠OPA 계산

$$\angle OPA = V_P^A - V_P^O = V_P^A - (V_O^P + 180°) = 288°43'56'' - (64°13'02'' + 180°) = 44°30'54''$$

(3) ϕ 계산

$$\phi = \sin^{-1}\left(\frac{E}{R}\right) = \sin^{-1}\left(\frac{47.8205 \times \sin 44°30'54''}{80.77}\right) = 24°31'29''$$

(4) 방위각 계산

$$V_O^A = V_P^A \pm \phi = 288°43'56'' + (24°31'29'') = 313°15'25''$$

(5) 소구점(A) 종·횡선좌표의 계산

$$X_A = X_O + (R \cdot \cos V_O^A) = 4{,}567.89 + (80.77 \times \cos 313°15'25'') = 4{,}263.24\text{m}$$

$$Y_A = Y_O + (R \cdot \sin V_O^A) = 3{,}456.78 + (80.77 \times \sin 313°15'25'') = 3{,}397.96\text{m}$$

원과 직선의 교점계산부

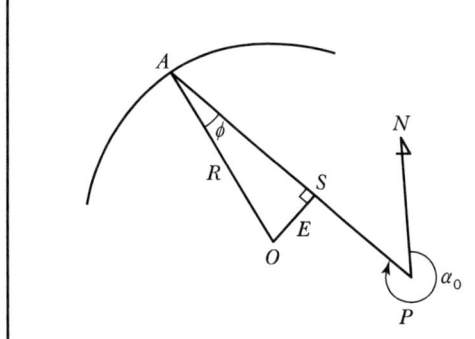

공식
$$E = \Delta y_o^p \cdot \cos\alpha_o - \Delta x_o^p \cdot \sin\alpha_o$$
$$\sin\phi = \frac{E}{R}$$

검산공식
$$\tan\alpha_o = \frac{\Delta y_p^a}{\Delta x_p^a}$$
$$S = \Delta x_p^a / \cos\alpha_o$$
$$\Delta y_p^a / \sin\alpha_o$$

점명		X	Y	R	80.77
O		4,567.89	3,456.78		
P		4,588.69	3,499.84		
$\Delta x_o^p, \Delta y_o^p$		Δx_o^p : +20.80	Δy_o^p : +43.06		
$\Delta y_o^p \cdot \cos\alpha_o$		+13.82853		α_o	288°43′56″
$\Delta x_o^p \cdot \sin\alpha_o$		−19.69822		$\gamma = \sin^{-1}\dfrac{E}{R}$	24°31′30″
E		+33.52675		$V_O^A = \alpha_o + \gamma$	313°15′26″
$R \cdot \cos V_O^A$		+55.34965		$R \cdot \sin V_O^A$	−58.82355
x_o		4,567.89		y_o	3,456.78
x_a		4,623.24		y_a	3,397.96
검산	x_p	4,588.69		y_p	3,499.84
	Δx_p^a	+34.55		Δy_p^a	−101.88
	$\Delta x_p^a / \cos\alpha_o$	107.58		$\Delta y_p^a / \sin\alpha_o$	107.58
	$\tan^{-1}\dfrac{\Delta y_p^a}{\Delta x_p^a}$	288°43′59″			

03

다음 그림에서 A, B, C점은 도로의 중심점이다. 주어진 조건으로 O점과 가구전제점 P, Q의 좌표를 구하시오(단, $\overline{AC}$와 $\overline{OP}$, $\overline{AB}$와 $\overline{OQ}$는 서로 평행하고, $\overline{OP}$와 $\overline{OQ}$의 길이는 같으며, 계산은 반올림하여 각도는 초단위까지, 거리는 소수 넷째 자리까지, 좌표는 소수 둘째 자리까지 계산하시오).

점명	X좌표(m)	Y좌표(m)
A	466,501.47	193,753.33
B	466,431.31	193,895.57

$V_A^C = 48°36'46''$, 전제장$(L) = 5$m

노폭 : $L_1 = 4$m, $L_2 = 3$m

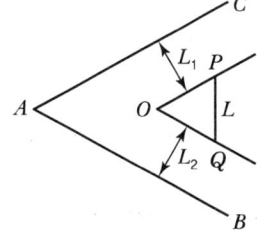

해설

1) 방위각(V_A^B) 계산

$\Delta x_a^b = x_b - x_a = 466,431.31 - 466,501.47 = -70.16$m

$\Delta y_a^b = y_b - y_a = 193,895.57 - 193,753.33 = +142.24$m (2상한)

$\theta = \tan^{-1}\left(\dfrac{\Delta y_a^b}{\Delta x_a^b}\right) = \tan^{-1}\left(\dfrac{+142.24}{-70.16}\right) = 63°44'43''$

$V_A^B = 180° - \theta = 180° - 63°44'43'' = 116°15'17''$

2) 교각(θ) 계산

$\theta = V_A^B - V_A^C = 116°15'17'' - 48°36'46'' = 67°38'31''$

3) $AM(ON)$ 길이 계산

$AM = L_2 \times \dfrac{1}{\sin\theta} = 3 \times \dfrac{1}{\sin 67°38'31''} = 3.2439$m

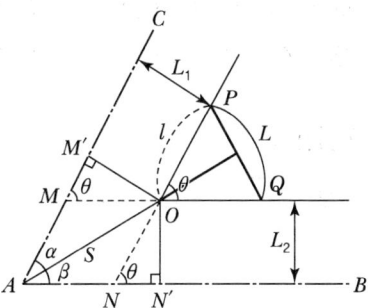

4) MM' 길이 계산

$MM' = L_1 \times \dfrac{1}{\tan\theta} = 4 \times \dfrac{1}{\tan 67°38'31''} = 1.6453$m

5) AM' 길이 계산

$AM' = AM + MM' = 3.2439 + 1.6453 = 4.8892$m

6) $S(AO)$ 길이 계산

$S(AO) = \sqrt{(L_1)^2 + (AM')^2} = \sqrt{(4)^2 + (4.8892)^2} = 6.3170$m

7) A점에서 O점에 대한 방위각(V_A^O) 계산

$$\angle M'AO = \sin^{-1}\left(\frac{L_1}{S}\right) = \sin^{-1}\left(\frac{4}{6.3170}\right) = 39°17'15''$$

$$V_A^O = V_A^C + \angle M'AO = 48°36'46'' + 39°17'15'' = 87°54'01''$$

8) 가구정점(O점) 계산

$$O_X = A_X + (S \cdot \cos V_A^O) = 466,501.47 + (6.3170 \times \cos 87°54'01'') = 466,501.70\text{m}$$

$$O_Y = A_Y + (S \cdot \sin V_A^O) = 193,753.33 + (6.3170 \times \sin 87°54'01'') = 193,759.64\text{m}$$

9) 전제장[$OP(l) = OQ$] 계산

$$OP(l) = \frac{PQ(L)}{2} \times \csc\frac{\theta}{2} = \frac{5}{2} \times \csc\frac{67°38'31''}{2} = 4.4915\text{m}$$

10) 가구점(P점) 계산

$$P_X = O_X + (l \cdot \cos V_A^C) = 466,431.31 + (4.4915 \times \cos 48°36'46'') = 466,504.67\text{m}$$

$$P_Y = O_Y + (l \cdot \sin V_A^C) = 193,895.57 + (4.4915 \times \sin 48°36'46'') = 193,763.01\text{m}$$

11) 가구점(Q점) 계산

$$Q_X = O_X + (l \cdot \cos V_A^B) = 466,431.31 + (4.4915 \times \cos 116°15'17'') = 466,499.71\text{m}$$

$$Q_Y = O_Y + (l \cdot \sin V_A^B) = 193,895.57 + (4.4915 \times \sin 116°15'17'') = 193,763.67\text{m}$$

12) 검산

$$PQ = \sqrt{(Q_X - P_X)^2 + (Q_Y - P_Y)^2} = \sqrt{(499.71 - 504.67)^2 + (763.67 - 763.01)^2} = 5\text{m}$$

04 다음 그림과 같이 면적지정분할을 하기 위한 다음 조건에 의하여 점 P, Q의 좌표를 구하시오(단, 계산 시 각은 1초, 거리는 소수 넷째 자리까지 계산하시오).

1) 도형

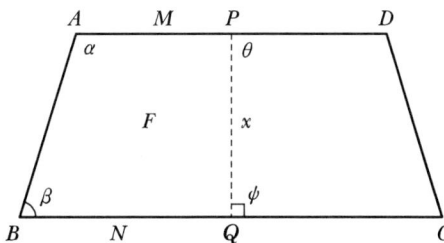

2) 점의 좌표

점명	X좌표(m)	Y좌표(m)
A	7,186.72	5,840.70
B	7,145.44	5,865.65
C	7,184.05	5,938.04
D	7,225.33	5,913.09

3) 조건

① $\overline{AD} \parallel \overline{BC}$
② $\overline{AB} \parallel \overline{PQ}$
③ $F = 1,500\text{m}^2$

해설

1) 거리 및 방위각 계산

방향	거리 및 방위각
$A \to B$	$\Delta x_a^b = x_b - x_a = 7,145.44 - 7,186.72 = -41.28\text{m}$ $\Delta y_a^b = y_b - y_a = 5,865.65 - 5,840.70 = +24.95\text{m}$ $\overline{AB}(L) = \sqrt{(\Delta x_a^b)^2 + (\Delta y_a^b)^2} = \sqrt{(-41.28)^2 + (+24.95)^2} = 48.2342\text{m}$ $\theta = \tan^{-1}\left(\dfrac{\Delta y_a^b}{\Delta x_a^b}\right) = \tan^{-1}\left(\dfrac{+24.95}{-41.28}\right) = 31°08'56.9''$ (2상한) $V_A^B = 180° - \theta = 180° - 31°08'56.9'' = 148°51'03.1''$
$B \to C$	$\Delta x_b^c = x_c - x_b = 7,184.05 - 7,145.44 = +38.61\text{m}$ $\Delta y_b^c = y_c - y_b = 5,938.04 - 5,865.65 = +72.39\text{m}$ $\overline{BC} = \sqrt{(\Delta x_b^c)^2 + (\Delta y_b^c)^2} = \sqrt{(+38.61)^2 + (+72.39)^2} = 82.0429\text{m}$ $\theta = \tan^{-1}\left(\dfrac{\Delta y_b^c}{\Delta x_b^c}\right) = \tan^{-1}\left(\dfrac{+72.39}{+38.61}\right) = 61°55'34.6''$ (1상한) $V_B^C = \theta = 61°55'34.6''$

2) β, M, N 계산

$AD \parallel BC$이므로 $V_A^D = V_B^C = 61°55'34.6''$

$\therefore \beta = V_B^C - V_B^A = V_B^C - (V_A^B - 180°) = 61°55'34.6'' - (148°51'03.1'' - 180°) = 93°04'31.5''$

$M = N = \dfrac{F}{L \cdot \sin\beta} = \dfrac{1,500}{48.2342 \times \sin 93°04'31.5''} = 31.1431\text{m}$

3) 종·횡선좌표 계산

① P점 종·횡선좌표

$$X_P = X_A + (M \times \cos V_A^D) = 7,186.72 + (31.1431 \times \cos 61°55'34.6'') = 7,201.38\text{m}$$

$$Y_P = Y_A + (M \times \sin V_A^D) = 5,840.70 + (31.1431 \times \sin 61°55'34.6'') = 5,868.18\text{m}$$

② Q점 종·횡선좌표

$$X_Q = X_B + (N \times \cos V_B^C) = 7,145.44 + (31.1431 \times \cos 61°55'34.6'') = 7,160.10\text{m}$$

$$Y_Q = Y_B + (N \times \sin V_B^C) = 5,865.65 + (31.1431 \times \sin 61°55'34.6'') = 5,893.13\text{m}$$

면적지정분할계산부

$\overline{AD} \parallel \overline{BC}$, $\overline{AB} \parallel \overline{BC}$, $F = 1,500 \text{m}^2$

점명	부호	X(m)	Y(m)
	A	7,186.72	5,840.70
	B	7,145.44	5,865.65
	C	7,184.05	5,938.04
	D	7,225.33	5,913.09
	P		
	Q		

방향	방위각	방향	방위각		
V_a^b	148°51′03.1″	$\alpha+\beta$		F	1,500
V_a^d		ϕ		2F	
α		θ		L	48.2342
V_b^c	61°55′34.6″			L2	
V_b^a	328°51′03.1″			M	31.1431
β	93°04′31.5″	ϕ	120°00′00″	N	31.1431
$\alpha+\beta$		$\theta+\phi$		F	
				좌표면적	1,500

$$M = N = \frac{F}{L \cdot \sin\beta} = \frac{1,500}{48.2342 \times \sin 93°04'31.5''} = 31.1431 \text{m}$$

좌표 계산

P		Q	
X_A	7,186.72m	X_B	7,145.44m
$M \cdot \cos V_a^d$	14.66	$N \cdot \cos V_b^c$	14.66
X_P	7,201.38m	X_P	7,160.10m
Y_A	5,840.70m	Y_B	5,865.65m
$M \cdot \cos V_a^d$	27.48	$N \cdot \cos V_b^c$	27.48
Y_P	5,868.18m	Y_P	5,893.13m

05 다음 그림과 같이 면적지정분할을 하기 위한 다음 조건에 의하여 점 P, Q의 좌표를 구하시오(단, 계산 시 각은 1초, 거리는 소수 넷째 자리까지 계산하시오).

1) 도형

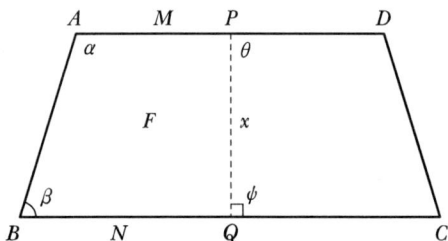

2) 점의 좌표

점명	X좌표(m)	Y좌표(m)
A	6,771.34	2,965.15
B	6,738.86	2,966.47

3) 조건

① $\overline{AD} \parallel \overline{BC}$
② $\overline{AB} \parallel \overline{PQ}$
③ $F = 600\text{m}^2$
④ $\alpha = 98°15'26''$

해설

1) 거리 및 방위각 계산

방향	거리 및 방위각
$A \to B$	$\Delta x_a^b = x_b - x_a = 6,7383.86 - 6,771.34 = -32.48\text{m}$ $\Delta y_a^b = y_b - y_a = 2,966.47 - 2,965.15 = +1.32\text{m}$ $\overline{AB}(L) = \sqrt{(\Delta x_a^b)^2 + (\Delta y_a^b)^2} = \sqrt{(-32.48)^2 + (+1.32)^2} = 32.5068\text{m}$ $\theta = \tan^{-1}\left(\dfrac{\Delta y_a^b}{\Delta x_a^b}\right) = \tan^{-1}\left(\dfrac{+1.32}{-32.48}\right) = 2°19'38.1''(2\text{상한})$ $V_A^B = 180° - \theta = 180° - 2°19'38.1'' = 177°40'21.9''$

2) β, M, N 계산

$AD \parallel BC$ 이므로 $V_A^D = V_B^C = 177°40'21.9'' - 98°15'26'' = 79°24'55.9''$

$\therefore \beta = 180° - 98°15'26'' = 81°44'34''$

$M = N = \dfrac{F}{L \cdot \sin\beta} = \dfrac{600}{32.5068 \times \sin 81°44'34''} = 18.6510\text{m}$

3) 종 · 횡선좌표 계산

① P점 종 · 횡선좌표

$X_P = X_A + (M \times \cos V_A^D) = 6,771.34 + (18.6510 \times \cos 79°24'55.9'') = 6,774.77\text{m}$

$Y_P = Y_A + (M \times \sin V_A^D) = 62,965.15 + (18.6510 \times \sin 79°24'55.9'') = 2,983.48\text{m}$

② Q점 종·횡선좌표

$X_Q = X_B + (N \times \cos V_B^C) = 6{,}738.86 + (18.6510 \times \cos 79°24'55.9'') = 6{,}742.29\text{m}$

$Y_P = Y_A + (M \times \sin V_A^D) = 2{,}966.47 + (18.6510 \times \sin 79°24'55.9'') = 2{,}984.80\text{m}$

면적지정분할계산부

$\overline{AD} \parallel \overline{BC}$, $\overline{AB} \parallel \overline{PQ}$, $F = 600\text{m}^2$

점명	부호	X(m)	Y(m)
	A	6,771.34	2,965.15
	B	6,738.86	2,966.47
	C		
	D		
	P		
	Q		

방향	방위각	방향	방위각	F	600
V_a^b	177°40'21.9''	$\alpha + \beta$		$2F$	
V_a^d		ϕ		L	32.5068
α		θ		$L2$	
V_b^c	79°24'55.9''			M	18.6510
V_b^a	357°40'21.9''			N	18.6510
β	81°44'34''	ϕ		F	
$\alpha + \beta$		$\theta + \phi$		좌표면적	600

$$M = N = \frac{F}{L \cdot \sin\beta} = \frac{600}{32.5068 \times \sin 81°44'34''} = 18.6510\text{m}$$

좌표 계산

P		Q	
X_A	6,771.34m	X_B	6,738.86m
$M \cdot \cos V_a^d$	3.43	$N \cdot \cos V_b^c$	3.43
X_P	6,774.77m	X_P	6,742.29m
Y_A	2,965.15m	Y_B	2,966.47m
$M \cdot \cos V_a^d$	18.33	$N \cdot \cos V_b^c$	18.33
Y_P	2,983.48m	Y_P	2,984.80m

06 그림과 같은 필지(1-8 대)를 경계정정하고자 한다. 주어진 조건에 의하여 P, Q점의 좌표를 구하시오(단, 좌표는 m 단위로 소수 둘째 자리까지 계산하시오).

1) 조건
① 면적의 증감이 없도록 함
② $\overline{BC}$의 연장선상에 Q점이 있게 하고, $\overline{BC}$와 $\overline{PQ}$가 직각이 되도록 함
③ $\overline{AD}$선상에 P점이 있어야 함

2) 점의 좌표

측점	X좌표(m)	Y좌표(m)
A	810.59	351.99
B	777.34	374.86
C	783.95	424.41
D	806.53	424.85

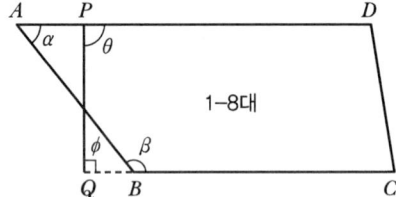

해설

1) 방위각 계산

방향	오차, 방위 및 방위각
$A \to B$	$\Delta x_a^b = x_b - x_a = 777.34 - 810.59 = -33.25\text{m}$ $\Delta y_a^b = y_b - y_a = 374.86 - 351.99 = +22.87\text{m}$ (2상한) $\theta = \tan^{-1}\left(\dfrac{\Delta y_a^b}{\Delta x_a^b}\right) = \tan^{-1}\left(\dfrac{+22.87}{-33.25}\right) = 34°31'15.4''$ $V_A^B = 180° - \theta = 180° - 34°31'15.4'' = 145°28'44.6''$
$A \to D$	$\Delta x_a^d = x_d - x_a = 806.53 - 810.59 = -4.06\text{m}$ $\Delta y_a^d = y_d - y_a = 424.85 - 351.99 = +72.86\text{m}$ (2상한) $\theta = \tan^{-1}\left(\dfrac{\Delta y_a^d}{\Delta x_a^d}\right) = \tan^{-1}\left(\dfrac{+72.86}{-4.06}\right) = 86°48'38.1''$ $V_A^D = 180° - \theta = 180° - 86°48'38.1'' = 93°11'21.9''$
$B \to C$	$\Delta x_b^c = x_c - x_b = 783.95 - 777.34 = +6.61\text{m}$ $\Delta y_b^c = y_c - y_b = 424.41 - 374.86 = +49.55\text{m}$ (1상한) $\theta = \tan^{-1}\left(\dfrac{\Delta y_B^C}{\Delta x_B^C}\right) = \tan^{-1}\left(\dfrac{49.55}{6.61}\right) = 82°24'05.6''$ $V_B^C = \theta = 82°24'05.6''$

2) 내각 계산

$\alpha = V_A^B - V_A^D = 145°28'44.6'' - 93°11'21.9'' = 52°17'22.7''$

$\beta = V_B^C - V_B^A = 82°24'05.6'' - 325°28'44.6'' = 116°55'21.0''$, $\phi = 90°$

$\angle AOB = 180° - (\alpha + \beta) = 180° - (52°17'22.7'' + 116°55'21.0'') = 10°47'16.3''$

$\theta = 180° - (\phi + \angle AOB) = 180° - (90° + 10°47'16.3'') = 79°12'43.7''$

3) 거리 계산

$L = \sqrt{(\Delta x)^2 + (\Delta y)^2} = \sqrt{(22.87)^2 + (-33.25)^2} = 40.36\text{m}$

$x = L \cdot \sqrt{\dfrac{\sin\alpha \cdot \sin\beta}{\sin\theta \cdot \sin\phi}} = 40.36 \times \sqrt{\dfrac{\sin 52°17'22.7'' \times \sin 116°55'21.0''}{\sin 79°12'43.7'' \times \sin 90°}} = 34.20\text{m}$

$M = \dfrac{(L \cdot \sin\beta - x \cdot \sin\phi)}{\sin(\alpha+\beta)} = \dfrac{(40.36 \times \sin 116°55'21.0'' - 34.20 \times \sin 90°)}{\sin(52°17'22.7'' + 116°55'21.0'')} = 9.54\text{m}$

$N = \dfrac{(x \cdot \sin\theta - L \cdot \sin\alpha)}{\sin(\alpha+\beta)} = \dfrac{(34.20 \times \sin 79°12'43.7'' - 40.36 \times \sin 52°17'22.7'')}{\sin(52°17'22.7'' + 116°55'21.0'')} = 8.90\text{m}$

4) 종·횡선좌표 계산

측점	종·횡선좌표
P점	$X_P = X_A + (M \cdot \cos V_A^D) = 810.59 + (9.54 \times \cos 93°11'21.9'') = 810.06\text{m}$ $Y_P = Y_A + (M \cdot \sin V_A^D) = 351.99 + (9.54 \times \sin 93°11'21.9'') = 361.52\text{m}$
Q점	$X_Q = X_B + (N \cdot \cos V_C^B) = 777.34 + (8.90 \times \cos 262°24'05.6'') = 776.16\text{m}$ $Y_Q = Y_B + (N \cdot \sin V_C^B) = 374.86 + (8.90 \times \sin 262°24'05.6'') = 366.04\text{m}$

07

중부원점지역에 있는 지적도근점의 좌표가 $X=435,752.86m$, $Y=197,536.45m$이고 이 지역의 지적도 축척이 1,000분의 1일 때 가로·세로 도곽선의 도상길이(cm)와 지상길이(m), 지적도근점을 포용할 수 있는 도곽선의 좌표를 구하시오.

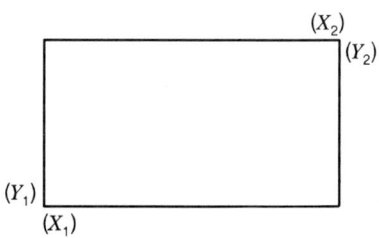

해설

1) 1/1,000 도곽선의 도상길이와 지상길이

도상길이	종선(X)=30cm, 횡선(Y)=40cm
지상길이	종선(X)=300m, 횡선(Y)=400m

2) 도곽선 종·횡선좌표 계산

종선좌표	횡선좌표
① 종선좌표에서 500,000을 뺀다. $X=435,752.86-500,000=-64,247.14m$	① 횡선좌표에서 200,000을 뺀다. $Y=197,536.45-200,000=-2,463.55m$
② 도곽선 종선길이로 나눈다. $-64,247.14÷300=-214.16m$	② 도곽선 횡선길이로 나눈다. $-2,463.55÷400=-6.16m$
③ 도곽선 종선길이로 나눈 정수를 곱한다. $-214×300=-64,200m$	③ 도곽선 횡선길이로 나눈 정수를 곱한다. $-6×400=-2,400m$
④ 원점에서의 거리에 500,000을 더한다. $-64,200+500,000=435,800m$ → 종선의 상부좌표(X_2) ※ $X=435,752.86$이 500,000 이하이기 때문에 상부 종선좌표가 먼저 결정된다.	④ 원점에서의 거리에다 200,000을 더한다. $-2,400+2200,000=197,600m$ → 횡선의 우측좌표(Y_2) ※ $Y=197,536.45$가 200,000 이하이기 때문에 우측 횡선좌표가 먼저 결정된다.
⑤ 종선의 상부좌표에서 도곽선 종선길이를 빼준다. $435,800-300=435,500m$ → 종선의 하부좌표(X_1)	⑤ 횡선의 우측좌표에서 도곽선 횡선길이를 빼준다. $197,600-400=197,200m$ → 횡선의 좌측좌표(Y_1)

∴ $X_1=435,500m$, $X_2=435,800m$, $Y_1=197,200m$, $Y_2=197,600m$

08

축척이 1,000분의 1인 지역에서 원면적이 1,357m²인 보라동 50번지의 토지를 3필지로 분할하기 위하여 전자면적계로 면적을 측정하여 표와 같은 결과를 얻었다. 지적법규의 규정에 의하여 면적측정부를 작성하시오(단, 도곽신축량은 $\Delta X = +0.5$mm, $\Delta Y = +0.5$mm이며 계산방법은 지적관련법규 및 규정에 따른다).

지번	1회 측정값(m²)	2회 측정값(m²)
50	321.5	324.7
50-1	616.8	613.3
50-2	404.5	407.8

해설

1) 면적보정계수 계산

기본식	$Z = \dfrac{X \cdot Y}{\Delta X \cdot \Delta Y}$ 여기서, Z : 보정계수　　　　X : 도곽선 종선길이, 　　　　Y : 도곽선 횡선길이　　ΔX : 신축된 도곽선 종선길이의 합/2 　　　　ΔY : 신축된 도곽선 횡선길이의 합/2
도상길이로 계산	$Z = \dfrac{X \cdot Y}{\Delta X \cdot \Delta Y} = \dfrac{333.33 \times 416.67}{(333.33+0.5)(416.67+0.5)} = 0.9971$
지상길이로 계산	$Z = \dfrac{X \cdot Y}{\Delta X \cdot \Delta Y} = \dfrac{300 \times 400}{(400+0.5)(500+0.5)} = 0.9971$

－0.7mm를 지상거리로 환산

축척 = $\dfrac{도상거리}{지상거리}$, $\dfrac{1}{1,000} = \dfrac{+0.5\text{mm}}{실제거리}$

∴ 실제거리 = $+0.5 \times 1,000 = +500$mm $= +0.5$m

2) 신구면적 허용오차(공차)

지번	1회 측정값(m²)	2회 측정값(m²)	측정값 평균(m²)
50	321.5	324.7	323.1
50-1	616.8	613.3	615.1
50-2	404.5	407.8	406.2
공차	$A = \pm 0.026^2 M\sqrt{F} = \pm 0.026^2 \times 1,000 \times \sqrt{1,357} = \pm 24.9 = \pm 24$m² 여기서, A : 오차 허용면적 　　　　M : 축척분모 　　　　F : 원면적 ※ 공차의 소수점 이하는 버린다.		

3) 필지별 보정면적의 계산

기본식	보정면적＝측정면적×보정계수
50번지	$323.1 \times 0.9971 = 322.2\text{m}^2$
50－1번지	$615.1 \times 0.9971 = 613.3\text{m}^2$
50－2번지	$406.2 \times 0.9971 = 405.0\text{m}^2$
합계	$1,340.5\text{m}^2$

4) 필지별 산출면적 계산

기본식	$r = \dfrac{F}{A} \times a$ 여기서, r : 각 필지의 산출면적 　　　　F : 원면적 　　　　A : 측정면적 합계 또는 보정면적 합계 　　　　a : 각 필지의 측정면적 또는 보정면적
50번지	$\dfrac{1,357}{1,340.5} \times 322.2 \times 326.2 = \text{m}^2$
50－1번지	$\dfrac{1,357}{1,340.5} \times 613.3 \times 620.8 = \text{m}^2$
50－2번지	$\dfrac{1,357}{1,340.5} \times 405.0 \times 410.0 = \text{m}^2$
합계	$1,357\text{m}^2$

※ 산출면적의 합계는 반드시 원면적과 같아야 하며 단수처리상 차이가 있을 경우 증감하여 원면적과 같게 만들어 결정한다.

5) 필지별 결정면적

50번지	326m^2
50－1번지	621m^2
50－2번지	410m^2
합계	$1,357\text{m}^2$

※ 축척이 1/1,000 지역이기 때문에 정수만 등록하며, 결정면적이 반드시 원면적(대장면적)과 일치하는지 확인해야 한다.

면적측정부

축척 $\frac{1}{1,000}$

동리명	지번	측정 방법	횟수 또는 산출수		측정면적 (m²)	도곽신축 보정계수	보정면적 (m²)	원면적 (m²)	산출면적 (m²)	결정면적 (m²)	비고
			제1회	제2회							
보라동	50	전산	321.5	324.7	323.1	0.9971	322.2		326.2	326	
	50-1	〃	616.8	613.3	615.1	〃	613.3		620.8	621	
	50-2	〃	404.5	407.8	406.2	〃	405.0		410.0	410	
	50				1,344.4			1,357		1,357	

09 지적도의 축척이 1/500 지역에 있는 다음 도형의 좌표면적을 계산하시오.

측점 부호	X좌표(m)	Y좌표(m)
1	6,466.20	4,598.10
2	6,441.40	4,587.60
3	6,436.40	4,607.10
4	6,444.10	4,626.80

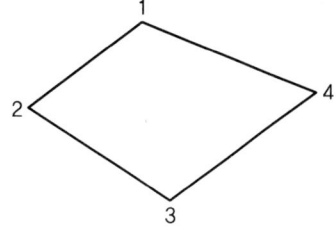

좌표면적 계산부

측점 번호	X_n	Y_n	면적 계산			
			$X_{n+1} - X_{n-1}$	$Y_{n+1} - Y_{n-1}$	$X_n(Y_{n+1} - Y_{n-1})$	$Y_n(X_{n+1} - X_{n-1})$
1						
2						
3						
4						

해설

계산식 : $A = \dfrac{1}{2}[\Sigma X_n (Y_{n+1} - Y_{n-1})]$ 또는 $A = \dfrac{1}{2}[\Sigma Y_n (X_{n+1} - X_{n-1})]$

좌표면적계산부

측점번호	X_n	Y_n	면적 계산			
			$X_{n+1} - X_{n-1}$	$Y_{n+1} - Y_{n-1}$	$X_n(Y_{n+1} - Y_{n-1})$	$Y_n(X_{n+1} - X_{n-1})$
1	6,466.20	4,598.10	−39.20	−2.70	−253,475.0400	−12,414.8700
2	6,441.40	4,587.60	9.00	−29.80	57,972.6000	−136,710.4800
3	6,436.40	4,607.10	39.20	2.70	252,306.8800	12,439.1700
4	6,444.10	4,626.80	−9.00	29.80	−57,996.9000	137,878.6400
					−1,192.4600	1,192.4600
					\multicolumn{2}{c}{1,192.4600 ÷ 2 = 596.2300}
					\multicolumn{2}{c}{$A = 596.2 \text{m}^2$}

PART 02

실전모의고사
(필답형)

제1회 실전모의고사

※ 본 실전모의문제는 수험자의 정보를 토대로 작성하였으므로 일부 다를 수 있으며, 실전 대비 목적으로 작성한 것입니다.

01

지적삼각점측량을 유심다각망으로 실시하여 다음과 같은 결과를 얻었다. 주어진 서식에 의하여 소구점의 좌표를 구하시오(단, 각은 0.1″까지, 거리 및 좌표는 m 단위, 소수 둘째 자리까지 계산하시오).

1) 기지점좌표

점명	X좌표(m)	Y좌표(m)
동문	464,622.87	197,395.42
남문	464,981.43	194,264.47

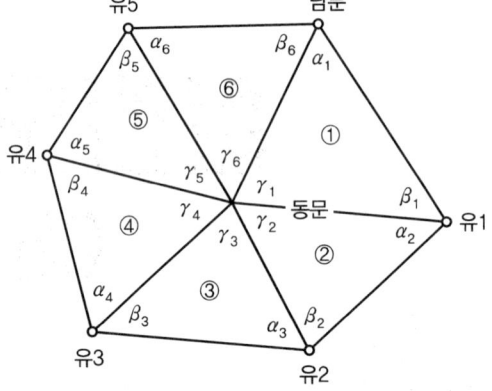

2) 관측내각

점명	각명	관측각	점명	각명	관측각
동문	α_1	60°12′29.2″	유3	α_4	52°01′38.5″
유1	β_1	65°18′45.8″	유4	β_4	63°00′56.2″
남문	γ_1	54°28′36.6″	동문	γ_4	64°57′32.9″
유1	α_2	64°42′21.3″	유4	α_5	57°26′31.8″
유2	β_2	55°21′58.6″	유5	β_5	57°40′53.5″
동문	γ_2	59°55′42.8″	동문	γ_5	64°52′29.1″
유2	α_3	60°30′28.2″	유5	α_6	65°39′45.9″
유3	β_3	60°43′41.6″	남문	β_6	57°20′11.4″
동문	γ_3	58°45′44.4″	동문	γ_6	56°59′54.2″

02 지적삼각측량을 실시하기 위하여 광파측거기로 기지점 보라1에서 보라2까지의 거리를 측정한 결과 4,712.68m이었다. 주어진 여건에 따라 평면거리계산부를 사용하여 연직각과 표고에 의하여 두 점 간의 평면거리를 계산하시오(단, R=6,372,199.7m이고, 거리는 소수 둘째 자리까지 계산하시오).

- 연직각(α_1) = +2°16′53″
- 기지점표고(H_1')=459.78m
- 기계고(i)=1.45m
- 원점에서 삼각점까지의 횡선거리(Y_1)=13.5km

- 연직각(α_2) = −2°17′04″
- 기지점표고(H_2')=648.35m
- 시준고(f)=2.48m
- 원점에서 삼각점까지의 횡선거리(Y_2)=15.3km

03 다음과 같이 4점의 좌표를 이용하여 교차하는 P점의 좌표를 구하시오(단, 계산은 반올림하여 각도는 초단위까지, 거리 및 좌표는 cm 단위까지 계산하시오).

점명	X좌표(m)	Y좌표(m)
$D(1)$	3,851.51	1,621.57
$B(2)$	3,812.00	1,614.72
$C(3)$	3,821.55	1,635.41
$A(4)$	3,841.95	1,600.18

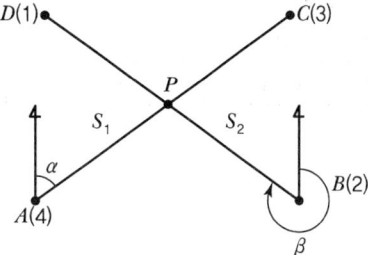

04 다음 그림에서 원과 직선의 교점 A의 좌표를 구하시오(단, 계산은 반올림하여 각도는 1″ 단위까지, 서식 (1)~(5)칸은 소수 다섯째 자리까지, 기타의 좌표는 둘째 자리까지, 거리는 cm 단위까지 계산하시오).

점명	종선(X)좌표(m)	횡선(Y)좌표(m)
O	741.97	707.02
P	751.83	705.07

$V_P^A(\alpha_o) = 132°26′12″$
$R = 200.00$m

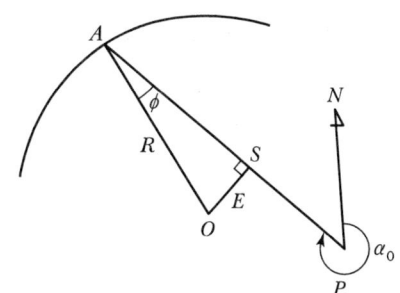

05 다음 그림에서 A, B, C점은 도로의 중심점이다. 주어진 조건으로 가구점 P의 좌표를 구하시오(단, 계산은 반올림하여 각도는 초단위까지, 거리는 소수 넷째 자리까지, 좌표는 소수 둘째 자리까지 계산하시오).

점명	X좌표(m)	Y좌표(m)
A	465,715.46	198,811.84

방위각 : $V_A^B = 91°25'40''$, $V_A^C = 5°43'20''$

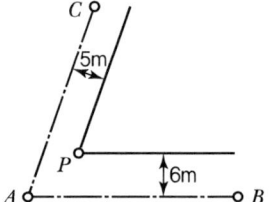

06 지적삼각점 귀심8에서 측점귀심방법으로 수평각을 측정하여 편심거리(K)=4.455m, $\theta = 265°11'45.3''$를 얻었다. 주어진 서식에 의하여 중심각을 구하시오(단, 거리는 소수 둘째 자리까지, 각도는 0.1″까지 계산하시오).

시준점	측점1	측점2	측점3	측점4
관측방향각	0°00′00″	79°54′34.6″	199°22′15.7″	255°35′46.1″
측점 간 거리(m)	4,411.87	3,623.54	3,907.21	4,029.69

07 그림과 같이 $\overline{AD} \parallel \overline{BC}$인 사각형 $ABCD$에서 필지 면적의 증감이 없이 경계선 $\overline{AB}$를 $\overline{CD}$에 평행한 직선 $\overline{PQ}$로 정정하고자 할 때 H와 $\overline{AP}$의 거리를 구하시오(단, 거리는 cm 단위로 계산하시오).

2) 점의 좌표

점명	X좌표(m)	Y좌표(m)
A	823.00	464.00
B	769.10	437.63
C	690.10	493.00
D	723.00	534.00

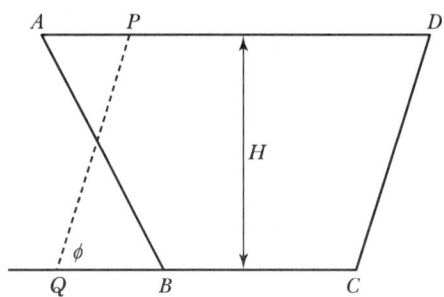

제1회 실전모의고사 정답 및 해설

01

1) 각규약에 의한 조정

(1) 삼각규약에 대한 오차 계산

삼각형	관측각의 합	180°와의 차(ε)	오차의 합($\Sigma \varepsilon$)
①	179°59′51.6″	−8.4″	
②	180°00′02.7″	+2.7″	
③	179°59′54.2″	−5.8″	−18.0″
④	180°00′07.6″	+7.6″	
⑤	179°59′54.4″	−5.6″	
⑥	179°59′51.5″	−8.5″	

(2) 망규약에 대한 오차 계산

$\Sigma\gamma = 360 - 00 - 00$

$e = (\gamma_1 + \gamma_2 + \gamma_3 + \gamma_4 + \gamma_5 + \gamma_6) - 360° = 360° - 360° = 0$

(3) 망규약 및 삼각규약의 조정량

구분		조정량
망규약		$(\text{II}) = \dfrac{\Sigma\varepsilon - 3e}{2n} = \dfrac{-18.0 - (3\times 0)}{2\times 6} = -1.5''$
삼각규약		삼각규약$(\text{I}) = \dfrac{-\varepsilon - (\text{II})}{3}$
	① 삼각형	$(\text{I}) = \dfrac{-\varepsilon_1 - (\text{II})}{3} = \dfrac{-(-8.4) - (-1.5)}{3} = +3.3''$
	② 삼각형	$(\text{I}) = \dfrac{-\varepsilon_2 - (\text{II})}{3} = \dfrac{-(+2.7) - (-1.5)}{3} = -0.4''$
	③ 삼각형	$(\text{I}) = \dfrac{-\varepsilon_3 - (\text{II})}{3} = \dfrac{-(+2.7) - (-1.5)}{3} = +2.4''$
	④ 삼각형	$(\text{I}) = \dfrac{-\varepsilon_4 - (\text{II})}{3} = \dfrac{-(+7.6) - (-1.5)}{3} = -2.0''$
	⑤ 삼각형	$(\text{I}) = \dfrac{-\varepsilon_5 - (\text{II})}{3} = \dfrac{-(-5.6) - (-1.5)}{3} = +2.4''$
	⑥ 삼각형	$(\text{I}) = \dfrac{-\varepsilon_6 - (\text{II})}{3} = \dfrac{-(-8.5) - (-1.5)}{3} = +3.3''$

※ 계산부에서 (II)의 값은 각 삼각형의 γ각에 보정하고, (I)의 값은 각 삼각형의 α, β, γ각에 배부한다.

(4) 각규약에 따른 조정각

각명	관측각	조정량		조정각	각명	관측각	조정량		조정각
		I	II				I	II	
α_1	60°12′29.2″	+3.3″		60°12′32.5″	α_4	52°01′38.5″	−2.0″		52°01′36.5″
β_1	65°18′45.8″	+3.3″		65°18′49.1″	β_4	63°00′56.2″	−2.0″		63°00′54.2″
γ_1	54°28′36.6″	+3.3″	−1.5″	54°28′38.4″	γ_4	64°57′32.9″	−2.0″	−1.5″	64°57′29.3″
α_2	64°42′21.3″	−0.4″		64°42′20.9″	α_5	57°26′31.8″	+2.4″		57°26′34.2″
β_2	55°21′58.6″	−0.4″		55°21′58.2″	β_5	57°40′53.5″	+2.4″		57°40′55.9″
γ_2	59°55′42.8″	−0.4″	−1.5″	59°55′40.9″	γ_5	64°52′29.1″	+2.4″	−1.5″	64°52′29.9″
α_3	60°30′28.2″	+2.4″		60°30′30.6″	α_6	65°39′45.9″	+3.4″		65°39′49.3″
β_3	60°43′41.6″	+2.4″		60°43′44.1″	β_6	57°20′11.4″	+3.3″		57°20′14.7″
γ_3	58°45′44.4″	+2.4″	−1.5″	58°45′45.3″	γ_6	56°59′54.2″	+3.3″	−1.5″	56°59′56.0″

※ 계산과정의 단수처리로 인하여 ±0.1″ 정도의 오차가 발생할 경우 0.1″에 대한 오차처리는 90°에 가장 가까운 각에 배분한다.

2) 변규약에 의한 조정

(1) E_1 계산

① $\sin\alpha$와 $\sin\beta$ 계산

삼각형	$\sin\alpha$	$\sin\beta$
①	0.867844	0.908608
②	0.904126	0.822801

※ ③, ④, ⑤, ⑥ 삼각형도 동일한 방법으로 계산한다.

② $E_1 = \dfrac{\sin\alpha_1 \times \sin\alpha_2 \times \sin\alpha_3 \times \sin\alpha_4}{\sin\beta_1 \times \sin\beta_2 \times \sin\beta_3 \times \sin\beta_4} - 1 = \dfrac{\Pi\sin\alpha}{\Pi\sin\beta} - 1 = \dfrac{0.413460}{0.413458} - 1 = +5(+0.000005)$

(2) $\Delta\alpha$ 와 $\Delta\beta$ 계산

삼각형	$\Delta = \cos\alpha(\text{또는 }\beta) \times (\sin 10'' \times 10^6) = \cos\alpha(\text{또는 }\beta) \times 48.4814$	
	$\Delta\alpha = \cos\alpha \times 48.4814$	$\Delta\beta = \cos\beta \times 48.4814$
①	$\cos 60°12′32.5″ \times 48.4814 = −24″$	$\cos 65°18′49.1″ \times 48.4814 = +20″$
②	$\cos 64°42′20.9″ \times 48.4814 = −21″$	$\cos 55°21′58.2″ \times 48.4814 = +28″$

※ ③, ④, ⑤, ⑥ 삼각형도 동일한 방법으로 계산한다.

(3) E_2의 계산

각규약에서 조정각으로 계산한 sin값에 초차(Δ)를 더하여 $\sin\alpha'$과 $\sin\beta'$을 구한 후 E_2의 값을 계산한다.

① $\sin\alpha'$과 $\sin\beta'$ 계산

E_1의 값이 +5이므로 $\sin\alpha$값이 크기 때문에, $\sin\alpha$는 (−)로 하고, $\sin\beta$는 (+)로 하여야 오차가 소거되므로 초차(Δ)를 $-\Delta\alpha$, $+\Delta\beta$로 하여 $\sin\alpha'$, $\sin\beta'$을 계산한다.

삼각형	$\sin\alpha'$	$\sin\beta'$
①	$0.867844-24(\Delta\alpha)=0.867820$	$0.908608+20(\Delta\beta)=0.908628$
②	$0.904126-21(\Delta\alpha)=0.904105$	$0.822801+28(\Delta\beta)=0.822829$

※ ③, ④, ⑤, ⑥삼각형도 동일한 방법으로 계산한다.

② $E_2 = \dfrac{\sin\alpha_1' \times \sin\alpha_2' \times \sin\alpha_3' \times \sin\alpha_4'}{\sin\beta_1' \times \sin\beta_2' \times \sin\beta_3' \times \sin\beta_4'} - 1 = \dfrac{\Pi\sin\alpha'}{\Pi\sin\beta'} - 1 = \dfrac{0.413339}{0.413529} - 1$
   $= -336(-0.000336)$

③ $|E_1 - E_2| = |(+5) - (-336)| = 341$

(4) 경정수(x_1'', x_2'')의 계산

① $x_1'' = \dfrac{10'' E_1}{|E_1 - E_2|} = \dfrac{10'' \times (+5)}{|(+5)-(-336)|} = +0.1''$

② $x_2'' = \dfrac{10'' E_2}{|E_1 - E_2|} = \dfrac{10'' \times (-336)}{|(+5)-(-336)|} = -9.9''$

③ 검산 : $|x_1'' - x_2''| = |(+0.1) - (-9.9)| = 10''$

(5) 각규약과 변규약에 의한 조정각

각명	관측각	각규약 I	각규약 II	조정각	$\sin\alpha$ / $\sin\beta$	$\Delta\alpha$ / $\Delta\beta$	$\sin\alpha'$ / $\sin\beta'$	$\alpha - x_1''$ / $\beta + x_1''$	변규약 조정각
α_1	60°12′29.2″	+3.3″		60°12′32.5″	0.867844	−24	0.867820	−0.1″	60°12′32.4″
β_1	65°18′45.8″	+3.3″		65°18′49.1″	0.908608	+20	0.908628	+0.1″	65°18′49.2″
γ_1	54°28′36.6″	+3.3″	−1.5″	54°28′38.4″	γ_1				54°28′38.4″
α_2	64°42′21.3″	−0.4″		64°42′20.9″	0.904126	−21	0.904105	−0.1″	64°42′20.8″
β_2	55°21′58.6″	−0.4″		55°21′58.2″	0.822801	+28	0.822829	+0.1″	55°21′58.3″
γ_2	59°55′42.8″	−0.4″	−1.5″	59°55′40.9″	γ_2				59°55′40.9″
α_3	60°30′28.2″	+2.4″		60°30′30.6″	0.870429	−24	0.870405	−0.1″	60°30′30.5″
β_3	60°43′41.6″	+2.4″		60°43′44.1″	0.872316	+24	0.872340	+0.1″	60°43′44.2″
γ_3	58°45′44.4″	+2.4″	−1.5″	58°45′45.3″	γ_3				58°45′45.3″
α_4	52°01′38.5″	−2.0″		52°01′36.5″	0.788299	−30	0.788269	−0.1″	52°01′36.4″
β_4	63°00′56.2″	−2.0″		63°00′54.2″	0.891126	+22	0.891148	+0.1″	63°00′54.3″
γ_4	64°57′32.9″	−2.0″	−1.5″	64°57′29.3″	γ_4				64°57′29.3″
α_5	57°26′31.8″	+2.4″		57°26′34.2″	0.842855	−26	0.842829	−0.1″	57°26′34.1″
β_5	57°40′53.5″	+2.4″		57°40′55.9″	0.845096	+26	0.845122	+0.1″	57°40′56.0″
γ_5	64°52′29.1″	+2.4″	−1.5″	64°52′29.9″	γ_5				64°52′29.9″
α_6	65°39′45.9″	+3.4″		65°39′49.3″	0.911142	−20	0.911122	−0.1″	65°39′49.2″
β_6	57°20′11.4″	+3.3″		57°20′14.7″	0.841863	+26	0.841889	+0.1″	57°20′14.8″
γ_6	56°59′54.2″	+3.3″	−1.5″	56°59′56.0″	γ_6				56°59′56.0″

※ 계산과정의 단수처리로 인하여 ±0.1″ 정도의 오차가 발생할 경우 0.1″에 대한 오차처리는 90°에 가장 가까운 각에 배분한다.

3) 기지점간거리 및 방위각 계산

(남문=A, 동문=B, 유1=C, 유2=D)

방향	거리 및 방위각
동문 → 남문	$\Delta x_a^b = x_b - x_a = 464,981.43 - 464,622.87 = +358.56\text{m}$ $\Delta y_a^b = y_b - y_a = 194,264.47 - 197,395.45 = -3,130.95\text{m}$ $\overline{AB} = \sqrt{(\Delta x_a^b)^2 + (\Delta y_a^b)^2} = \sqrt{(+358)^2 + (-3,130.95)^2} = 3,151.41\text{m}$ $\theta = \tan^{-1}\left(\dfrac{\Delta y_a^b}{\Delta x_a^b}\right) = \tan^{-1}\left(\dfrac{-3,130.95}{+358.56}\right) = 83°28'00.8''$ (4상한) $V_A^B = 360° - \theta = 360° - 83°28'00.8'' = 276°31'59.2''$

4) 소구점 변장 계산

삼각형	방향	변장
①	동문 → 유1	$\overline{AC} = \dfrac{\overline{AB} \times \sin\alpha_1}{\sin\beta_1} = \dfrac{3,151.41 \times \sin 60°12'32.4''}{\sin 65°18'49.2''} = 3,010.02\text{m}$
①	남문 → 유1	$\overline{BC} = \dfrac{\overline{AB} \times \sin\gamma_1}{\sin\beta_1} = \dfrac{3,151.41 \times \sin 54°28'38.4''}{\sin 65°18'49.2''} = 2,822.88\text{m}$
②	동문 → 유2	$\overline{AD} = \dfrac{\overline{AC} \times \sin\alpha_2}{\sin\beta_2} = \dfrac{3,010.02 \times \sin 64°42'20.8''}{\sin 55°21'58.3''} = 3,307.53\text{m}$
②	유1 → 유2	$\overline{CD} = \dfrac{\overline{AC} \times \sin\gamma_2}{\sin\beta_2} = \dfrac{3,010.02 \times \sin 59°55'40.9''}{\sin 55°21'58.3''} = 3,307.53\text{m}$

※ ③, ④, ⑤, ⑥ 삼각형도 동일한 방법으로 계산한다.

5) 소구점 방위각의 계산

(남문=A, 동문=B, 유1=C, 유2=D)

> ※ 역방위각의 개념
> - 방위각이 180도 이상일 때=방위각-180도
> - 방위각이 180도 미만일 때=방위각+180도

삼각형	방위각
①	$V_b^c = V_b^a + \alpha_1 = (V_a^b - 180°) + \alpha_1 = (276°31'59.2'' - 180°) + 60°12'32.4'' = 36°19'26.8''$ $V_a^c = V_a^b + \gamma_1 = 276°31'59.2'' + 54°28'38.4'' = 331°00'37.6''$
②	$V_c^d = V_c^a - \alpha_2 = (V_c^a - 180°) + \alpha_2 = (331°00'37.6'' - 180°) + 64°42'20.8'' = 86°18'16.8''$ $V_a^d = V_a^c + \gamma_2 = 331°00'37.6'' + 59°55'40.9'' = 30°56'18.5''$

※ ③, ④, ⑤, ⑥삼각형도 동일한 방법으로 계산한다.

6) 소구점 종·횡선좌표 계산

(동문= A, 남문= B, 유1= C, 유2= D)
- 소구점 종선좌표=기지점 종선좌표+종선차(Δx)($\Delta x = \cos V \times l$)
- 소구점 횡선좌표=기지점 횡선좌표+횡선차(Δy)($\Delta y = \sin V \times l$)

소구점	방향	종·횡선좌표
유1(C)	동문→유1	$X_C = X_A + (\overline{AC} \times \cos V_a^c) = 464,622.87 + (3,010.02 \times \cos 331°00'37.6'') = 467,255.76\text{m}$ $Y_C = Y_A + (\overline{AC} \times \sin V_a^c) = 197,395.42 + (3,010.02 \times \sin 331°00'37.6'') = 195,936.61\text{m}$
	남문→유1	$X_C = X_B + (\overline{BC} \times \cos V_b^c) = 464,981.43 + (2,822.88 \times \cos 36°19'26.8'') = 467,255.77\text{m}$ $Y_C = Y_B + (\overline{BC} \times \sin V_b^c) = 194,264.47 + (2,822.88 \times \sin 36°19'26.8'') = 195,936.61\text{m}$
	평균좌표	$X_C = \dfrac{(467,255.77 + 467,255.76)}{2} = 467,255.77\text{m}$ $Y_C = \dfrac{(195,936.61 + 195,936.61)}{2} = 195,936.61\text{m}$
유2(D)	동문→유2	$X_D = X_A + (\overline{AD} \times \cos V_a^d) = 464,622.87 + (3,307.53 \times \cos 30°56'18.5'') = 467,459.80\text{m}$ $Y_D = Y_A + (\overline{AD} \times \sin V_a^d) = 197,395.42 + (3,307.53 \times \sin 30°56'18.5'') = 199,095.88\text{m}$
	유1→유2	$X_D = X_C + (\overline{CD} \times \cos V_c^d) = 464,255.76 + (3,165.85 \times \cos 86°18'16.8'') = 467,459.80\text{m}$ $Y_D = Y_C + (\overline{CD} \times \sin V_c^d) = 195,936.61 + (3,165.85 \times \sin 86°18'16.8'') = 199,095.88\text{m}$
	평균좌표	$X_D = \dfrac{(467,459.80 + 467,459.80)}{2} = 467,459.80\text{m}$ $Y_D = \dfrac{(199,095.88 + 199,095.88)}{2} = 199,095.88\text{m}$

※ ③, ④, ⑤, ⑥ 삼각형도 동일한 방법으로 계산한다.

7) 점검

최종계산 결과 남문에서 동문에 대한 변장과 방위각은 기지변과 기지방위각에 해당하므로 산출된 값과 비교하여 같아야 하며, 조정계산 결과 변장에서 $\pm 0.01\text{m}$, 방위각에서 $\pm 0.1''$ 이내의 오차가 발생할 수도 있다.

유심다각망 조정계산부(진수)

삼각형	점명	각명	관측각			각규약		조정각	$\dfrac{\sin\alpha}{\sin\beta}$	$\dfrac{\sin\alpha'}{\sin\beta'}$	$\Delta\alpha$ $\Delta\beta$	$\alpha-x_1''$ $\beta+x_1''$	변구약 조정각	변장 $\alpha\times\dfrac{\sin\alpha(r)}{\sin\beta}$	방위각	종횡선좌표		점명
				Ⅰ	Ⅱ											X	Y	
1	동문	α_1	60°12′29.2″	+3.3″				60°12′32.5″	0.867844	0.867820	−24	−0.1″	60°12′32.4″	남문→동문 3,151.41	남문→동문 276°31′59.2″	464,622.87	197,395.42	남문
	유1	β_1	65°18′45.8″	+3.3″				65°18′49.1″	0.908608	0.908628	+20	+0.1″	65°18′49.2″	동문→유1 2,822.88	동문→유1 36°19′26.8″	464,981.43	194,264.47	동문
	남문	γ_1	54°28′36.6″	+3.3″	−1.5″			54°28′38.4″					54°28′38.4″	남문→유1 3,010.02	남문→유1 331°00′37.6″	467,255.77	195,936.61	유1
	−		179°59′51.6″					180°00′00.0″				γ_1			평균			
	+		180°00′00.0″															
			$\varepsilon_1=-8.4$															
2	유1	α_2	64°42′21.3″	−0.4″				64°42′20.9″	0.904126	0.904105	−21	−0.1″	64°42′20.8″	유1→유2 3,165.85	유1→유2 86°18′16.8″	467,255.76	195,936.61	유1
	유2	β_2	55°21′58.2″	−0.4″				55°21′57.8″	0.822801	0.822829	+28	+0.1″	55°21′58.3″	남문→유2 3,165.85	남문→유2 305°18′16.8″	467,459.80	199,095.88	유2
	남문	γ_2	59°55′42.8″	−0.4″	−1.5″			59°55′40.9″					59°55′40.9″	남문→유2 3,307.53	남문→유2 305°56′18.5″	467,459.80	199,095.88	남문
	−		180°00′02.7″					180°00′00.0″				γ_2			평균			
	+		180°00′00.0″															
			$\varepsilon_2=+2.7$															
3	유2	α_3	60°30′28.2″	+2.4″				60°30′30.6″	0.870429	0.870405	−24	−0.1″	60°30′30.5″	유2→유3 3,241.97	유2→유3 150°25′48.0″	467,459.80	199,095.88	유2
	유3	β_3	60°43′41.6″	+2.4″				60°43′44.1″	0.872316	0.872340	+24	+0.1″	60°43′44.2″	남문→유3 3,355.45	남문→유3 150°25′48.0″	464,640.09	200,695.75	유3
	남문	γ_3	58°45′44.4″	+2.4″	−1.5″			58°45′45.3″					58°45′45.3″	남문→유3 3,300.37	남문→유3 89°42′03.8″	464,640.09	200,695.75	남문
	−		179°59′54.2″					180°00′00.0″				γ_3			평균			
	+		180°00′00.0″															
			$\varepsilon_3=-5.8$															
4	유3	α_4	52°01′38.5″	−2.0″				52°01′36.5″	0.788299	0.788269	−30	−0.1″	52°01′36.4″	유3→유4 3,355.45	유3→유4 217°40′27.4″	464,640.09	200,695.75	유3
	유4	β_4	63°00′56.2″	−2.0″				63°00′54.2″	0.891126	0.891148	+22	+0.1″	63°00′54.3″	남문→유4 3,127.81	남문→유4 154°39′33.1″	461,984.26	198,644.99	유4
	남문	γ_4	64°57′32.9″	−2.0″	−1.5″			64°57′29.3″					64°57′29.3″	남문→유4 2,919.54	남문→유4 154°39′33.1″	461,984.25	198,644.99	남문
	−		180°00′07.6″					180°00′00.0″				γ_4			평균			
	+		180°00′00.0″															
			$\varepsilon_4=+7.6$															
5	유4	α_5	57°26′31.8″	+2.4″				57°26′34.2″	0.842855	0.842829	−26	−0.1″	57°26′34.1″	유4→유5 3,127.81	유4→유5 277°12′59.0″	461,984.26	198,644.99	유4
	유5	β_5	57°40′53.5″	+2.4″				57°40′55.9″	0.845096	0.845122	+26	+0.1″	57°40′56.0″	남문→유5 2,900.72	남문→유5 219°32′03.0″	462,377.17	195,541.96	유5
	남문	γ_5	64°52′29.1″	+2.4″	−1.5″			64°52′29.9″					64°52′29.9″	남문→유5 2,911.80	남문→유5 219°32′03.0″	462,377.16	195,541.95	남문
	−		179°59′54.4″					180°00′00.0″				γ_5			평균			
	+		180°00′00.0″															
			$\varepsilon_5=-5.6$															
6	유5	α_6	65°39′45.9″	+3.4″				65°39′49.3″	0.911142	0.911122	−20	−0.1″	65°39′49.2″	유5→동문 2,900.72	유5→동문 333°52′13.8″	462,377.16	195,541.96	유5
	동문	β_6	57°20′11.4″	+3.3″				57°20′14.7″	0.841863	0.841889	+26	+0.1″	57°20′14.8″	남문→동문 3,151.42	남문→동문 276°31′59.2″	464,981.43	194,264.48	동문
	남문	γ_6	56°59′54.2″	+3.3″	−1.5″			56°59′56.0″					56°59′56.0″	남문→동문 3,151.42	남문→동문 276°31′59.2″	464,981.43	194,264.46	남문
	−		179°59′51.5″					180°00′00.0″				γ_6			평균			
	+		180°00′00.0″															
			$\varepsilon_6=-8.5$															
	$\sum r$		360°00′00.0″	제1기선 l_1				360°00′00.0″	$\pi\sin\alpha$	$\pi\sin\alpha'$				남문→동문 3,151.42	남문→동문 276°31′59.2″	464,981.43	194,264.47	동문
			$e=0$	제2기선 l_2					0.413460	0.413390	E_2							
									$\pi\sin\beta$	$\pi\sin\beta'$								
									0.413458	0.413529							

$\sum\varepsilon=-18.0$

$(\mathrm{II})=\dfrac{\sum\varepsilon-3e}{2n}=-1.5''$

$(\mathrm{I})=\dfrac{1}{3}\left\{-\varepsilon-(\mathrm{II})\right\}=$ ① $+3.3''$, ② $-0.4''$, ③ $+2.4''$

  ④ $-2.0''$, ⑤ $+2.4''$, ⑥ $+3.3''$

n: 삼각형 수

$E_1=\dfrac{\pi\sin\alpha\cdot l_1}{\pi\sin\beta\cdot l_2}-1=+5$

$E_2=\dfrac{\pi\sin\alpha'\cdot l_1}{\pi\sin\beta'\cdot l_2}-1=-336$

$|E_1-E_2|=341$

$\Delta\alpha,\ \Delta\beta=10''$ 자입

$x_1''=\dfrac{10''E_1}{|E_1-E_2|}=+0.1''$

$x_2''=\dfrac{10''E_2}{|E_1-E_2|}=9.9''$

검산: $|x_1''+x_2''|=10''$

약도

02

1) 연직각에 의한 평면거리 계산

구분	계산
연직각	$\frac{1}{2}(\alpha_1+\alpha_2) = \frac{1}{2}(2°16'53''+2°17'04'') = 2°17'04''$ (α_1, α_2는 절대치)
수평거리	$D \cdot \cos\frac{1}{2}(\alpha_1+\alpha_2) = 4,712.68 \times \cos\frac{1}{2}(2°16'53''+2°17'04'') = 4,708.93\text{m}$
표고	$H_1' = H_1 + i = $ 표고 + 기계고 $= 459.78 + 1.45 = 461.23\text{m}$ $H_2' = H_2 + f = $ 표고 + 시준고 $= 648.35 + 2.48 = 650.83\text{m}$
기준면거리	$S = D \cdot \cos\frac{1}{2}(\alpha_1+\alpha_2) - \frac{D \cdot (H_1'+H_2')}{2R}$ $= 4,712.68 \times \cos\frac{1}{2}(2°16'53''+2°17'04'') - \frac{4,712.68 \times (461.23+650.83)}{2 \times 6,372,199.7} = 4,708.52\text{m}$
축척계수	$K = 1 + \frac{(Y_1+Y_2)^2}{8R^2} = 1 + \frac{(13.5+15.3)^2}{8 \times (6,372.199.7)^2} = 1.000003$
평면거리	$D_0 = S \times K = 4,708.52 \times 1.000003 = 4,708.53\text{m}$

2) 표고에 의한 평면거리 계산

구분	계산
표고 차이	$H_1' - H_2' = 461.23 - 650.83 = -189.60\text{m}$
수평거리	$D - \frac{(H_1'-H_2')^2}{2D} = 4,712.68 - \frac{(461.23-650.83)^2}{2 \times 4,712.68} = 4,708.86\text{m}$
기준면거리	$S = D - \frac{(H_1'-H_2')^2}{2D} - \frac{D \cdot (H_1'+H_2')}{2R}$ $= 4,712.68 - \frac{(459.78-650.83)^2}{2 \times 4,712.68} - \frac{4,712.68 \times (459.78+650.83)}{2 \times 6,372,199.7} = 4,708.46\text{m}$
축척계수	$K = 1 + \frac{(Y_1+Y_2)^2}{8R^2} = 1 + \frac{(13.5+15.3)^2}{8 \times (6,372.199.7)^2} = 1.000003$
평면거리	$D_0 = S \times K = 4,708.46 \times 1.000003 = 4,708.47\text{m}$

3) 평균 평면거리

$$D_0 = \frac{(4,708.52+4,708.47)}{2} = 4,708.50\text{m}$$

평면거리계산부

약도	공식
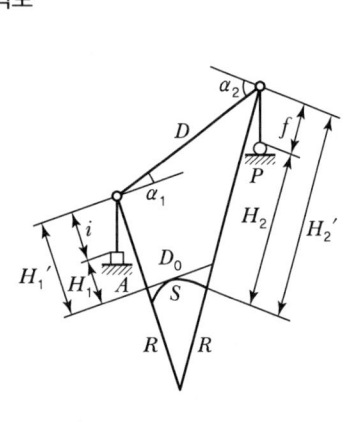	• 연직각에 의한 계산 $$S = d \cdot \cos\frac{1}{2}(\alpha_1 + \alpha_2) - \frac{D(H_1' + H_2')}{2R}$$ • 표고에 의한 계산 $$S = D - \frac{(H_1' - H_2')^2}{2D} - \frac{D(H_1' + H_2')}{2R}$$ • 평면거리 $$D_0 = S \times K \left(K = 1 + \frac{(Y_1 + Y_2)^2}{8R^2} \right)$$ $D=$경사거리 $S=$기준면거리 $H_1, H_2=$표고 $R=$곡률반경(6,372,199.7m) $i=$기계고 $f=$시준고 $\alpha_1, \alpha_2=$연직각(절대치) $K=$축척계수 $Y_1 Y_2=$원점에서 삼각점까지의 횡선거리(km)

연직각에 의한 계산		표고에 의한 계산	
방향		운학1점 → 운학2점	
D	4,712.68m	D	4,712.68m
α_1	+2°16′ 53″	$2D$	9,425.36m
α_2	−2°17′ 04″	H'_1	459.78m
$\frac{1}{2}(\alpha_1 + \alpha_2)$	2°17′ 04″	H'_2	648.35m
$\cos\frac{1}{2}(\alpha_1 + \alpha_2)$	0.999205	$(H'_1 - H'_2)$	−188.57m
$D \cdot \cos\frac{1}{2}(\alpha_1 + \alpha_2)$	4,708.93m	$(H'_1 - H'_2)^2$	35,558.64m
$H'_1 = H_1 + i$	461.23m	$\frac{(H_1' - H_2')^2}{2D}$	3.77m
$H'_2 = H_2 + f$	650.83m	$D - \frac{(H_1' - H_2')^2}{2D}$	4,708.91m
R	6,372,199.7	R	6,372,199.7
$2R$	12,744,399.3	$2R$	12,744,399.3
$\frac{D(H_1' + H_2')}{2R}$	0.411m	$\frac{D(H_1' + H_2')}{2R}$	0.411m
S	4,708.52m	S	4,708.52m
Y_1	13.5km	Y_1	13.5km
Y_2	15.3km	Y_2	15.3km
$(Y_1 + Y_2)^2$	829.44m	$(Y_1 + Y_2)^2$	829.44m
$8R^2$	324,839,427.7km	$8R^2$	324,839,427.7km
$K = 1 + \frac{(Y_1 + Y_2)^2}{8R^2}$	1.000003	$K = 1 + \frac{(Y_1 + Y_2)^2}{8R^2}$	1.000003
$S \times K$	4,708.53m	$S \times K$	4,708.51m
평균(D_0)		4,708.52m	
계산자	○ ○ ○	검사자	○ ○ ○

03

1) 방위각 계산

방향	방위각
$A \to C$	$\Delta x_a^c = x_c - x_a = 3,821.55 - 3,841.95 = -20.40\text{m}$ $\Delta y_a^c = y_c - y_a = 1,635.41 - 1,600.18 = +35.23\text{m}$ $\theta = \tan^{-1}\left(\dfrac{\Delta y_a^c}{\Delta x_a^c}\right) = \tan^{-1}\left(\dfrac{+35.23}{-20.40}\right) = 59°55'37''(2상한)$ $V_a^c(\alpha) = 180° - \theta = 180° - 59°55'37'' = 120°04'23''$
$B \to D$	$\Delta x_b^d = x_d - x_b = 3,851.51 - 3,812.00 = +39.51\text{m}$ $\Delta y_b^d = y_d - y_b = 1,621.57 - 1,614.72 = +6.85\text{m}$ $\theta = \tan^{-1}\left(\dfrac{\Delta y_b^d}{\Delta x_b^d}\right) = \tan^{-1}\left(\dfrac{+6.85}{+39.51}\right) = 9°50'09''(1상한)$ $V_b^d(\beta) = \theta = 9°50'09''$
$A \to B$	$\Delta x_a^b = x_b - x_a = 3,812.00 - 3,841.95 = -29.95\text{m}$ $\Delta y_a^b = y_b - y_a = 1,614.72 - 1,600.18 = +14.54\text{m}$ $\theta = \tan^{-1}\left(\dfrac{\Delta y_a^b}{\Delta x_a^b}\right) = \tan^{-1}\left(\dfrac{+14.54}{-29.95}\right) = 25°53'44''(2상한)$ $V_a^b = 180° - \theta = 180° - 25°53'44'' = 154°06'16''$

2) 거리 계산

$\alpha - \beta = 120°04'23'' - 9°50'09'' = 110°14'14''$

$S_1 = \dfrac{\Delta y_a^b \cdot \cos\beta - \Delta x_a^b \cdot \sin\beta}{\sin(\alpha - \beta)} = \dfrac{(14.54 \times \cos 9°50'09'') - (-29.95 \times \sin 9°50'09'')}{\sin(120°04'23'' - 9°50'09'')} = 20.7217\text{m}$

$S_2 = \dfrac{\Delta y_a^b \cdot \cos\alpha - \Delta x_a^b \cdot \sin\alpha}{\sin(\alpha - \beta)} = \dfrac{(14.54 \times \cos 120°04'23'') - (-29.95 \times \sin 120°04'23'')}{\sin(120°04'23'' - 9°50'09'')} = 19.8582\text{m}$

3) 소구점(P) 종 · 횡선좌표 계산

소구점	방향	종 · 횡선좌표
P	$A \to P$	$X_P = X_A + S_1 \cdot \cos\alpha = 3,841.95 + (20.7217 \times \cos 120°04'23'') = 3,831.57\text{m}$ $Y_P = Y_A + S_1 \cdot \sin\alpha = 1,600.18 + (20.7217 \times \sin 120°04'23'') = 1,618.11\text{m}$
	$B \to P$	$X_P = X_B + S_2 \cdot \cos\beta = 3,812.00 + (19.8582 \times \cos 9°50'09'') = 3,831.57\text{m}$ $Y_P = Y_B + S_2 \cdot \sin\beta = 1,614.72 + (19.8582 \times \sin 9°50'09'') = 1,618.11\text{m}$
	평균좌표	$X_P = \dfrac{(3,831.57 + 3,831.57)}{2} = 3,831.57\text{m}$ $Y_P = \dfrac{(1,618.11 + 1,618.11)}{2} = 1,618.11\text{m}$

교차점계산부

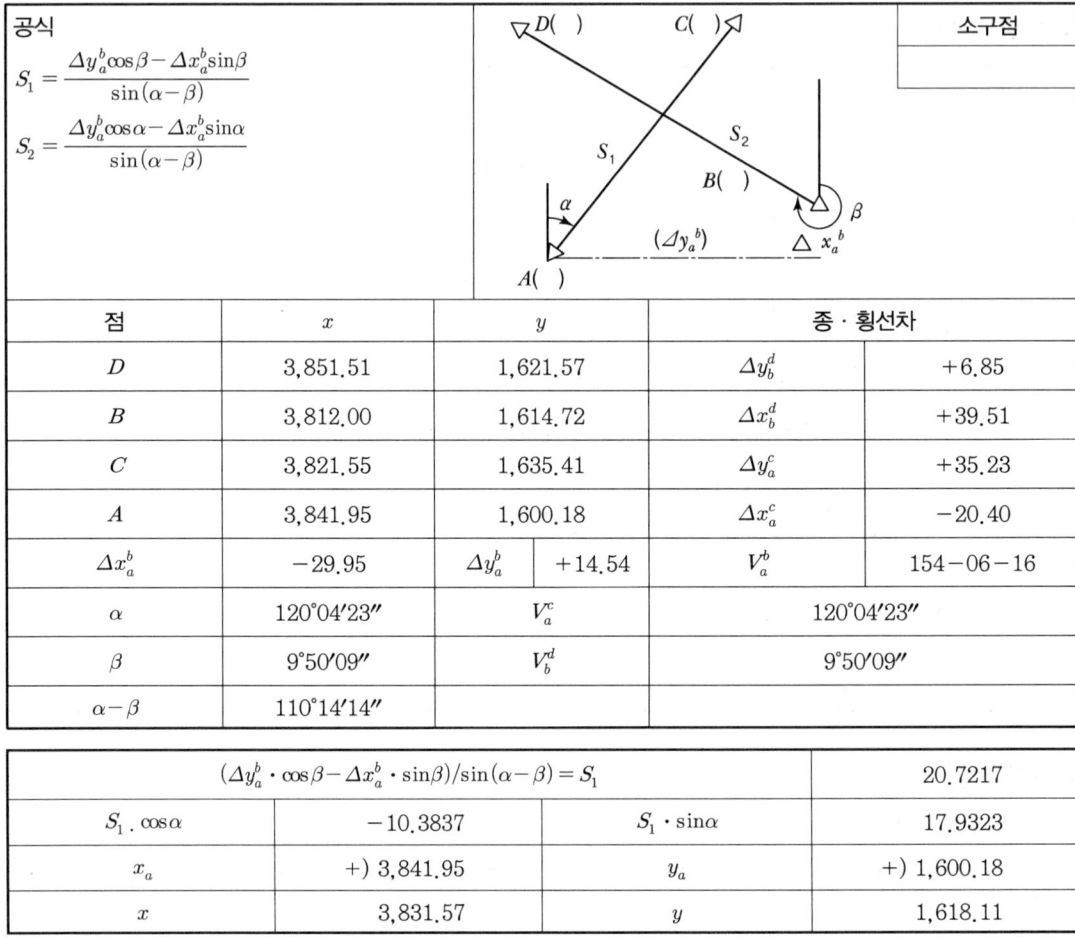

공식
$$S_1 = \frac{\Delta y_a^b \cos\beta - \Delta x_a^b \sin\beta}{\sin(\alpha-\beta)}$$
$$S_2 = \frac{\Delta y_a^b \cos\alpha - \Delta x_a^b \sin\alpha}{\sin(\alpha-\beta)}$$

소구점

점	x	y	종·횡선차	
D	3,851.51	1,621.57	Δy_b^d	+6.85
B	3,812.00	1,614.72	Δx_b^d	+39.51
C	3,821.55	1,635.41	Δy_a^c	+35.23
A	3,841.95	1,600.18	Δx_a^c	−20.40
Δx_a^b	−29.95	Δy_a^b	+14.54	V_a^b	154−06−16
α	120°04′23″	V_a^c		120°04′23″
β	9°50′09″	V_b^d		9°50′09″
$\alpha-\beta$	110°14′14″			

$(\Delta y_a^b \cdot \cos\beta - \Delta x_a^b \cdot \sin\beta)/\sin(\alpha-\beta) = S_1$				20.7217
$S_1 \cdot \cos\alpha$	−10.3837	$S_1 \cdot \sin\alpha$		17.9323
x_a	+) 3,841.95	y_a		+) 1,600.18
x	3,831.57	y		1,618.11

$(\Delta y_a^b \cdot \cos\alpha - \Delta x_a^b \cdot \sin\alpha)/\sin(\alpha-\beta) = S_2$				19.8582
$S_2 \cdot \cos\beta$	+19.5663	$S_2 \cdot \sin\beta$		+3.3923
x_b	+) 3,812.00	y_b		+) 1,614.72
x	3,831.57	y		1,618.11

X	3,831.57	Y	1,618.11

04

1) O점에서 P점의 종·횡선차 계산

$\Delta x_o^p = x_p - x_o = 751.83 - 741.97 = +9.86\text{m}$

$\Delta y_o^p = y_p - y_o = 705.07 - 707.02 = -1.95\text{m}$

2) 수선장(E) 계산

$E = \Delta y \cdot \cos \alpha_o - \Delta x \cdot \sin \alpha_o = (-1.95 \times \cos 132°26'12'') - (+9.86 \times \sin 132°26'12'') = -5.96110\text{m}$

3) ϕ 계산

$\phi = \sin^{-1}\left(\dfrac{E}{R}\right) = \sin^{-1}\left(\dfrac{-5.96110}{200.00}\right) = -1°42'28.7''$

4) 방위각 계산

$V_o^a = V_p^a + \phi = 132°26'12'' + (-1°42'28.7'') = 130°43'43.3''$

5) 소구점(A) 종·횡선좌표 계산

$\Delta X = XR \cdot \cos V_o^a = 200 \times \cos 130°43'43.3'' = -130.49560\text{m}$

$\Delta Y = R \cdot \sin V_o^a = 200 \times \sin 130°43'43.3'' = +151.56153\text{m}$

$X_A = X_O + \Delta X = 741.97 + (-130.49560) = 611.47\text{m}$

$Y_A = Y_O + \Delta Y = 707.02 + (+151.56153) = 858.58\text{m}$

6) 검산

$\Delta x_p^a = x_a - x_p = 611.47 - 751.83 = -140.36\text{m}$

$\Delta y_p^a = y_a - y_p = 858.58 - 705.07 = 153.51\text{m}$

$S = \dfrac{\Delta x_p^a}{\cos \alpha_o} = \dfrac{-140.36}{\cos 132°26'12''} = 208.01\text{m}$

$S = \dfrac{\Delta y_p^a}{\sin \alpha_o} = \dfrac{153.51}{\sin 132°26'12''} = 208.00\text{m}$

$\alpha_o = \tan^{-1}\left(\dfrac{\Delta y_p^a}{\Delta x_p^a}\right) = \tan^{-1}\left(\dfrac{153.51}{140.36}\right) = 47°33'43.7''(2상한)$

$V_p^a(\alpha_o) = 180° - \alpha = 180° - 47°33'43.7'' = 132°26'16.3''$

※ 검산 방위각은 132°26′16.3″이고, P점을 지나는 방위각은 $V_P^A(\alpha_o) = 132°26'12''$로 4.3″의 차이는 미세하므로 측량상의 오차로 본다.

원과 직선의 교점계산부

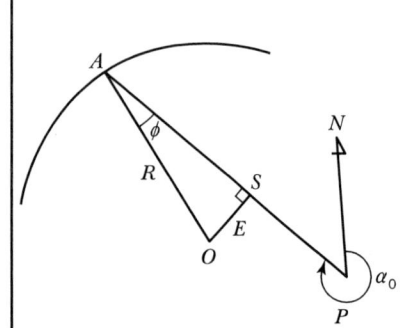

공식

$$E = \Delta y_o^p \cdot \cos \alpha_o - \Delta x_o^p \cdot \sin \alpha_o$$

$$\sin \phi = \frac{E}{R}$$

검산공식

$$\tan \alpha_o = \frac{\Delta y_p^a}{\Delta x_p^a}$$

$$S = \Delta x_p^a / \cos \alpha_o$$

$$\Delta y_p^a / \sin \alpha_o$$

점명		X	Y	R	200.00
P		741.97	707.02		
O		751.83	705.07		
$\Delta x_o^p, \Delta y_o^p$		Δx_o^p : +9.86	Δy_o^p : -1.95		
$\Delta y_o^p \cdot \cos \alpha_o$		+1.31581	α_o		132°26′12″
$\Delta x_o^p \cdot \sin \alpha_o$		+7.27691	$\gamma = \sin^{-1} \frac{E}{R}$		$-1°42′28.7″$
E		+36.19464	$V_O^A = \alpha_o + \gamma$		130°43′43.3″
$R \cdot \cos V_O^A$		-130.49560	$R \cdot \sin V_O^A$		+151.56153
x_o		741.97	y_o		707.02
x_a		611.47	y_a		858.58
검산	x_p	751.83	y_p		705.07
	Δx_p^a	-140.36	Δy_p^a		+153.51
	$\Delta x_p^a / \cos \alpha_o$	208.01	$\Delta y_p^a / \sin \alpha_o$		208.00
	$\tan^{-1} \frac{\Delta y_p^a}{\Delta x_p^a}$	47°33′43.7″			

05

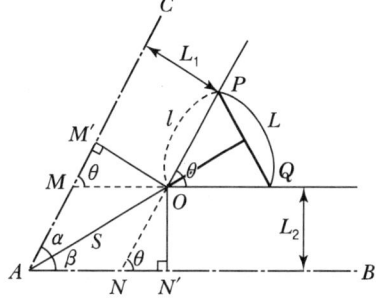

1) 교각(θ) 계산

$$\theta = V_A^B - V_A^C = 91°25'40'' - 5°43'20'' = 85°42'20''$$

2) $AM(ON)$ 길이 계산

$$AM = L_2 \times \frac{1}{\sin\theta} = 6 \times \frac{1}{\sin 85°42'20''} = 6.0169\text{m}$$

3) MM' 길이 계산

$$MM' = L_1 \times \frac{1}{\tan\theta} = 5 \times \frac{1}{\tan 85°42'20''} = 0.3755\text{m}$$

4) AM' 길이 계산

$$AM' = AM + MM' = 6.0169 + 0.3755 = 6.3924\text{m}$$

5) $S(AO)$ 길이 계산

$$S(AO) = \sqrt{(L_1)^2 + (AM')^2} = \sqrt{(5)^2 + (6.3924)^2} = 8.1156\text{m}$$

6) 방위각(V_A^O) 계산

$$\angle M'AO = \sin^{-1}\left(\frac{L_1}{S}\right) = \sin^{-1}\left(\frac{5}{8.1156}\right) = 38°01'54''$$

$$V_a^o = V_a^c + \angle M'AO = 5°43'20'' + 38°01'54'' = 43°45'14''$$

7) 가구점(O점) 종·횡선좌표 계산

$$X_O = X_A + (S \cdot \cos V_a^o) = 465,715.46 + (8.1156 \times \cos 43°45'14'') = 465,721.32\text{m}$$

$$Y_O = Y_A + (S \cdot \sin V_a^o) = 198,811.84 + (8.1156 \times \sin 43°45'14'') = 198,817.45\text{m}$$

06

1) 관측방향각은 수평각개정 계산부 평균각

2) $360° - \theta = 360° - 265°11'45.3'' = 94°48'14.7''$

3) $\alpha = $ 관측방위각 $+ (360° - \theta)$

시준점	측점1	측점2	측점3	측점4
관측방향각	0°00'00''	79°54'34.6''	199°22'15.7''	255°35'46.1''
$360° - \theta$	94°48'14.7''	94°48'14.7''	94°48'14.7''	94°48'14.7''
α	94°48'14.7''	174°42'49.3''	294°10'30.4''	350°24'00.8''

4) $\dfrac{1}{D}$ 계산

측선	측점8 - 측점1	측점8 - 측점2	측점8 - 측점3	측점8 - 측점4
거리(D)	4,411.87m	3,623.54m	3,907.21m	4,029.69m
$\dfrac{1}{D}$	0.000227	0.000276	0.000256	0.000248

5) $\sin\alpha$ 계산

시준점	측점1	측점2	측점3	측점4
α	94°48'14.7''	174°42'49.3''	294°10'30.4''	350°24'00.8''
$\sin\alpha$	+0.996487	+0.092133	-0.912298	-0.166765

6) γ'' 계산 및 γ''을 분·초로 환산(γ)

측선	$\gamma'' = \dfrac{1}{D} \times \dfrac{1}{\sin 1''} \times K \times \sin\alpha$	γ
귀심8 - 측점1	$0.000227 \times 206,264.8 \times 4.455 \times (+0.996487) = +207.9''$	+3'27.9''
귀심8 - 측점2	$0.000276 \times 206,264.8 \times 4.455 \times (+0.092133) = +23.4''$	+0'23.4''
귀심8 - 측점3	$0.000256 \times 206,264.8 \times 4.455 \times (-0.912298) = -214.6''$	-3'34.6''
귀심 - 측점4	$0.000248 \times 206,264.8 \times 4.455 \times (-0.166765) = -38.0''$	-0'38.0''

7) 중심방향각 계산

측선	중심방향각=관측방향각+γ
측점8-측점1	00°00′00″+(+3′27.9″)=0°03′27.9″
측점8-측점2	79°54′34.6″+(+0′23.4″)=79°54′58.0″
측점8-측점3	199°22′15.7″+(-3′34.6″)=199°18′41.1″
측점8-측점4	255°35′46.1″+(-0′38.0″)=255°35′08.1″

8) C점에서 O점을 0°로 한 중심방향각

측선	중심방향각=중심방향각-γ_1 (γ_1 : 원방향각의 γ)
측점8-측점1	+0°03′27.9″+(-3′27.9″)=00°00′00.0″
측점8-측점2	79°54′58.0″+(-3′27.9″)=79°51′30.1″
측점8-측점3	199°18′41.1″+(-3′27.9″)=199°15′13.2″
측점8-측점4	255°35′08.1″+(-3′27.9″)=255°31′40.2″

9) 중심각 계산

측점	중심각=앞선 방향각-뒤에 따른 방향각
∠측점1, 측점8, 측점2	79°51′30.1″-00°00′00.0″=79°51′30.1″
∠측점2, 측점8, 측점3	199°15′13.2″-79°51′30.1″=119°23′43.1″
∠측점3, 측점8, 측점4	255°31′40.2″-199°15′13.2″=56°16′27.0″
∠측점4, 측점8, 측점1	360°00′00″-255°31′40.2″=104°28′19.8″
계(검산)	360°00′00″

수평각 측점귀심 계산부

측점명 측점8점

$r'' = \dfrac{K \cdot \sin a}{D \cdot \sin 1''}$

a : 관측방향각 $+ (360° - \theta)$
K : 편심거리(5m 이내)
D : 삼각점 간 거리(약치도 가함)

$K = 4.990\text{m}$

$360°00'00''$
$\theta = 125°13'10.0''$
$360° - \theta = 234°46'50.0''$

시준점	O=측점1	P=측점2	Q=측점3	R=측점4	$S=$
관측방향각	0°00'00''	68°45'25.2''	178°18'23.5''	225°53'42.9''	
$360° - \theta$	236°49'50''	236°49'50''	236°49'50''	236°49'50''	
a	236°49'50''	305°35'15.2''	55°08'13.5''	102°43'32.9''	
$\dfrac{1}{D}$	0.000311	0.000256	0.000276	0.000239	
$\dfrac{1}{\sin 1''}$	206,264.8	206,264.8	206,264.8	206,264.8	
K	4.990	4.990	4.990	4.990	
$\sin a$	−0.837056	−0.813227	0.820522	0.975435	
r''	× −267.9''	× −214.3''	× +233.1''	× +240.0''	×
r	−4'27.9''	−3'34.3''	+3'53.1''	+4.0'	
중심방향각	−00°04'27.9''	68°41'50.9''	178°22'16.6''	225°57'42.9''	
C점에서 O점을 0°로 한 중심방향각	00°00'00.0''	23°17'47.1''	63°22'48.0''	123°46'12.3''	360°00'00''
중심각	23°17'47.1''	40°05'00.9''	60°23'24.3''	236°13'47.7''	

비고
D : 중심삼각점과 시준점 간 거리
r'' : 초를 단위로 한 귀심화수
r : 분초를 환산한 귀심화수
} 부호는 $\sin a$의 정, 부에 따라 붙임

약도

C : 중심삼각점
E : 편심측점
K : 편심거리

07

1) 기지점간거리 및 방위각의 계산

방향	방위각
$B \to C$	$\Delta x_b^c = x_c - x_b = 690.10 - 769.10 = -79.00\text{m}$ $\Delta y_b^c = y_c - y_b = 493.00 - 437.63 = +55.37\text{m}$ $\overline{BC} = \sqrt{(\Delta x_b^c)^2 + (\Delta y_b^c)^2} = \sqrt{(-79.00)^2 + (+52.37)^2} = 94.78\text{m}$ $\theta = \tan^{-1}\left(\dfrac{\Delta y_b^c}{\Delta x_b^c}\right) = \tan^{-1}\left(\dfrac{+55.37}{-79}\right) = 35°01'34''\,(2상한)$ $V_b^c = 180° - \theta = 180° - 35°01'34'' = 144°58'26''$
$C \to D$	$\Delta x_c^d = x_d - x_c = 723.00 - 690.10 = +32.90\text{m}$ $\Delta y_c^d = y_d - y_c = 534.00 - 493.00 = +41.00\text{m}$ $\overline{CD} = \sqrt{(\Delta x_c^d)^2 + (\Delta y_c^d)^2} = \sqrt{(+32.90)^2 + (+41.00)^2} = 52.57\text{m}$ $\theta = \tan^{-1}\left(\dfrac{\Delta y_c^d}{\Delta x_c^d}\right) = \tan^{-1}\left(\dfrac{+41.00}{+32.90}\right) = 51°15'18''\,(1상한)$ $V_c^d = \theta = 51°15'18''$

2) $\overline{AD}$ 거리의 계산

$\Delta x_a^d = x_d - x_a = 723.00 - 823.00 = -100.00\text{m}$

$\Delta y_a^d = y_d - y_a = 534.00 - 464.00 = +70.00\text{m}$

$\overline{AD} = \sqrt{(\Delta x_a^d)^2 + (\Delta y_a^d)^2} = \sqrt{(-100.00)^2 + (+70.00)^2} = 122.07\text{m}$

3) 내각(ϕ)의 계산

$\phi = V_B^C - V_C^D = 144°58'26'' - 51°15'18'' = 93°43'08''$

4) H의 계산

$\overline{PQ} = \overline{CD}$

$\sin\phi = \dfrac{H}{\overline{PQ}} \to H = \overline{PQ} \cdot \sin\phi = 52.57 \times \sin 93°43'08'' = 52.46\text{m}$

5) $\overline{AP}$ 거리의 계산

$\overline{AP} = \overline{AD} - \overline{PD}$

평행사다리꼴의 면적 계산식은 밑변×높이이므로,

$F = \overline{PD} \times H \to \overline{PD} = \dfrac{F}{H}$

면적(F) = $\square ADCB = \square PDCQ$와 같으므로,

$F = \dfrac{1}{2}(\overline{BC} + \overline{AD}) \times H = \dfrac{1}{2}(94.78 + 122.07) \times 52.46 = 5{,}687.98\text{m}^2$

$\overline{PD} = \dfrac{F}{H} = \dfrac{5{,}687.98}{52.46} = 108.43\text{m}$

$\overline{AP} = \overline{AD} - \overline{PD} = 122.07 - 108.43 = 13.64\text{m}$

제2회 실전모의고사

※ 본 실전모의문제는 수험자의 정보를 토대로 작성하였으므로 일부 다를 수 있으며, 실전 대비 목적으로 작성한 것입니다.

01 지적삼각점측량을 삽입망으로 실시하여 다음과 같은 결과를 얻었다. 각규약 및 변규약에 따른 조정각을 구하시오(단, 각은 0.1″까지, 거리 및 좌표는 m 단위, 소수 둘째 자리까지 계산하시오).

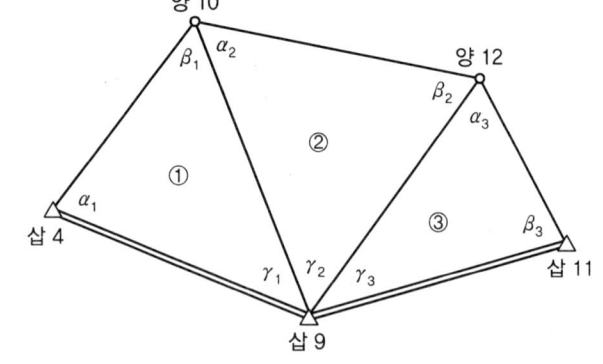

1) 기지점좌표

점명	X좌표(m)	Y좌표(m)
삽4(A)	454,591.97	204,428.53
삽9(B)	457,819.63	204,755.27
삽11(C)	461,216.59	204,692.90

2) 관측내각

점명	각명	관측각	점명	각명	관측각
삽4	α_1	60°12′29.2″	양12	α_3	60°30′28.2″
양10	β_1	65°18′45.8″	삽11	β_3	60°43′41.6″
삽9	γ_1	54°28′37.9″	삽9	γ_3	58°45′45.7″
양10	α_2	64°42′21.3″			
양12	β_2	55°21′58.0″			
삽9	γ_2	59°55′44.1″			

02 지적삼각측량을 실시하기 위하여 광파측거기로 평면1에서 평면2까지의 거리를 측정한 결과 2,800.010m이었다. 두 점 간의 평면거리를 구하시오(단, R=6,372,199.7m이고, 거리는 소수 둘째 자리까지 계산하시오).

- 연직각(α_1) = +3°15′42″
- 기지점표고(H_1')=275.438m
- 기계고(i)=1.56m
- 원점에서 삼각점까지의 횡선거리(Y_1)=23.5km

- 연직각(α_2) = −3°15′25″
- 기지점표고(H_2')=434.03m
- 시준고(f)=2.50m
- 원점에서 삼각점까지의 횡선거리(Y_2)=25.4km

03 다음 그림과 같이 □APQB의 면적은 4,500m², ∠PQB=90°가 되도록 □ABCD를 $\overline{PQ}$로 분할하려고 할 때 P점과 Q점의 좌표를 구하시오(단, $\overline{AD}$ ∥ $\overline{BC}$이고, 각은 0.1초 단위까지, 거리 및 좌표는 cm 단위까지 계산하시오).

점명	부호	X좌표(m)	Y좌표(m)
1	A	838.99	461.57
2	B	792.05	445.14
3	C	797.65	645.06
4	D	844.03	641.50

04 다음 그림과 같이 원(곡선)과 직선이 교차하는 경우에 $\overline{OA}$ 방위각(V_O^A) 및 교점 A점의 좌표를 구하시오[단, 서식 계산과정에서 검산과정도 반드시 계산하여야 하며, 각도는 1″까지, (1)~(5)의 칸은 소수 다섯째 자리까지 구하고, 기타의 항(좌표)은 소수 둘째 자리 (cm 단위)까지 계산하시오].

점명	X좌표(m)	Y좌표(m)
O	4,681.35	6,379.56
P	4,635.10	6,427.85

$V_P^A(\alpha_o) = 346°31′54″$, $R=200$m

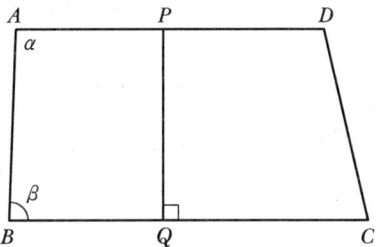

05 필계점 1, 2, 3, 4, 5로 이루어진 용인시 보라동 36번지의 면적 및 경계점 간 거리를 주어진 서식을 이용하여 구하시오(단, 계산방법과 서식의 작성은 지적관련법규 및 규정에 따른다).

필계점	X좌표(m)	Y좌표(m)
1	2,984.50	9,508.52
2	2,985.74	9,534.09
3	2,979.21	9,534.15
4	2,970.18	9,532.93
5	2,971.07	9,508.60

06 지적삼각보조점측량을 X형의 다각망도선법으로 실시하여 다음과 같은 결과를 얻었다. 주어진 서식에 따라 다각망조정계산을 구하시오(단, 서식의 계산란을 이용하여 계산과정을 명시하고 계산부를 완성하시오).

도선	경중률		관측방위각	X좌표(m)	Y좌표(m)
	측점수(ΣN)	측정거리(ΣS)			
(1)	18	1.488	116°50′10″	4,138.55	7,593.69
(2)	7	0.950	116°49′48″	4,138.61	7,593.74
(3)	20	1.522	116°50′05″	4,138.57	7,593.68
(4)	13	1.080	116°49′50″	4,138.63	7,593.71

제2회 실전모의고사 정답 및 해설

01

1) 각규약에 의한 조정

(1) 삼각규약에 대한 오차 계산

삼각형	관측각의 합	180°와의 차(ε)
①	179°59′52.9″	−7.1″
②	180°00′03.4″	+3.4″
③	179°59′55.5″	−4.5″

(2) 망규약에 대한 오차 계산

구분	오차
기지내각	$= V_B^C - V_B^A = V_B^C - (V_A^B + 180°)$ $= 358°56′53.3″ - (5°46′49.6″ + 180°) = 173°10′03.7″$
관측각 합	$\sum \gamma = \gamma_1 + \gamma_2 + \gamma_3 = 173°10′07.7″$
기지각 오차	$e = \sum \gamma - $ 기지내각 $= 173°10′07.7″ - 173°10′03.7″ = +4.0″$

(3) 망규약 및 삼각규약의 조정량

구분		조정량
망규약		$(\text{II}) = \dfrac{\sum \varepsilon - 3e}{2n} = \dfrac{-8.2 - (3 \times 4.0)}{2 \times 3} = -3.4″$
삼각규약	① 삼각형	$(\text{I}) = \dfrac{-\varepsilon_1 - (\text{II})}{3} = \dfrac{-(-7.1) - (-3.4)}{3} = +3.5″$
	② 삼각형	$(\text{I}) = \dfrac{-\varepsilon_2 - (\text{II})}{3} = \dfrac{-(+3.4) - (-3.4)}{3} = 0″$
	③ 삼각형	$(\text{I}) = \dfrac{-\varepsilon_3 - (\text{II})}{3} = \dfrac{-(-4.5) - (-3.4)}{3} = +2.6″$

(4) 각규약에 따른 조정각

각명	관측각	각규약 I	각규약 II	조정각
α_1	60°12′29.2″	+3.5″		60°12′32.7″
β_1	65°18′45.8″	+3.5″		65°18′49.3″
γ_1	54°28′37.9″	+3.5″	−3.4″	54°28′38.0″
α_2	64°42′21.3″	0.0″		64°42′21.3″
β_2	55°21′58.0″	0.0″		55°21′58.0″
γ_2	59°55′44.1″	0.0″	−3.4″	59°55′40.7″
α_3	60°30′28.2″	+2.6″		60°30′30.8″
β_3	60°43′41.6″	+2.6″		60°43′44.3″
γ_3	58°45′45.7″	+2.6″	−3.4″	58°45′44.9″

※ 계산과정의 단수처리로 인하여 ±0.1″ 정도의 오차가 발생할 경우 0.1″에 대한 오차처리는 90°에 가장 가까운 각에 배분한다.

2) 변규약에 의한 조정

(1) E_1 계산

① $\sin\alpha$와 $\sin\beta$ 계산

삼각형	$\sin\alpha$	$\sin\beta$
①	0.867844	0.908608
②	0.904127	0.822800
③	0.870429	0.872317

② $E_1 = \dfrac{\sin\alpha_1 \times \sin\alpha_2 \times l_1}{\sin\beta_1 \times \sin\beta_2 \times l_2} - 1 = \dfrac{\Pi\sin\alpha \times l_1}{\Pi\sin\beta \times l_2} - 1 = \dfrac{2215.678386}{2215.678338} - 1 = -4(-0.000004)$

(2) $\Delta\alpha$와 $\Delta\beta$ 계산

삼각형	$\Delta = \cos\alpha(\text{또는 }\beta) \times (\sin 10″ \times 10^6) = \cos\alpha(\text{또는 }\beta) \times 48.4814$	
	$\Delta\alpha = \cos\alpha \times 48.4814$	$\Delta\beta = \cos\beta \times 48.4814$
①	cos 60°12′32.7″ × 48.4814 = +24″	cos 65°18′49.3″ × 48.4814 = −20″
②	cos 64°42′21.3″ × 48.4814 = +21″	cos 55°21′58.0″ × 48.4814 = −28″
③	cos 60°30′30.8″ × 48.4814 = +24″	cos 60°43′44.3″ × 48.4814 = −24″

(3) E_2의 계산

각규약에서 조정각으로 계산한 sin값에 초차(Δ)를 더하여 $\sin\alpha'$과 $\sin\beta'$을 구한 후 E_2의 값을 계산한다.

① $\sin\alpha'$과 $\sin\beta'$ 계산

E_1의 값이 −4이므로 $\sin\alpha$값이 작기 때문에, $\sin\alpha$는 (+)로 하고, $\sin\beta$는 (−)로 하여야 오차가 소거되므로 초차(Δ)를 $+\Delta\alpha$, $-\Delta\beta$로 하여 $\sin\alpha'$, $\sin\beta'$을 계산한다.

삼각형	$\sin\alpha'$	$\sin\beta'$
①	$0.867844 + 24(\Delta\alpha) = 0.867868$	$0.908608 - 20(\Delta\beta) = 0.908588$
②	$0.904127 + 21(\Delta\alpha) = 0.904148$	$0.822800 - 28(\Delta\beta) = 0.822772$
③	$0.870429 + 24(\Delta\alpha) = 0.870453$	$0.872317 - 24(\Delta\beta) = 0.872293$

② $E_2 = \dfrac{\sin\alpha_1' \times \sin\alpha_2' \times l_1}{\sin\beta_1' \times \sin\beta_2' \times l_2} - 1 = \dfrac{\Pi\sin\alpha' \times l_1}{\Pi\sin\beta' \times l_2} - 1 = \dfrac{2215.852220}{2215.502212} - 1 = +158(-0.000158)$

③ $|E_1 - E_2| = |(-4) - (+158)| = 162$

(4) 경정수(x_1'', x_2'')의 계산

① $x_1'' = \dfrac{10'' E_1}{|E_1 - E_2|} = \dfrac{10'' \times (-4)}{|-4-(+158)|} = -0.2''$

② $x_2'' = \dfrac{10'' E_2}{|E_1 - E_2|} = \dfrac{10'' \times (+158)}{|-4-(+158)|} = +9.8''$

③ 검산 : $|x_1'' - x_2''| = |-0.2-(-9.8)| = 10''$

(5) 각규약 및 변규약에 따른 조정각

| 각명 | 관측각 | 각규약 | | | $\sin\alpha$ / $\sin\beta$ | $\Delta\alpha$ / $\Delta\beta$ | $\sin\alpha'$ / $\sin\beta'$ | $\alpha - x_1''$ / $\beta + x_1''$ | 변규약 조정각 |
		Ⅰ	Ⅱ	조정각					
α_1	60°12′29.2″	+3.5″		60°12′32.7″	0.867844	+24	0.867868	+0.2″	60°12′32.9″
β_1	65°18′45.8″	+3.5″		65°18′49.3″	0.908608	−20	0.908588	−0.2″	65°18′49.1″
γ_1	54°28′37.9″	+3.5″	−3.4″	54°28′38.0″					54°28′38.0″
α_2	64°42′21.3″	0.0″		64°42′21.3″	0.904127	+21	0.904148	+0.2″	64°42′21.5″
β_2	55°21′58.0″	0.0″		55°21′58.0″	0.822800	−28	0.822772	−0.2″	55°21′57.8″
γ_2	59°55′44.1″	0.0″	−3.4″	59°55′40.7″					59°55′40.7″
α_3	60°30′28.2″	+2.6″		60°30′30.8″	0.870429	+24	0.870453	+0.2″	60°30′31.0″
β_3	60°43′41.6″	+2.6″		60°43′44.3″	0.872317	−24	0.872293	−0.2″	60°43′44.1″
γ_3	58°45′45.7″	+2.6″	−3.4″	58°45′44.9″					58°45′44.9″

※ 계산과정의 단수처리로 인하여 ±0.1″ 정도의 오차가 발생할 경우 0.1″에 대한 오차처리는 90°에 가장 가까운 각에 배분한다.

3) 기지점간거리 및 방위각의 계산

(삽4 = A, 삽9 = B, 삽11 = C, 양10 = D, 양12 = E)

방향	거리 및 방위각
삽4 → 삽9	$\Delta x_a^b = x_b - x_a = 457,819.63 - 454,591.97 = +3,227.66\text{m}$ $\Delta y_a^b = y_b - y_a = 204,755.27 - 204,428.53 = +326.74\text{m}(1상한)$ $\overline{AB} = \sqrt{(\Delta x_a^b)^2 + (\Delta y_a^b)^2} = \sqrt{(+3,227.66)^2 + (+326.74)^2} = 3,244.16\text{m}$ $\theta = \tan^{-1}\left(\dfrac{\Delta y_a^b}{\Delta x_a^b}\right) = \tan^{-1}\left(\dfrac{+326.74}{+3,227.66}\right) = 5°46′49.6″$ $V_A^B = \theta = 5°46′49.6″$

방향	거리 및 방위각
삽9 → 삽11	$\Delta x_b^c = x_c - x_b = 461,216.59 - 457,819.63 = +3,396.96\text{m}$ $\Delta y_b^c = y_c - y_b = 204,692.90 - 204,755.27 = -62.37\text{m}(4상한)$ $\overline{BC} = \sqrt{(\Delta x_b^c)^2 + (\Delta y_b^c)^2} = \sqrt{(+3,396.96)^2 + (-62.37)^2} = 3,397.53\text{m}$ $\theta = \tan^{-1}\left(\dfrac{\Delta y_b^c}{\Delta x_b^c}\right) = \tan^{-1}\left(\dfrac{-62.37}{+3,396.96}\right) = 1°03'06.7''$ $V_B^C = 360° - \theta = 360° - 1°03'06.7'' = 358°56'53.3''$

4) 소구점 변장 계산

(삽4 = A, 삽9 = B, 삽11 = C, 양10 = D, 양12 = E)

삼각형	방향	변장
①	삽4 → 양10	$\overline{AD} = \dfrac{\overline{AB} \times \sin\gamma_1}{\sin\beta_1} = \dfrac{3,244.16 \times \sin 54°28'38.0''}{\sin 65°18'49.1''} = 2,905.95\text{m}$
①	삽9 → 양10	$\overline{BD} = \dfrac{\overline{AB} \times \sin\alpha_1}{\sin\beta_1} = \dfrac{3,244.16 \times \sin 60°12'32.9''}{\sin 65°18'49.1''} = 3,098.62\text{m}$
②	양10 → 양12	$\overline{DE} = \dfrac{\overline{BD} \times \sin\gamma_2}{\sin\beta_2} = \dfrac{3,098.62 \times \sin 59°55'40.7''}{\sin 55°21'57.8''} = 3,259.04\text{m}$
②	삽9 → 양12	$\overline{BE} = \dfrac{\overline{BD} \times \sin\alpha_2}{\sin\beta_2} = \dfrac{3,098.62 \times \sin 64°42'21.5''}{\sin 55°21'57.8''} = 3,404.89\text{m}$
③	양12 → 삽11	$\overline{EC} = \dfrac{\overline{BE} \times \sin\gamma_3}{\sin\beta_3} = \dfrac{3,404.89 \times \sin 58°45'44.9''}{\sin 60°43'44.1''} = 3,337.40\text{m}$
③	삽9 → 삽11	$\overline{BC} = \dfrac{\overline{BE} \times \sin\alpha_3}{\sin\beta_3} = \dfrac{3,404.89 \times \sin 60°30'31.0''}{\sin 60°43'44.1''} = 3,397.53\text{m}$

5) 소구점 방위각 계산

(삽4 = A, 삽9 = B, 삽11 = C, 양10 = D, 양12 = E)

삼각형	방향	방위각
①	삽4 → 양10	$V_A^D = V_A^B - \alpha_1 = 5°46'49.6'' - 60°12'32.9'' = -54°25'43.3'' + 360° = 305°34'16.7''$
①	삽9 → 양10	$V_B^D = V_B^A + \gamma_1 = (V_a^b + 180°) + \gamma_1 = (5°46'49.6'' + 180°) + 54°28'38.0''$ $= 240°15'27.6''$
②	양10 → 양12	$V_D^E = V_D^A - (\alpha_2 + \beta_1) = (V_a^d - 180°) - (\alpha_2 + \beta_1)$ $= (305°34'16.7'' - 180°) - (64°42'21.5'' + 65°18'49.1'') = -4°26'53.9'' + 360°$ $= 355°33'06.1''$
②	삽9 → 양12	$V_B^E = V_B^C - \gamma_3 = 358°56'53.3'' - 58°45'44.9'' = 300°11'08.4''$
③	양12 → 삽11	$V_E^C = V_E^B - \alpha_3 = (V_b^e - 180°) - \alpha_3 = (300°11'08.4'' - 180°) - 60°30'31.0''$ $= 59°40'37.4''$
③	삽9 → 삽11	$V_B^C = V_B^E + \gamma_3 = 300°11'08.4'' + 58°45'44.9'' = 358°56'53.3''$

6) 소구점 종·횡선좌표 계산

(삽4 = A, 삽9 = B, 삽11 = C, 양10 = D, 양12 = E)

- 소구점 종선좌표 = 기지점 종선좌표 + 종선차(Δx)($\Delta x = \cos V \times l$)
- 소구점 횡선좌표 = 기지점 횡선좌표 + 횡선차(Δy)($\Delta y = \sin V \times l$)

소구점	방향	종·횡선좌표
양10(D)	삽4 → 양10	$X_D = X_A + (\overline{AD} \times \cos V_A^D) = 454{,}591.97 + (2{,}905.95 \times \cos 305°34'16.7'') = 456{,}282.41\text{m}$ $Y_D = Y_A + (\overline{AD} \times \sin V_A^D) = 204{,}428.53 + (2{,}905.95 \times \sin 305°34'16.7'') = 202{,}064.85\text{m}$
	삽9 → 양10	$X_D = X_B + (\overline{BD} \times \cos V_B^D) = 457{,}819.63 + (3{,}098.62 \times \cos 240°15'27.6'') = 456{,}282.40\text{m}$ $Y_D = Y_B + (\overline{BD} \times \sin V_B^D) = 204{,}755.27 + (3{,}098.62 \times \sin 240°15'27.6'') = 202{,}064.85\text{m}$
	평균좌표	$X_C = \dfrac{(456{,}282.41 + 456{,}282.40)}{2} = 456{,}282.40\text{m}$ $Y_C = \dfrac{(202{,}064.85 + 202{,}064.85)}{2} = 202{,}064.85\text{m}$
양12(E)	양10 → 양12	$X_E = X_D + (\overline{DE} \times \cos V_D^E) = 456{,}282.40 + (3{,}259.04 \times \cos 355°33'06.1'') = 459{,}531.62\text{m}$ $Y_E = Y_D + (\overline{DE} \times \sin V_D^E) = 456{,}282.40 + (3{,}259.04 \times \sin 355°33'06.1'') = 201{,}812.08\text{m}$
	삽9 → 양12	$X_E = X_B + (\overline{BE} \times \cos V_B^E) = 457{,}818.63 + (3{,}404.89 \times \cos 300°11'08.4'') = 459{,}531.62\text{m}$ $Y_E = Y_B + (\overline{BE} \times \sin V_B^E) = 204{,}755.27 + (3{,}404.89 \times \sin 300°11'08.4'') = 201{,}812.08\text{m}$
	평균좌표	$X_D = \dfrac{(459{,}531.62 + 459{,}531.62)}{2} = 459{,}531.62\text{m}$ $Y_D = \dfrac{(201{,}812.08 + 201{,}812.08)}{2} = 201{,}812.08\text{m}$
삽11(C)	양12 → 삽11	$X_C = X_E + (\overline{EC} \times \cos V_E^C) = 459{,}531.62 + (3{,}337.40 \times \cos 59°40'37.4'') = 461{,}216.59\text{m}$ $Y_C = Y_E + (\overline{EC} \times \sin V_E^C) = 201{,}812.08 + (3{,}337.40 \times \sin 59°40'37.4'') = 204{,}692.90\text{m}$
	삽9 → 삽11	$X_C = X_B + (\overline{BC} \times \cos V_B^C) = 457{,}819.63 + (3{,}397.53 \times \cos 358°56'53.2'') = 461{,}216.59\text{m}$ $Y_C = Y_B + (\overline{BC} \times \sin V_B^C) = 204{,}755.27 + (3{,}397.53 \times \sin 358°56'53.2'') = 204{,}692.90\text{m}$
	평균좌표	$X_D = \dfrac{(461{,}216.59 + 461{,}216.59)}{2} = 461{,}216.59\text{m}$ $Y_D = \dfrac{(204{,}692.90 + 204{,}692.90)}{2} = 204{,}692.90\text{m}$

삽입망(표준형) 조정계산부(진수)

삼각형	점명	각명	관측각	각규약 I	각규약 II	조정각	$\Delta\alpha$ $\Delta\beta$	$\sin\alpha'$ $\sin\beta'$	$\alpha - x_1''$ $\beta + x_1''$	변수약 조정각	변장 $\alpha \times \dfrac{\sin\alpha(r)}{\sin\beta}$	방위각	종횡선좌표 X	종횡선좌표 Y	점명
1	삼4	α_1	60°12′29.2″	+3.5″		60°12′32.7″	+24	0.867844	+0.2″	60°12′32.9″	삼4 → 삼9 3,244.16	삼4 → 삼9 5°46′49.6″	454,591.97	204,428.53	삼4
	양10	β_1	65°18′45.8″	+3.5″		65°18′49.3″	−20	0.908608	−0.2″	65°18′49.1″	삼4 → 양10 2,905.95	삼4 → 양10 305°34′16.7″	457,819.63	202,064.85	삼9
	삼9	γ_1	54°28′37.9″	+3.5″	−3.4″	54°28′38.0″				54°28′38.0″		삼9 → 양10 3,098.62	456,282.41	202,064.85	
	+		179°59′52.9″			180°00′00.0″						평균 240°15′27.6″	456,282.40	202,064.85	양10
	−		180°00′00.0″												
			$\varepsilon_1 = -7.1$												
2	양10	α_2	64°42′21.3″	0.0″		64°42′21.3″	+21	0.904127	+0.2″	64°42′21.5″	양10 → 양12 3,259.04	양10 → 양12 355°33′06.1″	459,531.62	201,812.08	양12
	양12	β_2	55°21′58.0″	0.0″		55°21′58.0″	−28	0.822800	−0.2″	55°21′57.8″	삼9 → 양12 3,337.40	삼9 → 양12 59°40′37.3″	459,531.62	201,812.08	삼9
	삼9	γ_2	59°55′44.1″	0.0″	−3.4″	59°55′40.7″				59°55′40.7″		삼9 → 양12 300°11′08.3″	459,531.62	201,812.08	
	+		180°00′03.4″			180°00′00.0″						평균			
	−		180°00′00.0″												
			$\varepsilon_2 = +3.4$												
3	양12	α_3	60°30′28.2″	+2.6″		60°30′30.8″	+24	0.870429	+0.2″	60°30′31.0″	양12 → 삼11 3,337.40	양12 → 삼11 59°40′37.3″	461,216.59	204,692.90	삼11
	삼11	β_3	60°43′41.6″	+2.6″		60°43′44.3″	−24	0.872317	−0.2″	60°43′44.1″	삼9 → 삼11 3,397.53	삼9 → 삼11 358°56′53.2″	461,216.59	204,692.90	삼9
	삼9	γ_3	58°45′45.7″	+2.6″	−3.4″	58°45′44.9″				58°45′44.9″		↑	461,216.59	204,692.90	
	+		179°59′55.5″			180°00′00.0″						평균			
	−		180°00′00.0″												
			$\varepsilon_3 = -4.5$												
4		α_4													삼11
		β_4													
		γ_4													
	+														
	−		$\varepsilon_4 = +4.0$												
Σr			173°10′07.7″	제1기선 l_1	3,244.16m						$\pi\sin\alpha \cdot l_1$ 2,215.678386	$\pi\sin\alpha' \cdot l_1$ 2,215.852220	461,216.59	204,692.90	
360° 또는 기지내각			173°10′03.7″	제2기선 l_2	3,397.53m						$\pi\sin\beta \cdot l_2$ 2,215.678338	$\pi\sin\beta' \cdot l_2$ 2,215.502212			
			$e = +4.0$												

$\sum e = -8.2$

$(II) = \dfrac{\sum e - 3e}{2n} = -3.4''$

$(I) = \dfrac{-e - (II)}{3} = ① +3.5'', ② 0.0'', ③ +2.6''$

n : 삼각형 수

$E_1 = \dfrac{\pi\sin\alpha \cdot l_1}{\pi\sin\beta \cdot l_2} - 1 = -4$

$E_2 = \dfrac{\pi\sin\alpha' \cdot l_1}{\pi\sin\beta' \cdot l_2} - 1 = +158$

$|E_1 - E_2| = 162$

$\Delta\alpha, \Delta\beta = 10''$차임

$x_1'' = \dfrac{10''E_1}{|E_1 - E_2|} = -0.2''$

$x_2'' = \dfrac{10''E_2}{|E_1 - E_2|} = +9.8''$

검산: $|x_1'' + x_2''| = 10''$

02

1) 연직각에 의한 평면거리 계산

구분	계산
연직각	$\frac{1}{2}(\alpha_1+\alpha_2)=\frac{1}{2}(3°15'42''+3°15'25'')=3°15'33.5''$ (α_1, α_2는 절대치)
수평거리	$D \cdot \cos\frac{1}{2}(\alpha_1+\alpha_2)=2,800.010\times\cos\frac{1}{2}(3°15'42''+3°15'25'')=2,795.48\text{m}$
표고	$H_1'=H_1+i=$ 표고 $+$ 기계고 $=275.43+1.56=276.99\text{m}$ $H_2'=H_2+f=$ 표고 $+$ 시준고 $=434.03+2.50=436.03\text{m}$
기준면거리	$S=D\cdot\cos\frac{1}{2}(\alpha_1+\alpha_2)-\frac{D\cdot(H_1'+H_2')}{2R}$ $=2,800.01\times\cos\frac{1}{2}(3°15'42''+3°15'25'')-\frac{2,800.01\times(276.66+436.03)}{2\times6,372,199.7}=2,795.323\text{m}$
축척계수	$K=1+\frac{(Y_1+Y_2)^2}{8R^2}=1+\frac{(23.5+25.4)^2}{8\times(6,372.199.7)^2}=1.000007$
평면거리	$D_0=S\times K=2,795.323\times1.000007=2,795.343\text{m}$

2) 표고에 의한 평면거리 계산

구분	계산
표고 차이	$H_1'-H_2'=461.23-650.83=-189.60\text{m}$
수평거리	$D-\frac{(H_1'-H_2')^2}{2D}=2,800.01-\frac{(276.99-436.53)^2}{2\times2,800.01}=2,795.46\text{m}$
기준면거리	$S=D-\frac{(H_1'-H_2')^2}{2D}-\frac{D\cdot(H_1'+H_2')}{2R}$ $=2,800.01-\frac{(276.99-436.53)^2}{2\times2,800.01}-\frac{2,800.01\times(276.99+436.53)}{2\times6,372,199.7}=2,795.303\text{m}$
축척계수	$K=1+\frac{(Y_1+Y_2)^2}{8R^2}=1+\frac{(23.5+25.4)^2}{8\times(6,372.199.7)^2}=1.000007$
평면거리	$D_0=S\times K=2,795.303\times1.000003=2,795.32\text{m}$

3) 평면거리 결정(평균)

$$D_0=\frac{(2,795.34+2,795.32)}{2}=2,795.33\text{m}$$

1) 기지점간거리 및 방위각 계산

방향	거리 및 방위각
$A \to B$	$\Delta x_a^b = x_b - x_a = 4,635.10 - 4,681.33 = -46.23\text{m}$ $\Delta y_a^b = y_b - y_a = 445.14 - 461.57 = -16.43\text{m}$ $L(\overline{AB}) = \sqrt{(\Delta x_a^b)^2 + (\Delta y_a^b)^2} = \sqrt{(-46.94)^2 + (-16.43)^2} = 49.73\text{m}$ $\theta = \tan^{-1}\left(\dfrac{\Delta y_a^b}{\Delta x_a^b}\right) = \tan^{-1}\left(\dfrac{-16.43}{-46.94}\right) = 19°17'28.1''(3상한)$ $V_a^b = 180° + \theta = 180° + 19°17'28.1'' = 199°17'28.1''$
$B \to C$	$\Delta x_b^c = x_c - x_b = 797.65 - 792.05 = +5.60\text{m}$ $\Delta y_b^c = y_c - y_b = 645.06 - 445.14 = +199.92\text{m}$ $L(\overline{BC}) = \sqrt{(\Delta x_b^c)^2 + (\Delta y_b^c)^2} = \sqrt{(+5.60)^2 + (+199.92)^2} = 200.00\text{m}$ $\theta = \tan^{-1}\left(\dfrac{\Delta y_b^c}{\Delta x_b^c}\right) = \tan^{-1}\left(\dfrac{+199.92}{+5.60}\right) = 88°23'43.8''(1상한)$ $V_b^c = \theta = 88°23'43.8''$

2) 내각 및 방위각 계산

$\alpha = V_a^b - V_a^d = 199°17'28.1'' - 88°23'44.3'' = 110°53'44.3''$

$\beta = V_b^c - V_b^a = V_b^c - (V_a^b \pm 180°) = 88°23'43.8'' - (199°17'28.1'' - 180°) = 69°06'15.7''$

$V_a^d = V_a^b - \alpha = 199°17'28.1'' - 110°53'44.3'' = 88°23'43.8''$

3) M, N 거리 계산

방향	거리
$A \to P$	$M(\overline{AP}) = \dfrac{F}{L \cdot \sin\beta} - \dfrac{L \cdot \cos\beta}{2} = \dfrac{4,500}{49.73 \times \sin 69°06'15.7''} - \dfrac{49.73 \times \cos 69°06'15.7''}{2}$ $= 87.99\text{m}$
$B \to Q$	$N(\overline{BQ}) = \dfrac{F}{L \cdot \sin\beta} + \dfrac{L \cdot \cos\beta}{2} = \dfrac{4,500}{49.73 \times \sin 69°06'15.7''} + \dfrac{49.73 \times \cos 69°06'15.7''}{2}$ $= 105.73\text{m}$

4) $P \cdot Q$점 종·횡선좌표 계산

소구점	방향	종·횡선좌표
P	$A \to P$	$X_P = X_A + (M \times \cos V_a^d) = 839.99 + (87.99 \times \cos 88°23'43.8'') = 841.45\text{m}$ $Y_P = Y_A + (M \times \sin V_a^d) = 461.57 + (87.99 \times \sin 88°23'43.8'') = 549.53\text{m}$
Q	$B \to Q$	$X_Q = X_B + (N \times \cos V_b^c) = 792.05 + (105.73 \times \cos 88°23'43.8'') = 795.01\text{m}$ $Y_Q = Y_B + (N \times \cos V_b^c) = 445.14 + (105.73 \times \sin 88°23'43.8'') = 550.83\text{m}$

04

1) 방법 1

(1) O점에서 P점의 종·횡선차 계산

$$\Delta x_o^p = x_p - x_o = 4,635.10 - 4,681.33 = -46.23\text{m}$$
$$\Delta y_o^p = y_p - y_o = 6,427.85 - 6,379.56 = +48.29\text{m}$$

(2) 수선장(E) 계산

$$\Delta y \cdot \cos \alpha_o = +48.29 \times \cos 346°31'54'' = +46.96197\text{m}$$
$$\Delta x \cdot \sin \alpha_o = -46.23 \times \sin 346°31'54'' = +10.76733\text{m}$$
$$E = \Delta y \cdot \cos \alpha_o - \Delta x \cdot \sin \alpha_o = +46.96197 - (+10.76733) = +36.19464\text{m}$$

(3) ϕ 계산

$$\phi = \sin^{-1}\left(\frac{E}{R}\right) = \sin^{-1}\left(\frac{+36.19464}{100}\right) = 21°13'11''$$

(4) 방위각 계산

$$V_o^a = V_p^a \pm \phi = 346°31'54'' + (21°13'11'') = 367°45'05'' - 360° = 7°45'05''$$

(5) 소구점(A) 종·횡선좌표 계산

$$\Delta X = R \cdot \cos V_o^a = 100 \times \cos 7°45'05'' = +99.08626\text{m}$$
$$\Delta Y = R \cdot \sin V_o^a = 100 \times \sin 7°45'05'' = +13.48749\text{m}$$
$$X_A = X_O + (R \cdot \cos V_o^a) = 4,681.33 + (+99.08626) = 4,780.42\text{m}$$
$$Y_A = Y_O + (R \cdot \sin V_o^a) = 6,379.56 + (+13.48749) = 6,393.05\text{m}$$

(6) 검산

$$\Delta x_p^a = x_a - x_p = 4,780.42 - 4,635.10 = +145.32\text{m}$$
$$\Delta y_p^a = y_a - y_p = 6,393.05 - 6,427.85 = -34.80\text{m}$$
$$S = \frac{\Delta x_p^a}{\cos \alpha_o} = \frac{+145.32}{\cos 346°31'54''} = 149.43\text{m}$$
$$S = \frac{\Delta y_p^a}{\sin \alpha_o} = \frac{-34.80}{\sin 346°31'54''} = 149.42\text{m}$$
$$\alpha_o = \tan^{-1}\left(\frac{\Delta y_p^a}{\Delta x_p^a}\right) = \tan^{-1}\left(\frac{-34.80}{+145.32}\right) = 13°28'02'' (4상한)(2상한)$$
$$V_p^a(\alpha_o) = 360° - \alpha = 360° - 13°28'02'' = 346°31'58''$$

※ 검산 방위각은 346°31'58''이고, P점을 지나는 방위각은 $V_P^A(\alpha_o) = 346°31'54''$로 4''의 차이는 미세하므로 측량상의 오차로 본다.

원과 직선의 교점계산부

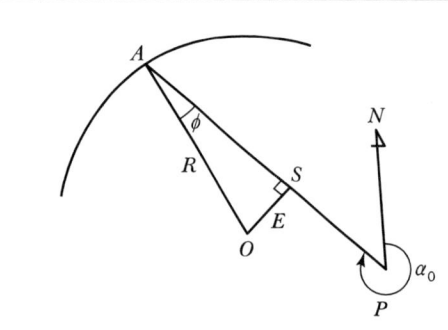

공식

$E = \Delta y_o^p \cdot \cos \alpha_o - \Delta x_o^p \cdot \sin \alpha_o$

$\sin \phi = \dfrac{E}{R}$

검산공식

$\tan \alpha_o = \dfrac{\Delta y_p^a}{\Delta x_p^a}$

$S = \Delta x_p^a / \cos \alpha_o$

$\Delta y_p^a / \sin \alpha_o$

점명		X	Y	R	200.00
P		4,681.35	6,379.56		
O		4,635.10	6,427.85		
$\Delta x_o^p, \Delta y_o^p$		$\Delta x_o^p : -46.23$	$\Delta y_o^p : +48.29$		
$\Delta y_o^p \cdot \cos \alpha_o$		+46.96197	α_o		346°31′54″
$\Delta x_o^p \cdot \sin \alpha_o$		+10.76733	$\phi = \sin^{-1} \dfrac{E}{R}$		21°13′11″
E		+36.19464	$V_O^A = \alpha_o + \phi$		7°45′05″
$R \cdot \cos V_O^A$		+99.08626	$R \cdot \sin V_O^A$		+13.48749
x_o		4,681.35	y_o		6,379.56
x_a		4,780.42	y_a		6,393.05
검산	x_p	4,635.10	y_p		6,427.85
	Δx_p^a	+145.32	Δy_p^a		−34.80
	$\Delta x_p^a / \cos \alpha_o$	149.43	$\Delta y_p^a / \sin \alpha_o$		149.42
	$\tan^{-1} \dfrac{\Delta y_p^a}{\Delta x_p^a}$		346°31′58″		

05

좌표면적계산부

측점번호	X좌표(m)	Y좌표(m)	면적 계산			
			$X_{n+1} - X_{n-1}$	$Y_{n+1} - Y_{n-1}$	$X_n(Y_{n+1} - Y_{n-1})$	$Y_n(X_{n+1} - X_{n-1})$
1	2,984.50	9,508.52	14.67	25.49	76,074.905	139,489.9884
2	2,985.74	9,534.09	−5.29	25.63	76,524.5162	−50,435.3361
3	2,979.21	9,534.15	−15.56	−1.16	−3,455.8836	−148,351.374
4	2,970.18	9,532.93	−8.14	−25.55	−75,888.099	−77,598.0502
5	2,971.07	9,508.60	14.32	−24.41	−72,523.8187	136,163.152
					+731.6199	−731.6199
					731.6199÷2=365.8100	
					$A=365.8\text{m}^2$	

06

1) 방위각 및 종·횡선좌표 오차 계산

(1) 방위각 오차

순서	조건방정식	방위각
Ⅰ	$W_1 = (1) - (2)$	$W_1 = 116°50'10'' - 116°49'48'' = +22''$
Ⅱ	$W_2 = (2) - (3)$	$W_2 = 116°49'48'' - 116°50'05'' = -17''$
Ⅲ	$W_3 = (3) - (4)$	$W_3 = 116°50'05'' - 116°49'50'' = +15''$

(2) 종·횡선좌표 오차

순서	조건방정식	종선좌표	횡선좌표
Ⅰ	$W_1 = (1) - (2)$	$W_1 = 0.55 - 0.61 = -0.06\text{m}$	$W_1 = 0.69 - 0.74 = -0.05\text{m}$
Ⅱ	$W_2 = (2) - (3)$	$W_2 = 0.61 - 0.57 = +0.04\text{m}$	$W_2 = 0.74 - 0.68 = +0.06\text{m}$
Ⅲ	$W_3 = (3) - (4)$	$W_3 = 0.57 - 0.63 = -0.06\text{m}$	$W_3 = 0.68 - 0.71 = -0.036\text{m}$

2) 평균 방위각 및 평균 종·횡선좌표 계산

구분	계산식
평균 방위각	$\dfrac{\sum \alpha_n / \sum Nn}{1 / \sum Nn} = \dfrac{\frac{70}{18} + \frac{48}{7} + \frac{65}{20} + \frac{50}{13}}{\frac{1}{18} + \frac{1}{7} + \frac{1}{20} + \frac{1}{13}} = 55'' = 116°49'55''$
평균 종선좌표	$\dfrac{\sum X_n / \sum Sn}{1 / \sum Sn} = \dfrac{\frac{0.55}{1.488} + \frac{0.61}{0.950} + \frac{0.57}{1.522} + \frac{0.63}{1.080}}{\frac{1}{1.488} + \frac{1}{0.950} + \frac{1}{1.522} + \frac{1}{1.080}} = 0.60\text{m} = 4,138.60\text{m}$
평균 횡선좌표	$\dfrac{\sum X_n / \sum Sn}{1 / \sum Sn} = \dfrac{\frac{0.69}{1.488} + \frac{0.74}{0.950} + \frac{0.68}{1.522} + \frac{0.71}{1.080}}{\frac{1}{1.488} + \frac{1}{0.950} + \frac{1}{1.522} + \frac{1}{1.080}} = 0.71\text{m} = 7,593.71\text{m}$

3) 방위각 및 종·횡선좌표 보정량 계산

구분	계산식
방위각	평균 방위각 − 도선별 관측방위각
평균 종·횡선좌표	평균 종선좌표 − 도선별 종선좌표 평균 횡선좌표 − 도선별 횡선좌표

(1) 방위각 보정량

도선	방위각 보정량
(1)	$116°49'55'' - 116°50'10'' = -15''$
(2)	$116°49'55'' - 116°49'48'' = +7''$
(3)	$116°49'55'' - 116°50'05'' = -10''$
(4)	$116°49'55'' - 116°49'50'' = +5''$

(2) 종·횡선좌표 보정량

도선	종선좌표 보정량	횡선좌표 보정량
(1)	$4,138.60 - 4,138.55 = +0.05$	$7,593.71 - 7,593.69 = +0.02$
(2)	$4,138.60 - 4,138.61 = -0.01$	$7,593.71 - 77,593.74 = -0.03$
(3)	$4,138.60 - 4,138.57 = +0.03$	$7,593.71 - 77,593.68 = +0.03$
(4)	$4,138.60 - 4,138.63 = -0.03$	$7,593.71 - 77,593.71 = 0$

교점다각망계산부($X \cdot Y$형)

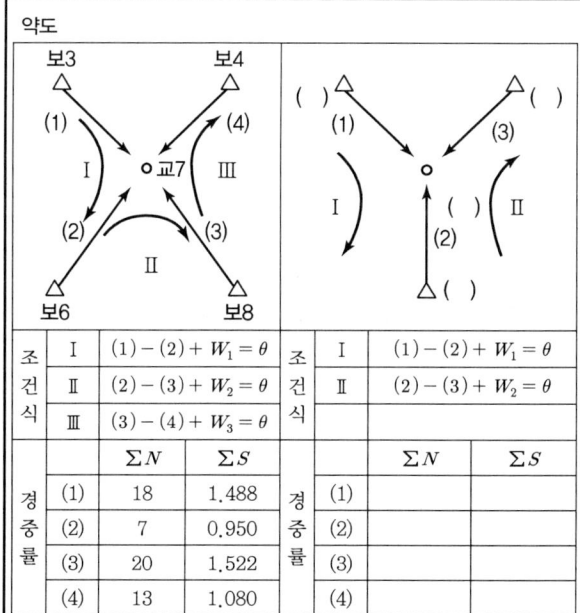

1. 방위각

순서	도선	관측	보정	평균
I	(1)	116°50′10″	−15″	116°49′55″
I	(2)	116°49′48″	+7″	116°49′55″
	W_1	+22		
II	(2)	116°49′48″	+7″	116°49′55″
II	(3)	116°50′05″	−10″	116°49′55″
	W_2	−17		
III	(3)	116°50′05″	−10″	116°49′55″
III	(4)	116°49′50″	+5″	116°49′55″
	W_3	+15		

조건식:
- I : $(1)-(2)+W_1=\theta$
- II : $(2)-(3)+W_2=\theta$
- III : $(3)-(4)+W_3=\theta$

경중률:
	ΣN	ΣS
(1)	18	1.488
(2)	7	0.950
(3)	20	1.522
(4)	13	1.080

조건식:
- I : $(1)-(2)+W_1=\theta$
- II : $(2)-(3)+W_2=\theta$

경중률:
	ΣN	ΣS
(1)		
(2)		
(3)		
(4)		

2. 종선좌표

순서	도선	관측	보정	평균
I	(1)	4,138.55	+5	4,138.60
I	(2)	4,138.61	−1	4,138.60
	W_1	−0.06		
II	(2)	4,138.61	−1	4,138.60
II	(3)	4,138.57	+3	4,138.60
	W_2	+0.04		
III	(3)	4,138.57	+3	4,138.60
III	(4)	4,138.63	−3	4,138.60
	W_3	−0.16		

3. 횡선좌표

순서	도선	관측	보정	평균
I	(1)	7,593.69	+2	7,593.71
I	(2)	7,593.74	−3	7,593.71
	W_1	−0.05		
II	(2)	7,593.74	−3	7,593.71
II	(3)	7,593.68	+3	7,593.71
	W_2	+0.06		
III	(3)	7,593.68	+3	7,593.71
III	(4)	7,593.71	0	7,593.71
	W_3	−0.03		

4. 계산

1) 평균 방위각 $= 116°49' + \left(\dfrac{\dfrac{\Sigma \alpha_n}{\Sigma Nn}}{\dfrac{1}{\Sigma Nn}} \right) = 116°49' + \left(\dfrac{\dfrac{70}{18}+\dfrac{48}{7}+\dfrac{65}{20}+\dfrac{50}{13}}{\dfrac{1}{18}+\dfrac{1}{7}+\dfrac{1}{20}+\dfrac{1}{13}} \right) = 116°49'55''$

2) 평균 종선좌표 $= 4,138.00 + \left(\dfrac{\dfrac{\Sigma X_n}{\Sigma Sn}}{\dfrac{1}{\Sigma Sn}} = \dfrac{\dfrac{0.55}{1.488}+\dfrac{0.61}{0.950}+\dfrac{0.57}{1.522}+\dfrac{0.63}{1.080}}{\dfrac{1}{1.488}+\dfrac{1}{0.950}+\dfrac{1}{1.522}+\dfrac{1}{1.080}} \right) = 4,138.60\text{m}$

3) 평균 횡선좌표 $= 7,593.00 + \left(\dfrac{\dfrac{\Sigma X_n}{\Sigma Sn}}{\dfrac{1}{\Sigma Sn}} = \dfrac{\dfrac{0.69}{1.488}+\dfrac{0.74}{0.950}+\dfrac{0.68}{1.522}+\dfrac{0.71}{1.080}}{\dfrac{1}{1.488}+\dfrac{1}{0.950}+\dfrac{1}{1.522}+\dfrac{1}{1.080}} \right) = 7,593.71\text{m}$

$W=$ 오차, $N=$ 도선별 점수, $S=$ 측점 간 거리, $\alpha=$ 관측방위각

제3회 실전모의고사

※ 본 실전모의문제는 수험자의 정보를 토대로 작성하였으므로 일부 다를 수 있으며, 실전 대비 목적으로 작성한 것입니다.

01 지적삼각점측량을 삽입망으로 실시하여 다음과 같은 결과를 얻었다. 소구점(보1 및 보2)의 좌표를 구하시오(단, 각은 0.1″까지, 거리 및 좌표는 m 단위, 소수 둘째 자리까지 계산하시오).

1) 기지점좌표

점명	X좌표(m)	Y좌표(m)
변1(A)	13,933.45	14,602.29
변2(B)	10,449.54	15,456.83
변3(C)	8,951.91	10,462.16

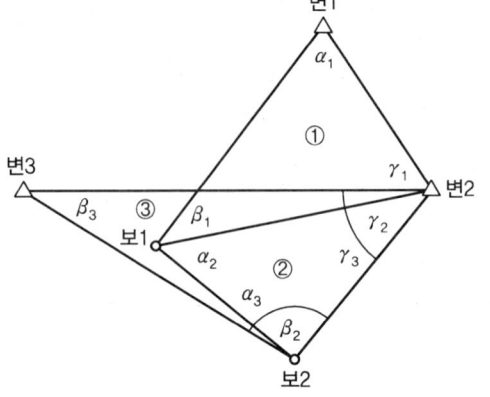

2) 관측내각

점명	각명	관측각	점명	각명	관측각
변1	α_1	37°13′48.3″	보2	α_3	77°15′35.7″
보1	β_1	42°54′16.2″	변3	β_3	63°00′11.7″
변2	γ_1	99°51′31.5″	변2	γ_3	39°44′06.5″
보1	α_2	107°33′47.0″			
보2	β_2	39°39′22.9″			
변2	γ_2	32°46′37.3″			

02 다음의 기지좌표와 수평각개정 계산부의 결과를 참고하여 소구점(P점)의 좌표를 구하시오(단, 방위각은 0.1초, 거리와 좌표는 cm 단위까지 계산하시오).

1) 기지점좌표

점명	X좌표(m)	Y좌표(m)
A	483,023.82	191,115.58
B	480,045.87	191,873.21

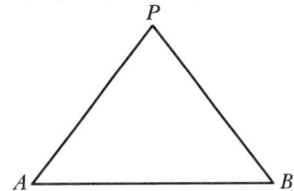

2) 수평각개정계산 결과

측점명	시준점	방향각					중심각
		0°		90°		평균	
		정	반	정	반		
A	P	0°00′00″	00′00″	00′00″	00′00″	0°00′00.0″	108°43′36.5″
	B	108°43′38″	43′35″	43′39″	43′34″	108°43′36.5″	
	P	360°00′00″	00′00″	00′00″	00′00″	360°00′00.0″	251°16′23.5″
B	A	0°00′00″	00′00″	00′00″	00′00″	0°00′00.0″	38°26′04.8″
	P	38°26′02″	26′06″	26′05″	26′06″	38°26′04.8″	
	좌1	360°00′00″	00′00″	00′00″	00′00″	360°00′00.0″	321°33′55.2″
P	B	0°00′00″	00′00″	00′00″	00′00″	0°00′00.0″	32°50′18.7″
	A	32°50′20″	50′21″	50′15″	50′19″	32°50′18.7″	
	B	360°00′00″	00′00″	00′00″	00′00″	360°00′00.0″	327°09′41.3″

03 다음 그림과 같이 분할선 $\overline{PQ}$와 $\overline{BC}$의 내각 $\phi=85°30′$이 되고 분할 후 □$APQB$의 면적(F)이 900m²가 되도록 아래의 물음에 답하시오(단, 각은 0.1초 단위까지, 거리 및 좌표는 cm 단위까지 계산하시오).

부호	X좌표(m)	Y좌표(m)
A	817.58	350.92
B	787.01	350.64
C	784.96	424.42
D	809.00	425.12

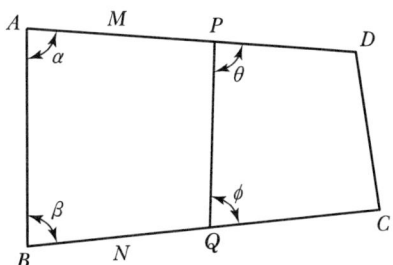

04 그림과 같이 P_1, P_2, C를 삼각점으로 하고 P_1, P_2에서 C점을 관측하지 못해 측표의 편심 P점을 관측하였다. 관측 결과 편심거리(K)=5.00m, ϕ=230°30′, P_1, P_2=2,000m, t_1=60°30′30″, t_2=70°30′30″, θ=80°20′일 때 ∠$CP_1P_2=T_1$과 ∠$P_1P_2C=T_2$를 구하시오(단, 거리는 소수 둘째 자리까지, 각도는 0.1″까지 계산하시오).

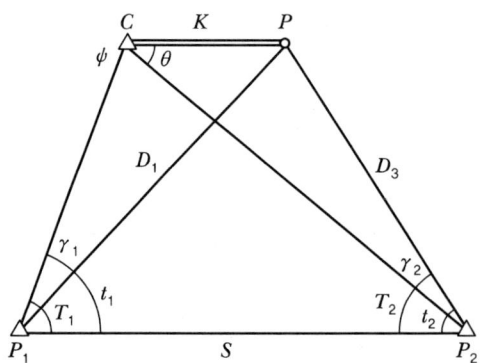

05 교점다각망 A형의 방위각과 종·횡선좌표의 1차 계산 결과를 주어진 서식을 이용하여 상관방정식을 작성하고, 표준방정식의 값을 구하시오.

도선	경중률		방위각	X좌표(m)	Y좌표(m)
	측점수(ΣN)	측정거리(ΣS)			
(1)	8	0.64	230°59′07″	1,890.36	3,773.64
(2)	9	0.84	230°59′16″	1,890.14	3,773.50
(2)+(3)	5	0.44	183°04′55″	2,153.66	4,114.94
(4)	9	0.88	183°05′03″	2,153.67	4,115.07
(5)	5	0.35	183°04′45″	2,153.85	4,114.99

06 다음과 같이 4점의 좌표를 이용하여 교차하는 P점의 좌표를 구하시오(단, 계산은 반올림하여 각도는 초단위까지, S_1, S_2의 거리는 소수 넷째 자리까지, 거리 및 좌표는 cm 단위까지 계산하시오).

점명	X좌표(m)	Y좌표(m)
$D(1)$	465,715.46	210,111.53
$B(2)$	465,012.34	210,948.99
$C(3)$	465,833.20	211,611.03
$A(4)$	465,145.85	210,510.37

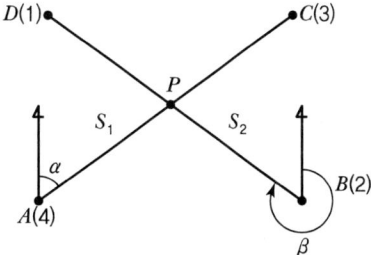

제3회 실전모의고사 정답 및 해설

01

1) 각규약에 의한 조정

(1) 삼각규약에 대한 오차 계산

삼각형	관측각의 합	180°와의 차(e)
①	179°59′36.0″	−24.0″
②	179°59′47.2″	−12.8″
③	179°59′53.9″	−6.1″

(2) 망규약에 대한 오차 계산

구분	오차
기지내각	$V_B^A - V_B^C = (V_A^B + 180°) - V_B^C$ $= (166°13′06.5″ + 180°) - 253°18′31.9″ = 93°54′34.6″$
관측각 합	$\sum \gamma = \gamma_1 + \gamma_2 - \gamma_3 = 92°54′02.3″$
기지각 오차	$e = \sum \gamma - 기지내각 = 92°54′02.3″ - 92°54′34.6″ = -32.3″$

(3) 망규약 및 삼각규약의 조정량

구분		조정량
망규약		$(\text{II}) = \dfrac{\sum \varepsilon - 3e}{2n} = \dfrac{-30.7 - \{3 \times (-32.3)\}}{2 \times 3} = +11.0″$
삼각규약	① 삼각형	$(\text{I}) = \dfrac{-\varepsilon_1 - (\text{II})}{3} = \dfrac{-(-24.0) - (+11.0)}{3} = +4.3″$
	② 삼각형	$(\text{I}) = \dfrac{-\varepsilon_2 - (\text{II})}{3} = \dfrac{-(-12.8) - (+11.0)}{3} = +0.6″$
	③ 삼각형	$(\text{I}) = \dfrac{-\varepsilon_3 - (\text{II})}{3} = \dfrac{-(-6.1) + (+11.0)}{3} = +5.7″$

※ 계산부에서 (Ⅱ)의 값은 각 삼각형의 γ각에 보정하고, (Ⅰ)의 값은 각 삼각형의 α, β, γ각에 배부한다.

(4) 각규약에 따른 조정각

각명	관측각	각규약		조정각
		I	II	
α_1	37°13′48.3″	+4.3″		37°13′52.6″
β_1	42°54′16.2″	+4.3″		42°54′20.5″
γ_1	99°51′31.5″	+4.3″	+11.0	99°51′46.8″
α_2	107°33′47.0″	+0.6″		107°33′47.6″
β_2	39°39′22.9″	+0.6″		39°39′23.5″
γ_2	32°46′37.3″	+0.6″	+11.0	32°46′48.9″
α_3	77°15′35.7″	+5.7″		77°15′41.4″
β_3	63°00′11.7″	+5.7″		63°00′17.4″
γ_3	39°44′06.5″	+5.7″	+11.0	39°44′01.2″

※ 계산과정의 단수처리로 인하여 ±0.1″ 정도의 오차가 발생할 경우 0.1″에 대한 오차처리는 90°에 가장 가까운 각에 배분한다.

2) 변규약에 의한 조정

(1) E_1 계산

① $\sin\alpha$ 와 $\sin\beta$ 계산

삼각형	$\sin\alpha$	$\sin\beta$
①	0.605034	0.680794
②	0.953385	0.638184
③	0.975387	0.891045

② $E_1 = \dfrac{\sin\alpha_1 \times \sin\alpha_2 \times l_1}{\sin\beta_1 \times \sin\beta_2 \times l_2} - 1 = \dfrac{\Pi\sin\alpha \times l_1}{\Pi\sin\beta \times l_2} - 1 = \dfrac{2,018.265181}{2,018.659702} - 1 = -195(-0.000195)$

(2) $\Delta\alpha$ 와 $\Delta\beta$ 계산

삼각형	$\Delta = \cos\alpha(또는 \beta) \times (\sin 10″ \times 10^6) = \cos\alpha(또는 \beta) \times 48.4814$	
	$\Delta\alpha = \cos\alpha \times 48.4814$	$\Delta\beta = \cos\beta \times 48.4814$
①	$\cos 37°13′52.6″ \times 48.4814 = +39″$	$\cos 42°54′20.5″ \times 48.4814 = -36″$
②	$\cos 107°33′47.6″ \times 48.4814 = -15″$	$\cos 39°39′23.5″ \times 48.4814 = -37″$
③	$\cos 77°15′41.4″ \times 48.4814 = +11″$	$\cos 63°00′17.4″ \times 48.4814 = -22″$

(3) E_2 의 계산

각규약에서 조정각으로 계산한 sin값에 초차(Δ)를 더하여 $\sin\alpha'$과 $\sin\beta'$을 구한 후 E_2의 값을 계산한다.

① $\sin\alpha'$과 $\sin\beta'$ 계산

E_1의 값이 -195이므로 $\sin\alpha$값이 작기 때문에, $\sin\alpha$는 $(+)$로, $\sin\beta$는 $(-)$로 하여야 오차가 소거되므로 초차(Δ)를 $+\Delta\alpha$, $-\Delta\beta$로 하여 $\sin\alpha'$, $\sin\beta'$을 계산한다.

삼각형	$\sin\alpha'$	$\sin\beta'$
①	$0.605034 + 39(\Delta\alpha) = 0.605073$	$0.680794 - 36(\Delta\beta) = 0.680758$
②	$0.953385 - 15(\Delta\alpha) = 0.953370$	$0.638184 - 37(\Delta\beta) = 0.638147$
③	$0.975387 + 11(\Delta\alpha) = 0.975398$	$0.891045 - -22(\Delta\beta) = 0.891023$

② $E_2 = \dfrac{\sin\alpha_1' \times \sin\alpha_2' \times l_1}{\sin\beta_1' \times \sin\beta_2' \times l_2} - 1 = \dfrac{\Pi\sin\alpha' \times l_1}{\Pi\sin\beta' \times l_2} - 1 = \dfrac{2,018.386283}{2,018.386091} - 1 = 0(-0.000000)$

③ $|E_1 - E_2| = |(-195) - (0)| = 195$

(4) 경정수(x_1'', x_2'')의 계산

① $x_1'' = \dfrac{10''E_1}{|E_1 - E_2|} = \dfrac{10'' \times (-195)}{|-195-(0)|} = -10.0''$

② $x_2'' = \dfrac{10''E_2}{|E_1 - E_2|} = \dfrac{10'' \times (0)}{|-195-(0)|} = 0''$

③ 검산 : $|x_1'' - x_2''| = |-10.0 - (0)| = 10''$

(5) 각규약 및 변규약에 따른 조정각

각명	관측각	각규약			$\sin\alpha$ $\sin\beta$	$\Delta\alpha$ $\Delta\beta$	$\sin\alpha'$ $\sin\beta'$	$\alpha - x_1''$ $\beta + x_1''$	변규약 조정각
		I	II	조정각					
α_1	37°13′48.3″	+4.3″		37°13′52.6″	0.605034	+39	0.605073	+10.0″	37°14′02.6″
β_1	42°54′16.2″	+4.3″		42°54′20.5″	0.680794	−36	0.680758	−10.0″	42°54′10.5″
γ_1	99°51′31.5″	+4.3″	+11.0″	99°51′46.8″					99°51′46.8″
α_2	107°33′47.0″	+0.6″		107°33′47.6″	0.953385	−15	0.953370	+10.0″	107°33′57.6″
β_2	39°39′22.9″	+0.6″		39°39′23.5″	0.638184	−37	0.638147	−10.0″	39°39′13.5″
γ_2	32°46′37.3″	+0.6″	+11.0″	32°46′48.9″					32°46′48.9″
α_3	77°15′35.7″	+5.7″		77°15′41.4″	0.975387	+11	0.975398	+10.0″	77°15′51.4″
β_3	63°00′11.7″	+5.7″		63°00′17.4″	0.891045	−22	0.891023	−10.0″	63°00′07.4″
γ_3	39°44′06.5″	+5.7″	+11.0″	39°44′01.2″					39°44′01.2″

※ 계산과정의 단수처리로 인하여 ±0.1″ 정도의 오차가 발생할 경우 0.1″에 대한 오차처리는 90°에 가장 가까운 각에 배분한다.

3) 기지점간거리 및 방위각 계산

(변1 = A, 변2 = B, 변3 = C, 보1 = D, 보2 = E)

방향	거리 및 방위각
변1 → 변2	$\Delta x_a^b = x_b - x_a = 10,449.54 - 13,933.45 = -3,483.91\text{m}$ $\Delta y_a^b = y_b - y_a = 15,456.83 - 14,602.29 = +854.54\text{m} (2상한)$ $\overline{AB} = \sqrt{(\Delta x_a^b)^2 + (\Delta y_a^b)^2} = \sqrt{(-3,483.91)^2 + (+854.54)^2} = 3,587.18\text{m}$ $\theta = \tan^{-1}\left(\dfrac{\Delta y_a^b}{\Delta x_a^b}\right) = \tan^{-1}\left(\dfrac{+854.54}{-3,483.91}\right) = 13°46′53.5″$ $V_A^B = 180° - \theta = 180° - 13°46′53.5″ = 166°13′06.5″$

방향	거리 및 방위각
변2 → 변3	$\Delta x_b^c = x_c - x_b = 8,951.91 - 10,449.54 = -1,497.63\text{m}$ $\Delta y_b^c = y_c - y_b = 10,462.16 - 15,456.83 = -4,994.67\text{m (3상한)}$ $\overline{BC} = \sqrt{(\Delta x_b^c)^2 + (\Delta y_b^c)^2} = \sqrt{(-1,497.63)^2 + (-4,994.67)^2} = 5,214.37\text{m}$ $\theta = \tan^{-1}\left(\dfrac{\Delta y_b^c}{\Delta x_b^c}\right) = \tan^{-1}\left(\dfrac{-4,994.67}{-1,497.63}\right) = 73°18'31.9''$ $V_B^C = 180° - \theta = 180° - 73°18'31.9'' = 253°18'31.9''$

4) 소구점 변장 계산

(변1 = A, 변2 = B, 변3 = C, 보1 = D, 보2 = E)

삼각형	방향	변장
①	변2 → 보1	$\overline{BD} = \dfrac{\overline{AB} \times \sin\alpha_1}{\sin\beta_1} = \dfrac{3,587.18 \times \sin37°14'02.6''}{\sin42°54'10.5''} = 3,188.36\text{m}$
①	변1 → 보1	$\overline{AD} = \dfrac{\overline{AB} \times \sin\gamma_1}{\sin\beta_1} = \dfrac{3,587.18 \times \sin99°51'46.8''}{\sin42°54'10.5''} = 5,191.51\text{m}$
②	변2 → 보2	$\overline{BE} = \dfrac{\overline{BD} \times \sin\beta_2}{\sin\alpha_2} = \dfrac{3,188.36 \times \sin39°39'13.5''}{\sin107°33'57.6''} = 4,763.30\text{m}$
②	보1 → 보2	$\overline{DE} = \dfrac{\overline{BD} \times \sin\gamma_2}{\sin\beta_2} = \dfrac{3,188.36 \times \sin32°46'48.9''}{\sin39°39'13.5''} = 2,705.08\text{m}$
③	변2 → 변3	$\overline{BC} = \dfrac{\overline{BE} \times \sin\alpha_3}{\sin\beta_3} = \dfrac{4,793.30 \times \sin77°15'51.4''}{\sin60°43'44.1''} = 5,214.36\text{m}$
③	보2 → 변3	$\overline{EC} = \dfrac{\overline{BE} \times \sin\gamma_3}{\sin\beta_3} = \dfrac{4793.30 \times \sin39°44'01.2''}{\sin63°00'07.4''} = 3,417.19\text{m}$

5) 소구점 방위각의 계산

(변1 = A, 변2 = B, 변3 = C, 보1 = D, 보2 = E)

삼각형	방향	방위각
①	변2 → 보1	$V_B^D = V_B^A - \gamma_1 = (V_A^B + 180°) - \gamma_1 (166°13'06.5'' + 180°) - 99°51'46.8''$ $= 246°21'19.7''$
①	변1 → 보1	$V_A^D = V_A^B + \alpha_1 = 166°13'06.5'' + 37°14'02.6'' = 203°27'09.1''$
②	변2 → 보2	$V_B^E = V_B^D - \gamma_2 = 246°21'19.7'' - 32°46'48.9'' = 213°34'30.8''$
②	보1 → 보2	$V_D^E = V_D^B + \alpha_2 = (V_B^D - 180°) + \alpha_2$ $= (246°21'19.7'' - 180°) + 107°33'57.6'' = 173°55'17.3''$
③	변2 → 변3	$V_B^C = V_B^E - \gamma_3 = 213°34'30.8'' - 39°44'01.2'' = 253°18'32.0''$
③	보2 → 변3	$V_E^C = V_E^B - \alpha_3 = (V_B^E - 180°) - \alpha_3$ $= (213°34'30.8'' - 180°) - 77°15'51.4'' = 316°18'39.4''$

6) 소구점 종·횡선좌표의 계산

(변1 = A, 변2 = B, 변3 = C, 보1 = D, 보2 = E)

- 소구점 종선좌표 = 기지점 종선좌표 + 종선차(Δx)($\Delta x = \cos V \times l$)
- 소구점 횡선좌표 = 기지점 횡선좌표 + 횡선차(Δy)($\Delta y = \sin V \times l$)

소구점	방향	종·횡선좌표
보1(D)	변2 → 보1	$X_D = X_B + (\overline{BD} \times \cos V_B^D) = 10,449.54 + (3,188.36 \times \cos 246°21'19.7'') = 9,170.81\text{m}$ $Y_D = Y_B + (\overline{BD} \times \sin V_B^D) = 15,456.83 + (3,188.36 \times \sin 246°21'19.7'') = 12,536.13\text{m}$
	변1 → 보1	$X_D = X_A + (\overline{AD} \times \cos V_A^D) = 13,933.45 + (5,191.51 \times \cos 203°27'09.1'') = 9,170.81\text{m}$ $Y_D = Y_A + (\overline{AD} \times \sin V_A^D) = 14,602.29 + (5,191.51 \times \sin 203°27'09.1'') = 12,536.13\text{m}$
	평균좌표	$X_D = \dfrac{(9,170.81 + 9,170.81)}{2} = 9,170.81\text{m}$ $Y_D = \dfrac{(12,536.13 + 12,536.13)}{2} = 12,536.13\text{m}$
보2(E)	변2 → 보2	$X_E = X_B + (\overline{BE} \times \cos V_B^E) = 10,449.54 + (4,763.30 \times \cos 213°34'30.8'') = 6,480.95\text{m}$ $Y_E = Y_B + (\overline{BE} \times \sin V_B^E) = 15,456.83 + (4,763.30 \times \sin 213°34'30.8'') = 12,822.58\text{m}$
	보1 → 보2	$X_E = X_D + (\overline{DE} \times \cos V_D^E) = 5,191.51 + (2,705.08 \times \cos 173°55'17.3'') = 6,480.94\text{m}$ $Y_E = Y_D + (\overline{DE} \times \sin V_D^E) = 12,536.13 + (2,705.08 \times \sin 173°55'17.3'') = 12,822.57\text{m}$
	평균좌표	$X_E = \dfrac{(6,480.95 + 6,480.94)}{2} = 6,480.94\text{m}$ $Y_E = \dfrac{(12,822.58 + 12,822.57)}{2} = 12,822.58\text{m}$
변3(C)	변2 → 변3	$X_C = X_B + (\overline{CB} \times \cos V_C^B) = 10,449.54 + (5,214.36 \times \cos 253°18'32.0'') = 8,951.91\text{m}$ $Y_C = Y_B + (\overline{CB} \times \sin V_C^B) = 15,456.83 + (5,214.36 \times \sin 253°18'32.0'') = 10,462.17\text{m}$
	보2 → 변3	$X_C = X_E + (\overline{CE} \times \cos V_C^E) = 6,480.94 + (3,417.19 \times \cos 316°18'39.4'') = 8,951.91\text{m}$ $Y_C = Y_E + (\overline{CE} \times \sin V_C^E) = 12,822.58 + (3,417.19 \times \sin 316°18'39.4'') = 10,462.18\text{m}$
	평균좌표	$X_E = \dfrac{(8,951.91 + 8,951.91)}{2} = 8,951.91\text{m}$ $Y_E = \dfrac{(10,462.17 + 10,462.18)}{2} = 10,462.17\text{m}$

7) 점검

최종계산 결과 변2에서 변3에 대한 변장과 방위각은 기지변과 기지방위각에 해당하므로 산출된 값과 비교하여 같아야 하며, 조정계산 결과 변장에서 ±0.01m, 방위각에서 ±0.1″ 이내의 오차가 발생할 수도 있다.

삽입망(변형망2) 조정계산부(진수)

삼각형	점명	각명	관측각	각규약 I	각규약 II	조정각	$\dfrac{\sin\alpha}{\sin\beta}$	$\Delta\alpha$ $\Delta\beta$	$\dfrac{\sin\alpha'}{\sin\beta'}$	$\alpha - x_1''$ $\beta + x_1''$	변규약 조정각	변장 $a \times \dfrac{\sin\alpha(r)}{\sin\beta}$	방위각	종횡선좌표 X	종횡선좌표 Y	점명
1	변1	α_1	37°13′48.3″	+4.3″		37°13′52.6″	0.605034		0.605073	+10.0″	37°14′02.6″	변1→변2 3,587.18	변1→변2 166°13′06.5″	13,933.45	14,602.29	변1
	보1	β_1	42°54′16.2″	+4.3″		42°54′20.5″	0.680794		0.680758	−10.0″	42°54′10.5″	변2→보1 3,183.36	변2→보1 246°21′19.7″	10,449.54	15,456.83	변2
	변2	γ_1	99°51′31.5″	+4.3″	+11.0″	99°51′46.8″					99°51′46.8″	변1→보1 5,191.51	변1→보1 203°27′09.1″	9,170.81	12,536.13	보1
	+		179°59′36.0″			179°59′59.9″							평균	9,170.81	12,536.13	
	−		180°00′00.0″											9,170.81	12,536.13	
			$\varepsilon_1 = -24.0$													
2	보1	α_2	107°33′47.0″	+0.6″		107°33′47.6″	0.953385	−15	0.953370	+10.0″	107°33′57.6″	보1→변2 4,793.30	보1→변2 213°34′30.8″	6,480.95	12,822.58	보2
	보2	β_2	39°39′22.9″	+0.6″		39°39′23.5″	0.638184	−37	0.638147	−10.0″	39°39′13.5″	보2→보1 2,705.08	보2→보1 173°55′17.3″	6,480.94	12,822.57	
	변2	γ_2	32°46′37.3″	+0.6″	+11.0″	32°46′48.9″					32°46′48.9″			6,480.94	12,822.58	
	+		179°59′47.2″			180°00′00.0″							평균			
	−															
			$\varepsilon_2 = -12.8$													
3	보2	α_3	77°15′35.7″	+5.7″		77°15′41.4″	0.975387	+11	0.975398	+10.0″	77°15′51.4″	보2→변3 5,214.36	보2→변3 253°18′32.0″	8,951.91	10,462.17	변3
	변3	β_3	63°00′11.7″	+5.7″		63°00′17.4″	0.891045	−22	0.891023	−10.0″	63°00′07.4″	보2→변3 3,417.19	변2→변3 316°18′39.4″	8,951.91	10,462.17	
	변2	γ_3	39°44′06.5″	+5.7″	+11.0″	39°44′01.2″					39°44′01.2″			8,951.91	10,462.17	
	+		179°59′53.9″			180°00′00.0″										
	−															
			$\varepsilon_3 = -6.1$													
4		α_4														
		β_4														
		γ_4														
	+															
	−															
			$\varepsilon_4 =$													
Σr			92°54′02.3″			제1기선 l_1 3,587.18m	$\pi\sin\alpha \cdot l_1$ 2,018.265181		$\pi\sin\alpha' \cdot l_1$ 2,018.386283			보2→변3 3,417.19	보2→변3 316°18′39.4″	8,951.91	10,462.17	변3
360° 또는 기지내각			92°54′34.6″			제2기선 l_2 5,214.37m	$\pi\sin\beta \cdot l_2$ 2,018.659702		$\pi\sin\beta'' \cdot l_2$ 2,018.386091							
			$e = 32.3$													

$\Sigma \varepsilon = -30.7$

$(\mathrm{II}) = \dfrac{\Sigma \varepsilon - 3e}{2n} = +11.0''$

$(\mathrm{I}) = \dfrac{-\varepsilon - (\mathrm{II})}{3} = \text{①} +4.3'', \text{②} +0.6'', \text{③} +5.7''$

n : 삼각형 수

$E_1 = \dfrac{\pi\sin\alpha \cdot l_1}{\pi\sin\beta \cdot l_2} - 1 = -195$

$E_2 = \dfrac{\pi\sin\alpha' \cdot l_1}{\pi\sin\beta'' \cdot l_2} - 1 = 0$

$|E_1 - E_2| = 195$

$\Delta\alpha, \Delta\beta = 10''$차임

$x_1'' = \dfrac{10'' E_1}{|E_1 - E_2|} = -10.0$

$x_2'' = \dfrac{10'' E_2}{|E_1 - E_2|} = 0$

검산 : $|x_1'' + x_2''| = 10''$

약도

02

1) 삼각형의 내각

수평각개정 계산부의 중심각이 내각이므로

∠A = 108°43′36.5″, ∠B = 38°26′04.8″, ∠P = 32°50′18.7″

2) 변장 및 방위각 계산

방향	변장 및 방위각
$A \to B$	$\Delta x_a^b = x_b - x_a = 480,045.87 - 483,023.82 = -2,977.95\text{m}$ $\Delta y_a^b = y_b - y_a = 191,873.21 - 191,115.58 = +757.63\text{m}$ (2상한) $\overline{AB} = \sqrt{(\Delta x_a^b)^2 + (\Delta y_a^b)^2} = \sqrt{(-2,977.95)^2 + (+757.63)^2} = 3,072.81\text{m}$ $\theta = \tan^{-1}\left(\dfrac{\Delta y_a^b}{\Delta x_a^b}\right) = \tan^{-1}\left(\dfrac{+757.63}{-2,977.95}\right) = 14°16′26.3″$ $V_A^B = 180° - \theta = 180° - 14°16′26.3″ = 165°43′33.7″$
$A \to P$	$\overline{AP} = \dfrac{\overline{AB} \times \sin\angle B}{\sin\angle P} = \dfrac{3,072.81 \times \sin 38°26′04.8″}{\sin 32°50′18.7″} = 3,522.44\text{m}$ $V_A^P = V_A^B - \angle A = 165°43′33.7″ - 108°43′36.5″ = 56°59′57.2″$
$B \to P$	$\overline{BP} = \dfrac{\overline{AB} \times \sin\angle A}{\sin\angle P} = \dfrac{3,072.81 \times \sin 108°43′36.5″}{\sin 32°50′18.7″} = 5,366.55\text{m}$ $V_B^P = V_B^A + \angle B = (V_A^B + 180°) + \angle B$ $= (165°43′33.7″ + 180°) + 38°26′04.8″ = 384°09′38.5″ - 360° = 24°09′38.5″$

3) P점의 좌표 계산

소구점	방향	종·횡선좌표
P	$A \to P$	$X_P = X_A + (\overline{AP} \times \cos V_A^P) = 483,023.32 + (3,522.44 \times \cos 56°59′57.1″) = 484,942.32\text{m}$ $Y_P = Y_A + (\overline{AP} \times \sin V_A^P) = 191,115.58 + (3,522.44 \times \sin 56°59′57.1″) = 194,069.72\text{m}$
	$B \to P$	$X_P = X_B + (\overline{BP} \times \cos V_B^P) = 480,045.87 + (5,366.55 \times \cos 24°09′38.5″) = 484,942.32\text{m}$ $Y_P = Y_B + (\overline{BP} \times \sin V_B^P) = 191,873.21 + (5,366.55 \times \sin 24°09′38.5″) = 194,069.72\text{m}$
	평균좌표	$X_P = \dfrac{(484,942.32 + 484,942.32)}{2} = 484,942.32\text{m}$ $Y_P = \dfrac{(194,069.72 + 194,069.72)}{2} = 194,069.72\text{m}$

03

1) 기지점간거리 및 방위각 계산

방향	거리 및 방위각
$A \to B$	$\Delta x_a^b = x_b - x_a = 787.01 - 817.58 = -30.57\text{m}$ $\Delta y_a^b = y_b - y_a = 350.64 - 350.92 = -0.28\text{m}$ $\overline{AB} = \sqrt{(\Delta x_a^b)^2 + (\Delta y_a^b)^2} = \sqrt{(-30.57)^2 + (-0.28)^2} = 30.57\text{m}$ $\theta = \tan^{-1}\left(\dfrac{\Delta y_a^b}{\Delta x_a^b}\right) = \tan^{-1}\left(\dfrac{-0.28}{-30.57}\right) = 0°31'29.2''(3\text{상한})$ $V_A^B = 180° + \theta = 180° + 0°31'29.2'' = 180°31'29.2''$
$B \to C$	$\Delta x_b^c = x_c - x_b = 784.96 - 787.01 = -2.05\text{m}$ $\Delta y_b^c = y_c - y_b = 424.42 - 350.64 = +73.78\text{m}$ $\theta = \tan^{-1}\left(\dfrac{\Delta y_b^c}{\Delta x_b^c}\right) = \tan^{-1}\left(\dfrac{+73.78}{-2.05}\right) = 88°24'30.3''(2\text{상한})$ $V_B^C = 180° - \theta = 180° + 88°24'30.3'' = 91°35'29.7''$
$A \to D$	$\Delta x_a^d = x_d - x_a = 809.00 - 817.58 = -8.58\text{m}$ $\Delta y_a^d = y_d - y_a = 425.12 - 350.92 = +74.20\text{m}$ $\theta = \tan^{-1}\left(\dfrac{\Delta y_a^d}{\Delta x_a^d}\right) = \tan^{-1}\left(\dfrac{+74.20}{-8.58}\right) = 83°24'14.4''(2\text{상한})$ $V_A^D = 180° - \theta = 180° + 83°24'14.4'' = 96°35'45.6''$

2) 내각 계산

$\alpha = V_A^B - V_A^D = (V_B^A \pm 180°) - V_A^D = (0°31'29.2'' + 180°) - 96°35'45.6'' = 83°55'43.6''$

$\beta = V_B^C - V_B^A = 91°35'29.7'' - 0°31'29.2'' = 91°04'00.5''$

$\theta = \alpha + \beta - \phi = 83°55'43.6'' + 91°04'00.5'' - 85°30'00.0'' = 89°29'44.1''$

3) $\overline{PQ}$ 계산

$$\overline{PQ}(\chi) = \sqrt{\left(\dfrac{L^2}{\cot\alpha + \cot\beta} - 2F\right)(\cot\theta + \cot\phi)}$$

$$= \sqrt{\left(\dfrac{30.57^2}{\cot 83°55'43.6'' + \cot 91°04'00.5''} - 2 \times 900\right)(\cot 89°29'44.1'' + \cot 85°30'00.0'')}$$

$$= 27.83\text{m}$$

4) $P \cdot Q$점 종·횡선좌표의 계산

소구점	방향	종·횡선좌표
P	$A \to P$	$\overline{AP}(M) = (L \cdot \sin\beta - x \cdot \sin\phi) \cdot \text{cosec}(\alpha + \beta)$ $= (30.57 \times \sin 91°04'00.5'' - 27.83 \times \sin 85°30'00.0'') \times \text{cosec}(83°55'43.6'' + 91°04'00.5'')$ $= 32.33\text{m}$ $X_P = X_A + (\overline{AP} \times \cos V_A^D) = 817.58 + (32.33 \times \cos 96°35'45.6'') = 813.87\text{m}$ $Y_P = Y_A + (\overline{AP} \times \sin V_A^D) = 350.92 + (32.33 \times \sin 96°35'45.6'') = 347.21\text{m}$

소구점	방향	종·횡선좌표
Q	B → Q	$\overline{BQ}(N) = (L \cdot \sin\alpha - x \cdot \sin\theta) \cdot \csc(\alpha+\beta)$ $= (30.57 \times \sin 83°55'43.6'' - 27.83 \times \sin 89°29'44.1'') \times \csc(83°55'43.6'' + 91°04'00.5'')$ $= 29.46\text{m}$ $X_Q = X_B + (\overline{BP} \times \cos V_B^C) = 787.01 + (29.46 \times \cos 91°35'29.7'') = 786.19\text{m}$ $Y_Q = Y_B + (\overline{BP} \times \sin V_B^C) = 350.64 + (29.46 \times \sin 91°35'29.7'') = 349.82\text{m}$

04

1) $\triangle P_1 P P_2$에서 $\angle P_1 P P_2 = 180° - (t_1 + t_2)$

2) 길이 계산

방향	길이
$D_1 (= P_1 P)$	$D_1 (= P_1 P) = \dfrac{\overline{P_1 P_2} \times \sin t_2}{\sin \angle P_1 P P_2} = \dfrac{2,000 \times \sin 70°30'30''}{\sin 48°59'00''} = 2,498.79\text{m}$
$D_2 (= P_2 P)$	$D_2 (= P_2 P) = \dfrac{\overline{P_1 P_2} \times \sin t_1}{\sin \angle P_1 P P_2} = \dfrac{2,000 \times \sin 60°30'30''}{\sin 48°59'00''} = 2,307.24\text{m}$

3) γ_1과 γ_2 계산

γ_1	$\alpha = 360° - \phi = 360° - 230°30' = 129°30'$ $\dfrac{D_1}{\sin\alpha} = \dfrac{K}{\sin r_1} \rightarrow \sin r_1 = \dfrac{K \times \sin r_1}{D_1}$ $\therefore r_1 = \sin^{-1}\left(\dfrac{K \times \sin\alpha}{D_1}\right) = \sin^{-1}\left(\dfrac{5.00 \times \sin 129°30'}{2,498.79}\right) = 0°05'18.5''$
γ_2	$\dfrac{D_2}{\sin\theta} = \dfrac{K}{\sin r_2} \rightarrow \sin r_2 = \dfrac{K \times \sin\theta}{D_2}$ $\therefore r_2 = \sin^{-1}\left(\dfrac{K \times \sin\theta}{D_2}\right) = \sin^{-1}\left(\dfrac{5.00 \times \sin 80°20'}{2,307.24}\right) = 0°07'20.6''$

4) T_1과 T_2 계산

T_1	$T_1 = t_1 + r_1 = 60°30'30'' + 0°05'18.5'' = 60°35'48.5''$
T_2	$T_2 = t_2 - r_2 = 70°30'30'' + 0°07'20.6'' = 70°23'09.4''$

05

1) 방위각 및 종 · 횡선좌표 오차 계산

(1) 방위각 오차

순서	조건방정식	방위각
Ⅰ	$W_1 = (1) - (2)$	$W_1 = 230°59'07'' - 230°59'16'' = -9''$
Ⅱ	$W_2 = (2) + (3) - (4)$	$W_2 = 183°04'55'' - 183°05'03'' = -8''$
Ⅲ	$W_3 = (4) - (5)$	$W_3 = 183°05'03'' - 183°04'45'' = +18''$

(2) 종 · 횡선좌표 오차

순서	조건방정식	종선좌표	횡선좌표
Ⅰ	$W_1 = (1) - (2)$	$W_1 = 0.36 - 0.14 = +0.22\text{m}$	$W_1 = 0.64 - 0.50 = +0.14\text{m}$
Ⅱ	$W_2 = (2) + (3) - (4)$	$W_2 = 0.66 - 0.67 = -0.01\text{m}$	$W_2 = 0.94 - 1.07 = -0.13\text{m}$
Ⅲ	$W_3 = (4) - (5)$	$W_3 = 0.67 - 0.85 = -0.18\text{m}$	$W_3 = 1.07 - 0.99 = +0.08\text{m}$

2) 상관방정식의 작성

순서	ΣM	ΣS	Ⅰ(a)	Ⅱ(b)	Ⅲ(c)
(1)	8	0.64	+1		
(2)	9	0.84	-1	+1	
(3)	5	0.44	+1		
(4)	9	0.88		-1	+1
(5)	5	0.35			-1

3) 표준방정식의 계산

(1) 방위각

구분	계산식
제1식	$[Paa] = (+1^2 \times 8) + (-1^2 \times 9) = +17$ $[Pab] = (-1) \times (+1) \times 9 = -9$ $[Pac] = 0$
제2식	$[Paa] = (+1^2 \times 8) + (-1^2 \times 9) = +17$ $[Pab] = (-1) \times (+1) \times 9 = -9$ $[Pac] = 0$
제3식	$[Pcc] = (+1^2 \times 9) + (-1^2 \times 5) = +14$

W_a는 방위각 오차를 기재하며, Σ는 다음과 같이 계산한다.

Ⅰ	Ⅱ	Ⅲ	W_a	Σ
+17	-9	0	-9	-1
	+23	-9	-8	-3
		+14	+18	+23

(2) 종 · 횡선좌표

구분	계산식
제1식	$[Paa] = (+1^2 \times 0.64) + (-1^2 \times 0.84) = +1.48$ $[Pab] = (-1) \times (+1) \times 0.84 = -0.84$ $[Pac] = 0$
제2식	$[Pbb] = (+1^2 \times 0.84) + (-1^2 \times 0.44) + (-1^2 \times 0.88) = +2.16$ $[Pbc] = (-1) \times (+1) \times 0.88 = -0.88$
제3식	$[Pcc] = (+1^2 \times 0.88) + (-1^2 \times 0.35) = +1.23$

W_x, W_y는 종 · 횡선오차를 기재하며, Σ는 다음과 같이 계산한다.

Ⅰ	Ⅱ	Ⅲ	W_x	Σ	W_y	Σ
+1.48	−0.84	0	+0.22	+0.86	+0.14	+0.78
	+2.16	−0.88	−0.01	+0.43	−0.13	+0.31
		+1.23	−0.18	+0.17	+0.08	+0.43

4) 평균 방위각 및 평균 종 · 횡선좌표 계산

구분	계산식
평균 방위각	평균 방위각 $= \dfrac{\dfrac{\alpha_1}{N_1} + \dfrac{\alpha_2}{N_2} + \dfrac{\alpha_3}{N_3} + \dfrac{\alpha_4}{N_4}}{\dfrac{1}{N_1} + \dfrac{1}{N_2} + \dfrac{1}{N_3} + \dfrac{1}{N_4}} = \dfrac{\Sigma \alpha_n}{\Sigma Nn} \cdot \dfrac{1}{\Sigma Nn}$ (α_n는 방위각으로서 초단위, N_n는 경중률로서 측점수)
평균 종 · 횡선좌표	평균 종선좌표 $= \dfrac{\dfrac{X_1}{S_1} + \dfrac{X_2}{S_2} + \dfrac{X_3}{S_3} + \dfrac{X_4}{S_4}}{\dfrac{1}{S_1} + \dfrac{1}{S_2} + \dfrac{1}{S_3} + \dfrac{1}{S_4}} = \dfrac{\Sigma X_n}{\Sigma Sn} \cdot \dfrac{1}{\Sigma Sn}$ 평균 횡선좌표 $= \dfrac{\dfrac{Y_1}{S_1} + \dfrac{Y_2}{S_2} + \dfrac{Y_3}{S_3} + \dfrac{Y_4}{S_4}}{\dfrac{1}{S_1} + \dfrac{1}{S_2} + \dfrac{1}{S_3} + \dfrac{1}{S_4}} = \dfrac{\Sigma Y_n}{\Sigma S_n} \cdot \dfrac{1}{\Sigma S_n}$ 여기서, X_n, Y_n : 교점의 cm 단위의 좌푯값 S_n : 경중률로서 도선별 거리의 합을 1,000으로 나눈 수

교점다각망계산부($H \cdot A$형)

약도

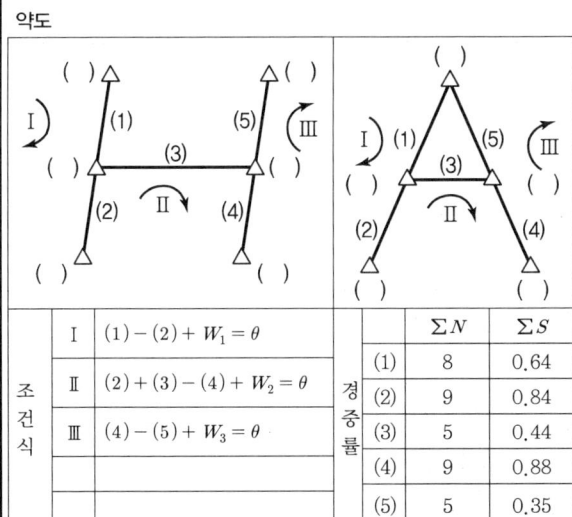

조건식	I	$(1)-(2)+W_1=\theta$
	II	$(2)+(3)-(4)+W_2=\theta$
	III	$(4)-(5)+W_3=\theta$

경중률

	ΣN	ΣS
(1)	8	0.64
(2)	9	0.84
(3)	5	0.44
(4)	9	0.88
(5)	5	0.35

1. 방위각

순서	도선	관측	보정	평균
I	(1)	230°59′07″	+4	230°59′11″
	(2)	230°59′16″	−5	230°59′11″
	W_1	−9		
II	(2)+(3)	183°04′55″	−2	183°04′53″
	(4)	183°05′03″	−10	183°04′53″
	W_2	−8		
III	(4)	183°05′03″	−10	183°04′53″
	(5)	183°04′45″	+8	183°04′53″
	W_3	+18		

2. 종선좌표

순서	도선	관측	보정	평균
I	(1)	1,890.36	−10	1,890.26
	(2)	1,890.14	+12	1,890.26
	W_1	+0.22		
II	(2)+(3)	2,153.66	+12	2,153.78
	(4)	2,153.67	+11	2,153.78
	W_2	−0.01		
III	(4)	2,153.67	+11	2,153.78
	(5)	2,153.85	−7	2,153.78
	W_3	−0.18		

3. 횡선좌표

순서	도선	관측	보정	평균
I	(1)	3,773.64	−6	3,773.58
	(2)	3,773.50	+8	3,773.58
	W_1	+0.14		
II	(2)+(3)	4,114.94	+5	4,114.99
	(4)	4,115.07	−8	4,114.99
	W_2	−0.13		
III	(4)	4,115.07	−8	4,114.99
	(5)	4,114.99	0	4,114.99
	W_3	+0.08		

4. 계산

1) 상관방정식

순서	ΣN	ΣS	I	II	III
(1)	8	0.64	+1		
(2)	9	0.84	−1	+1	
(3)	5	0.44		+1	
(4)	9	0.88		−1	+1
(5)	5	0.35			−1

2) 표준방정식(방위각)

I	II	III	$W\alpha$	Σ
+17	−9	0	−9	−1
	+23	−9	−8	−3
		+14	+18	+23

3) 표준방정식(종선좌표)

I	II	III	W_x	Σ
+1.48	−0.84	0	+0.22	+0.86
	+2.16	−0.88	−0.01	+0.43
		+1.23	−0.18	+0.17

4) 표준방정식(횡선좌표)

I	II	III	W_y	Σ
+1.48	−0.84	0	+0.14	+0.78
	+2.16	−0.88	−0.13	+0.31
		+1.23	+0.08	+0.43

1) 방위각 계산

방향	방위각
$A \to C$	$\Delta x_a^c = x_c - x_a = 465,833.20 - 465,145.85 = +687.35\text{m}$ $\Delta y_a^c = y_c - y_a = 211,611.03 - 210,510.37 = +1,100.66\text{m}$ $\theta = \tan^{-1}\left(\dfrac{\Delta y_a^c}{\Delta x_a^c}\right) = \tan^{-1}\left(\dfrac{+1,100.66}{+687.35}\right) = 58°00'56.4''(1상한)$ $V_A^C(\alpha) = \theta = 58°00'56.4''$
$B \to D$	$\Delta x_b^d = x_d - x_b = 465,715.46 - 465,012.34 = +703.12\text{m}$ $\Delta y_b^d = y_d - y_b = 210,111.53 - 210,948.99 = -837.46\text{m}$ $\theta = \tan^{-1}\left(\dfrac{\Delta y_b^d}{\Delta x_b^d}\right) = \tan^{-1}\left(\dfrac{-837.46}{+703.12}\right) = 49°59'01.1''(4상한)$ $V_B^D(\beta) = 360° - \theta = 360° - 49°59'01.1'' = 310°00'58.9''$
$A \to B$	$\Delta x_a^b = x_b - x_a = 465,012.34 - 465,145.85 = -133.51\text{m}$ $\Delta y_a^b = y_b - y_a = 210,948.99 - 210,510..37 = +438.62\text{m}$ $\theta = \tan^{-1}\left(\dfrac{\Delta y_a^b}{\Delta x_a^b}\right) = \tan^{-1}\left(\dfrac{+438.62}{-133.51}\right) = 73°04'13.7''(2상한)$ $V_A^B = 180° - \theta = 180° - 73°04'13.7'' = 106°55'46.3''$

2) 거리 계산

$\alpha - \beta = 58°00'56.4'' - 310°00'58.9'' = -252°00'02.5'' + 360° = 107°59'57.5''$

$S_1 = \dfrac{\Delta y_a^b \cdot \cos\beta - \Delta x_a^b \cdot \sin\beta}{\sin(\alpha - \beta)} = \dfrac{(+438.62 \times \cos 310°00'58.9'') - (-133.51 \times \sin 310°00'58.9'')}{\sin(58°00'56.4'' - 310°00'58.9'')}$

$= 189.0368\text{m}$

$S_2 = \dfrac{\Delta y_a^b \cdot \cos\alpha - \Delta x_a^b \cdot \sin\alpha}{\sin(\alpha - \beta)} = \dfrac{(+438.62 \times \cos 58°00'56.4'') - (-133.51 \times \sin 58°00'56.4'')}{\sin(58°00'56.4'' - 310°00'58.9'')}$

$= 363.3563\text{m}$

3) 소구점(P) 종·횡선좌표의 계산

소구점	방향	종·횡선좌표
P	$A \to P$	$X_P = X_A + S_1 \cdot \cos\alpha = 465,145.85 + (+189.0368 \times \cos 58°00'56.4'') = 465,245.98\text{m}$ $Y_P = Y_A + S_1 \cdot \sin\alpha = 210,510.37 + (+189.0368 \times \sin 58°00'56.4'') = 210,670.71\text{m}$
	$B \to P$	$X_P = X_B + S_2 \cdot \cos\beta = 465,012.34 + (+363.3563 \times \cos 310°00'58.9'') = 465,245.98\text{m}$ $Y_P = Y_B + S_2 \cdot \sin\beta = 210,948.99 + (+363.3563 \times \sin 310°00'58.9'') = 210,670.71\text{m}$
	평균좌표	$X_P = \dfrac{(465,245.98 + 465,245.98)}{2} = 465,245.98\text{m}$ $Y_P = \dfrac{(210,670.71 + 210,670.71)}{2} = 210,670.71\text{m}$

교차점계산부

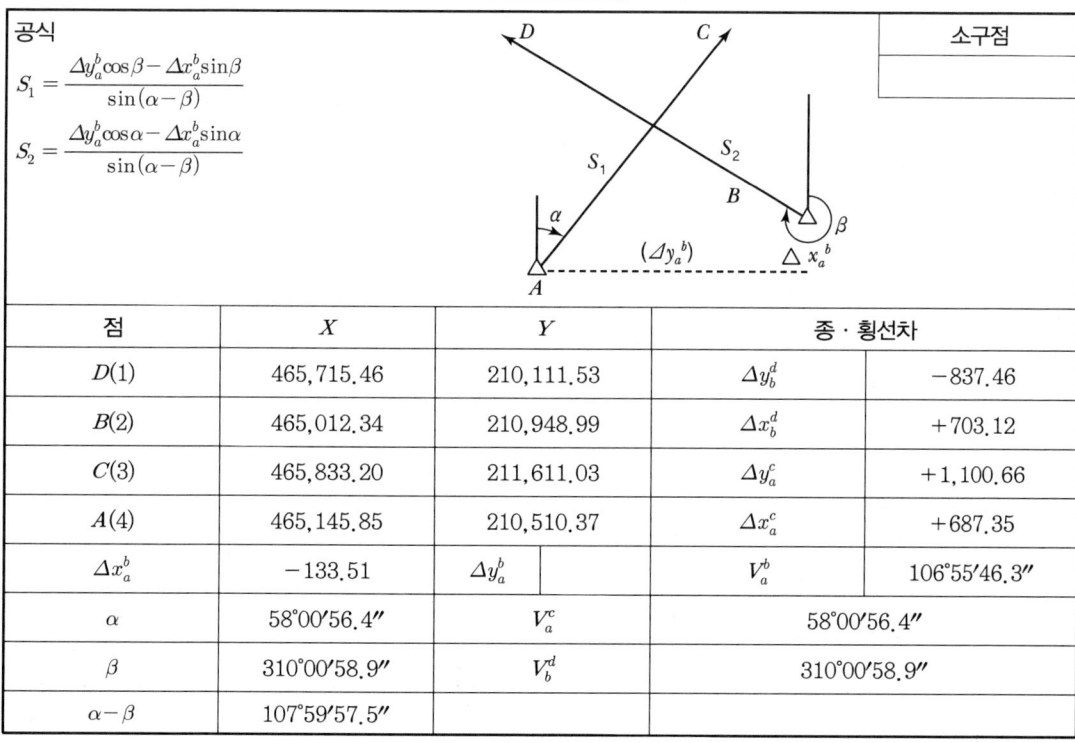

공식
$$S_1 = \frac{\Delta y_a^b \cos\beta - \Delta x_a^b \sin\beta}{\sin(\alpha-\beta)}$$
$$S_2 = \frac{\Delta y_a^b \cos\alpha - \Delta x_a^b \sin\alpha}{\sin(\alpha-\beta)}$$

소구점

점	X	Y	종·횡선차	
$D(1)$	465,715.46	210,111.53	Δy_b^d	−837.46
$B(2)$	465,012.34	210,948.99	Δx_b^d	+703.12
$C(3)$	465,833.20	211,611.03	Δy_a^c	+1,100.66
$A(4)$	465,145.85	210,510.37	Δx_a^c	+687.35
Δx_a^b	−133.51	Δy_a^b	V_a^b	106°55′46.3″
α	58°00′56.4″	V_a^c	58°00′56.4″	
β	310°00′58.9″	V_b^d	310°00′58.9″	
$\alpha-\beta$	107°59′57.5″			

$(\Delta y_a^b \cdot \cos\beta - \Delta x_a^b \cdot \sin\beta)/\sin(\alpha-\beta) = S_1$			189.0368	
$S_1 \cdot \cos\alpha$	+100.13	$S_1 \cdot \sin\alpha$	+160.34
x_a	+) 465,145.85	y_a	+) 210,510.37
x	465,245.98	y	210,670.71

$(\Delta y_a^b \cdot \cos\alpha - \Delta x_a^b \cdot \sin\alpha)/\sin(\alpha-\beta) = S_2$			363.3563	
$S_2 \cdot \cos\beta$	+233.64	$S_2 \cdot \sin\beta$	−278.28
x_b	+) 465,012.34	y_b	+) 210,948.99
x	465,245.98	y	210,670.71

X	465,245.98	Y	210,670.71

제4회 실전모의고사

※ 본 실전모의문제는 수험자의 정보를 토대로 작성하였으므로 일부 다를 수 있으며, 실전 대비 목적으로 작성한 것입니다.

01 지적삼각점측량을 사각망으로 실시하여 다음과 같은 결과를 얻었다. 주어진 서식에 의하여 소구점의 좌표를 계산하시오(단, 각은 0.1″까지, 거리 및 좌표는 m 단위, 소수 둘째 자리까지 구하시오).

1) 기지점좌표

점명	X좌표(m)	Y좌표(m)
성문(A)	461,581.36	196,279.45
현문(B)	463,738.38	198,087.49

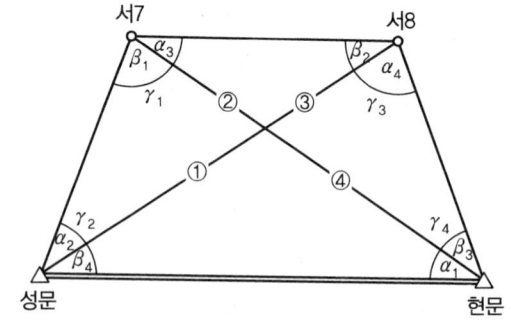

2) 관측내각

점명	각명	관측각	점명	각명	관측각
현문	α_1	50°37′57.8″	서7	α_3	54°13′10.2″
서7	β_1	52°09′22.6″	현문	β_3	51°49′09.8″
성문	α_2	37°28′49.8″	서8	α_4	37°49′11.5″
서8	β_2	36°08′38.9″	성문	β_4	39°43′42.9″

02 그림과 같이 삼변측량을 한 결과 다음과 같은 값을 얻었다. 삼각형의 내각(∠A, ∠B, ∠C)을 구하시오(단, 각도는 반올림하여 0.1″ 단위까지 계산하시오).

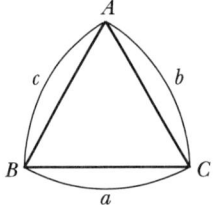

$a = 1,959.96$m
$b = 2,585.34$m
$c = 2,016.22$m

03

다음 그림에서 A, B, C점은 도로의 중심점이다. 주어진 조건으로 가구점 P, Q점의 좌표를 구하시오(단, 계산은 반올림하여 각도는 초단위까지, 거리는 소수 넷째 자리까지, 좌표는 소수 둘째 자리까지 계산하시오).

점명	X좌표(m)	Y좌표(m)
A	455,715.83	194,632.65

방위각 : $V_A^B = 114°43'20''$, $V_A^C = 46°58'40''$
노폭 : $L_1 = 30\text{m}$, $L_2 = 20\text{m}$
PQ 길이 $= 15\text{m}$

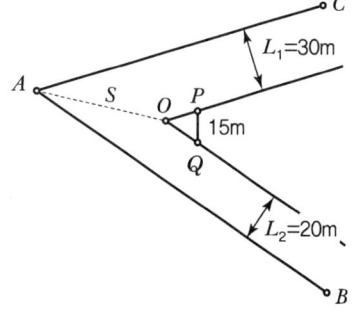

04

경계점좌표등록부 시행지역에서 아래의 조건에 따라 면적지정분할을 하려고 할 때 P, Q점의 좌표를 구하시오(단, 지정면적(F)=500m²이고, $\overline{AD} /\!/ \overline{BC}$, $\overline{AB} /\!/ \overline{PQ}$이며, 각은 0.1초, 거리는 0.1mm, 좌표는 1cm 단위까지 계산하시오).

점명	X좌표(m)	Y좌표(m)
A	4,267.64	2,950.08
B	4,226.36	2,975.03
C	4,264.97	3,047.47
D	4,306.25	3,022.52

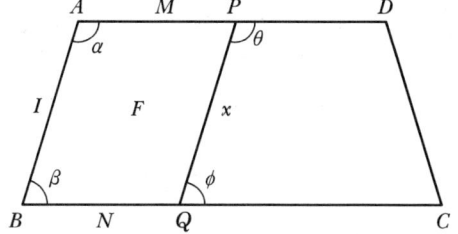

05

지적삼각측량을 토탈스테이션으로 기지점 운학1에서 운학2까지 두 점 간의 거리를 측정하여 다음과 같은 결과값을 얻었다. 주어진 서식에 의하여 두 점 간의 평면거리를 계산하시오.

- 측정거리(D)=912.85m
- 연직각(α_1)=$-2°19'33''$
- 기지점표고(H_1')=121.55m
- 기계고(i)=1.56m
- 원점에서 삼각점까지의 횡선거리(Y_1)=33.3km
- 연직각(α_2)=$2°20'05''$
- 기지점표고(H_2')=85.99m
- 시준고(f)=1.55m
- 원점에서 삼각점까지의 횡선거리(Y_2)=22.2km

06 표1과 표2에서 고1의 표고를 관측한 결과 다음과 같다. 표고계산부에 의하여 소구점의 표고를 구하시오(단, 거리는 소수 둘째 자리까지, 각도는 0.1″까지 계산하시오).

구분	표1	표2
$L(m)$	8,085.91	5,970.80
α_1	87°54′53″	89°31′23″
α_2	92°06′59″	90°31′07″
$i_1(m)$	1.50	1.51
$i_2(m)$	1.45	1.45
$f_1(m)$	3.73	3.71
$f_2(m)$	3.61	3.61
$H_1(m)$	348.74	103.99

07 지적삼각점 측점8에서 측점귀심방법으로 수평각을 측정하여 편심거리(K)=4.990m, θ=125°10′10.0″를 얻었다. 주어진 서식에 의하여 중심각을 구하시오(단, 거리는 소수 둘째 자리까지, 각도는 0.1″까지 계산하시오).

시준점	측점1	측점2	측점3	측점4
관측방향각	0°00′00″	23°12′42.5″	63°22′45.7″	123°34′29.2″
측점 간 거리(m)	1,234.56m	2,576.43m	1,278.62m	1,392.11m

제4회 실전모의고사 정답 및 해설

01

1) 각규약에 의한 조정

(1) 삼각규약에 대한 오차 계산

$e_1 = (\alpha_1 + \beta_4) - (\alpha_3 + \beta_2) = 90°21'40.7'' - 90°21'49.1'' = -8.4''$

$e_2 = (\alpha_2 + \beta_1) - (\alpha_4 + \beta_3) = 89°38'12.4'' - 89°38'21.3'' = -8.9''$

(2) 망규약에 대한 오차 계산

$\varepsilon = (\Sigma\alpha + \Sigma\beta) - 360°$
$= 50°37'57.8'' + 52°09'22.6'' + 37°28'49.8'' + 36°08'38.9'' + 54°13'10.2'' + 51°49'09.8''$
$\quad + 37°49'11.5'' + 39°43'42.9'' - 360°$
$= +3.5''$

(3) 망규약 및 삼각규약의 조정량

구분		조정량
망규약		$\varepsilon = -\dfrac{\varepsilon}{8} = -\dfrac{3.5}{8} = -0.4''$
삼각규약	$\alpha_1,\ \beta_4,\ \alpha_3,\ \beta_2$	조정량 $= \dfrac{e_1}{4} = \dfrac{8.4}{4} = 2.1''$
	$\alpha_2,\ \beta_1,\ \alpha_4,\ \beta_3$	조정량 $= \dfrac{e_2}{4} = \dfrac{8.9}{4} = 2.2''$

(4) 각규약에 따른 조정각

각명	관측각	조정량 $\varepsilon/8$	조정량 e	조정각
α_1	50°37'57.8''	$-0.4''$	$+2.1''$	50°37'59.5''
β_1	52°09'22.6''	$-0.5''$	$+2.2''$	52°09'24.3''
α_2	37°28'49.8''	$-0.4''$	$+2.2''$	37°28'51.6''
β_2	36°08'38.9''	$-0.4''$	$-2.1''$	36°08'36.4''

각명	관측각	조정량		조정각
		$\varepsilon/8$	e	
α_3	54°13'10.2"	−0.5"	−2.1"	54°13'07.6"
β_3	51°49'09.8"	−0.5"	−2.2"	51°49'07.1"
α_4	37°49'11.5"	−0.4"	−2.2"	37°49'08.9"
β_4	39°43'42.9"	−0.4"	+2.1"	39°43'44.6"

※ 계산과정의 단수처리로 인하여 ±0.1" 정도의 오차가 발생할 경우 0.1"에 대한 오차처리는 90°에 가장 가까운 각에 배분한다.

2) 변규약에 의한 조정

(1) E_1 계산

① $\sin\alpha$ 와 $\sin\beta$ 계산

삼각형	$\sin\alpha$	$\sin\beta$
①	0.773101	0.789692
②	0.608498	0.589809

※ ③, ④ 삼각형도 동일한 방법으로 계산한다.

② $E_1 = \dfrac{\sin\alpha_1 \times \sin\alpha_2 \times \sin\alpha_3 \times \sin\alpha_4}{\sin\beta_1 \times \sin\beta_2 \times \sin\beta_3 \times \sin\beta_4} - 1 = \dfrac{\Pi\sin\alpha}{\Pi\sin\beta} - 1 = \dfrac{0.234010}{0.2340009} - 1 = +4(+0.000004)$

(2) $\Delta\alpha$ 와 $\Delta\beta$ 계산

삼각형	$\Delta = \cos\alpha(또는 \beta) \times (\sin 10'' \times 10^6) = \cos\alpha(또는 \beta) \times 48.4814$	
	$\Delta\alpha = \cos\alpha \times 48.4814$	$\Delta\beta = \cos\beta \times 48.4814$
①	$\cos 50°37'59.5'' \times 48.4814 = -31''$	$\cos 52°09'24.3'' \times 48.4814 = +30''$
②	$\cos 37°28'51.6'' \times 48.4814 = -38''$	$\cos 36°08'36.4'' \times 48.4814 = +39''$

※ ③, ④ 삼각형도 동일한 방법으로 계산한다.

(3) E_2 의 계산

각규약에서 조정각으로 계산한 sin값에 초차(Δ)를 더하여 $\sin\alpha'$과 $\sin\beta'$을 구한 후 E_2의 값을 계산한다.

① $\sin\alpha'$과 $\sin\beta'$ 계산

E_1의 값이 +4이므로 $\sin\alpha$값이 크기 때문에, $\sin\alpha$는 (−)로 하고, $\sin\beta$는 (+)로 하여야 오차가 소거되므로 초차(Δ)를 $-\Delta\alpha$, $+\Delta\beta$로 하여 $\sin\alpha'$, $\sin\beta'$을 계산한다.

삼각형	$\sin\alpha'$	$\sin\beta'$
①	$0.773101 - 31(\Delta\alpha) = 0.773070$	$0.789692 + 30(\Delta\beta) = 0.789722$
②	$0.608498 - 38(\Delta\alpha) = 0.608460$	$0.589809 + 39(\Delta\beta) = 0.589848$

※ ③, ④ 삼각형도 동일한 방법으로 계산한다.

② $E_2 = \dfrac{\sin\alpha_1' \times \sin\alpha_2' \times \sin\alpha_3' \times \sin\alpha_4'}{\sin\beta_1' \times \sin\beta_2' \times \sin\beta_3' \times \sin\beta_4'} - 1 = \dfrac{\Pi\sin\alpha'}{\Pi\sin\beta'} - 1 = \dfrac{0.233963}{0.234056} - 1$

$= -397(-0.000397)$

③ $|E_1 - E_2| = |(+4) - (-397)| = 401$

(4) 경정수(x_1'', x_2'')의 계산

① $x_1'' = \dfrac{10''E_1}{|E_1 - E_2|} = \dfrac{10'' \times (+4)}{|(+4)-(-397)|} = +0.1''$

② $x_2'' = \dfrac{10''E_2}{|E_1 - E_2|} = \dfrac{10'' \times (-397)}{|(+4)-(-397)|} = -9.9''$

③ 검산 : $|x_1'' - x_2''| = |(+0.1)-(-9.9)| = 10''$

(5) 각규약 및 변규약에 따른 조정각

각명	관측각	각규약			$\sin\alpha$ $\sin\beta$	$\Delta\alpha$ $\Delta\beta$	$\sin\alpha'$ $\sin\beta'$	$\alpha - x_1''$ $\beta + x_1''$	변규약 조정각
		$e/8$	e	조정각					
α_1	50°37′57.8″	−0.4″	+2.1″	50°37′59.5″	0.773101	−31	0.773070	−0.1″	50°37′59.4″
β_1	52°09′22.6″	−0.5″	+2.2″	52°09′24.3″	0.789692	+30	0.789722	+0.1″	52°09′24.4″
α_2	37°28′49.8″	−0.4″	+2.2″	37°28′51.6″	0.608498	−38	0.608460	−0.1″	37°28′51.5″
β_2	36°08′38.9″	−0.4″	−2.1″	36°08′36.4″	0.589809	+39	0.589848	+0.1″	36°08′36.5″
α_3	54°13′10.2″	−0.5″	−2.1″	54°13′07.6″	0.811255	−28	0.811227	−0.1″	54°13′07.5″
β_3	51°49′09.8″	−0.5″	−2.2″	51°49′07.1″	0.786058	+30	0.786088	+0.1″	51°49′07.2″
α_4	37°49′11.5″	−0.4″	−2.2″	37°49′08.9″	0.613171	−38	0.613133	−0.1″	37°49′08.8″
β_4	39°43′42.9″	−0.4″	+2.1″	39°43′44.6″	0.639158	+37	0.639195	+0.1″	39°43′44.7″

3) 기지점간거리 및 방위각 계산

방향	거리 및 방위각
성문 → 현문	$\Delta x_a^b = x_b - x_a = 463,738.38 - 461,581.36 = +2,157.02\text{m}$ $\Delta y_a^b = y_b - y_a = 198,087.49 - 196,279.45 = +1,818.04\text{m}$ (1상한) $\overline{AB} = \sqrt{(\Delta x_a^b)^2 + (\Delta y_a^b)^2} = \sqrt{(+2,157.02)^2 + (+1,818.04)^2} = 2,814.56\text{m}$ $\theta = \tan^{-1}\left(\dfrac{\Delta y_a^b}{\Delta x_a^b}\right) = \tan^{-1}\left(\dfrac{1,818.04}{2,157.02}\right) = 39°58′12.5″$ $V_A^B = \theta = 39°58′12.5″$

4) 소구점 변장 계산

(성문=A, 현문=B, 서7=C, 서8=D)

삼각형	방향	변장
①	성문 → 서7	$\overline{AC} = \dfrac{\overline{AB} \times \sin\alpha_1}{\sin\beta_1} = \dfrac{2,814.56 \times \sin 52°37'59.5''}{\sin 52°09'24.3''} = 2,755.43\text{m}$
①	현문 → 서7	$\overline{BC} = \dfrac{\overline{AB} \times \sin\gamma_1}{\sin\beta_1} = \dfrac{2,814.56 \times \sin 77°12'36.2''}{\sin 52°09'24.3''} = 3,475.69\text{m}$
②	성문 → 서8	$\overline{AD} = \dfrac{\overline{AC} \times \sin\gamma_2}{\sin\beta_2} = \dfrac{2,755.43 \times \sin 106°22'31.9''}{\sin 36°08'36.4''} = 4,482.22\text{m}$
②	서7 → 서8	$\overline{CD} = \dfrac{\overline{AC} \times \sin\alpha_2}{\sin\beta_2} = \dfrac{2,755.43 \times \sin 37°28'51.6''}{\sin 36°08'36.4''} = 2,842.74\text{m}$

※ ③, ④ 삼각형도 동일한 방법으로 계산한다.

5) 소구점 방위각의 계산

(성문=A, 현문=B, 서7=C, 서8=D)

삼각형	방위각
①	$V_B^C = V_B^A + \alpha_1 = (V_A^B + 180°) + \alpha_1 = (39°58'12.5'' + 180°) + 50°37'59.4'' = 270°36'11.9''$ $V_A^C = V_A^B - \gamma_1 = 39°58'12.5'' - 77°12'36.2 = 322°45'36.3''$
②	$V_A^D = V_A^C + \alpha_2 = 322°45'36.3'' + 37°28'51.5'' = 0°14'27.8''$ $V_C^D = V_C^A - \gamma_2 = (V_A^C - 180°) - \gamma_2 = (322°45'36.3'' - 180°) - 106°22'31.9'' = 3°23'04.4''$

※ ③, ④ 삼각형도 동일한 방법으로 계산한다.

6) 소구점(서7, 서8) 종·횡선좌표의 계산

(성문=A, 현문=B, 서7=C, 서8=D)

- 소구점 종선좌표=기지점 종선좌표+종선차(Δx)($\Delta x = \cos V \times l$)
- 소구점 횡선좌표=기지점 횡선좌표+횡선차(Δy)($\Delta y = \sin V \times l$)

소구점	방향	종·횡선좌표
서7(C)	성문 → 서7	$X_C = X_A + (\overline{AC} \times \cos V_A^C) = 461,581.36 + (2,755.43 \times \cos 322°45'36.3'') = 463,774.98\text{m}$ $Y_C = Y_A + (\overline{AC} \times \sin V_A^C) = 196,279.45 + (2,755.43 \times \sin 322°45'36.3'') = 194,611.99\text{m}$
서7(C)	현문 → 서7	$X_C = X_B + (\overline{BC} \times \cos V_B^C) = 463,738.38 + (3,475.69 \times \cos 270°36'11.9'') = 463,774.98\text{m}$ $Y_C = Y_B + (\overline{BC} \times \sin V_B^C) = 198,087.49 + (3,475.69 \times \sin 270°36'11.9'') = 194,611.99\text{m}$
서7(C)	평균좌표	$X_C = \dfrac{(463,774.98 + 463,774.98)}{2} = 463,774.98\text{m}$ $Y_C = \dfrac{(194,611.99 + 194,611.99)}{2} = 194,611.99\text{m}$

소구점	방향	종·횡선좌표
서8(D)	성문 → 서8	$X_D = X_A + (\overline{AD} \times \cos V_A^D) = 461,581.36 + (2,842.74 \times \cos 0°14'27.8'') = 466,063.54\text{m}$ $Y_D = Y_A + (\overline{AD} \times \sin V_A^D) = 196,279.45 + (2,842.74 \times \sin 0°14'27.8'') = 196,298.31\text{m}$
	서7 → 서8	$X_D = X_C + (\overline{CD} \times \cos V_C^D) = 463,774.98 + (2,842.74 \times \cos 36°23'04.4'') = 466,063.54\text{m}$ $Y_D = Y_C + (\overline{CD} \times \sin V_C^D) = 194,611.99 + (2,842.74 \times \sin 36°23'04.4'') = 196,298.31\text{m}$
	평균좌표	$X_D = \dfrac{(466,063.54 + 466,063.54)}{2} = 466,063.54\text{m}$ $Y_D = \dfrac{(196,298.31 + 196,298.31)}{2} = 196,298.31\text{m}$

7) 점검

최종계산 결과 현문에서 성문에 대한 변장과 방위각은 기지변과 기지방위각에 해당하므로 산출된 값과 비교하여 같아야 하며, 조정계산 결과 변장에서 ±0.01m, 방위각에서 ±0.1″ 이내의 오차가 발생할 수도 있다.

사각망 조정계산부(진수)

점명	각명	관측각		각규약		조정각	$\dfrac{\sin\alpha}{\sin\beta}$	$\Delta\alpha$ $\Delta\beta$	$\sin\alpha'$ $\sin\beta'$	$\alpha - x_1''$ $\beta + x_1''$	변규약 조정각	변장 $\alpha \times \dfrac{\sin\alpha(r)}{\sin\beta}$		방위각		종횡선좌표		점명
				$e/8$	e											X	Y	
현문	α_1	50°37′57.8″		−0.4″	+2.1″	50°37′59.5″	0.773101	−31	0.773070	−0.1″	50°37′59.4″	성문 → 현문	2,814.56	성문 → 현문	39°58′12.5″	461,581.36	196,279.45	성문
서7	β_1	52°09′22.6″		−0.5″	+2.2″	52°09′24.3″	0.789692	+30	0.789722	+0.1″	52°09′24.4″	현문 → 서7	3,475.69	현문 → 서7	270°36′11.9″	463,738.38	198,087.49	현문
											77°12′36.2″	성문 → 서7	2,755.43	성문 → 서7	322°45′36.3″	463,774.98	194,611.99	서7
										γ_1				평균		463,774.98	194,611.99	
성문	α_2	37°28′49.8″		−0.4″	+2.2″	37°28′51.6″	0.608498	−38	0.608460	−0.1″	37°28′51.5″	성문 → 서8	4,482.22	성문 → 서8	0°14′27.8″	463,774.98	194,611.99	
서8	β_2	36°08′38.9″		−0.4″	−2.1″	36°08′36.4″	0.589809	+39	0.589848	+0.1″	36°08′36.5″	서7 → 서8	2,842.74	서7 → 서8	36°23′04.4″	466,063.54	196,298.31	서8
										γ_2	106°22′31.9″			평균		466,063.54	196,298.31	
서7	α_3	54°13′10.2″		−0.5″	−2.1″	54°13′07.6″	0.811255	−28	0.811227	−0.1″	54°13′07.5″	서7 → 현문	3,475.70	서7 → 현문	90°36′11.9″	466,063.54	196,298.31	
현문	β_3	51°49′09.8″		−0.5″	−2.2″	51°49′07.1″	0.786058	+30	0.786088	+0.1″	51°49′07.2″	서8 → 현문	2,933.86	서8 → 현문	142°25′19.1″	463,738.39	198,087.50	현문
										γ_3	73°57′45.3″			평균		463,738.38	198,087.50	
서8	α_4	37°49′11.5″		−0.4″	−2.2″	37°49′08.9″	0.613171	−38	0.613133	−0.1″	37°49′08.8″	서8 → 성문	4,482.22	서8 → 성문	180°14′27.9″	463,738.38	198,087.50	
성문	β_4	39°43′42.9″		−0.4″	+2.1″	39°43′44.6″	0.639158	+37	0.639195	+0.1″	39°43′44.7″	현문 → 성문	2,814.57	현문 → 성문	219°58′12.5″	461,581.36	196,279.45	성문
										γ_4	102°27′06.8″			평균		461,581.35	196,279.44	
	$\sum\alpha+\beta$	360°00′03.5″				360°00′00.0″	$\pi\sin\alpha$		$\pi\sin\alpha'$			현문 → 성문		현문 → 성문	219°58′12.5″	461,581.36	196,279.45	성문
		360°00′00.0″					0.234010	E_1	0.233963				2,814.57					
−		$e=+3.5″$					$\pi\sin\beta$		$\pi\sin\beta'$									
		$e/8=-0.4″$					0.234009	E_2	0.234056									

$\alpha_2 + \beta_4 = 90 - 21 - 40.7$

$\alpha_3 + \beta_2 = 90 - 21 - 49.1$

$\dfrac{e_1}{4} = -2.1$ $e_1 = -8.4$

$\alpha_2 + \beta_1 = 89 - 38 - 12.4$

$\alpha_4 + \beta_3 = 89 - 38 - 21.3$

$\dfrac{e_2}{4} = -2.2$ $e_2 = -8.9$

$E_1 = \dfrac{\pi\sin\alpha}{\pi\sin\beta} - 1 = +4$

$E_2 = \dfrac{\pi\sin\alpha'}{\pi\sin\beta'} - 1 = -397$

$|E_1 - E_2| = 401$

$\Delta\alpha, \Delta\beta = 10''$ 차임

$x_1'' = \dfrac{10''E_1}{|E_1 - E_2|} = +0.1''$

$x_2'' = \dfrac{10''E_2}{|E_1 - E_2|} = -9.9''$

검산: $|x_1'' + x_2''| = 10''$

약도

02

1) 내각($\angle A$, $\angle B$, $\angle C$)의 계산

cos법칙을 이용하면,

$$\angle A = \cos^{-1}\left(\frac{b^2+c^2-a^2}{2bc}\right) = \cos^{-1}\left(\frac{2,585.34^2+2,016.22^2-1,959.96^2}{2\times 2,585.34\times 2,016.22}\right) = 48°30'07.5''$$

$$\angle B = \cos^{-1}\left(\frac{c^2+a^2-b^2}{2ca}\right) = \cos^{-1}\left(\frac{2,016.22^2+1,959.96^2-2,585.34^2}{2\times 2,016.22\times 1,959.96}\right) = 81°06'03.6''$$

$$\angle C = \cos^{-1}\left(\frac{a^2+b^2-c^2}{2ab}\right) = \cos^{-1}\left(\frac{1,959.96^2+2,585.34^2-2,016.22^2}{2\times 1,959.96\times 2,585.34}\right) = 50°23'48.9''$$

2) 검산

$\angle A + \angle B + \angle C = 180°$

→ $48°30'07.5'' + 81°06'03.6'' + 50°23'48.9'' = 180°$

03

1) 교각(θ) 계산

$\theta = V_A^B - V_A^C = 114°43'20'' - 46°58'40'' = 67°44'40''$

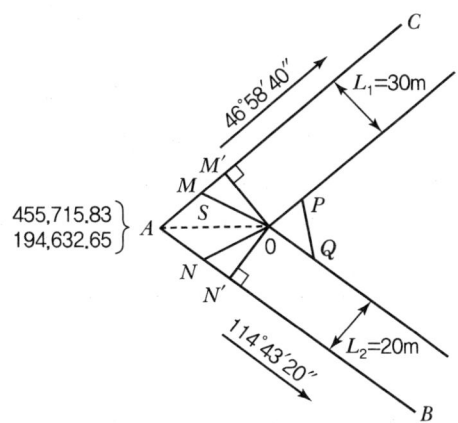

2) $OP = OQ$ 계산

$OP = OQ = \overline{PQ} \times \dfrac{1}{\sin\theta} = 15 \times \dfrac{1}{\sin 67°44'40''} = 13.4567\text{m}$

3) $AM(ON)$ 길이 계산

$$AM = L_2 \times \frac{1}{\sin\theta} = 20 \times \frac{1}{\sin 67°44'40''} = 21.6099 \text{m}$$

4) MM' 길이 계산

$$MM' = L_1 \times \frac{1}{\tan\theta} = 30 \times \frac{1}{\tan 67°44'40''} = 12.2767 \text{m}$$

5) AM' 길이 계산

$$AM' = AM + MM' = 21.6099 + 12.2767 = 33.8866 \text{m}$$

6) $S(AO)$ 길이 계산

$$S(AO) = \sqrt{(L_1)^2 + (AM')^2} = \sqrt{(30)^2 + (33.8866)^2} = 45.2582 \text{m}$$

7) A에서 O점의 방위각

$$\angle M'AO = \sin^{-1}\left(\frac{L_1}{S}\right) = \sin^{-1}\left(\frac{30}{45.2582}\right) = 41°31'07''$$

$$V_A^O = V_A^C + \angle M'AO = 46°58'40'' + 41°31'07'' = 88°29'47''$$

8) 종 · 횡선좌표 계산

소구점	방향	종 · 횡선좌표
O점	$A \to O$	$X_O = X_A + (S \cdot \cos V_A^O) = 455,715.83 + (45.2582 \times \cos 88°29'47'') = 455,717.02 \text{m}$ $Y_O = Y_A + (S \cdot \sin V_A^O) = 194,632.65 + (45.2582 \times \sin 88°29'47'') = 194,677.89 \text{m}$
P점	$O \to P$	$X_P = X_O + (\overline{OP} \cdot \cos V_A^C) = 455,717.02 + (13.4567 \times \cos 88°29'47'') = 455,717.20 \text{m}$ $Y_P = Y_O + (\overline{OP} \cdot \sin V_A^C) = 194,677.89 + (13.4567 \times \sin 88°29'47'') = 194,690.11 \text{m}$
Q점	$P \to Q$	$X_Q = X_O + (\overline{OQ} \cdot \cos V_A^B) = 455,717.02 + (13.4567 \times \cos 114°43'20'') = 455,711.39 \text{m}$ $Y_Q = Y_O + (\overline{OQ} \cdot \sin V_A^B) = 194,677.89 + (13.4567 \times \sin 114°43'20'') = 194,690.12 \text{m}$

9) 검산

$$\overline{PQ} = \sqrt{(455,726.20 - 455,711.39)^2 + (194,687.73 - 194,690.11)^2} = 15 \text{m}$$

04

1) 기지점간거리 및 방위각의 계산

방향	거리 및 방위각
$A \rightarrow B$	$\Delta x_a^b = x_b - x_a = 4,226.36 - 4,267.64 = -41.28 \text{m}$ $\Delta y_a^b = y_b - y_a = 2,975.03 - 2,950.08 = +24.95 \text{m}$ $L(\overline{AB}) = \sqrt{(\Delta x_a^b)^2 + (\Delta y_a^b)^2} = \sqrt{(-41.28)^2 + (+24.95)^2} = 48.2342 \text{m}$ $\theta = \tan^{-1}\left(\dfrac{\Delta y_a^b}{\Delta x_a^b}\right) = \tan^{-1}\left(\dfrac{+24.95}{-41.28}\right) = 31°08'56.9''(2\text{상한})$ $V_A^B = 180° - \theta = 180° - 31°08'56.9'' = 148°51'03.1''$
$B \rightarrow C$	$\Delta x_b^c = x_c - x_b = 4,264.97 - 4,226.36 = +38.61 \text{m}$ $\Delta y_b^c = y_c - y_b = 3,047.47 - 2,975.03 = +72.44 \text{m}$ $L(\overline{BC}) = \sqrt{(\Delta x_b^c)^2 + (\Delta y_b^c)^2} = \sqrt{(+38.61)^2 + (+72.44)^2} = 82.0871 \text{m}$ $\theta = \tan^{-1}\left(\dfrac{\Delta y_b^c}{\Delta x_b^c}\right) = \tan^{-1}\left(\dfrac{72.44}{38.61}\right) = 61°56'33.7''(1\text{상한})$ $V_B^C = \theta = 61°56'33.7''$

2) 방위각 및 $N(=M)$의 계산

$\beta = V_B^C - V_B^A = V_B^C - (V_A^B + 180°)$
$= 61°56'33.7'' - (148°51'03.1'' + 180°) = -266°54'29.4'' + 360° = 93°05'30.6''$
$V_A^D = V_B^C = 61°56'3.7''$
$N = M = \dfrac{500}{48.2342 \times \sin 93°05'30.6''} = 10.3812 \text{m}$

3) $P \cdot Q$점 종 · 횡선좌표의 계산

방향	종 · 횡선좌표
$A \rightarrow P$	$X_P = X_A + (M \times \cos V_A^D) = 4,267.64 + (10.3812 \times \cos 61°56'33.7'') = 4,272.52 \text{m}$ $Y_P = Y_A + (M \times \sin V_A^D) = 2,950.08 + (10.3812 \times \sin 61°56'33.7'') = 2,959.24 \text{m}$
$B \rightarrow Q$	$X_Q = X_B + (M \times \cos V_B^C) = 4,267.64 + (10.3812 \times \cos 61°56'33.7'') = 4,231.24 \text{m}$ $Y_Q = Y_B + (M \times \sin V_B^C) = 2,975.06 + (10.3812 \times \sin 61°56'33.7'') = 2,984.19 \text{m}$

4) 검산

$F = M \cdot L \sin\beta = 10.3812 \times 48.2342 \times \sin 93°05'30.6'' = 500 \text{m}^2$

05

1) 표고(표1 → 고1) 계산

표고 계산	$\alpha_1 - \alpha_2 = 87°54'53'' - 92°06'59'' = -4°12'06''$ $L \cdot \tan\dfrac{(\alpha_1 - \alpha_2)}{2} = 8,085.91 \times \tan\dfrac{-4°12'06''}{2} = -296.62\text{m}$ $\dfrac{(i_1 - i_2) + (f_1 + f_2)}{2} = \dfrac{(1.50 - 1.45) + (3.73 - 3.61)}{2} = 0.08\text{m}$
고저차(h) 계산	$L \cdot \tan\dfrac{(\alpha_1 - \alpha_2)}{2} + \dfrac{(i_1 - i_2) + (f_1 + f_2)}{2} = -296.62 + 0.08 = -296.54\text{m}$
표고(H_2) 계산	$H_1 + h = 348.74 + (-296.54) = 52.20\text{m}$

2) 표고(표2 → 고1) 계산

표고 계산	$\alpha_1 - \alpha_2 = 89°31'23'' - 90°31'07'' = -0°59'44''$ $L \cdot \tan\dfrac{(\alpha_1 - \alpha_2)}{2} = 5,970.80 \times \tan\dfrac{-0°59'44''}{2} = -51.87\text{m}$ $\dfrac{(i_1 - i_2) + (f_1 + f_2)}{2} = \dfrac{(1.51 - 1.45) + (3.71 - 3.61)}{2} = 0.08\text{m}$
고저차(h) 계산	$L \cdot \tan\dfrac{(\alpha_1 - \alpha_2)}{2} + \dfrac{(i_1 - i_2) + (f_1 + f_2)}{2} = -51.87 + 0.08 = -51.79\text{m}$
표고(H_2) 계산	$H_1 + h = 103.99 + (-51.79) = 52.20\text{m}$

표고계산부

약도

(약도 생략)

공식
- $H_2 = H_1 + h$
- $h = L \cdot \tan 1/2(\alpha_1 - \alpha_2) + 1/2(i_1 - i_2 + f_1 - f_2)$
- $L = D \cdot \cos \alpha_1$ 또는 α_2
- H_1 : 기지점표고
- H_2 : 소구점표고
- h : 고저차
- L : 수평거리
- $\alpha_1 \alpha_2$: 연직각
- $i_1 i_2$: 기계고
- $f_1 f_2$: 시준고
- D : 경사거리

기지점명	표1 점	표2 점	점	점
소구점명	고1 점		점	
L	8,085.91	5,970.80		
α_1	87°54′53″	89°31′23″		
α_2	92°06′59″	90°31′07″		
$(\alpha_1 - \alpha_2)$	−4°12′06″	−0°59′44″		
$\tan\dfrac{(\alpha_1-\alpha_2)}{2}$	−0°02′12.1″	−0°00′31.3″		
$L \cdot \tan\dfrac{(\alpha_1-\alpha_2)}{2}$	−296.62m	−51.87m		
i_1	1.50m	1.51m		
i_2	1.45m	1.45m		
f_1	3.73m	3.71m		
f_2	3.61m	3.61m		
$\dfrac{(i_1-i_2+f_1-f_2)}{2}$	0.08m	0.08m		
h	−296.54m	−51.79m		
H_1	348.74m	103.99m		
H_2	52.20m	52.20m		
평균	52.20m			
교차	0			
공차	±0.75			
계산자	○ ○ ○	검사자	○ ○ ○	

06

1) 연직각에 의한 평면거리 계산

구분	계산
연직각	$\frac{1}{2}(\alpha_1+\alpha_2)=\frac{1}{2}(2°19'33''+2°20'05'')=2°19'49''$ (α_1, α_2 절댓값)
수평거리	$D\cdot\cos\frac{1}{2}(\alpha_1+\alpha_2)=912.85\times\cos 2°19'49''=912.10\text{m}$
표고	$H_1'=H_1+i=$ 표고 + 기계고 $=121.55+1.56=123.11\text{m}$ $H_2'=H_2+f=$ 표고 + 시준고 $=85.99+1.55=87.54\text{m}$
기준면거리	$S=D\cdot\cos\frac{1}{2}(\alpha_1+\alpha_2)-\frac{D\cdot(H_1'+H_2')}{2R}$ $=912.85\times\cos\frac{1}{2}(2°19'33''+2°20'05'')-\frac{912.85\times(123.11+87.54)}{2\times 6,372,199.7}=912.085\text{m}$
축척계수	$K=1+\frac{(Y_1+Y_2)^2}{8R^2}=1+\frac{(33.3+22.2)^2}{8\times(6,372.199.7)^2}=1.000009$
평면거리	$D_0=S\times K=912.085\times 1.000009=912.093\text{m}$

2) 표고에 의한 평면거리 계산

구분	계산
표고 차이	$H_1'+H_2'=121.55-85.99=+35.56\text{m}$
수평거리	$D-\frac{(H_1'-H_2')^2}{2D}=912.85-\frac{(121.55-85.99)^2}{2\times 912.85}=912.16\text{m}$
기준면거리	$S=D-\frac{(H_1'-H_2')^2}{2D}-\frac{D\cdot(H_1'+H_2')}{2R}$ $=912.16-\frac{(121.55-85.99)^2}{2\times 912.16}-\frac{912.16\times(121.55+85.99)}{2R}=912.145\text{m}$
축척계수	$K=1+\frac{(Y_1+Y_2)^2}{8R^2}=1+\frac{(33.3+22.2)^2}{8\times(6,372.199.7)^2}=1.000009$
평면거리	$D_0=S\times K=912.145\times 1.000009=912.153\text{m}$

3) 평균 평면거리

$$S_0=\frac{(912.093+912.153)}{2}=912.12\text{m}$$

평면거리계산부

약도	공식
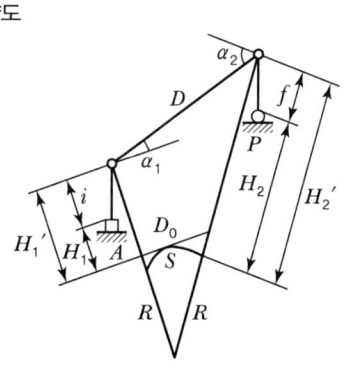	○ 연직각에 의한 계산 $$S = d \cdot \cos\frac{1}{2}(\alpha_1 + \alpha_2) - \frac{D(H_1' + H_2')}{2R}$$ ○ 표고에 의한 계산 $$S = D - \frac{(H_1' - H_2')^2}{2D} - \frac{D(H_1' + H_2')}{2R}$$ ○ 평면거리 $$D_0 = S \times K \left(K = 1 + \frac{(Y_1 + Y_2)^2}{8R^2}\right)$$ D = 경사거리 S = 기준면거리 H_1, H_2 = 표고 R = 곡률반경(6,372,199.7m) i = 기계고 f = 시준고 α_1, α_2 = 연직각(절대치) K = 축척계수 Y_1, Y_2 = 원점에서 삼각점까지의 횡선거리(km)

연직각에 의한 계산		표고에 의한 계산	
방향	운학1 점 → 운학2 점		
D	912.85m	D	912.85m
α_1	$-2°19'33''$	$2D$	1,825.70m
α_2	$+2°20'05''$	H_1'	123.11m
$\frac{1}{2}(\alpha_1 + \alpha_2)$	2-19-49	H_2'	87.54m
$\cos\frac{1}{2}(\alpha_1 + \alpha_2)$	0.999173	$(H_1' - H_2')$	35.57m
$D \cdot \cos\frac{1}{2}(\alpha_1 + \alpha_2)$	912.10m	$(H_1' - H_2')^2$	1,265.22m
$H_1' = H_1 + i$	123.11m	$\frac{(H_1' - H_2')}{2D}$	0.69m
$H_2' = H_2 + f$	87.54m	$D - \frac{(H_1' + H_2')^2}{2D}$	912.16m
R	6,372,199.7	R	6,372,199.7
$2R$	12,744,399.3	$2R$	12,744,399.3
$\frac{D(H_1' + H_2')}{2R}$	0.015m	$\frac{D(H_1' + H_2')}{2R}$	0.015m
S	912.085m	S	912.145m
Y_1	33.3km	Y_1	33.3km
Y_2	22.2km	Y_2	22.2km
$(Y_1 + Y_2)^2$	3,080.25m	$(Y_1 + Y_2)^2$	3,080.25m
$8R^2$	324,839,427.7km	$8R^2$	324,839,427.7km
$K = 1 + \frac{(Y_1 + Y_2)^2}{8R^2}$	1.000009	$K = 1 + \frac{(Y_1 + Y_2)^2}{8R^2}$	1.000009
$S \times K$	912.093m	$S \times K$	912.153m
평균(D_0)	912.12m		
계산자	○○○	검사자	○○○

07

1) 관측방향각은 수평각개정 계산부 평균각

2) $360° - \theta = 360° - 125°10'10'' = 236°49'50.0''$

3) α = 관측방위각 + $(360° - \theta)$

시준점	측점1	측점2	측점3	측점4
관측방향각	0°00'00''	23°12'42.5''	63°22'45.7''	123°34'29.2''
$360° - \theta$	236°49'50''	236°49'50''	236°49'50''	236°49'50''
α	236°49'50''	260°02'32.5''	300°12'35.7''	0°24'19.2''

4) $\dfrac{1}{D}$ 계산

측선	측점8 - 측점1	측점8 - 측점2	측점8 - 측점3	측점8 - 측점4
거리(D)	1,234.56m	2,576.43m	1,278.62m	1,392.11m
$\dfrac{1}{D}$	0.000810	0.000388	0.000782	0.000718

5) $\sin\alpha$ 계산

시준점	측점1	측점2	측점3	측점4
α	236°49'50''	260°02'32.5''	300°12'35.7''	0°24'19.2''
$\sin\alpha$	-0.837056	-0.984936	-0.864188	0.007074

6) γ'' 계산 및 γ''을 분·초로 환산(γ)

측선	$\gamma'' = \dfrac{1}{D} \times \dfrac{1}{\sin 1''} \times K \times \sin\alpha$	γ
측점8 - 측점1	$0.000810 \times 206,264.8 \times 4.990 \times (-0.837056) = -697.9''$	-11'37.9''
측점8 - 측점2	$0.000388 \times 206,264.8 \times 4.990 \times (-0.984936) = -393.3''$	-6'33.3''
측점8 - 측점3	$0.000782 \times 206,264.8 \times 4.990 \times (-0.864188) = -695.6''$	-11'35.6''
측점8 - 측점4	$0.000718 \times 206,264.8 \times 4.990 \times (+0.000718) = +5.2''$	+5.2''

7) 중심방향각 계산

측선	중심방향각 = 중심방향각 − γ_1 (γ_1 : 원방향각의 γ)
측점8 − 측점1	00°00′00″ + (−11′37.9″) = −11′37.9″
측점8 − 측점2	23°12′42.5″ + (−6′33.3″) = 23°06′09.2″
측점8 − 측점3	63°22′45.7″ + (−11′35.6″) = 63°11′10.1″
측점8 − 측점4	123°34′29.2″ + (+5.2″) = 123°34′34.4″

8) C점에서 O점을 0°로 한 중심방향각

측선	중심방향각 = 중심방향각 − γ
측점8 − 측점1	−11′37.9″ + (+11′37.9″) = 00°00′00.0″
측점8 − 측점2	23°06′09.2″ + (+11′37.9″) = 23°17′47.1″
측점8 − 측점3	63°22′45.7″ + (+11′37.9″) = 63°22′48.0″
측점8 − 측점4	123°34′29.2″ + (+11′37.9″) = 123°46′12.3″

9) 중심각 계산

측점	중심각 = 앞선 방향각 − 뒤에 따른 방향각
∠측점1, 측점8, 측점2	23°17′47.1″ − 00°00′00.0″ = 23°17′47.1″
∠측점2, 측점8, 측점3	63°22′48.0″ − 23°17′47.1″ = 40°05′00.9″
∠측점3, 측점8, 측점4	123°46′12.3″ − 63°22′48.0″ = 60°23′24.3″
∠측점4, 측점8, 측점1	360°00′00″ − 123°46′12.3″ = 236°13′47.7″
계(검산)	360°00′00″

수평각측점귀심계산부

	측점명 측점8 점				
$r'' = \dfrac{K \cdot \sin a}{D \cdot \sin 1''}$ a : 관측방향각 + $(360° - \theta)$ K : 편심거리(5m 이내) D : 삼각점 간 거리(약치도 가함)	K = 3.540m 		360°00′00″ $\theta = 125°13′10.0″$ $360° - \theta = 234°46′50.0″$		
시준점	O=측점1	P=측점2	Q=측점3	R=측점4	S=
관측방향각	0°00′00″	23°12′42.5″	63°22′45.7″	123°34′29.2″	
$360° - \theta$	236°49′50″	236°49′50″	236°49′50″	236°49′50″	
a	236°49′50″	260°02′32.5″	300°12′35.7″	0°24′19.2″	
$\dfrac{1}{D}$	0.000810	0.000388	0.000782	0.000718	
$\dfrac{1}{\sin 1''}$	206,264.8	206,264.8	206,264.8	206,264.8	
K	4.990	4.990	4.990	4.990	
$\sin a$	−0.837056	−0.984936	−0.864188	0.007074	
r''	× −697.9″	× −393.3″	× −695.6″	× +5.2″	×
r	−11′37.9″	−6′33.3″	−11′35.6″	+5.2″	
중심방향각	00°00′00.0″	23°17′47.1″	63°22′48.0″	123°46′12.3″	
C점에서 O점을 0°로 한 중심방향각	00°00′00.0″	23°17′47.1″	63°22′48.0″	123°46′12.3″	360°00′00″
중심각	23°17′47.1″	40°05′00.9″	60°23′24.3″	236°13′47.7″	
비고	D : 중심삼각점과 시준점 간 거리 r'' : 초를 단위로 한 귀심화수 r : 분·초를 환산한 귀심화수 　} 부호는 $\sin a$의 정, 부에 따라 붙임				

약도

C : 중심삼각점
E : 편심측점
K : 편심거리

제5회 실전모의고사

※ 본 실전모의문제는 수험자의 정보를 토대로 작성하였으므로 일부 다를 수 있으며, 실전 대비 목적으로 작성한 것입니다.

01 지적삼각점측량을 삼각쇄로 실시하여 다음과 같은 결과를 얻었다. 주어진 서식에 의하여 소구점의 좌표를 구하시오(단, 각은 0.1″까지, 거리 및 좌표는 m 단위, 소수 둘째 자리까지 계산하시오).

1) 기지점좌표

점명	X좌표(m)	Y좌표(m)
쇄10(A)	463,519.46	195,425.73
쇄7(B)	467,341.13	193,900.88
쇄9(C)	464,715.47	202,290.49
수문(D)	469,390.96	199,769.07

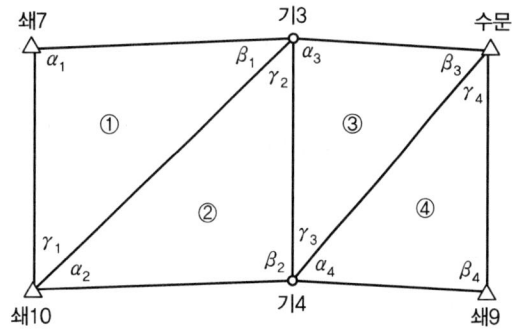

2) 관측내각

점명	각명	관측각	점명	각명	관측각
쇄7	α_1	85°17′29.6″	기3	α_3	82°06′28.7″
기3	β_1	57°06′29.4″	수문	β_3	59°57′23.9″
쇄10	γ_1	37°35′52.8″	기4	γ_3	37°56′17.0″
쇄10	α_2	62°35′05.3″	기4	α_4	72°12′07.7″
기4	β_2	72°22′27.5″	쇄9	β_4	69°43′00.5″
기3	γ_2	45°02′21.5″	수문	γ_4	37°04′51.1″

02 그림과 같이 측점귀심방법으로 수평각을 측정하여 편심거리(K)=3.560m, D_1=3,462.28m, D_2=3,911.66m, θ=286°36′20″, ∠OEP=57°31′08″를 얻었다. ∠OCP를 구하시오(단, 각도는 0.1″까지 구하시오).

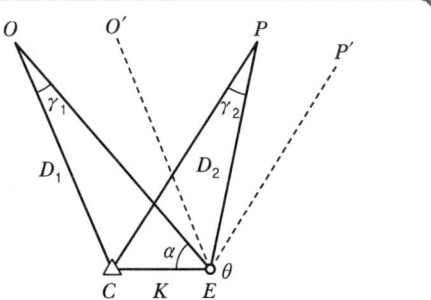

03 그림과 같이 삼변측량을 한 결과 다음과 같은 값을 얻었다. 삼각형의 내각(∠A, ∠B, ∠C)과 C점을 구하시오(단, 각도는 반올림하여 1″ 단위까지 계산하시오).

점명	X좌표(m)	Y좌표(m)
A	9,751.84	731.45
B	7,511.49	5,429.32
$\overline{AC}$=5,742.40m, $\overline{BC}$=5,646.76m		

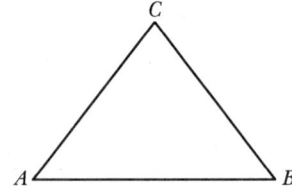

04 그림과 같은 직선도로의 교차부에서 도로중심선의 방위각이 V_A^C=42°32′43″, V_A^B=131°48′25″이고 도로의 폭이 L_1=L_2=15m이며 우절장은 10m일 때 가구점의 P의 좌표(X_P, Y_P)를 다음의 순서에 따라 소수 셋째 자리까지 구하시오(단, 도로중심선 교점의 좌표는 X=4,067.704m, Y=7,199.966m이고, $\overline{OP}(=\overline{OQ})$ 및 $\overline{AP}$ 거리는 반올림하여 소수 넷째 자리, 각도는 1초 단위까지 계산하시오).

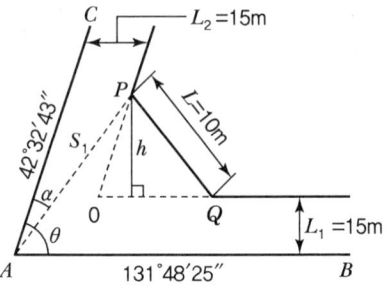

05 그림과 같이 □ABCD에서 $\overline{AB}$를 4 : 3으로 내분하는 점 P를 지나고, $\overline{AB}$에 수직이 되는 $\overline{PQ}$로 사변형을 분할하려고 한다. P, Q점의 좌표와 □PBCQ의 면적을 구하시오(단, 각도는 0.1초 단위까지, 거리는 m 단위로 소수 다섯째 자리까지 계산하여 좌표와 면적을 소수 둘째 자리까지 계산하시오).

점명	X좌표(m)	Y좌표(m)
A	426.26	237.48
B	451.76	271.48
C	472.47	263.69
D	446.26	237.48

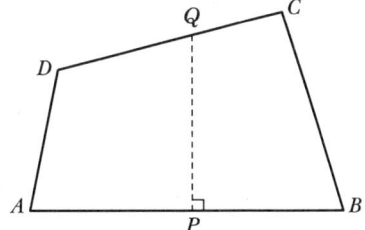

06 기지점 보1과 보2에서 표1의 표고를 관측한 결과 다음과 같다. 소구점의 표고를 구하시오(단, 거리는 소수 둘째 자리까지, 각도는 0.1″까지 계산하시오).

구분	표1	표2
수평거리(L)	4,712.68m	3,976.93
연직각(α_1)	2°16′53″	1°53′46″
연직각(α_2)	−2°17′15″	−1°53′38″
기계고(i_1)	1.65m	1.68m
기계고(i_2)	1.63m	1.64m
시준고(f_1)	3.21m	3.42m
시준고(f_2)	3.14m	3.25m
표고(H_1)	459.58m	515.75m

07

지적도 축척이 1/500인 10-1번지를 10-1번지와 10-2번지로 분할하고자 한다. 5, 6점의 좌표를 구하고 분할 후 10-1번지와 10-2번지의 좌표면적을 주어진 서식에 의하여 계산하시오(단, 각조는 0.1″ 단위, 거리는 소수 넷째 자리, 좌표는 cm 단위까지 계산하시오).

측점 부호	X좌표(m)	Y좌표(m)
1	5,517.52	2,018.87
2	5,524.33	2,091.12
3	5,474.21	2,094.55
4	5,478.74	2,021.21
P	5,545.17	2,063.14
Q	5,451.29	2,068.68

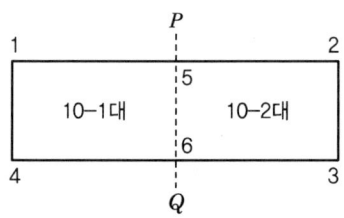

1) 5점의 좌표

2) 6점의 좌표

3) 10-1번지 면적

좌표면적계산부

측점번호	X_n	Y_n	면적계산			
			$X_{n+1} - X_{n-1}$	$Y_{n+1} - Y_{n-1}$	$X_n(Y_{n+1} - Y_{n-1})$	$Y_n(X_{n+1} - X_{n-1})$
1						
2						
3						
4						

4) 10-2번지 면적

좌표면적계산부

측점번호	X_n	Y_n	면적계산			
			$X_{n+1} - X_{n-1}$	$Y_{n+1} - Y_{n-1}$	$X_n(Y_{n+1} - Y_{n-1})$	$Y_n(X_{n+1} - X_{n-1})$
1						
2						
3						
4						

제5회 실전모의고사 정답 및 해설

01

1) 기지점간거리 및 방위각의 계산

(쇄10 = A, 쇄7 = B, 쇄9 = C, 수문 = D)

방향	거리 및 방위각
쇄10 → 쇄7	$\Delta x_a^b = x_b - x_a = 467,341.13 - 463,519.46 = +3,821.67\text{m}$ $\Delta y_a^b = y_b - y_a = 193,900.88 - 195,425.73 = -1,524.85\text{m}$ $\overline{AB} = \sqrt{(\Delta x_a^b)^2 + (\Delta y_a^b)^2} = \sqrt{(+3,821.67)^2 + (-1,524.85)^2} = 4,114.65\text{m}$ $\theta = \tan^{-1}\left(\dfrac{\Delta y_a^b}{\Delta x_a^b}\right) = \tan^{-1}\left(\dfrac{-1,524.85}{+3,821.67}\right) = 21°45'07.4''(4\text{상한})$ $V_A^B = 360° - \theta = 360° - 21°45'07.4'' = 338°14'52.6''$
쇄9 → 수문	$\Delta x_c^d = x_d - x_c = 469,390.96 - 464,715.47 = +4,675.49\text{m}$ $\Delta y_c^d = y_d - y_c = 199,769.07 - 202,290.49 = -2,521.42\text{m}$ $\overline{CD} = \sqrt{(\Delta x_c^d)^2 + (\Delta y_c^d)^2} = \sqrt{(+4,675.49)^2 + (-2,521.42)^2} = 5,312.04\text{m}$ $\theta = \tan^{-1}\left(\dfrac{\Delta y_c^d}{\Delta x_c^d}\right) = \tan^{-1}\left(\dfrac{-2,521.42}{+4,675.49}\right) = 28°20'14.3''(4\text{상한})$ $V_C^D = 360° - \theta = 360° - 28°20'14.3'' = 331°39'45.7''$

2) 각규약에 의한 조정

(1) 삼각규약에 대한 오차 및 조정량

삼각형	관측각의 합	180°와의 차(ε)	조정량
①	179°59'51.8''	−8.2''	$e = \dfrac{-\varepsilon_1}{3} = \dfrac{-(-8.2)}{3} = +2.7''$
②	179°59'54.3''	−5.7''	$e = \dfrac{-\varepsilon_2}{3} = \dfrac{-(-5.7)}{3} = +1.9''$
③	180°00'09.6''	+9.6''	$e = \dfrac{-\varepsilon_3}{3} = \dfrac{-(-9.6)}{3} = -3.2''$
④	179°59'59.3''	−0.7''	$e = \dfrac{-\varepsilon_4}{3} = \dfrac{-(+0.7)}{3} = +0.2''$

(2) 방위각에 대한 오차 계산

$\sum \gamma(\text{홀수}) = 37°35'55.5'' + 37°56'13.8'' = 75°32'09.3''$

$$\sum \gamma(\text{짝수}) = 45°02'23.4'' + 37°04'51.3'' = 82°07'14.7''$$

$$V_D^C = \text{기지 출발방위각}(V_A^B) + \{\sum \gamma(\text{홀수}) - \sum \gamma(\text{짝수})\} - \text{기지도착방위각}(V_C^D)$$

$$= 338°14'52.6'' + (75°32'09.3'' - 82°07'14.7'') - 331°39'45.7'' = +1.5''$$

(3) 기지각에 대한 오차 계산

γ각이 좌측에 있을 때	γ각이 우측에 있을 때
$\alpha = -\dfrac{q}{2n} = -0.2''$	$\alpha = +\dfrac{q}{2n} = +0.2''$
$\beta = -\dfrac{q}{2n} = -0.2''$	$\beta = +\dfrac{q}{2n} = +0.2''$
$\gamma = +\dfrac{q}{n} = +0.4''$	$\gamma = -\dfrac{q}{n} = -0.4''$

(4) 각규약에 따른 조정각

각명	관측각	각규약			
		$\varepsilon/3$	조정각	경정수	조정각
α_1	85°17'29.6''	+2.8''	85°17'32.4''	+0.2''	85°17'32.6''
β_1	57°06'29.4''	+2.7''	57°06'32.1''	+0.2''	57°06'32.3''
γ_1	37°35'52.8''	+2.7''	37°35'55.5''	-0.4''	37°35'55.1''
α_2	62°35'05.3''	+1.9''	62°35'07.2''	-0.2''	62°35'07.0''
β_2	72°22'27.5''	+1.9''	72°22'29.4''	-0.2''	72°22'29.2''
γ_2	45°02'21.5''	+1.9''	45°02'23.4''	+0.4''	45°02'23.8''
α_3	82°06'28.7''	-3.2''	82°06'25.5''	+0.2''	82°06'25.7''
β_3	59°57'23.9''	-3.2''	59°57'20.7''	+0.2''	59°57'20.9''
γ_3	37°56'17.0''	-3.2''	37°56'13.8''	-0.4''	37°56'13.4''
α_4	73°12'07.7''	+0.3''	73°12'08.0''	-0.2''	73°12'07.8''
β_4	69°43'00.5''	+0.2''	69°43'00.7''	-0.2''	69°43'00.5''
γ_4	37°04'51.1''	+0.2''	37°04'51.3''	+0.4''	37°04'51.7''

※ 계산과정의 단수처리로 인하여 ±0.1'' 정도의 오차가 발생할 경우 0.1''에 대한 오차처리는 90°에 가장 가까운 각에 배분한다.

3) 변규약에 의한 조정

(1) E_1 계산

① $\sin \alpha$와 $\sin \beta$ 계산

삼각형	$\sin \alpha$	$\sin \beta$
①	0.996626	0.839705
②	0.887697	0.953057

※ ③, ④ 삼각형도 동일한 방법으로 계산한다.

② $E_1 = \dfrac{\sin\alpha_1 \times \sin\alpha_2 \times l_1}{\sin\beta_1 \times \sin\beta_2 \times l_2} - 1 = \dfrac{\Pi \sin\alpha \times l_1}{\Pi \sin\beta \times l_2} - 1 = \dfrac{3,451.893695}{3,451.774669} - 1 = +34(+0.000034)$

(2) $\Delta\alpha$ 와 $\Delta\beta$ 계산

삼각형	$\Delta = \cos\alpha(\text{또는 }\beta) \times (\sin 10'' \times 10^6) = \cos\alpha(\text{또는 }\beta) \times 48.4814$	
	$\Delta\alpha = \cos\alpha \times 48.4814$	$\Delta\beta = \cos\beta \times 48.4814$
①	$\cos 85°17'32.6'' \times 48.4814 = -4''$	$\cos 57°06'32.3'' \times 48.4814 = +26''$
②	$\cos 62°35'07.0'' \times 48.4814 = +22''$	$\cos 72°22'29.2'' \times 48.4814 = +15''$

※ ③, ④ 삼각형도 동일한 방법으로 계산한다.

(3) E_2의 계산

각규약에서 조정각으로 계산한 sin값에 초차(Δ)를 더하여 $\sin\alpha'$과 $\sin\beta'$을 구한 후 E_2의 값을 계산한다.

① $\sin\alpha'$과 $\sin\beta'$ 계산

E_1의 값이 $+34$이므로 $\sin\alpha$값이 작기 때문에, $\sin\alpha$는 $(-)$로, $\sin\beta$는 $(+)$로 하여야 오차가 소거되므로 초차(Δ)를 $-\Delta\alpha$, $+\Delta\beta$로 하여 $\sin\alpha'$, $\sin\beta'$을 계산한다.

삼각형	$\sin\alpha'$	$\sin\beta'$
①	$0.996626 - 4(\Delta\alpha) = 0.996622$	$0.839705 + 26(\Delta\beta) = 0.839731$
②	$0.887697 + 22(\Delta\alpha) = 0.887675$	$0.953057 + 15(\Delta\beta) = 0.953072$

※ ③, ④ 삼각형도 동일한 방법으로 계산한다.

② $E_2 = \dfrac{\sin\alpha_1' \times \sin\alpha_2' \times l_1}{\sin\beta_1' \times \sin\beta_2' \times l_2} - 1 = \dfrac{\Pi \sin\alpha' \times l_1}{\Pi \sin\beta' \times l_2} - 1 = \dfrac{3,451.719419}{3,452.094145} - 1 = -109(-0.000109)$

③ $|E_1 - E_2| = |(+34) - (-109)| = 143$

(4) 경정수(x_1'', x_2'')의 계산

① $x_1'' = \dfrac{10''E_1}{|E_1 - E_2|} = \dfrac{10'' \times (+35)}{|+35 - (-109)|} = +2.4''$

② $x_2'' = \dfrac{10''E_2}{|E_1 - E_2|} = \dfrac{10'' \times (-109)}{|+35 - (-109)|} = -7.6''$

③ 검산 : $|x_1'' - x_2''| = |+2.4 - (-7.6)| = 10''$

(5) 각규약 및 변규약에 따른 조정각

각명	관측각	각규약				$\sin\alpha$ $\sin\beta$	$\Delta\alpha$ $\Delta\beta$	$\sin\alpha'$ $\sin\beta'$	$\alpha - x_1''$ $\beta + x_1''$	변규약 조정각
		$\varepsilon/3$	조정각	경정수	조정각					
α_1	$85°17'29.6''$	$+2.8''$	$85°17'32.4''$	$+0.2''$	$85°17'32.6''$	0.996626	-4	0.996622	$-2.4''$	$85°17'30.2''$
β_1	$57°06'29.4''$	$+2.7''$	$57°06'32.1''$	$+0.2''$	$57°06'32.3''$	0.839705	$+26$	0.839731	$+2.4''$	$57°06'34.7''$
γ_1	$37°35'52.8''$	$+2.7''$	$37°35'55.5''$	$-0.4''$	$37°35'55.1''$					$37°35'55.1''$

각명	관측각	각규약				$\sin\alpha$ $\sin\beta$	$\Delta\alpha$ $\Delta\beta$	$\sin\alpha'$ $\sin\beta'$	$\alpha-x_1''$ $\beta+x_1''$	변규약 조정각
		$\varepsilon/3$	조정각	경정수	조정각					
α_2	62°35′05.3″	+1.9″	62°35′07.2″	−0.2″	62°35′07.0″	0.887697	+22	0.887675	−2.4″	62°35′04.6″
β_2	72°22′27.5″	+1.9″	72°22′29.4″	−0.2″	72°22′29.2″	0.953057	+15	0.953072	+2.4″	72°22′31.6″
γ_2	45°02′21.5″	+1.9″	45°02′23.4″	+0.4″	45°02′23.8″					45°02′23.8″
α_3	82°06′28.7″	−3.2″	82°06′25.5″	+0.2″	82°06′25.7″	0.990526	−7	0.990519	−2.4″	82°06′23.5″
β_3	59°57′23.9″	−3.2″	59°57′20.7″	+0.2″	59°57′20.9″	0.865639	−24	0.865663	+2.4″	59°57′23.3″
γ_3	37°56′17.0″	−3.2″	37°56′13.8″	−0.4″	37°56′13.4″					37°56′13.4″
α_4	73°12′07.7″	+0.3″	73°12′08.0″	−0.2″	73°12′07.8″	0.957330	−14	0.957316	−2.4″	73°12′05.4″
β_4	69°43′00.5″	+0.2″	69°43′00.7″	−0.2″	69°43′00.5″	0.937991	−17	0.938008	+2.4″	69°43′02.9″
γ_4	37°04′51.1″	+0.2″	37°04′51.3″	+0.4″	37°04′51.7″					37°04′51.7″

※ 계산과정의 단수처리로 인하여 ±0.1″ 정도의 오차가 발생할 경우 0.1″에 대한 오차처리는 90°에 가장 가까운 각에 배분한다.

4) 소구점 변장 계산

(쇄10 = A, 쇄7 = B, 쇄9 = C, 수문 = D, 기3 = E, 기4 = F)

삼각형	방향	변장
①	쇄10 → 기3	$\overline{AE} = \dfrac{\overline{AB} \times \sin\alpha_1}{\sin\beta_1} = \dfrac{4,114.65 \times \sin85°17′30.2″}{\sin57°06′34.7″} = 4,883.54\text{m}$
	쇄7 → 기3	$\overline{BE} = \dfrac{\overline{AB} \times \sin\gamma_1}{\sin\beta_1} = \dfrac{4,114.65 \times \sin37°35′55.1″}{\sin57°06′34.7″} = 2,989.67\text{m}$
②	쇄10 → 기4	$\overline{AF} = \dfrac{\overline{AE} \times \sin\gamma_2}{\sin\beta_2} = \dfrac{4,883.54 \times \sin45°02′23.8″}{\sin72°22′31.6″} = 3,625.78\text{m}$
	기3 → 기4	$\overline{EF} = \dfrac{\overline{AE} \times \sin\alpha_2}{\sin\beta_2} = \dfrac{4,883.54 \times \sin62°35′04.6″}{\sin72°22′31.6″} = 4,548.58\text{m}$
⋮	⋮	

※ ③, ④ 삼각형도 동일한 방법으로 계산한다.

5) 소구점 방위각 계산

(쇄10 = A, 쇄7 = B, 쇄9 = C, 수문 = D, 기3 = E, 기4 = F)

삼각형	방위각
①	$V_B^E = V_A^B - \alpha_1 = (V_A^B - 180°) - \alpha_1 = (338°14′52.6″ - 180°) + 62°35′04.6″ = 72°57′22.4″$ $V_A^E = V_A^B + \gamma_1 = 338°14′52.6″ + 37°35′55.1″ = 375°50′47.7″ - 360° = 15°50′47.7″$
②	$V_A^F = V_A^E + \alpha_2 = 15°50′47.7″ + 62°35′04.6″ = 78°25′52.3″$ $V_E^F = V_E^A - \gamma_2 = (V_A^E + 180°) - \gamma_2 = (15°50′47.7″ + 180°) - 45°02′23.8″ = 150°48′23.9″$

※ ③, ④ 삼각형도 동일한 방법으로 계산한다.

6) 소구점 종·횡선좌표 계산

(쇄10 = A, 쇄7 = B, 쇄9 = C, 수문 = D, 기3 = E, 기4 = F)

- 소구점 종선좌표 = 기지점 종선좌표 + 종선차(Δx)($\Delta x = \cos V \times l$)
- 소구점 횡선좌표 = 기지점 횡선좌표 + 횡선차(Δy)($\Delta y = \sin V \times l$)

소구점	방향	종·횡선좌표
기3(E)	쇄10 → 기3	$X_E = X_A + (\overline{AE} \times \cos V_A^C) = 468,217.41 + (4,883.54 \times \cos 15°50'47.7'') = 468,217.41\text{m}$ $Y_E = Y_A + (\overline{AE} \times \sin V_A^C) = 196,759.25 + (4,883.54 \times \sin 15°50'47.7'') = 196,759.24\text{m}$
	쇄7 → 기3	$X_E = X_B + (\overline{BE} \times \cos V_B^E) = 467,341.13 + (2,989.67 \times \cos 72°57'22.4'') = 468,217.41\text{m}$ $Y_E = Y_B + (\overline{BE} \times \sin V_B^E) = 193,900.88 + (2,989.67 \times \sin 72°57'22.4'') = 196,759.25\text{m}$
	평균좌표	$X_E = \dfrac{(468,217.41 + 468,217.41)}{2} = 468,217.41\text{m}$ $Y_E = \dfrac{(196,759.25 + 196,759.24)}{2} = 196,759.24\text{m}$
기4(F)	쇄10 → 기4	$X_F = X_B + (\overline{BF} \times \cos V_B^F) = 463,519.46 + (3,625.78 \times \cos 78°25'52.3'') = 464,246.59\text{m}$ $Y_F = Y_B + (\overline{BF} \times \sin V_B^F) = 195,425.73 + (3,625.78 \times \sin 78°25'52.3'') = 198,977.85\text{m}$
	기3 → 기4	$X_F = X_E + (\overline{EF} \times \cos V_E^F) = 468,217.41 + (4,548.58 \times \cos 150°48'23.9'') = 464,246.60\text{m}$ $Y_F = Y_E + (\overline{EF} \times \sin V_E^F) = 196,759.24 + (4,548.58 \times \sin 150°48'23.9'') = 198,977.85\text{m}$
	평균좌표	$X_F = \dfrac{(464,246.59 + 464,246.60)}{2} = 464,246.60\text{m}$ $Y_D = \dfrac{(198,977.85 + 198,977.85)}{2} = 198,977.85\text{m}$

※ ③, ④ 삼각형도 동일한 방법으로 계산한다.

7) 점검

최종계산 결과 남문에서 동문에 대한 변장과 방위각은 기지변과 기지방위각에 해당하므로 산출된 값과 비교하여 같아야 하며, 조정계산 결과 변장에서 ±0.01m, 방위각에서 ±0.1″ 이내의 오차가 발생할 수도 있다.

삼각쇄 조정계산부 (진수)

삼각형	점명	각명	관측각	각규약			sin α / sin β	Δα / Δβ	sin α' / sin β'	α − x_1'' / β + x_1''	변규약 조정각	변장 α × sin α (r) / sin β	방위각	종횡선좌표 X	종횡선좌표 Y	점명
				e/3	조정각	경정수	조정각									
1	세7	$α_1$	85°17′29.6″	+2.8″	85°17′32.4″	+0.2″	85°17′32.6″	0.996626	−4	0.996622	−2.4″	85°17′30.2″	세10 → 세7 4,114.65	세10 → 세7 338°14′52.6″	463,519.46	195,425.73	세10
	세10	$β_1$	57°06′29.4″	+2.7″	57°06′32.1″	+0.2″	57°06′32.3″	0.839705	+26	0.839731	+2.4″	57°06′34.7″	세7 → 가13 2,989.67	세7 → 가13 72°57′22.4″	467,341.13	193,900.88	세7
	가13	$γ_1$	37°35′52.8″	+2.7″	37°35′55.5″	−0.4″	37°35′55.1″				$γ_1$	37°35′55.1″	세10 → 가13 4,883.54	세10 → 가13 155°47′.7″ 평균	468,217.41	196,759.25	가13
		+	179°59′51.8″	+8.2″											468,217.41	196,759.24	
		−	180°00′00.0″												468,217.41	196,759.24	
			$e_1 = −8.2″$														
2	가13	$α_2$	62°35′05.3″	+1.9″	62°35′07.2″	−0.2″	62°35′07.0″	0.887697	+22	0.887675	−2.4″	62°35′04.6″	가13 → 가14 3,625.78	가13 → 가14 78°25′52.3″	464,246.59	198,977.85	가14
	가14	$β_2$	72°22′27.5″	+1.9″	72°22′29.4″	−0.2″	72°22′29.2″	0.953057	+15	0.953072	+2.4″	72°22′31.6″	가14 → 가13 4,548.58	가14 → 가13 150°48′23.9″ 평균	464,246.60	198,977.85	
	가13	$γ_2$	45°02′21.5″	+1.9″	45°02′23.4″	+0.4″	45°02′23.8″				$γ_2$	45°02′23.8″			464,246.60	198,977.85	
		+	179°59′54.3″	+5.7″													
		−	180°00′00.0″														
			$e_2 = −5.7″$														
3	가13	$α_3$	82°06′28.7″	−3.2″	82°06′25.5″	+0.2″	82°06′25.7″	0.990526	−7	0.990519	−2.4″	82°06′23.5″	가13 → 수문 3,230.48	가13 → 수문 68°42′00.6″	469,390.88	199,769.05	수문
	수문	$β_3$	59°57′23.9″	−3.2″	59°57′20.7″	−0.2″	59°57′20.5″	0.865639	−24	0.865663	+2.4″	59°57′23.3″	가14 → 수문 5,204.77	가14 → 수문 8°44′37.3″ 평균	469,390.88	199,769.05	
	가14	$γ_3$	37°56′17.0″	−3.2″	37°56′13.8″	−0.4″	37°56′13.4″				$γ_3$	37°56′13.4″			469,390.88	199,769.05	
		+	180°00′09.6″	−9.6″													
		−	180°00′00.0″														
			$e_3 = +9.6″$														
4	가14	$α_4$	73°12′07.7″	+0.3″	73°12′08.0″	−0.2″	73°12′07.8″	0.957330	−14	0.957316	−2.4″	73°12′05.4″	가14 → 세9 3,345.63	가14 → 세9 81°56′42.7″	464,715.39	202,290.47	세9
	세9	$β_4$	69°43′00.5″	+0.2″	69°43′00.7″	−0.2″	69°43′00.5″	0.937991	−17	0.938008	+2.4″	69°43′02.9″	수문 → 세9 5,312.04	수문 → 세9 151°39′45.6″ 평균	464,715.39	202,290.47	
	수문	$γ_4$	37°04′51.1″	+0.2″	37°04′51.3″	+0.4″	37°04′51.7″				$γ_4$	37°04′51.7″			464,715.39	202,290.47	
		+	179°59′59.3″	+0.7″													
		−	180°00′00.0″														
			$e_4 = −0.7″$														

산출방위각	151°39′47.2″	제1기선 l_1	4,114.65m
기지방위각	151°39′45.7″	제2기선 l_2	5,312.04m

$q = +1.5″$

각규약 경정수 계산

γ가 좌측에 있을 때

$α = -\dfrac{q}{2n} = -0.2$

$β = -\dfrac{q}{2n} = -0.2$

$γ = +\dfrac{q}{n} = +0.4$

γ가 우측에 있을 때

$α = +\dfrac{q}{2n} = +0.2$

$β = +\dfrac{q}{2n} = +0.2$

$γ = -\dfrac{q}{n} = -0.4$

n : 삼각형 수

$E_1 \begin{cases} π\sinα \cdot l_1 \quad 3,451.893695 \\ π\sinβ \cdot l_2 \quad 3,451.774669 \end{cases}$

$E_2 \begin{cases} π\sinα' \cdot l_1 \quad 3,451.719419 \\ π\sinβ' \cdot l_2 \quad 3,452.094145 \end{cases}$

$E_1 = \dfrac{π\sinα \cdot l_1}{π\sinβ \cdot l_2} - 1 = +34$

$E_2 = \dfrac{π\sinα' \cdot l_1}{π\sinβ' \cdot l_2} - 1 = -109$

$|E_1 - E_2| = 143$

$Δα, Δβ = 10^x$ 자임

$x_1'' = \dfrac{10'' E_1}{|E_1 - E_2|} = +2.4″$

$x_2'' = \dfrac{10'' E_2}{|E_1 - E_2|} = -7.6″$

검산 : $|x_1'' + x_2''| = 10″$

약도

02

점 O와 $\overline{EO'}$에서, $\angle OCP = \angle O'EP'$

∴ $\angle O'EP' = \angle OEP - \gamma_1 + \gamma_2$

1) γ_1 계산

$\alpha = 360° - \theta = 360° - 286°36'20'' = 73°23'40''$

$$\frac{K}{\sin r_1} = \frac{D_1}{\sin\alpha} \to \sin r_1 = \frac{K \times \sin\alpha}{D_1}$$

$$r_1 = \frac{K \times \sin\alpha}{D_1} = \sin^{-1}\left(\frac{K \times \sin\alpha}{D_1}\right) = \sin^{-1}\left(\frac{3.560 \times \sin 73°23'40''}{3,462.28}\right) = 0°03'23.2''$$

또는 $r_1'' = \left(\frac{K \times \sin\alpha}{D_1}\right) \times \rho'' = \left(\frac{3.560 \times \sin 73°23'40''}{3,462.28}\right) \times 206,264.8 = 0°03'23.2''$

2) γ_2 계산

$\alpha' = 72°23'40'' + 57°31'08'' = 130°54'48''$

$$\frac{K}{\sin r_2} = \frac{D_2}{\sin\alpha} \to \sin r_2 = \frac{K \times \sin\alpha'}{D_2}$$

$$r_2 = \frac{K \times \sin\alpha}{D_2} = \sin^{-1}\left(\frac{K \times \sin\alpha}{D_2}\right) = \sin^{-1}\left(\frac{3.560 \times \sin 73°23'40''}{3,911.66}\right) = 0°03'23.2''$$

또는 $r_1'' = \left(\frac{K \times \sin\alpha}{D_2}\right) \times \rho'' = \left(\frac{3.560 \times \sin 73°23'40''}{3,911.66}\right) \times 206,264.8 = 0°03'23.2''$

3) $\angle OCP$ 계산

$\angle OCP = \angle O'EP = \angle OEP - \gamma_1 + \gamma_2 = 57°31'08'' - 0°03'23.2'' + 0°02'21.9'' = 57°30'06.7''$

03

1) 내각($\angle A$, $\angle B$, $\angle C$) 계산

cos법칙을 이용하면,

$$\angle A = \cos^{-1}\left(\frac{b^2 + c^2 - a^2}{2bc}\right) = \cos^{-1}\left(\frac{5,742.40^2 + 5,204.72^2 - 5,646.76^2}{2 \times 5,742.40 \times 5,204.72}\right) = 61°52'28''$$

$$\angle B = \cos^{-1}\left(\frac{c^2 + a^2 - b^2}{2ca}\right) = \cos^{-1}\left(\frac{5,646.76^2 + 5,204.72^2 - 5,742.40^2}{2 \times 5,646.76 \times 5,204.72}\right) = 63°44'51''$$

$$\angle C = \cos^{-1}\left(\frac{a^2 + b^2 - c^2}{2ab}\right) = \cos^{-1}\left(\frac{5,646.76^2 + 5,742.40^2 - 5,204.72^2}{2 \times 5,646.76 \times 5,742.40}\right) = 54°22'41''$$

2) 변장 및 방위각 계산

$\Delta x_a^b = x_b - x_a = 7,511.49 - 9,751.84 = -2,240.35\text{m}$

$\Delta y_a^b = y_b - y_a = 5,429.32 - 731.45 = 4,697.87\text{m}$ (2상한)

$\overline{AB} = \sqrt{(\Delta x_a^b)^2 + (\Delta y_a^b)^2} = \sqrt{(-2,240.35)^2 + (+497.7)^2} = 5,204.72\text{m}$

$\theta = \tan^{-1}\left(\dfrac{\Delta y_a^b}{\Delta x_a^b}\right) = \tan^{-1}\left(\dfrac{4,697.87}{2,240.35}\right) = 64°30'15''$

$V_A^B = 180° - \theta = 180° - 64°30'15'' = 115°29'45''$

3) 방위각 계산

방향	방위각
$A \rightarrow C$	$V_A^C = V_A^B - \angle A = 115°29'45'' - 61°52'28'' = 53°37'17''$
$B \rightarrow C$	$V_B^C = V_B^A + \angle B = (V_A^B \pm 180°) + \angle B$ $= (115°29'45'' + 180°) + 63°44'51'' = 359°14'36''$

4) C점 좌표 계산

방향	종·횡선좌표
$A \rightarrow C$	$X_C = X_A + (\overline{AC} \times \cos V_A^C) = 9,751.84 + (5,742.40 \times \cos 53°37'17'') = 13,157.76\text{m}$ $Y_C = Y_A + (\overline{AC} \times \sin V_A^C) = 731.45 + (5,742.40 \times \sin 53°37'17'') = 5,354.74\text{m}$
$B \rightarrow C$	$X_C = X_B + (\overline{BC} \times \cos V_B^C) = 7,511.49 + (5,646.76 \times \cos 359°14'36'') = 13,157.76\text{m}$ $Y_C = Y_B + (\overline{BC} \times \sin V_B^C) = 5,429.32 + (5,646.76 \times \sin 359°14'36'') = 5,354.75\text{m}$
C점 평균좌표	$X_C = \dfrac{(13,157.76 + 13,157.76)}{2} = 13,157.76\text{m}$ $Y_P = \dfrac{(5,354.74 + 5,354.74)}{2} = 5,354.74\text{m}$

04

1) 교각(θ) 계산

$\theta = V_A^B - V_A^C = 131°48'25'' - 42°32'43'' = 89°15'42''$

2) $OP = OQ$ 계산

$OP = OQ = \overline{PQ} \times \dfrac{1}{\sin\theta} = 10 \times \dfrac{1}{\sin 89°15'42''} = 10.0008\text{m}$

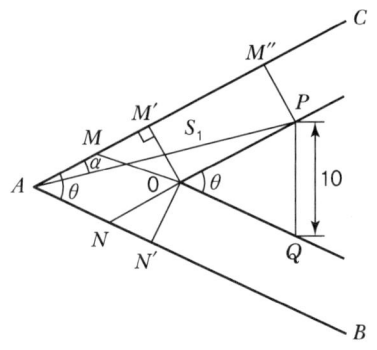

3) $AM(ON)$ 길이 계산

$$AM = L_2 \times \frac{1}{\sin\theta} = 15 \times \frac{1}{\sin 89°15'42''} = 15.0012\text{m}$$

4) MM' 길이 계산

$$MM' = L_1 \times \frac{1}{\tan\theta} = 15 \times \frac{1}{\tan 89°15'42''} = 0.1933\text{m}$$

5) AP 길이 계산

$$\sin\frac{\theta}{2} = \frac{5}{AP} \rightarrow AP = \frac{5}{\sin\frac{\theta}{2}} = \frac{5}{\sin\frac{89°15'42''}{2}} = 7.1171\text{m}$$

6) OM'' 길이 계산

$$OM'' = OM + MM' + M'M'' = 15.0012 + 0.1933 + 7.1171 = 22.3116\text{m}$$

7) $\overline{AP}(S_1)$ 길이 계산

$$AP = \sqrt{(L_1)^2 + (AM'')^2} = \sqrt{(15)^2 + (22.3116)^2} = 26.8851\text{m}$$

8) 방위각(V_A^P) 계산

$$\sin\alpha = \frac{L_1}{AP} \rightarrow \alpha = \sin^{-1}\left(\frac{15}{26.8851}\right) = 33°54'46''$$

$$V_A^P = V_A^C + \alpha = 42°32'43'' + 33°54'46'' = 76°27'29''$$

8) 가구점(P점) 계산

$$X_P = X_A + (S_1 \cdot \cos V_A^P) = 4,067.704 + (26.885 \times \cos 76°27'29'') = 4,073.999\text{m}$$

$$Y_P = Y_A + (S_1 \cdot \sin V_A^P) = 7,199.966 + (26.885 \times \sin 76°27'29'') = 7,226.104\text{m}$$

05

1) 기지점간거리 및 방위각 계산

방향	거리 및 방위각
$A \rightarrow B$	$\Delta x_a^b = x_b - x_a = 451.76 - 426.26 = 25.50\text{m}$ $\Delta y_a^b = y_b - y_a = 271.48 - 237.48 = 34.00\text{m}(1\text{상한})$ $L(\overline{AB}) = \sqrt{(\Delta x_a^b)^2 + (\Delta y_a^b)^2} = \sqrt{25.5^2 + 34^2} = 42.5\text{m}$ 또는 $\overline{AB} : \overline{AP} = 7 : 4 \rightarrow \overline{AP} = 42.5 \times \dfrac{4}{7} = 24.28571\text{m}$ $\theta = \tan^{-1}\left(\dfrac{\Delta y_a^b}{\Delta x_a^b}\right) = \tan^{-1}\left(\dfrac{34.00}{25.50}\right) = 53°07'48.4''$ $V_A^B = \theta = 53°07'48.4''$

2) 방위각 및 거리[$\overline{DQ}(=S_1)$, $\overline{PQ}(=S_2)$] 계산

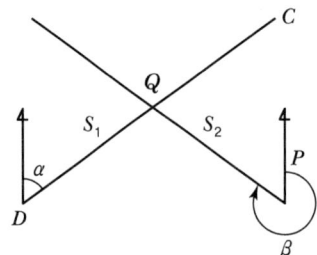

$\alpha = V_D^C,\ \beta = V_P^Q$
$\overline{DQ}$ 거리 $= S_1$, $\overline{PQ}$ 거리 $= S_2$

구분	방위각 및 거리
방위각[$V_D^C(=\alpha)$]	$\Delta x_d^c = x_c - x_d = 472.47 - 446.26 = 26.21\text{m}$ $\Delta y_d^c = y_c - y_d = 263.69 - 237.84 = 26.21\text{m}(1\text{상한})$ $\theta = \tan^{-1}\left(\dfrac{\Delta y_d^c}{\Delta x_d^c}\right) = \tan^{-1}\left(\dfrac{26.21}{26.21}\right) = 45°00'00''$ $V_D^C(=\alpha) = \theta = 45°00'00''$
방위각[$V_P^Q(=\beta)$]	$V_P^Q(=\beta) = V_A^B - 90° = 53°07'48.4'' - 90° = -19°52'11.6'' + 360° = 323°07'48.4''$
오차($\Delta x_p^d,\ \Delta y_p^d$)	$\Delta x_p^d = x_d - x_p = 440.83 - 446.26 = -5.43\text{m}$ $\Delta y_p^d = y_d - y_p = 256.91 - 237.48 = 19.43\text{m}$
거리(S_1과 S_2)	$S_1 = \dfrac{\Delta y_p^d \cdot \cos\beta - \Delta x_p^d \cdot \sin\beta}{\sin(\alpha - \beta)}$ $= \dfrac{(19.43 \times \cos 323°07'48.4'') - (-5.43 \times \sin 323°07'48.4'')}{\sin 81°52'11.6''} = 12.41074\text{m}$ $S_2 = \dfrac{\Delta y_p^d \cdot \cos\beta - \Delta x_p^d \cdot \sin\beta}{\sin(\alpha - \beta)}$ $= \dfrac{(19.43 \times \cos 45°00'00'') - (-5.43 \times \sin 45°00'00'')}{\sin 81°52'11.6''} = 17.75714\text{m}$

3) 종 · 횡선좌표의 계산

측점	방향	종 · 횡선좌표
P	$A \rightarrow P$	$X_P = X_A + (\overline{AP} \cdot \cos V_A^B) = 426.26 + (24.28571 \times \cos 53°07'48.4'') = 440.83\text{m}$ $Y_P = Y_A + (\overline{AP} \cdot \sin V_A^B) = 237.48 + (24.28571 \times \sin 53°07'48.4'') = 256.91\text{m}$
Q	$D \rightarrow Q$	$X_Q = X_D + (S_1 \cdot \cos V_D^C) = 446.26 + (12.4107 \times \cos 45°00'00'') = 455.04\text{m}$ $Y_Q = Y_D + (S_1 \cdot \cos V_D^C) = 237.48 + (12.4107 \times \sin 45°00'00'') = 246.26\text{m}$
	$P \rightarrow Q$	$X_Q = X_P + (S_2 \cdot \cos V_P^Q) = 440.83 + (17.75714 \times \cos 323°07'48.4'') = 455.04\text{m}$ $Y_Q = Y_P + (S_2 \cdot \cos V_P^Q) = 26.91 + (17.75714 \times \sin 323°07'48.4'') = 246.26\text{m}$
	평균좌표	$X_Q = \dfrac{(455.04 + 455.04)}{2} = 455.04\text{m}$ $Y_Q = \dfrac{(246.26 + 246.26)}{2} = 246.26\text{m}$

06

1) 표고(보1 → 표1) 계산

표고(H_2)	$\alpha_1 - \alpha_2 = 2°16'53'' - (-2°17'15'') = +4°34'08''$ $\tan\dfrac{(\alpha_1 - \alpha_2)}{2} = \tan\dfrac{+4°34'08''}{2} = 0.039892$ $L \cdot \tan\dfrac{(\alpha_1 - \alpha_2)}{2} = 4,712.68 \times \tan\dfrac{+4°34'08''}{2} = 8,085.91 \times (0.039892) = +188.00\text{m}$ $\dfrac{(i_1 - i_2) + (f_1 + f_2)}{2} = \dfrac{(1.65 - 1.63) + (3.21 - 3.14)}{2} = 0.04\text{m}$ 고저차$(h) = L \cdot \tan\dfrac{(\alpha_1 - \alpha_2)}{2} + \dfrac{(i_1 - i_2) + (f_1 + f_2)}{2} = +188.00 + 0.04 = +188.04\text{m}$ 표고$(H_2) = H_1 + h = +188.04 + 459.58 = 647.62\text{m}$

2) 표고(보2 → 표1) 계산

표고(H_2)	$\alpha_1 - \alpha_2 = 1°53'46'' - (-1°53'38'') = +3°47'24''$ $\tan\dfrac{(\alpha_1 - \alpha_2)}{2} = \tan\dfrac{+3°47'24''}{2} = 0.033086$ $L \cdot \tan\dfrac{(\alpha_1 - \alpha_2)}{2} = 3,976.93 \times \tan\dfrac{+3°47'24''}{2} = 3,976.93 \times (0.033086) = +131.58\text{m}$ $\dfrac{(i_1 - i_2) + (f_1 + f_2)}{2} = \dfrac{(1.68 - 1.64) + (3.42 - 3.25)}{2} = 0.10\text{m}$ 고저차$(h) = L \cdot \tan\dfrac{(\alpha_1 - \alpha_2)}{2} + \dfrac{(i_1 - i_2) + (f_1 + f_2)}{2} = +131.58 + 0.10 = +131.68\text{m}$ $= H_1 + h = +131.68 + 515.75 = 647.43\text{m}$

3) 표고 평균

$$표고(H_2) = \frac{(647.62 + 647.43)}{2} = 647.52\text{m}$$

4) 교차 및 공차

교차	$647.62 - 647.43 = 0.19\text{m}$
공차	$0.05 + 0.05(S_1 + S_2) = 0.05 + 0.05(4.71268 + 3.97693) = 0.484 = \pm 0.48\text{m}$ ※ 공차는 반올림하지 않음 ※ $S_1 + S_2$는 기지점에서 소구점까지의 평면거리로서 km 단위로 표시한 수를 말한다.

표고계산부

약도

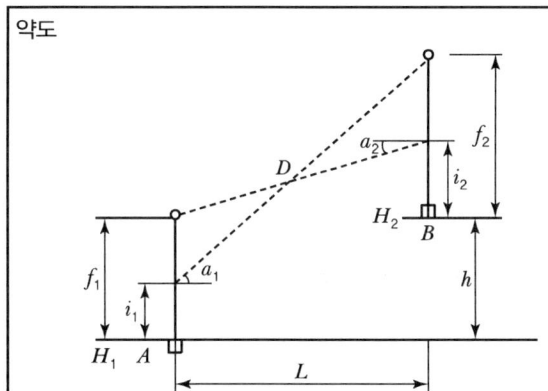

공식
$$H_2 = H_1 + h$$
$$h = L \cdot \tan 1/2(\alpha_1 - \alpha_2) + 1/2(i_1 - i_2 + f_1 - f_2)$$
$$L = D \cdot \cos\alpha_1 \text{ 또는 } \alpha_2$$

- H_1 : 기지점표고 $\alpha_1 \alpha_2$: 연직각
- H_2 : 소구점표고 i_1, i_2 : 기계고
- h : 고저차 $f_1 f_2$: 준고
- L : 수평거리 D : 경사거리

기지점명	표1 점	표2 점	___점	___점
소구점명	고1 점		___점	
L	4,712.68m	3,976.93m		
α_1	2°16′53″	1°53′46″		
α_2	−2°17′15″	−1°53′38″		
$\alpha_1 - \alpha_2$	4°34′08″	+3°24′24″		
$\tan\dfrac{(\alpha_1-\alpha_2)}{2}$	0.039892	0.033086		
$L \cdot \tan\dfrac{(\alpha_1-\alpha_2)}{2}$	+188.00m	+131.58m		
i_1	1.65m	1.68m		
i_2	1.63m	1.64m		
f_1	3.21m	3.42m		
f_2	3.14m	3.25m		
$\dfrac{(i_1-i_2+f_1-f_2)}{2}$	+0.04m	+0.10m		
h	+188.04m	+131.68m		
H_1	459.58m	515.75m		
H_2	647.62m	647.43m		
평균	647.52m			
교차	0.19m			
공차	±0.48m			
계산자	○ ○ ○		검사자	○ ○ ○

07

1) 5점의 종·횡선좌표(교차점 이용)

(1) 방위각, 오차 및 거리 계산

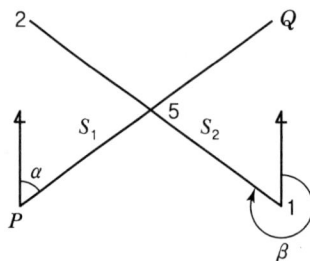

$\alpha = V_P^Q, \ \beta = V_1^2$

$P-5$ 거리 $= S_1$, $1-5$ 거리 $= S_2$

구분	방위각, 오차 및 거리
방위각 $[V_P^Q(=\alpha)]$	$\Delta x_p^q = 5,451.29 - 5,545.17 = -93.88\text{m}$ $\Delta y_p^q = 2,068.68 - 2,063.14 = +5.54\text{m}$ $\theta = \tan^{-1}\left(\dfrac{\Delta y_p^q}{\Delta x_p^q}\right) = \tan^{-1}\left(\dfrac{+5.54}{-93.88}\right) = 3°22'37.9''$ (2상한) $V_P^Q(=\alpha) = 180° - \theta = 180° - 3°22'37.9'' = 176°37'22.1''$
방위각 $[V_1^2(=\beta)]$	$\Delta x_1^2 = 5,524.33 - 5,517.52 = +6.81\text{m}$ $\Delta y_1^2 = 2,091.12 - 2,018.87 = +72.25\text{m}$ $\theta = \tan^{-1}\left(\dfrac{\Delta y_1^2}{\Delta x_1^2}\right) = \tan^{-1}\left(\dfrac{+72.25}{+6.81}\right) = 84°36'55.6''$ (1상한) $V_1^2(=\beta) = 1\theta = 184°36'55.6''$
오차	$\Delta x_p^1 = x_1 - x_p = 5,517.52 - 5,545.17 = -27.65\text{m}$ $\Delta y_p^1 = y_1 - y_p = 2,018.87 - 2,063.14 = -44.27\text{m}$
거리 (S_1과 S_2)	$\alpha - \beta = 176°37'22.1'' - 84°36'55.6'' = 92°00'26.5''$ $S_1 = \dfrac{\Delta y_p^1 \cdot \cos\beta - \Delta x_p^1 \cdot \sin\beta}{\sin(\alpha-\beta)} = \dfrac{(-44.27 \times \cos 84°36'55.6'') - (-27.65 \times \sin 84°36'55.6'')}{\sin(92°00'26.5'')}$ $= 23.3880\text{m}$ $S_2 = \dfrac{\Delta y_p^1 \cdot \cos\alpha - \Delta x_p^1 \cdot \sin\alpha}{\sin(\alpha-\beta)} = \dfrac{(-44.27 \times \cos 176°37'22.1'') - (-27.65 \times \sin 176°37'22.1'')}{\sin(92°00'26.5'')}$ $= 45.8501\text{m}$

(2) 5점의 종·횡선좌표

방향	종·횡선좌표
$P \rightarrow 5$	$X_5 = X_P + S_1 \cdot \cos\alpha = 5,545.17 + (23.3880 \times \cos 176°37'22.1'') = 5,521.82$m $Y_5 = Y_P + S_1 \cdot \sin\alpha = 2,063.14 + (23.3880 \times \sin 176°37'22.1'') = 2,064.52$m
$1 \rightarrow 5$	$X_5 = X_1 + S_2 \cdot \cos\alpha = 5,517.52 + (45.8501 \times \cos 84°36'55.6'') = 5,521.82$m $Y_5 = Y_1 + S_2 \cdot \sin\alpha = 2,018.87 + (45.8501 \times \cos 84°36'55.6'') = 2,064.52$m
5점의 평균 좌표	$X_5 = \dfrac{(5,521.28 + 5,521.28)}{2} = 5,521.28$m $Y_5 = \dfrac{(2,064.52 + 2,064.52)}{2} = 2,064.52$m

2) 6점의 종·횡선좌표(교차점 이용)

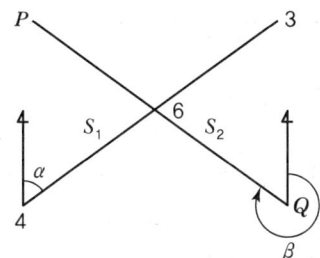

$\alpha = V_P^Q,\ \beta = V_4^3$
$P-6$거리$= S_1$, $4-6$거리$= S_2$

(1) 방위각, 오차 및 거리 계산

구분	방위각, 오차 및 거리
방위각 $[V_4^3(=\alpha)]$	$\Delta x_4^3 = 5,474.21 - 5,478.74 = -4.53$m $\Delta y_4^3 = 2,094.55 - 2,021.21 = +73.34$m $\theta = \tan^{-1}\left(\dfrac{\Delta y_4^3}{\Delta x_4^3}\right) = \tan^{-1}\left(\dfrac{+73.34}{-4.53}\right) = 86°27'55.8''(2상한)$ $V_4^3(=\alpha) = 180° - \theta = 180° - 86°27'55.8'' = 93°32'04.2''$
방위각 $[V_Q^P(=\beta)]$	$\Delta x_q^p = 5,545.17 - 5,451.29 = +93.88$m $\Delta y_q^p = 2,063.14 - 2,068.68 = -5.54$m $\theta = \tan^{-1}\left(\dfrac{\Delta y_q^p}{\Delta x_q^p}\right) = \tan^{-1}\left(\dfrac{-5.54}{+93.88}\right) = 3°22'37.9''(4상한)$ $V_Q^P(=\beta) = 360° - \theta = 360° - 3°22'37.9'' = 356°37'22.1''$
오차	$\Delta x_4^q = x_q - x_4 = 5,451.29 - 5,478.74 = -27.45$m $\Delta y_4^q = y_q - y_4 = 2,068.68 - 2,021.21 = +47.47$m
거리 $[S_1$과 $S_2]$	$\alpha - \beta = 93°32'04.2'' - 356°37'22.1'' = -236°05'17.9'' + 360° = 96°54'42.1''$ $S_1 = \dfrac{\Delta y_4^p \cdot \cos\beta - \Delta x_4^p \cdot \sin\beta}{\sin(\alpha-\beta)} = \dfrac{(+47.17 \times \cos 356°37'22.1'') - (-27.45 \times \sin 356°37'22.1'')}{\sin(96°54'42.1'')}$ $= 46.1056$m $S_2 = \dfrac{\Delta y_4^q \cdot \cos\alpha - \Delta x_4^q \cdot \sin\alpha}{\sin(\alpha-\beta)} = \dfrac{(+47.17 \times \cos 93°32'04.2'') - (-27.45 \times \sin 93°32'04.2'')}{\sin(96°54'42.1'')}$ $= 24.6504$m

(2) 6점의 종·횡선좌표

방향	종·횡선좌표
$Q \to 6$	$X_6 = X_q + S_1 \cdot \cos\alpha = 5,5451.29 + (24.6504 \times \cos 356°37'22.1'') = 5,475.90\text{m}$ $Y_6 = Y_q + S_1 \cdot \sin\alpha = 2,068.68 + (24.6504 \times \sin 356°37'22.1'') = 2,067.23\text{m}$
$4 \to 6$	$X_6 = X_4 + S_2 \cdot \cos\alpha = 5,478.74 + (+46.1056 \times \cos 93°32'04.2'') = 5,475.90\text{m}$ $Y_6 = Y_4 + S_2 \cdot \sin\alpha = 2,201.21 + (+46.1056 \times \sin 93°32'04.2'') = 2,067.23\text{m}$
6점의 평균 좌표	$X_6 = \dfrac{(5,475.90 + 5,475.90)}{2} = 5,475.90\text{m}$ $Y_5 = \dfrac{(2,067.23 + 2,067.23)}{2} = 2,067.23\text{m}$

(3) 10-1번지 면적

좌표면적계산부

측점번호	X_n	Y_n	면적 계산			
			$X_{n+1} - X_{n-1}$	$Y_{n+1} - Y_{n-1}$	$X_n(Y_{n+1} - Y_{n-1})$	$Y_n(X_{n+1} - X_{n-1})$
1	5,517.52	2,018.87	43.08	43.31	238,963.7912	86,942.9196
5	5,521.82	2,064.52	-41.62	48.36	267,035.2152	-85,925.3224
6	5,475.90	2,067.23	-43.08	-43.31	-237,161.2290	-89,056.2684
4	5,478.74	2,021.21	41.62	-48.36	-264,951.8664	84,122.7602
계					3,885.9110	-3,885.9110
					\multicolumn{2}{c}{$3,885.9110 \div 2 = 1,942.9555\text{m}^2$}
					\multicolumn{2}{c}{$A = 1,943.0\text{m}^2$}

(4) 10-2번지 면적

좌표면적계산부

측점번호	X_n	Y_n	면적 계산			
			$X_{n+1} - X_{n-1}$	$Y_{n+1} - Y_{n-1}$	$X_n(Y_{n+1} - Y_{n-1})$	$Y_n(X_{n+1} - X_{n-1})$
5	5,521.82	2,064.52	48.43	23.89	131,916.2798	99,984.7036
2	5,524.33	2,091.12	-47.61	30.03	165,895.6288	-99,558.2232
3	5,474.21	2,094.55	-48.43	-23.89	-130,778.8769	-101,439.0565
6	5,475.90	2,067.23	47.61	-30.03	-164,441.2770	98,420.8203
계					2,591.7558	-2,591.7558
					\multicolumn{2}{c}{$2,591.7558 \div 2 = 1,295.8779\text{m}^2$}
					\multicolumn{2}{c}{$A = 1,295.9\text{m}^2$}

제6회 실전모의고사

※ 본 실전모의문제는 수험자의 정보를 토대로 작성하였으므로 일부 다를 수 있으며, 실전 대비 목적으로 작성한 것입니다.

01 지적삼각점측량을 삽입망(변형형1)으로 실시하여 다음과 같은 결과를 얻었다. 소구점 (보1)의 좌표를 구하시오(단, 각은 0.1″까지, 거리 및 좌표는 m 단위, 소수 둘째 자리까지 계산하시오).

1) 기지점좌표

점명	X좌표(m)	Y좌표(m)
변9(A)	404,245.60	221,105.78
변8(B)	404,428.57	223,208.72
변7(C)	405,137.81	221,485.24

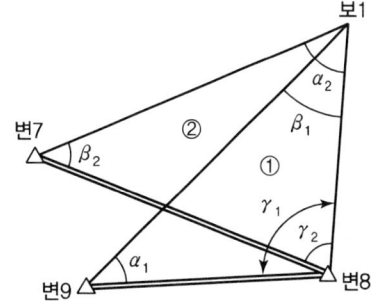

2) 관측내각

점명	각명	관측각	점명	각명	관측각
변9	α_1	33°04′32.0″	보1	α_2	92°15′12.1″
보1	β_1	72°15′54.5″	변7	β_2	40°25′33.1″
변8	γ_1	74°39′23.7″	변8	γ_2	47°19′09.1″

02 지적삼각측량을 점표9에서 중심각을 측정하려고 했으나 장애물로 인하여 관측하지 못하고 다음과 같이 편심관측을 하였다. 중심방향각을 구하시오(단, 편심관측방향은 중심방향선의 좌측에 있으며, 거리는 소수 둘째 자리까지, 각도는 0.1″까지 계산하시오).

시준점	점표1(O')	점표2(P')	점표3(Q')
관측방향각	12°34′56.7″	53°28′30.0″	85°43′37.0″
편심거리(m)	2.340	3.542	0.125
측점 간 거리(m)	1,234.56	3,012.70	3,839.69

03 그림과 같이 일필지를 분할하고자 P, Q점의 관측좌표를 이용하여 5, 6번 점의 좌표를 구하시오(단, 각도는 1″ 단위, 거리는 0.0001m 단위까지, 좌표는 0.01m 단위로 계산하시오).

점명	종선(X)좌표(m)	횡선(Y)좌표(m)
1	460,328.24	180,471.27
2	460,284.04	180,517.58
3	460,269.57	180,503.77
4	460,313.77	180,457.46
P	460,311.15	180,497.76
Q	460,290.02	180,477.12

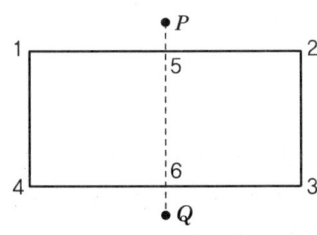

04 다음 그림과 같이 원(곡선)과 직선이 교차하는 경우에 $\overline{OA}$ 방위각(V_O^A) 및 교점 A점의 좌표를 구하시오[단, 서식 계산과정에서 검산과정도 반드시 계산하여야 하며, 각도는 1″까지, (1)~(5)의 칸은 소수 다섯째 자리까지 구하고, 기타의 항(좌표)은 소수 둘째 자리(cm 단위)까지 계산하시오].

점명	X좌표(m)	Y좌표(m)
O	741.97	707.02
P	751.83	705.07
$V_P^A(\alpha_o)=132°26'12''$, $R=200$m		

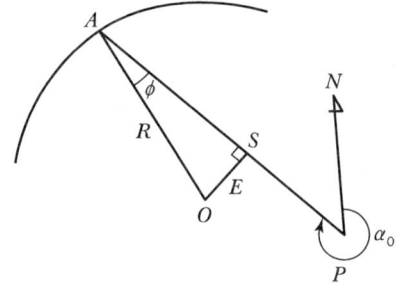

05 광파측거기를 이용하여 공덕1에서 공덕2의 거리를 측정하여 다음과 같은 결과값을 얻었다. 서식을 완성하여 두 점 간의 평면거리를 계산하시오.

측정거리	$D=1,534.88$m	
연직각	$\alpha_1=+2°33'20''$	$\alpha_2=-2°27'10''$
표고	$H_1'=111.78$m	$H_2'=180.12$m
기계고	$i=1.54$m	
시준고	$f=1.45$m	
횡선거리	$Y_1=30.3$km	$Y_2=25.6$km

06 그림과 같이 $\overline{AD} /\!/ \overline{BC}$인 사변형 ABCD에서 필지 면적의 증감이 없이 경계선 $\overline{AB}$를 $\overline{CD}$ 전에 평행한 직선 $\overline{PQ}$로 정정하고자 할 때 H와 $\overline{AP}$의 거리를 구하시오(단, 거리는 cm 단위로 계산하시오).

점명	X좌표(m)	Y좌표(m)
A	1,823.40	1,464.40
B	1,769.10	1,437.63
C	1,690.10	1,493.20
D	1,723.20	1,534.10

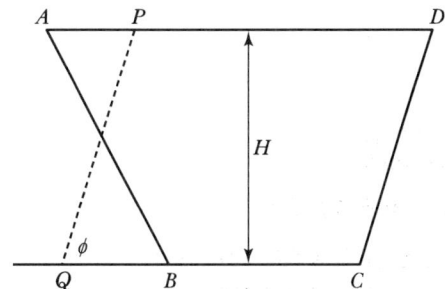

제6회 실전모의고사 정답 및 해설

01

1) 각규약에 의한 조정

(1) 삼각규약에 대한 오차 계산

삼각형	관측각 합	$\varepsilon = (\alpha + \beta + \gamma) - 180°$
①	179°59′50.2″	−9.8″
②	179°59′54.3″	−5.7″

$\sum \varepsilon = \varepsilon_1 - \varepsilon_2 = -9.8'' - (-5.7'') = -4.1''$

※ 변형형이므로 $\varepsilon_1 + \varepsilon_2$가 아닌 $\varepsilon_1 - \varepsilon_2$로 계산한다.

(2) 망규약에 대한 오차 계산

구분	오차
기지내각	$V_B^C - V_B^A = V_B^C - (V_A^B + 180°)$ $= 292°22′04.7″ - (85°01′38.6″ + 180°) = 27°20′26.1″$
관측각 합	$\sum \gamma = \gamma_1 + \gamma_2 = 74°39′23.7″ - 47°19′09.1″ = 27°29′14.6″$
기지각 오차	$e = \sum \gamma - 기지내각 = 27°29′14.6″ - 27°20′26.1″ = -11.5″$

(3) 망규약 및 삼각규약 조정량

구분		조정량
망규약		$(\text{II}) = \dfrac{\sum \varepsilon - 3e}{2n} = \dfrac{-4.1 - \{3 \times (-11.5)\}}{2 \times 2} = +7.6''$
삼각규약	① 삼각형	$(\text{I}) = \dfrac{-\varepsilon_1 - (\text{II})}{3} = \dfrac{-(-9.8) - (+7.6)}{3} = +0.7''$
	② 삼각형	$(\text{I}) = \dfrac{-\varepsilon_2 - (\text{II})}{3} = \dfrac{-(-5.7) - (+7.6)}{3} = +4.4''$
	※ 계산과정의 단수처리로 인하여 ±0.1″ 정도의 오차가 발생할 경우 0.1″에 대한 오차처리는 90°에 가장 가까운 각에 배분한다.	

(4) 각규약에 따른 조정각

각명	관측각	각규약 I	각규약 II	조정각
α_1	33°04′32.0″	+0.7″		33°04′32.7″
β_1	72°15′54.5″	+0.7″		72°15′55.2″
γ_1	74°39′23.7″	+0.7″	+7.6″	74°39′32.1″
α_2	92°15′12.1″	+4.4″		92°15′16.6″
β_2	40°25′33.1″	+4.4″		40°25′37.5″
γ_2	47°19′09.1″	+4.4″	−7.6″	47°19′05.9″

※ 계산과정의 단수처리로 인하여 ±0.1″ 정도의 오차가 발생할 경우 0.1″에 대한 오차처리는 90°에 가장 가까운 각에 배분한다.

2) 변규약에 의한 조정

(1) E_1 계산

① $\sin\alpha$와 $\sin\beta$ 계산

삼각형	$\sin\alpha$	$\sin\beta$
①	0.545747	0.952477
②	0.999226	0.648480

② $E_1 = \dfrac{\sin\alpha_1 \times \sin\alpha_2 \times l_1}{\sin\beta_1 \times \sin\beta_2 \times l_2} - 1 = \dfrac{\Pi\sin\alpha \times l_1}{\Pi\sin\beta \times l_2} - 1 = \dfrac{1{,}151.114774}{1{,}151.143377} - 1 = -25(-0.000025)$

(2) $\Delta\alpha$와 $\Delta\beta$ 계산

삼각형	$\Delta = \cos\alpha(\text{또는 }\beta) \times (\sin 10'' \times 10^6) = \cos\alpha(\text{또는 }\beta) \times 48.4814$	
	$\Delta\alpha = \cos\alpha \times 48.4814$	$\Delta\beta = \cos\beta \times 48.4814$
①	cos 33°04′32.7″ × 48.4814 = +41″	cos 72°15′55.2″ × 48.4814 = +15″
②	cos 92°15′16.6″ × 48.4814 = −2″	cos 40°25′37.5″ × 48.4814 = +37″

(3) E_2 계산

각규약에서 조정각으로 계산한 sin값에 초차(Δ)를 더하여 $\sin\alpha'$과 $\sin\beta'$을 구한 후 E_2의 값을 계산한다.

① $\sin\alpha'$과 $\sin\beta'$ 계산

E_1의 값이 −25이므로 $\sin\alpha$값이 작기 때문에, $\sin\alpha$는 (+)로 하고, $\sin\beta$는 (−)로 하여야 오차가 소거되므로 초차(Δ)를 $+\Delta\alpha$, $-\Delta\beta$로 하여 $\sin\alpha'$, $\sin\beta'$을 계산한다.

삼각형	$\sin\alpha'$	$\sin\beta'$
①	0.545747 + 41($\Delta\alpha$) = 0.545788	0.952477 − 15($\Delta\alpha$) = 0.952462
②	0.999226 − 2($\Delta\beta$) = 0.999228	0.648480 − 37($\Delta\beta$) = 0.648443

② $E_2 = \dfrac{\sin\alpha_1' \times \sin\alpha_2' \times l_1}{\sin\beta_1' \times \sin\beta_2' \times l_2} - 1 = \dfrac{\Pi\sin\alpha' \times l_1}{\Pi\sin\beta' \times l_2} - 1 = \dfrac{1,115.198949}{1,115.059569} - 1 = +121(0.000121)$

③ $|E_1 - E_2| = |(-25) - (+121)| = +146$

(4) 경정수(x_1'', x_2'')의 계산

① $x_1'' = \dfrac{10''E_1}{|E_1 - E_2|} = \dfrac{10'' \times (-25)}{|+146|} = -1.7''$

② $x_2'' = \dfrac{10''E_2}{|E_1 - E_2|} = \dfrac{10'' \times (+121)}{|146|} = +8.3''$

③ 검산 : $|x_1'' - x_2''| = |-1.7 - (+8.3)| = 10''$

(5) 변규약에 따른 조정각

각명	관측각	각규약 I	각규약 II	조정각	$\dfrac{\sin\alpha}{\sin\beta}$	$\Delta\alpha$ $\Delta\beta$	$\dfrac{\sin\alpha'}{\sin\beta'}$	$\alpha - x_1''$ $\beta + x_1''$	변규약 조정각
α_1	33°04′32.0″	+0.7″		33°04′32.7″	0.545747	+41	0.545788	+1.7″	33°04′34.4″
β_1	72°15′54.5″	+0.7″		72°15′55.2″	0.952477	−15	0.952462	−1.7″	72°15′53.5″
γ_1	74°39′23.7″	+0.7″	+7.6″	74°39′32.1″					74°39′32.1″
α_2	92°15′12.1″	+4.4″		92°15′16.6″	0.999226	−2	0.999228	+1.7″	92°15′18.3″
β_2	40°25′33.1″	+4.4″		40°25′37.5″	0.648480	−37	0.648443	−1.7″	40°25′35.8″
γ_2	47°19′09.1″	+4.4″	−7.6″	47°19′05.9″					47°19′05.9″

※ 계산과정의 단수처리로 인하여 ±0.1″ 정도의 오차가 발생할 경우 0.1″에 대한 오차처리는 90°에 가장 가까운 각에 배분한다.

3) 기지점간거리 및 방위각 계산

(변9 = A, 변8 = B, 변7 = C 보1 = D)

방향	거리 및 방위각
변9 → 변8	$\Delta x_a^b = x_b - x_a = 404,428.57 - 404,245.60 = +182.97\text{m}$ $\Delta y_a^b = y_b - y_a = 223,208.72 - 221,105.78 = +2,102.94\text{m}$ $\overline{AB} = \sqrt{(\Delta x_a^b)^2 + (\Delta y_a^b)^2} = \sqrt{(+182.97)^2 + (+2,102.94)^2} = 2,110.88\text{m}$ $\theta = \tan^{-1}\left(\dfrac{\Delta y_a^b}{\Delta x_a^b}\right) = \tan^{-1}\left(\dfrac{+2,102.94}{+182.97}\right) = 85°01′38.6″(4상한)$ $V_A^B = 85°01′38.6″$
변8 → 변7	$\Delta x_b^c = x_c - x_b = 405,137.81 - 404,428.57 = +709.24\text{m}$ $\Delta y_b^c = y_c - y_b = 221,485.24 - 223,208.72 = -1,723.48\text{m}$ $\overline{BC} = \sqrt{(\Delta x_b^c)^2 + (\Delta y_b^c)^2} = \sqrt{(+709.24)^2 + (-1,723.48)^2} = 1,863.71\text{m}$ $\theta = \tan^{-1}\left(\dfrac{\Delta y_b^c}{\Delta x_b^c}\right) = \tan^{-1}\left(\dfrac{-1,723.48}{+709.24}\right) = 67°37′55.3″(4상한)$ $V_B^C = 360° - \theta = 360° - 67°37′55.3″ = 292°22′04.7″$

4) 소구점 변장 계산

(변9 = A, 변8 = B, 변7 = C 보1 = D)

삼각형	방향	변장
①	변9 → 보1	$\overline{AD} = \dfrac{\overline{AB} \times \sin\gamma_1}{\sin\beta_1} = \dfrac{2{,}110.88 \times \sin 74°39'32.1''}{\sin 72°15'53.5''} = 2{,}137.24\text{m}$
①	변8 → 보1	$\overline{BD} = \dfrac{\overline{AB} \times \sin\alpha_1}{\sin\beta_1} = \dfrac{2{,}110.88 \times \sin 33°04'34.3''}{\sin 72°15'53.5''} = 1{,}209.50\text{m}$
②	보1 → 변7	$\overline{DC} = \dfrac{\overline{BD} \times \sin\gamma_2}{\sin\beta_2} = \dfrac{1{,}209.50 \times \sin 47°19'05.9''}{\sin 40°25'35.8''} = 1{,}371.13\text{m}$
②	변8 → 변7	$\overline{BC} = \dfrac{\overline{BD} \times \sin\alpha_2}{\sin\beta_2} = \dfrac{1{,}209.50 \times \sin 92°15'18.3''}{\sin 40°25'35.8''} = 4{,}763.30\text{m}$

5) 소구점 방위각 계산

(변9 = A, 변8 = B, 변7 = C 보1 = D)

삼각형	방위각
①	$V_A^D = V_A^B - \alpha_1 = 85°01'38.6'' - 33°04'34.4'' = 51°57'04.2''$ $V_B^D = V_B^A - \gamma_1 = (V_A^B + 180°) + \gamma_1 = (85°01'38.6'' + 180°) + 74°39'32.4'' = 339°41'10.7''$
②	$V_D^C = (V_B^D - 180°) + \alpha_2 = (339°41'10.7'' - 180°) + 92°15'18.3'' = 251°56'29.0''$ $V_B^C = V_D^B - \gamma_2 = 339°41'10.7'' - 47°19'05.9'' = 292°22'04.8''$

6) 소구점 종·횡선좌표 계산

(변9 = A, 변8 = B, 변7 = C 보1 = D)

- 소구점 종선좌표 = 기지점 종선좌표 + 종선차(Δx)($\Delta x = \cos V \times l$)
- 소구점 횡선좌표 = 기지점 횡선좌표 + 횡선차(Δy)($\Delta y = \sin V \times l$)

소구점	방향	종·횡선좌표
보1(D)	변9 → 보1	$X_D = X_A + (\overline{AD} \times \cos V_A^D) = 404{,}245.60 + (2{,}137 \times \cos 51°57'04.2'') = 405{,}562.85m$ $Y_D = Y_A + (\overline{AD} \times \sin V_A^D) = 221{,}105.78 + (2{,}137 \times \sin 51°57'04.2'') = 222{,}788.83\text{m}$
보1(D)	변8 → 보1	$X_D = X_B + (\overline{BD} \times \cos V_B^D) = 404{,}428.57 + (1{,}209.50 \times \cos 339°41'10.7'') = 405{,}562.85\text{m}$ $Y_D = Y_B + (\overline{BD} \times \sin V_B^D) = 223{,}208.72 + (1{,}209.50 \times \sin 339°41'10.7'') = 222{,}788.83\text{m}$
보1(D)	평균 좌표	$X_D = \dfrac{(405{,}526.85 + 405{,}526.85)}{2} = 405{,}526.85\text{m}$ $Y_D = \dfrac{(222{,}788.83 + 222{,}788.83)}{2} = 222{,}788.83\text{m}$

소구점	방향	종·횡선좌표
보2(E)	보1 → 변7	$X_C = X_D + (\overline{DC} \times \cos V_D^C) = 405,562.85 + (1,371.13 \times \cos 251°56'29.0'') = 405,137.81\text{m}$ $Y_C = Y_D + (\overline{DC} \times \sin V_D^C) = 222,788.83 + (1,371.13 \times \sin 251°56'29.0'') = 221,485.24\text{m}$
	변8 → 변7	$X_C = X_B + (\overline{BC} \times \cos V_B^C) = 404,428.57 + (1,863.70 \times \cos 292°22'04.8'') = 405,137.81\text{m}$ $Y_C = Y_B + (\overline{BC} \times \sin V_B^C) = 223,208.72 + (1,863.70 \times \cos 292°22'04.8'') = 221,485.25\text{m}$
	평균 좌표	$X_E = \dfrac{(405,137.81 + 405,137.81)}{2} = 405,137.81\text{m}$ $Y_E = \dfrac{(221,485.24 + 221,485.25)}{2} = 221,485.24\text{m}$

삽입망(변형형1) 조정계산부(진수)

삼각형	점명	각명	관측각	각규약			조정각	$\frac{\sin\alpha}{\sin\beta}$	$\Delta\alpha$ $\Delta\beta$	$\frac{\sin\alpha'}{\sin\beta'}$	$\alpha-x_1''$ $\beta+x_1''$	변규약 조정각	변장 $\alpha \times \frac{\sin\alpha(r)}{\sin\beta}$		방위각		종횡선좌표		점명
				I	II	각규약											X	Y	
	변7														변9 → 변8	85°01′38.6″	404,245.60	221,105.78	변9
	보1	α_1	33°04′32.0″	+0.7″		33°04′32.7″	0.545747	+41	0.545788	+1.7″	33°04′34.4″	2,110.88	변9 → 변8		변9 → 보1		404,428.57	223,208.72	변8
1	변7	β_1	72°15′54.5″	+0.7″		72°15′55.2″	0.952477	−15	0.952462	−1.7″	72°15′53.5″	2,137.24	변9 → 보1		51°57′04.2″		405,562.85	222,78.83	보1
	변7	γ_1	74°39′23.7″		+7.6″	74°39′32.1″				γ_1	74°39′32.1″	1,209.50	변8 → 보1		변8 → 보1		405,562.85	222,78.83	
		+	179°59′50.2″			180°00′00.0″									339°41′10.7″				
		−	180°00′00.0″												평균		405,562.85	222,78.83	
			$e_1 = -9.8$																
	보1	α_2	92°15′12.1″	+4.4″		92°15′16.6″	0.999226	−2	0.999228	+1.7″	92°15′18.3″	1,371.13	보1 → 변7		보1 → 변7	251°56′29.0″	405,137.81	221,485.24	변7
2	변8	β_2	40°25′33.1″	+4.4″		40°25′37.5″	0.648480	−37	0.648443	−1.7″	40°25′35.8″	1,863.70	변8 → 변7		변8 → 보1	292°22′04.8″	405,137.81	221,485.25	
	변7	γ_2	47°19′09.1″	+4.4″	−7.6″	47°19′05.9″				γ_2	47°19′05.9″				평균		405,137.81	221,485.24	보1
		+	179°59′54.3″			180°00′00.0″													
		−	180°00′00.0″																
			$e_2 = -5.7$																
3		α_3								γ_3					↑				
		β_3													↑				
		γ_3																	
		+	180°00′00.0″																
		−																	
			$e_3 =$																
4		α_4								γ_4									
		β_4																	
		γ_4																	
		+	180°00′00.0″												변8 → 변7	292°22′04.8″	405,137.81	221,485.24	변7
		−											1,863.70	변8 → 변7					
	Σr														약도				

$\Sigma e = +7.6$

360° 토는 기지내각 66°35′45.0″ 제1기선 l_1 2,482.77m E_1 $\pi\sin\alpha \cdot l_1$ 1,379.991888 E_1 $\pi\sin\alpha' \cdot l_1$ 1,380.064321

66°36′10.2″ 제1기선 l_2 2,496.47m $\pi\sin\beta \cdot l_2$ 1,380.199537 E_2 $\pi\sin\beta' \cdot l_2$ 1,380.140598

$e = -25.2$

$(II) = \frac{\Sigma e - 3e}{2n} = +20.8″$

$(I) = \frac{-e - (II)}{3} =$ ① $= -5.0″$, ② $= -11.4″$

n : 삼각형 수

$E_1 = \frac{\pi\sin\alpha \cdot l_1}{\pi\sin\beta \cdot l_2} - 1 = -150$

$E_2 = \frac{\pi\sin\alpha' \cdot l_1}{\pi\sin\beta' \cdot l_2} - 1 = -55$

$|E_1 - E_2| = 95$

$\Delta\alpha, \Delta\beta = 10''$차임

$x_1'' = \frac{10'' E_1'}{|E_1' - E_2'|} = -15.8''$

$x_2'' = \frac{10'' E_2'}{|E_1' - E_2'|} = -5.8''$

검산 : $|x_1'' + x_2'''| = 10''$

1) $\frac{1}{D}$의 계산

측선	점표3 → 점표1	점표3 → 점표2	점표3 → 점표3
거리(D)	1,234.56	3,012.70	3,839.69
$\frac{1}{D}$	0.000810	0.000332	0.000260

2) γ'' 계산 및 γ''을 분·초로 환산(γ)

측선	$\gamma'' = \frac{1}{D} \times \frac{1}{\sin 1''}(=\rho'') \times K$	γ
점표3 → 점표1	$0.000810 \times 206264.8 \times 2.340 = +391.0''$	$+6'31.0''$
점표3 → 점표2	$0.000332 \times 206264.8 \times 2.340 = +242.5''$	$+4'02.5''$
점표3 → 점표3	$0.000260 \times 206264.8 \times 2.340 = +6.7''$	$+0'06.7''$

3) 중심방향각의 계산

측선	중심방향각 = 중심방향각 − γ_1 (γ_1 : 원방향각의 γ)
점표3 → 점표1	$12°34'56.7'' + (+6'31.0'') = 12°41'27.7''$
점표3 → 점표2	$53°28'30.0'' + (+4'02.5'') = 53°32'32.5''$
점표3 → 점표3	$85°43'37.0'' + (+0'06.7'') = 85°43'43.7''$

수평각점표귀심계산부

<table>
<tr><td colspan="4" align="center">측점명   점표9 점</td></tr>
<tr><td rowspan="2">$r'' = \dfrac{K}{D \cdot \sin 1''}$
K=편심거리
D=삼각점 간 거리</td><td colspan="3">K=2.340m
   =3.542m
   =0.125m</td></tr>
<tr><td colspan="3">D=1,234.56m
   =3,012.70m
   =3,839.69m</td></tr>
</table>

편심시준점	O' = 점표1	P' = 점표2	Q' = 점표3
관측방향각	12°34′56.7″	53°28′30.0″	85°43′37.0″
K	2.340	3.542	0.125
$\dfrac{1}{D}$	0.000810	0.000332	0.000260
$\dfrac{1}{\sin 1''}$	206,264.81	206,264.81	206,264.81
r''	× +391.0	× +242.5	× +6.7
r	+6′31.0″	+4′02.5″	+0′06.7″
중심방향각	12°41′27.7″	53°32′32.5″	85°43′43.7″

비고	r : r''를 분·초로 환산 기입하고 편심 관측방향이 중심 방향선의 좌측에 있는 때에는 (+), 우측에 있는 때에는 (−) 부호를 붙인다. K : 5m 이내일 것 D : 약치라도 가함
약도	점표1 O' 점표2 P' Q' 점표3 점표9 C ※ 중심방향선은 실지와 부합하도록 기입할 것 C=측점 O', P', Q' =편심시준점

03

1) 5점의 종·횡선좌표(교차점 이용)

먼저 4점 직선교차점을 계산한다.

(1) 방위각 및 거리 계산

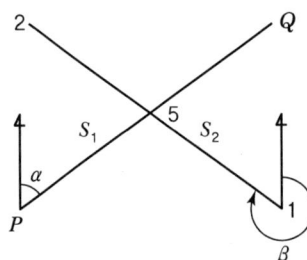

$\alpha = V_P^Q,\ \beta = V_1^2$
$P-5거리 = S_1,\ 1-5거리 = S_2$

구분	방위각 및 거리
방위각 $[V_P^Q(=\alpha)]]$	$\Delta x_p^q = 460,290.02 - 460,311.15 = -21.13\text{m}$ $\Delta y_p^q = 180,477.12 - 180,497.76 = -20.64\text{m}$ $\theta = \tan^{-1}\left(\dfrac{\Delta y_p^q}{\Delta x_p^q}\right) = \tan^{-1}\left(\dfrac{-20.64}{-21.13}\right) = 44°19'40.4''(3상한)$ $V_P^Q(=\alpha) = 180° + \theta = 180° + 44°19'40.4'' = 224°19'40.4''$
방위각 $[V_1^2(=\beta)]$	$\Delta x_1^2 = 460,284.04 - 460,328.24 = -44.20\text{m}$ $\Delta y_1^2 = 180,517.58 - 180,471.27 = 46.31\text{m}$ $\theta = \tan^{-1}\left(\dfrac{\Delta y_1^2}{\Delta x_1^2}\right) = \tan^{-1}\left(\dfrac{46.31}{-44.20}\right) = 46°20'07.6''(2상한)$ $V_1^2(=\beta) = 180° - \theta = 180° - 46°20'07.6'' = 133°39'52.4''$
오차	$\Delta x_p^1 = 460,328.24 - 460,311.15 = 17.09\text{m}$ $\Delta y_p^1 = 180,471.27 - 180,497.76 = -26.46\text{m}$
거리 $(S_1$과 $S_2)$	$S_1 = \dfrac{\Delta y_p^1 \cdot \cos\beta - \Delta x_p^1 \cdot \sin\beta}{\sin(\alpha-\beta)} = \dfrac{(-26.49 \times \cos 133°39'52.4'') - (17.09 \times \sin 133°39'52.4'')}{\sin(224°19'40.4'' - 133°39'52.4'')}$ $= 5.9272\text{m}$ $S_2 = \dfrac{\Delta y_p^1 \cdot \cos\alpha - \Delta x_p^1 \cdot \sin\alpha}{\sin(\alpha-\beta)} = \dfrac{(-26.49 \times \cos 224°19'40.4'') - (17.09 \times \sin 224°19'40.4'')}{\sin(224°19'40.4'' - 133°39'52.4'')}$ $= 30.8936\text{m}$

(2) 5점의 종·횡선좌표

방향	종·횡선좌표
$P \to 5$	$X_5 = X_P + S_1 \cdot \cos\alpha = 460,311.15 + (5.9272 \times \cos 224°19'40.4'') = 460,306.91\text{m}$ $Y_5 = Y_P + S_1 \cdot \sin\alpha = 180,497.76 + (5.9272 \times \sin 224°19'40.4'') = 180,493.62\text{m}$
$1 \to 5$	$X_5 = X_1 + S_2 \cdot \cos\alpha = 460,328.24 + (30.8936 \times \cos 133°39'52.4'') = 460,306.91\text{m}$ $Y_5 = Y_1 + S_2 \cdot \sin\alpha = 180,471 + (30.8936 \times \sin 133°39'52.4'') = 180,493.62\text{m}$
평균 좌표	$X_5 = \dfrac{460,306.91 + 460,306.91}{2} = 460,306.91\text{m}$ $Y_5 = \dfrac{180,493.62 + 180,493.62}{2} = 180,493.62\text{m}$

2) 6점의 종·횡선좌표(교차점 이용)

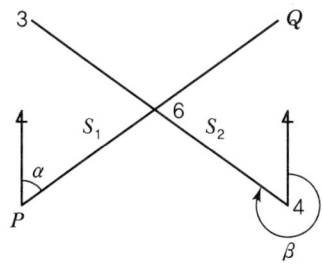

$\alpha = V_P^Q,\ \beta = V_4^3$
$P-6$거리 $= S_1$, $4-6$거리 $= S_2$

(1) 방위각 및 거리 계산

구분	방위각 및 거리
방위각 $[V_P^Q(=\alpha)]$	$\Delta x_p^q = 460,290.02 - 460,311.15 = -21.13\text{m}$ $\Delta y_p^q = 180,477.12 - 180,497.76 = -20.64\text{m}$ $\theta = \tan^{-1}\left(\dfrac{\Delta y_p^q}{\Delta x_p^q}\right) = \tan^{-1}\left(\dfrac{-20.64}{-21.13}\right) = 44°19'40.4''(3상한)$ $V_P^Q(=\alpha) = 180° + \theta = 180° + 44°19'40.4'' = 224°19'40.4''$
방위각 $[V_1^2(=\beta)]$	$\Delta x_4^3 = 460,269.57 - 460,313.77 = -44.20\text{m}$ $\Delta y_4^3 = 180,503.77 - 180,457.46 = 46.31$ $\theta = \tan^{-1}\left(\dfrac{\Delta y_4^3}{\Delta x_4^3}\right) = \tan^{-1}\left(\dfrac{46.31}{-44.20}\right) = 46°20'07.6''(2상한)$ $V_4^3(=\beta) = 180° - \theta = 180° - 46°20'07.6'' = 133°39'52.4''$
오차	$\Delta x_p^4 = 460,313.77 - 460,311.15 = 2.62\text{m}$ $\Delta y_p^4 = 180,457.46 - 180,497.76 = -40.30\text{m}$
거리 (S_1과 S_2)	$S_1 = \dfrac{\Delta y_p^4 \cdot \cos\beta - \Delta x_p^4 \cdot \sin\beta}{\sin(\alpha-\beta)} = \dfrac{(-40.30 \times \cos 133°39'52.4'') - (2.62 \times \sin 133°39'52.4'')}{\sin(224°19'40.4'' - 133°39'52.4'')}$ $= 25.9310\text{m}$ $S_2 = \dfrac{\Delta y_p^4 \cdot \cos\alpha - \Delta x_p^4 \cdot \sin\alpha}{\sin(\alpha-\beta)} = \dfrac{(-40.30 \times \cos 224°19'40.4'') - (2.62 \times \sin 224°19'40.4'')}{\sin(224°19'40.4'' - 133°39'52.4'')}$ $= 30.6615\text{m}$

(2) 6점의 종 · 횡선좌표

방향	종 · 횡선좌표
$P \to 6$	$X_6 = X_P + S_1 \cdot \cos \alpha = 460,311.15 + (25.9310 \times \cos 224°19'40.4'') = 460,292.60\text{m}$ $Y_6 = Y_P + S_1 \cdot \sin \alpha = 180,497.76 + (25.9310 \times \sin 224°19'40.4'') = 180,479.64\text{m}$
$1 \to 6$	$X_6 = X_4 + S_2 \cdot \cos \alpha = 460,313.77 + (30.6615 \times \cos 133°39'52.4'') = 460,292.60\text{m}$ $Y_5 = Y_4 + S_2 \cdot \sin \alpha = 180,457.46 + (30.6615 \times \sin 133°39'52.4'') = 180,47.64\text{m}$
평균 좌표	$X_5 = \dfrac{460,292.60 + 460,292.60}{2} = 460,292.60\text{m}$ $Y_5 = \dfrac{180,479.64 + 180,479.64}{2} = 180,479.64\text{m}$

04

1) 방법 1

(1) O점에서 P점의 종 · 횡선차 계산

$$\Delta x_o^p = x_p - x_o = 71.83 - 741.97 = 9.86\text{m}$$
$$\Delta y_o^p = y_p - y_o = 705.07 - 707.02 = -1.95\text{m}$$

(2) 수선장(E) 계산

$$\Delta y \cdot \cos \alpha_o = -1.95 \times \cos 132°26'12'' = 1.31581\text{m}$$
$$\Delta x \cdot \sin \alpha_o = 9.86 \times \sin 132°26'12'' = 7.27691\text{m}$$
$$E = \Delta y \cdot \cos \alpha_o - \Delta x \cdot \sin \alpha_o = 1.31581 - 7.27691 = -5.96110\text{m}$$

(3) ϕ 계산

$$\phi = \sin^{-1}\left(\frac{E}{R}\right) = \sin^{-1}\left(\frac{-1.96110}{200}\right) = -1°42'28.7''$$

(4) 방위각 계산

$$V_O^A = V_P^A \pm \phi = 132°26'12'' + (-1°42'28.7'') = 130°43'43.3''$$

(5) 소구점(A) 종 · 횡선좌표 계산

$$X_O = 741.97\text{m}, \quad Y_O = 707.02\text{m}$$
$$X_A = X_O + (R \cdot \cos V_O^A) = 741.9 + (200 \times \cos 130°43'43.3'') = 611.47\text{m}$$
$$Y_A = Y_O + (R \cdot \sin V_O^A) = 707.02 + (200 \times \sin 130°43'43.3'') = 858.58\text{m}$$

(6) 검산

$$\Delta x_p^a = x_a - x_p = 611.47 - 751.83 = -140.36\text{m}$$
$$\Delta y_p^a = y_a - y_p = 858.58 - 705.07 = 153.51\text{m}$$

$$S = \frac{\Delta x}{\cos \alpha_o} = \frac{-140.36}{\cos 132°26'12''} = 208.01\text{m}$$

$$S = \frac{\Delta y}{\sin \alpha_o} = \frac{153.51}{\sin 132°26'12''} = 208.00\text{m}$$

$$\alpha_o = \tan^{-1}\left(\frac{\Delta y}{\Delta x}\right) = \tan^{-1}\left(\frac{153.51}{140.36}\right) = 47°33'43.7'' (2상한)$$

$$V_P^A(\alpha_o) = 180° - \alpha = 180° - 47°33'43.7'' = 132°26'16.3''$$

※ 검산 방위각은 $132°26'16.3''$이고, P점을 지나는 방위각은 $V_P^A(\alpha_o) = 132°26'12''$로 $4.3''$의 차이는 미세하므로 측량상의 오차로 본다.

2) 방법 2

(1) O점에서 P점의 방위각 및 거리 계산

$$\Delta x_o^p = x_p - x_o = 71.83 - 741.97 = +9.86\text{m}$$

$$\Delta y_o^p = y_p - y_o = 705.07 - 707.02 = -1.95\text{m} (4상한)$$

$$\theta = \tan^{-1}\left(\frac{\Delta y_o^p}{\Delta x_o^p}\right) = \tan^{-1}\left(\frac{-1.95}{+9.86}\right) = 11°11'13''$$

$$V_O^P = 360° - \theta = 360° - 11°11'13'' = 348°48'47''$$

$$\overline{OP} = \sqrt{(\Delta x_o^p)^2 + (\Delta y_o^p)^2} = \sqrt{(+9.86)^2 + (-1.95)^2} = 10.0510\text{m}$$

(2) ∠OPA 계산

$$\angle OPA = V_P^A - (V_O^P - 180°) = 132°26'12'' - (348°48'47'' - 180°) = -36°22'35'' + 360° = 323°37'25''$$

(3) ϕ 계산

$$\sin \phi = \frac{E}{R} \rightarrow \phi = \sin^{-1}\left(\frac{E}{R}\right) = \sin^{-1}\left(\frac{10.0510 \times \sin 323°37'25''}{200.00}\right) = -1°42'28.7''$$

(4) 방위각 계산

$$V_O^A = V_P^A + \phi = 132°26'12'' + (-1°42'28.7'') = 130°43'43.3''$$

(5) 소구점(A) 종·횡선좌표 계산

$$X_A = X_O + (R \cdot \cos V_O^A) = 741.97 + (200 \times \cos 130°43'43.3'') = 611.47\text{m}$$

$$Y_A = Y_O + (R \cdot \sin V_O^A) = 707.02 + (200 \times \sin 130°43'43.3'') = 858.58\text{m}$$

원과 직선의 교점계산부

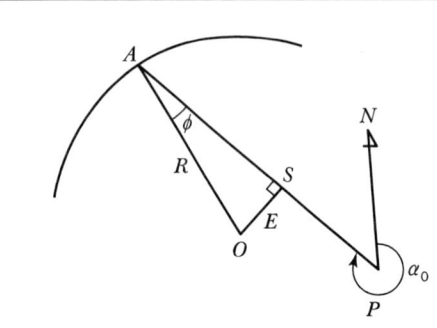

공식
$$E = \Delta y_o^p \cdot \cos \alpha_o - \Delta x_o^p \cdot \sin \alpha_o$$
$$\sin \phi = \frac{E}{R}$$

검산공식
$$\tan \alpha_o = \frac{\Delta y_p^a}{\Delta x_p^a}$$
$$S = \Delta x_p^a / \cos \alpha_o$$
$$\Delta y_p^a / \sin \alpha_o$$

점명		X	Y	R	200.00
P		751.83	705.07		
O		741.97	707.02		
$\Delta x_o^p, \Delta y_o^p$		Δx_o^p : 9.86	Δy_o^p : -1.95		
$\Delta y_o^p \cdot \cos \alpha_o$		1.31581	α_o		132°26′12.0″
$\Delta x_o^p \cdot \sin \alpha_o$		7.27691	$\gamma = \sin^{-1}\left(\dfrac{E}{R}\right)$		$-1°42′28.7″$
E		-5.96110	$V_O^Q = \alpha_o + \gamma$		130°43′43.3″
$R \cdot \cos V_O^Q$		-130.49560	$R \cdot \sin V_O^Q$		151.56153
x_o		741.97	y_o		707.02
x_a		611.47	y_a		858.58
검산	x_p	751.83	y_p		705.07
	Δx_p^a	-140.36	Δy_p^a		153.51
	$\Delta x_p^a / \cos \alpha_o$	208.01	$\Delta y_p^a / \sin \alpha_o$		208.00
	$\tan^{-1}\left(\dfrac{\Delta y_p^a}{\Delta x_p^a}\right)$		47°33′43.7″		

05

1) 연직각에 의한 평면거리 계산

구분	계산
연직각	$\frac{1}{2}(\alpha_1+\alpha_2) = \frac{1}{2}(2°33'20''+2°27'10'') = 2°30'15''$ (α_1, α_2는 절대치)
수평거리	$D \cdot \cos\frac{1}{2}(\alpha_1+\alpha_2) = 1,534.88 \times \cos\frac{1}{2}(2°33'20''+2°27'10'') = 1,533.41\text{m}$
표고	$H_1' = H_1 + i =$ 표고 + 기계고 $= 111.78 + 1.54 = 113.32\text{m}$ $H_2' = H_2 + f =$ 표고 + 시준고 $= 18.12 + 1.45 = 181.57\text{m}$
기준면거리	$S = D \cdot \cos\frac{1}{2}(\alpha_1+\alpha_2) - \frac{D \cdot (H_1'+H_2')}{2R}$ $= 1,534.88 \times \cos\frac{1}{2}(2°33'20''+2°27'10'') - \frac{1,534.88 \times (113.32+181.57)}{2 \times 6,372,199.7} = 1,533.37\text{m}$
축척계수	$K = 1 + \frac{(Y_1+Y_2)^2}{8R^2} = 1 + \frac{(30.3+25.6)^2}{8 \times (6,372.199.7)^2} = 1.000010$
평면거리	$D_0 = S \times K = 1,533.374 \times 1.000010 = 1,533.389\text{m}$

2) 표고에 의한 평면거리 계산

구분	계산
표고 차이	$H_1' + H_2' = 113.32 + 181.57 = 294.89\text{m}$
수평거리	$D - \frac{(H_1'-H_2')^2}{2D} = 1,534.88 - \frac{(113.32-181.57)^2}{2 \times 1,534.88} = 1,533.324\text{m}$
기준면거리	$S = D - \frac{(H_1'-H_2')^2}{2D} - \frac{D \cdot (H_1'+H_2')}{2R}$ $= 1,534.88 - \frac{(113.32-181.57)^2}{2 \times 1,534.88} - \frac{1,534.88 \times (113.32+181.57)}{2 \times 6,372,199.7} = 1,533.324\text{m}$
축척계수	$K = 1 + \frac{(Y_1+Y_2)^2}{8R^2} = 1 + \frac{(30.3+25.6)^2}{8 \times (6,372.199.7)^2} = 1.000010$
평면거리	$D_0 = S \times K = 1,533.324 \times 1.000010 = 1,533.339\text{m}$

3) 평균 평면거리

$$S_0 = \frac{(1,533.389 + 1,533.339)}{2} = 1,533.36\text{m}$$

평면거리계산부

약도	공식
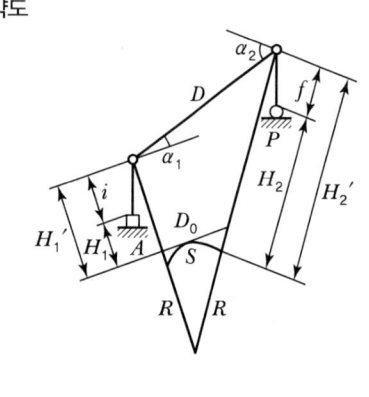	○연직각에 의한 계산 $S = d \cdot \cos\frac{1}{2}(\alpha_1 + \alpha_2) - \frac{D(H_1' + H_2')}{2R}$ ○표고에 의한 계산 $S = D - \frac{(H_1' - H_2')^2}{2D} - \frac{D(H_1' + H_2')}{2R}$ ○평면거리 $D_0 = S \times K \left(K = 1 + \frac{(Y_1 + Y_2)^2}{8R^2} \right)$ D=경사거리　　S=기준면거리 H_1, H_2=표고　　R=곡률반경(6,372,199.7m) I=기계고　　f=시준고 α_1, α_2=연직각(절대치)　　K=축척계수 Y_1, Y_2=원점에서 삼각점까지의 횡선거리(km)

연직각에 의한 계산		표고에 의한 계산	
방향	공덕1 점 → 공덕2 점		
D	1,534.88m	D	1,534.88m
α_1	$+2°33'20''$	$2D$	3,069.76
α_2	$-2°27'10''$	H_1'	113.32m
$\frac{1}{2}(\alpha_1 + \alpha_2)$	$2°30'15''$	H_2'	181.57m
$\cos\frac{1}{2}(\alpha_1 + \alpha_2)$	0.999045	$(H_1' - H_2')$	-68.25m
$D \cdot \cos\frac{1}{2}(\alpha_1 + \alpha_2)$	1,533.41m	$(H_1' - H_2')^2$	4,658.06m

$H_1' = H_1 + i$	113.32m	$\frac{(H_1' - H_2')}{2D}$	1.52m
$H_2' = H_2 + f$	181.57m	$D - \frac{(H_1' + H_2')^2}{2D}$	1,533.36m
R	6,372,199.7	R	6,372,199.7
$2R$	12,744,399.3	$2R$	12,744,399.3
$\frac{D(H_1' + H_2')}{2R}$	0.036	$\frac{D(H_1' + H_2')}{2R}$	0.036m
S	1,533.374	S	1,533.224
Y_1	30.3km	Y_1	30.3km
Y_2	25.6km	Y_2	25.6km
$(Y_1 + Y_2)^2$	3,124.81	$(Y_1 + Y_2)^2$	3,124.81
$8R^2$	324,839,427.7km	$8R^2$	324,839,427.7km
$K = 1 + \frac{(Y_1 + Y_2)^2}{8R^2}$	1.000010	$K = 1 + \frac{(Y_1 + Y_2)^2}{8R^2}$	1.000010
$S \times K$	1,533.389	$S \times K$	1,533.339
평균(D_0)		1,533.36m	
계산자	○ ○ ○	검사자	○ ○ ○

06

1) 기지점간거리 및 방위각 계산

방향	방위각
$B \to C$	$\Delta x_b^c = x_c - x_b = 1,690.10 - 1,769.10 = -79.00\text{m}$ $\Delta y_b^c = y_c - y_b = 1,493.20 - 1,437.63 = +55.57\text{m}$ $\overline{BC} = \sqrt{(\Delta x_b^c)^2 + (\Delta y_b^c)^2} = \sqrt{(-79.00)^2 + (+55.57)^2} = 96.59\text{m}$ $\theta = \tan^{-1}\left(\dfrac{\Delta y_b^c}{\Delta x_b^c}\right) = \tan^{-1}\left(\dfrac{+55.57}{-79.00}\right) = 35°07'24''$ (2상한) $V_B^C = 180° - \theta = 180° - 35°07'24'' = 144°52'36''$
$C \to D$	$\Delta x_c^d = x_d - x_c = 1,723.20 - 1,690.10 = +33.10\text{m}$ $\Delta y_c^d = y_d - y_c = 1,534.10 - 1,493.20 = +40.90\text{m}$ $\overline{CD} = \sqrt{(\Delta x_c^d)^2 + (\Delta y_c^d)^2} = \sqrt{(+33.10)^2 + (+40.90)^2} = 52.62\text{m}$ $\theta = \tan^{-1}\left(\dfrac{\Delta y_c^d}{\Delta x_c^d}\right) = \tan^{-1}\left(\dfrac{+40.90}{+33.10}\right) = 51°01'01''$ (1상한) $V_C^D = \theta = 51°01'01''$

2) $\overline{AD}$ 거리 계산

$\Delta x_a^d = x_d - x_a = 1,723.20 - 1,823.40 = -100.20\text{m}$

$\Delta y_a^d = y_d - y_a = 1,534.10 - 1,464.40 = +69.7\text{m}$

$\overline{AD} = \sqrt{(\Delta x_a^d)^2 + (\Delta y_a^d)^2} = \sqrt{(-100.20)^2 + (+69.7)^2} = 122.06\text{m}$

3) 내각(ϕ) 계산

$\phi = V_B^C - V_C^D = 144°52'36'' - 51°01'01'' = 93°51'35''$

4) H 계산

$\overline{PQ} = \overline{CD}$

$\sin\phi = \dfrac{H}{\overline{PQ}} \to H = \overline{PQ} \cdot \sin\phi = 52.62 \times \sin 93°51'35'' = 52.50\text{m}$

5) $\overline{AP}$ 거리 계산

$\overline{AP} = \overline{AD} - \overline{PD}$

평행사다리꼴의 면적 계산식은 밑변×높이이므로,

$F = \overline{PD} \times H \to \overline{PD} = \dfrac{F}{H}$

면적(F) = □$ADCB$ = □$PDCQ$와 같으므로,

$F = \dfrac{1}{2}(\overline{BC} + \overline{AD}) \times H = \dfrac{1}{2}(96.59 + 122.06) \times 52.50 = 5,739.56\text{m}^2$

$\overline{PD} = \dfrac{F}{H} = \dfrac{5,739.56}{52.50} = 109.32\text{m}$

$\overline{AP} = \overline{AD} - \overline{PD} = 122.06 - 109.32 = 12.74\text{m}$

제1회 실전모의고사

※ 본 실전모의문제는 수험자의 정보를 토대로 작성하였으므로 일부 다를 수 있으며, 실전 대비 목적으로 작성한 것입니다.

01 그림과 같은 토지경계점 중 장애물로 인하여 B점을 결정할 수 없어 경계점 $ABCD$가 잘 보이는 P점에서 다음과 같이 측정하였다. B점의 좌표를 구하시오(단, 단위는 m이며, 거리는 소수 둘째 자리까지, 각은 초단위까지 계산하시오).

점명	X좌표(m)	Y좌표(m)
A	428,745.16	196,321.74
C	429,145.16	197,521.74
거리	$AP(l_1)=919.24$m, $CP(l_2)=827.65$m	
내각	$\alpha=49°11'06''$, $x=8°20'38''$ $\beta=43°27'07''$, $y=8°40'23''$	
방위각	$V_A^B=104°02'10''$, $V_C^B=213°41'24''$	

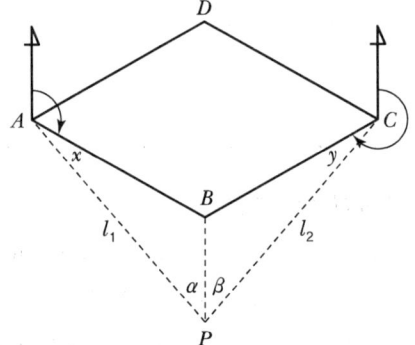

02 교점다각망 A형의 방위각과 종·횡선좌표의 1차 계산결과를 주어진 서식을 이용하여 상 관방정식을 작성하고, 표준방정식의 값을 구하시오.

도선	경중률 측점수(ΣN)	경중률 측정거리(ΣS)	방위각	X좌표(m)	Y좌표(m)
(1)	8	0.64	230°59'07''	1,890.36	3,773.64
(2)	9	0.84	230°04'55''	1,890.14	3,773.50
(2)+(3)	5	0.44	183°04'55''	2,153.66	4,114.94
(4)	9	0.88	183°05'03''	2,153.67	4,115.07
(5)	5	0.35	183°04'45''	2,153.85	4,114.99

03
일반 원점지역에 있는 지적도근점의 좌표가 다음과 같을 때, 이를 포용하는 축척 1/500 지역의 도곽선 좌표를 계산하시오.

X좌표(m)	Y좌표(m)
468,925.67	196,038.59

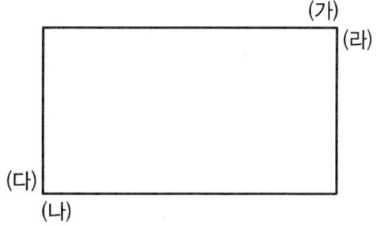

04
축척 1/1,200 지역에서 평판측량을 교회법으로 시행하여 시오삼각형이 다음 그림과 같이 생겼다. 도상에서 각 변의 길이가 6.5mm, 7.0mm, 4.5mm일 때 내접원의 도상 반경을 구하시오(단, mm 단위를 소수 셋째 자리에서 반올림하여 소수 둘째 자리까지 구하시오).

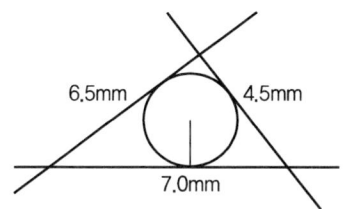

05
지적도근점측량을 배각법으로 실시하여 다음과 같은 결과를 얻었다. 지적도근점측량계산부에 의하여 지적도근점좌표를 구하시오(단, 도선명은 "가"이고, 축척은 1,000분의 1임).

1) 기지점좌표

점명	X좌표(m)	Y좌표(m)
보1	433,689.61	198,010.35
보3	433,677.81	197,763.55

2) 기지방위각

점명	방위각
출발 기지방위각(보1 → 보2)	174°36′54″
도착 기지방위각(보3 → 보4)	58°57′27″

3) 관측각 및 거리

측점	시준점	관측각	수평 거리(m)	방위각	X좌표(m)	Y좌표(m)
보1	보2	00°00′00″		174°36′54″	433,689.61	198,010.35
보1	1	149°59′37″	86.58			
1	2	240°01′19″	53.15			
2	3	353°17′21″	41.11			
3	4	260°13′08″	95.02			
4	5	185°08′48″	61.25			
5	6	135°10′45″	48.20			
6	7	60°14′45″	42.25			
7	8	237°26′04″	111.41			
8	보3	307°45′06″	67.23		433,677.81	197,763.55
보3	보4	295°03′42″		58°57′27″		

제1회 실전모의고사 정답 및 해설

01

1) 기지점 변장의 계산

sin법칙에 의해

$$\frac{l_1}{\sin\{180°-(x+\alpha)\}} = \frac{AB}{\sin\alpha} \rightarrow AB = \frac{l_1 \times \sin\alpha}{\sin\{180°-(x+\alpha)\}} = \frac{919.24 \times \sin49°11'06''}{\sin122°28'16''} = 824.62\text{m}$$

$$\frac{l_2}{\sin\{180°-(y+\beta)\}} = \frac{CB}{\sin\beta} \rightarrow CB = \frac{l_2 \times \sin\beta}{\sin\{180°-(y+\beta)\}} = \frac{827.65 \times \sin43°27'07''}{\sin127°52'30''} = 721.11\text{m}$$

$$\frac{PB}{\sin x} = \frac{AB}{\sin\alpha} \rightarrow PB = \frac{AB \times \sin x}{\sin\alpha} = \frac{824.62 \times \sin8°20'38''}{\sin49°11'06''} = 158.11\text{m}$$

2) B점 종·횡선좌표의 계산

$$X_B = X_A + (AB \times \cos V_A^B) = 428{,}745.16 + (824.62 \times \cos104°02'10'') = 428{,}545.16\text{m}$$

$$Y_B = Y_A + (AB \times \sin V_A^B) = 196{,}321.74 + (824.62 \times \sin104°02'10'') = 197{,}121.74\text{m}$$

02

(1) 방위각 오차

순서	조건방정식	방위각
Ⅰ	$W_1 = (1)-(2)$	$W_1 = 230°59'07'' - 230°59'16'' = -9''$
Ⅱ	$W_2 = (2)+(3)-(4)$	$W_2 = 183°04'55'' - 183°05'03'' = -8''$
Ⅲ	$W_3 = (4)-(5)$	$W_3 = 183°05'03'' - 183°04'45'' = +18''$

(2) 종·횡선좌표 오차

순서	조건방정식	종선좌표	횡선좌표
Ⅰ	$W_1 = (1)-(2)$	$W_1 = 0.36 - 0.14 = +0.22\text{m}$	$W_1 = 0.64 - 0.50 = +0.14\text{m}$
Ⅱ	$W_2 = (2)+(3)-(4)$	$W_2 = 0.66 - 0.67 = -0.01\text{m}$	$W_2 = 0.94 - 1.07 = -0.13\text{m}$
Ⅲ	$W_3 = (4)-(5)$	$W_3 = 0.67 - 0.85 = -0.18\text{m}$	$W_3 = 1.07 - 0.99 = +0.08\text{m}$

2) 상관방정식의 작성

순서	ΣN	ΣS	I (a)	II (b)	III (c)
(1)	8	0.64	+1		
(2)	9	0.84	−1	+1	
(3)	5	0.44		+1	
(4)	9	0.88		−1	+1
(5)	5	0.35			−1

3) 표준방정식의 계산

(1) 방위각

구분	계산식
제1식	$[Paa] = (+1^2 \times 8) + (-1^2 \times 9) = +17$ $[Pab] = (-1) \times (+1) \times 9 = -9$ $[Pac] = 0$
제2식	$[Paa] = (+1^2 \times 8) + (-1^2 \times 9) = +17$ $[Pab] = (-1) \times (+1) \times 9 = -9$ $[Pac] = 0$
제3식	$[Pcc] = (+1^2 \times 9) + (-1^2 \times 5) = +14$

W_a는 방위각 오차를 기재하며, Σ는 다음과 같이 계산한다.

I	II	III	W_a	Σ
+17	−9	0	−9	−1
	+23	−9	−8	−3
		+14	+18	+23

(2) 종 · 횡선좌표

구분	계산식
제1식	$[Paa] = (+1^2 \times 0.64) + (-1^2 \times 0.84) = +1.48$ $[Pab] = (-1) \times (+1) \times 0.84 = -0.84$ $[Pac] = 0$
제2식	$[Pbb] = (+1^2 \times 0.84) + (-1^2 \times 0.44) + (-1^2 \times 0.88) = +2.16$ $[Pbc] = (-1) \times (+1) \times 0.88 = -0.88$
제3식	$[Pcc] = (+1^2 \times 0.88) + (-1^2 \times 0.35) = +1.23$

W_x, W_y는 종 · 횡선오차를 기재하며, Σ는 다음과 같이 계산한다.

I	II	III	W_x	Σ	W_y	Σ
+1.48	−0.84	0	+0.22	+0.86	+0.14	+0.78
	+2.16	−0.88	−0.01	+0.43	−0.13	+0.31
		+1.23	−0.18	+0.17	+0.08	+0.43

4) 평균 방위각 및 평균 종·횡선좌표 계산

구분	계산식
평균 방위각	평균 방위각 $= \dfrac{\dfrac{\alpha_1}{N_1}+\dfrac{\alpha_2}{N_2}+\dfrac{\alpha_3}{N_3}+\dfrac{\alpha_4}{N_4}}{\dfrac{1}{N_1}+\dfrac{1}{N_2}+\dfrac{1}{N_3}+\dfrac{1}{N_4}} = \dfrac{\sum \alpha_n}{\sum Nn} \Big/ \dfrac{1}{\sum Nn}$ 여기서, α_n : 방위각으로서 초단위 N_n : 경중률로서 측점수
평균 종·횡선좌표	평균 종선좌표 $= \dfrac{\dfrac{X_1}{S_1}+\dfrac{X_2}{S_2}+\dfrac{X_3}{S_3}+\dfrac{X_4}{S_4}}{\dfrac{1}{S_1}+\dfrac{1}{S_2}+\dfrac{1}{S_3}+\dfrac{1}{S_4}} = \dfrac{\sum X_n}{\sum Sn} \Big/ \dfrac{1}{\sum Sn}$ 평균 횡선좌표 $= \dfrac{\dfrac{Y_1}{S_1}+\dfrac{Y_2}{S_2}+\dfrac{Y_3}{S_3}+\dfrac{Y_4}{S_4}}{\dfrac{1}{S_1}+\dfrac{1}{S_2}+\dfrac{1}{S_3}+\dfrac{1}{S_4}} = \dfrac{\sum Y_n}{\sum S_n} \Big/ \dfrac{1}{\sum S_n}$ 여기서, X_n, Y_n : 교점의 cm 단위의 좌푯값 S_n : 경중률로서 도선별 거리의 합을 1,000으로 나눈 수

03

1) 1/500 도곽선의 도상길이와 지상길이

도상길이	종선(X)=30cm, 횡선(Y)=40cm
지상길이	종선(X)=150m, 횡선(Y)=200m

2) 도곽선좌표의 계산

종선좌표	횡선좌표
① 도근점 종선좌표에서 500,000을 빼준다. 468,925.67−500,000=−31,074.33m	① 도근점 종선좌표에서 200,000을 빼준다. 196,038.59−200,000=−3,961.41m
② 도곽의 종선길이로 나눈다. −31,074.33÷200=−207.16m	② 도곽의 횡선길이로 나눈다. −3,961.41÷200=−19.81m
③ 나눈 정수에 다시 도곽의 종선길이를 곱한다. −207×150=−31,050m	③ 나눈 정수에 다시 도곽의 횡선길이를 곱한다. −19×200=−3,800m
④ 원점에서의 거리에 500,000을 다시 더한다. −31,050+500,000=468,950m → 종선 상부좌표(가)	④ 원점에서의 거리에 200,000을 다시 더한다. −3,800+200,000=196,200m → 우측 횡선좌표(라)
⑤ 종선의 상단좌표에서 도곽의 종선길이를 빼준다. 468,950−1,500=468,800m → 종선 하부좌표(나)	⑤ 종선의 상단좌표에서 도곽의 횡선길이를 빼준다. 196,200−200=196,000m → 좌측 횡선좌표(다)
∴ (가) 468,950m, (나) 468,800m, (다) 196,000m, (라) 196,200m	

04

1) 내접원의 반지름(r)

구분	공식	그림
직각삼각형	$s = \dfrac{a+b+c}{2}$ $r = \sqrt{\dfrac{(s-a)(s-b)(s-c)}{s}}$	
이등변삼각형	$r = \dfrac{b}{2} \times \tan\dfrac{\theta}{2}$	
정삼각형	$r = \dfrac{\sqrt{3}}{6}a$	

2) 내접원의 반지름(r) 계산

$$s = \frac{a+b+c}{2} = \frac{6.5+7.0+4.5}{2} = 9.0 \text{mm}$$

$$r = \sqrt{\frac{(s-a)(s-b)(s-c)}{s}} = \sqrt{\frac{(9.0-6.5)(9.0-7.0)(9.0-4.5)}{9.0}} = 1.58 \text{mm}$$

05

1) 측각오차 및 공차 계산

기본식	$\Sigma\alpha - 180°(n-1) + T_1 - T_2$ 여기서, $\Sigma\alpha$: 관측값의 합 T_1 : 출발기지방위각 T_2 : 도착기지방위각 n : 폐색변을 포함한 변수
측각오차	$\Sigma\alpha - 180°(n-1) + T_1 - T_2$ $= 2,224°20'35'' - 180°(10-1) + 174°36'54'' - 58°57'27'' = +2''$
공차	1등도선 $= \pm 20\sqrt{n}$ 초 이내 $= \pm 20\sqrt{10} = \pm 63''$ 여기서, n : 폐색변을 포함한 변수 ※ 공차 계산 시 소요 자릿수 이하는 무조건 버린다.

2) 측각오차 배분

(1) 거리 반수

기본식		거리 반수$(R) = 1,000 \div L$ 여기서, L : 각 측선의 수평거리	
측점	시준점	수평거리(m)	거리 반수
보1	1	86.58	$1,000 \div 96.58 = 11.6$
1	2	53.15	$1,000 \div 53.15 = 18.8$
2	3	41.11	$1,000 \div 41.11 = 24.3$
3	4	95.02	$1,000 \div 95.02 = 10.5$
4	5	61.25	$1,000 \div 61.25 = 16.3$
5	6	48.20	$1,000 \div 48.20 = 20.7$
6	7	42.25	$1,000 \div 42.25 = 23.7$
7	8	111.41	$1,000 \div 111.41 = 9.0$
8	보3	67.23	$1,000 \div 67.23 = 14.9$
합계		606.20	149.80

(2) 측각오차 배분

기본식		$K = -\dfrac{e}{R} \times r$ (측선장에 반비례하여 각 측선의 관측각에 배분) 여기서, K : 각 측선에 배분할 초단위 각도 　　　　e : 초단위의 오차 　　　　R : 폐색변을 포함한 각 측선장 반수의 총합계 　　　　r : 각 측선장의 반수	
측점	시준점	측각오차	
보1	1	$K_1 = \dfrac{-2}{149.8} \times 11.6 = -0.15 = 0\text{cm}$	
1	2	$K_2 = \dfrac{-2}{149.8} \times 18.8 = -0.25 = 0\text{cm}$	

측점	시준점	측각오차
2	3	$K_3 = \dfrac{-2}{149.8} \times 24.3 = -0.32 = 0\,\text{cm}$
3	4	$K_4 = \dfrac{-2}{149.8} \times 10.5 = -0.14 = 0\,\text{cm}$
4	5	$K_5 = \dfrac{-2}{149.8} \times 16.3 = -0.22 = 0\,\text{cm}$
5	6	$K_6 = \dfrac{-2}{149.8} \times 20.7 = -0.28 = 0\,\text{cm}$
6	7	$K_7 = \dfrac{-2}{149.8} \times 23.7 = -0.32 = -1\,\text{cm}$
7	8	$K_8 = \dfrac{-2}{149.8} \times 9.0 = -0.12 = 0\,\text{cm}$
8	보3	$K_9 = \dfrac{-2}{149.8} \times 14.9 = -0.20 = 0\,\text{cm}$

※ 측각오차가 (+)이면 (−)로, (−)이면 (+)로 계산한다. 배부량의 합계와 측각오차가 ±1″ 차이가 나는 것은 단수처리상에서 발생하는 것으로 구하려고 하는 다음 숫자가 0.5에 가까운 값에 가감하여 조정한다.

3) 방위각 계산

기본식	보5−1(1측선)=출발방위각+K_1 1−2(2측선)=1방향선의 방위각+K_2 ⋮

측점	시준점	방위각
보1	보2	174°36′54″
보1	1	174°36′54″ + (0) + 149°59′37″ = 324°36′31″
1	2	324°36′21″ − 180° + (0) + 240°01′19″ = 24°37′50″
2	3	24°37′50″ − 180° + (0) + 353°17′20″ = 197°55′10″
3	4	197°55′10″ − 180° + (0) + 260°13′08″ = 278°08′18″
4	5	278°08′18″ − 180° + (0) + 185°08′48″ = 238°27′51″
5	6	238°27′51″ − 180° + (0) + 60°14′45″ = 118°42′35″
6	7	238°27′51″ − 180° + (0) + 60°14′45″ = 118°42′35″
7	8	118°42′35″ − 180° + (0) + 237°26′04″ = 176°08′39″
8	보3	176°08′39″ − 180° + (0) + 307°45′06″ = 303°53′45″
보3	보4	303°53′45″ − 180° + (0) + 295°03′422″ = 58°57′27″
기지방위각		58°57′27″

4) 종 · 횡선차 계산

기본식	종선차(Δx) = $L \times \cos V$ 횡선차(Δy) = $L \times \sin V$ 여기서, L : 거리, V : 방위각	
측점	시준점	종선차	횡선차
보1	1	$\Delta x = 86.58 \times \cos 324°36'31'' = +70.58\text{m}$	$\Delta y = 86.58 \times \sin 324°36'31'' = -50.14\text{m}$
1	2	$\Delta x = 53.15 \times \cos 24°37'50'' = +48.31\text{m}$	$\Delta y = 53.15 \times \sin 24°37'50'' = +22.15\text{m}$
2	3	$\Delta x = 41.11 \times \cos 197°55'10'' = -39.12\text{m}$	$\Delta y = 41.11 \times \sin 197°55'10'' = -12.65\text{m}$
3	4	$\Delta x = 95.02 \times \cos 278°08'18'' = +13.45\text{m}$	$\Delta y = 95.02 \times \sin 278°08'18'' = -94.06\text{m}$
4	5	$\Delta x = 61.25 \times \cos 283°17'06'' = +14.07\text{m}$	$\Delta y = 61.25 \times \sin 283°17'06'' = -59.61\text{m}$
5	6	$\Delta x = 48.20 \times \cos 238°27'51'' = -25.21\text{m}$	$\Delta y = 48.20 \times \sin 238°27'51'' = -41.08\text{m}$
6	7	$\Delta x = 42.25 \times \cos 118°42'35'' = -20.30\text{m}$	$\Delta y = 42.25 \times \sin 118°42'35'' = +37.06\text{m}$
7	8	$\Delta x = 111.41 \times \cos 176°08'39'' = -111.16\text{m}$	$\Delta y = 111.41 \times \sin 176°08'39'' = +7.49\text{m}$
8	보3	$\Delta x = 67.23 \times \cos 303°53'45'' = +37.49\text{m}$	$\Delta y = 67.23 \times \sin 303°53'45'' = -55.80\text{m}$
절대치 합계		$\sum |\Delta x| = +379.69$	$\sum |\Delta y| = +246.64$

5) 기지 및 관측 종 · 횡선오차 계산

(1) 종선오차(f_x)

종선차의 합계($\sum \Delta x$)	$(70.58) + (+48.31) + \cdots + (-111.16) + (+37.49) = -11.89\text{m}$
기지종선차	도착 기지점 종선좌표 - 출발 기지점 종선좌표 = 433,677.81(보3) - 433,689.61(보1) = -11.80m
종선오차(f_x)	종선차의 합계($\sum \Delta x$) - 기지종선차 = -11.89 - (-11.80) = -0.09m

(2) 횡선오차(f_y)

횡선차의 합계($\sum \Delta y$)	$(-50.14) + (+22.15) + \cdots + (+7.49) + (-55.80) = -246.64\text{m}$
기지횡선차	도착 기지점 횡선좌표 - 출발 기지점 횡선좌표 = 197,763.55(보3) - 198,010.35(보1) = -246.80m
횡선오차(f_y)	횡선차의 합($\sum \Delta y$) - 기지횡선차 = -246.64 - (+246.80) = +0.16m

6) 연결오차 및 공차의 계산

연결오차	$\sqrt{(\text{종선오차})^2 + (\text{횡선오차})^2} = \sqrt{(f_x)^2 + (f_y)^2}$ $= \sqrt{(-0.09)^2 + (+0.16)^2} = 0.18\text{m}$
공차	1등도선 = $M \times \dfrac{1}{100} \sqrt{n}\,\text{cm} = 1,000 \times \dfrac{1}{100} \sqrt{606.2/100} = 24.6\text{cm}$ 여기서, M : 축척분모 n : 측정한 수평거리의 총합을 100으로 나눈 수
	※ 공차 계산 시 소요 자릿수 이하는 무조건 버린다. 예를 들어, 24.6cm라도 공차의 결정은 24cm로 한다.

7) 종 · 횡선차 보정량 계산

기본식	$T = -\dfrac{e}{L} \times n$ (각 측선의 종 · 횡선차 길이에 비례하여 배분) 여기서, T : 각 측선의 종 · 횡선차에 배분할 cm 단위의 보정치 e : 종선오차(또는 횡선오차) L : 종 · 횡선차의 절대치의 합계 n : 각 측선의 종 · 횡선차	

측점	시준점	종선차 보정량	횡선차 보정량
보1	1	$T_1 = -\dfrac{-9}{379.69} \times 70.58 = +1.67 = +2\text{cm}$	$T_1 = -\dfrac{16}{380.04} \times 50.14 = -2.11 = -2\text{cm}$
1	2	$T_2 = -\dfrac{-9}{379.69} \times 48.31 = +1.15 = +1\text{cm}$	$T_2 = -\dfrac{16}{380.04} \times 22.15 = -0.93 = -1\text{cm}$
2	3	$T_3 = -\dfrac{-9}{379.69} \times 39.12 = +0.93 = +1\text{cm}$	$T_3 = -\dfrac{16}{380.04} \times 12.65 = -0.53 = -1\text{cm}$
3	4	$T_4 = -\dfrac{-9}{379.69} \times 13.45 = +0.32 = +0\text{cm}$	$T_4 = -\dfrac{16}{380.04} \times 94.06 = -3.96 = -4\text{cm}$
4	5	$T_5 = -\dfrac{-9}{379.69} \times 14.07 = +0.33 = +0\text{cm}$	$T_5 = -\dfrac{16}{380.04} \times 59.61 = -2.51 = -2\text{cm}$
5	6	$T_6 = -\dfrac{-9}{379.69} \times 25.21 = +0.60 = +1\text{cm}$	$T_6 = -\dfrac{16}{380.04} \times 41.08 = -1.73 = -2\text{cm}$
6	7	$T_7 = -\dfrac{-9}{379.69} \times 20.3 = +0.48 = +0\text{cm}$	$T_4 = -\dfrac{16}{380.04} \times 37.06 = -1.56 = -2\text{cm}$
7	8	$T_8 = -\dfrac{-9}{379.69} \times 111.16 = +2.63 = +3\text{cm}$	$T_8 = -\dfrac{16}{380.04} \times 7.49 = -0.32 = -0\text{cm}$
8	보3	$T_9 = -\dfrac{-9}{379.69} \times 37.49 = +0.89 = +1\text{cm}$	$T_9 = -\dfrac{16}{380.04} \times 55.80 = -2.35 = -2\text{cm}$

※ 종 · 횡선차가 1cm 차이가 발생할 때에는 소요자리 다음 수의 크기에 따라 올리고 내리는 방법으로 처리한다.

8) 종 · 횡선좌표의 계산

기본식	종선좌표(X) = 출발 기지종선좌표 + 보정치 + Δx_1 횡선좌표(Y) = 출발 기지횡선좌표 + 보정치 + Δy_1	

측점	시준점	종선좌표	횡선좌표
보1	1	$433,689.61 + (+70.58) + (+0.02)$ $= 433,760.21\text{m}$	$198,010.35 + (-50.14) + (-0.02)$ $= 197,960.19\text{m}$
1	2	$433,760.21 + (+48.31) + (+0.01)$ $= 433,808.53\text{m}$	$198,960.19 + (+22.15) + (-0.01)$ $= 197,982.33\text{m}$
2	3	$433,808.53 + (-39.12) + (+0.01)$ $= 433,769.42\text{m}$	$197,982.33 + (-12.65) + (-0.01)$ $= 197,969.67\text{m}$
3	4	$433,769.42 + (+13.45) + (+0)$ $= 433,782.87\text{m}$	$197,969.67 + (-94.06) + (-0.04)$ $= 197,875.57\text{m}$

측점	시준점	종선좌표	횡선좌표
4	5	433,782.87+(+14.07)+(0) =433,796.94m	197,875.57+(−59.61)+(−0.02) =197,815.94m
5	6	433,796.94+(−25.21)+(+0.01) =433,771.74m	197,815.94+(−41.08)+(−0.02) =197,774.84m
6	7	433,771.74+(−20.30)+(0) =433,751.44m	197,774.84+(+37.06)+(−0.02) =197,811.88m
7	8	433,751.44+(−111.16)+(+0.03) =433,640.31m	197,811.88+(+7.49)+(+0) =197,819.37m
8	보3	433,640.31+(+37.49)+(+0.01) =433,677.81m	197,819.37+(−55.80)+(−0.02) =197,763.55m

지적도근점측량계산부(배각법)

도선명 : 가 축척 : 1,000분의 1

측점	시준점	보정치 관측각	반수 수평거리	방위각	종선차(ΔX) 보정치 종선좌표(X)	횡선차(ΔY) 보정치 횡선좌표(Y)
보1	보2	000°00′00″		174°36′54″	433,689.61	198,010.35
보1	1	0 149°59′37″	11.6 86.58	324°36′31″	+70.58 +0.02 433,760.21	−50.14 −0.02 197,960.19
1	2	0 240°01′19″	18.8 53.15	24°37′50″	+48.31 +0.01 433,808.53	+22.15 −0.01 197,982.33
2	3	−1 353°17′21″	24.3 41.11	197°55′10″	−39.12 +0.01 433,769.42	−12.65 −0.01 197,969.67
3	4	0 260°13′08″	10.5 95.02	278°08′18″	+13.45 0 433,782.87	−94.06 −0.04 197,875.57
4	5	0 185°08′48″	16.3 61.25	283°17′06″	+14.07 0 433,796.94	−59.61 −0.02 197,815.94
5	6	0 135°10′45″	20.7 48.20	238°27′51″	−25.21 +0.01 433,771.74	−41.08 −0.02 197,774.84
6	7	−1 60°14′45″	23.7 42.25	118°42′35″	−20.30 0 433,751.44	+37.06 −0.02 197,811.88
7	8	0 237°26′04″	9.0 111.41	176°08′39″	−111.16 +0.03 433,640.31	+7.49 0 197,819.37
8	보3	0 307°45′06″	14.9 67.23	303°53′45″	+37.49 +0.01 433,677.81	−55.80 −0.02 197,763.55
보3	보4	295°03′42″	(149.8) (606.20)	58°57′27″		
$n=10$ $\Sigma\alpha=2,224°20′35″$ $+T_1=174°36′54″$ $-180°(n-1)=1,620°00′00″$					$\Sigma\lvert\Delta x\rvert=+379.69$ $\Sigma\Delta x=-11.89$ 기지=−11.80 $f_x=-0.09$	$\Sigma\lvert\Delta y\rvert=+380.04$ $\Sigma\Delta y=-246.64$ 기지=−246.80 $f_y=+0.16$
$T_2″=58°57′29″$ $-T_2=58°57′27″$						
오차=+2″ 공차=±63″					연결오차=0.18m 공차=0.24m	

제2회 실전모의고사

※ 본 실전모의문제는 수험자의 정보를 토대로 작성하였으므로 일부 다를 수 있으며, 실전 대비 목적으로 작성한 것입니다.

01 다음 그림과 같은 교회망에서 소구점의 내각을 구하시오(단, 각은 1초 단위까지 계산하시오).

1) 기지점좌표

점명	X좌표(m)	Y좌표(m)
A	465,364.04	226,974.08
A	466,420.38	229,303.62
C	468,830.06	229,165.42

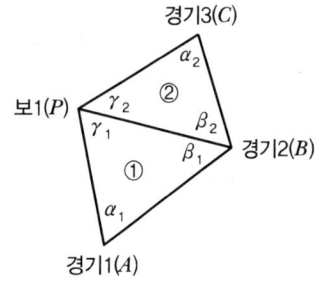

2) 관측방위각

점명	관측각
$A \rightarrow P$	355°24′38″
$A \rightarrow P$	297°21′22″
$C \rightarrow P$	237°02′20″

02 지적도근점측량을 배각법으로 실시하여 다음과 같은 결과를 얻었다. 지적도근점좌표를 구하시오(단, 도선명은 "가"이고, 축척은 600분의 1임).

측점	시준점	관측각	수평거리(m)	방위각	X좌표(m)	Y좌표(m)
보1	보2			10°30′14″	5,227.66	6,846.71
보1	1	273°06′08″	46.50			
1	2	276°18′05″	131.96			
2	3	263°59′07″	33.44			
3	4	274°41′19″	40.50			
4	5	86°04′34″	114.99			
5	6	269°06′42″	40.55			
6	7	180°40′16″	50.65			
7	보1	270°29′46″	112.01		5,227.66	6,846.71
보1	보2	265°33′36″		10°30′14″		

03
구소삼각원점지역에서 지적도근점을 설치하고 이를 전개할 도곽선을 축척 500분의 1로 구획하려고 한다. 지적도근점의 좌표가 다음과 같을 때 이를 포용하는 지적도의 도곽선 좌표를 계산하시오.

X좌표(m)	Y좌표(m)
4,213.46	-1,329.72

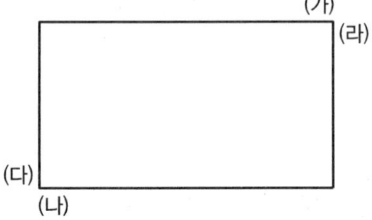

04
축척이 1/1,200인 지적도 시행지역에서 평판측량방법에 따른 세부측량을 도선법으로 하여 도상 폐색오차가 1.2mm 발생하였을 때, 다음 물음에 답하시오(단, 도선변의 수는 16이고, 결과값은 소수 셋째 자리에서 반올림하여 소수 둘째 자리까지 계산하시오).

가. 도선의 폐색오차는 도상길이의 얼마 이하이어야 하는지 구하시오.
나. 제10측점에서 배분할 도상길이를 구하시오.

05
다음 그림에서 $\overline{AD}$의 거리를 구하시오(단, $\overline{BC}$=100m, ∠ABC=80°, ∠DBC=40°, ∠BCD=80°, ∠BCA=30°이고, 거리의 단위는 m이며, 계산은 반올림하여 소수 둘째 자리까지 계산하시오).

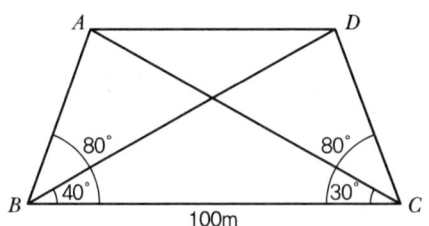

제2회 실전모의고사 정답 및 해설

01

1) 기지점간거리 및 방위각의 계산

(경기1 = A, 경기2 = B, 경기3 = C, 보1 = P)

방향	거리 및 방위각
$A \to B$	$\Delta x_a^b = x_b - x_a = 466{,}420.38 - 465{,}364.04 = +1{,}056.34\text{m}$ $\Delta y_a^b = y_b - y_a = 229{,}303.62 - 226{,}974.08 = +2{,}329.54\text{m}$ $\overline{AB} = \sqrt{(\Delta x_a^b)^2 + (\Delta y_a^b)^2} = \sqrt{(+1{,}056.34)^2 + (2{,}329.54)^2} = 2{,}557.85\text{m}$ $\theta = \tan^{-1}\left(\dfrac{\Delta y_a^b}{\Delta x_a^b}\right) = \tan^{-1}\left(\dfrac{+2{,}329.54}{+1{,}056.34}\right) = 65°36'28''(1상한)$ $V_A^B = \theta = 65°36'28''$
$B \to C$	$\Delta x_b^c = x_c - x_b = 468{,}830.06 - 466{,}420.38 = +2{,}409.68\text{m}$ $\Delta y_b^c = y_c - y_b = 229{,}165.42 - 229{,}303.62 = -138.20\text{m}$ $\overline{BC} = \sqrt{(\Delta x_b^c)^2 + (\Delta y_b^c)^2} = \sqrt{(+2{,}409.68)^2 + (-138.20)^2} = 2{,}413.64\text{m}$ $\theta = \tan^{-1}\left(\dfrac{\Delta y_b^c}{\Delta x_b^c}\right) = \tan^{-1}\left(\dfrac{-138.20}{+2{,}409.68}\right) = 3°16'57''(4상한)$ $V_B^C = 360° - \theta = 360° - 3°16'57'' = 356°43'03''$

2) 소구점 내각 계산

삼각형	거리 및 방위각
①	$\alpha_1 = V_A^B - V_A^P = 65°36'28'' - 355°24'38'' = -289°46'10'' + 360° = 70°11'50''$ $\beta_1 = V_B^P - V_B^A = V_B^P - (V_A^B \pm 180°) = 297°21'22'' - (65°36'28'' + 180°) = 51°44'54''$ $\gamma_1 = V_P^A - V_P^B = (V_A^P \pm 180°) - (V_B^P \pm 180°)$ $\quad = (355°24'38'' - 180°) - (297°21'22'' - 180°) = 58°03'16''$ 검산 : $\alpha_1 + \beta_1 + \gamma_1 = 70°11'50'' + 51°44'54'' + 58°03'16'' = 180°$
②	$\alpha_2 = V_C^P - V_C^B = V_C^P - (V_B^C \pm 180°) = 237°02'20'' - (356°43'03'' - 180°) = 60°19'17''$ $\beta_2 = V_B^C - V_B^P = 356°43'03'' - 297°21'22'' = 59°21'41''$ $\gamma_2 = V_P^B - V_P^C = (V_B^P \pm 180°) - (V_C^P \pm 180°)$ $\quad = (297°21'22'' - 180°) - (237°02'20'' - 180°) = 60°19'02''$ 검산 : $\alpha_1 + \beta_1 + \gamma_1 = 60°19'17'' + 59°21'41'' + 60°19'02'' = 180°$

1) 측각오차 및 공차 계산

기본식	$\Sigma\alpha - 180°(n-1) + T_1 - T_2$ 여기서, $\Sigma\alpha$: 관측값의 합　　T_1 : 출발 기지방위각 　　　　T_2 : 도착 기지방위각　n : 폐색변을 포함한 변수
측각오차	$\Sigma\alpha - 180°(n+3) + T_1 - T_2$ $= 2,159°59'33'' - 180°(9+3) + 10°30'14'' - 10°30'14'' = -27''$
공차	1등도선 $= \pm 20\sqrt{n}$ 초 이내 $= \pm 20\sqrt{9} = \pm 60''$ 여기서, n : 폐색변을 포함한 변수 ※ 공차 계산 시 소요 자릿수 이하는 무조건 버린다.

2) 측각오차 배분

(1) 거리 반수

기본식	거리 반수$(R) = 1,000 \div L$ 여기서, L : 각 측선의 수평거리		
측점	시준점	수평거리(m)	거리 반수
보1	1	46.50	$1,000 \div 46.15 = 21.5$
1	2	131.96	$1,000 \div 131.96 = 7.6$
2	3	33.44	$1,000 \div 33.44 = 29.9$
3	4	40.50	$1,000 \div 40.5 = 24.7$
4	5	114.99	$1,000 \div 114.99 = 8.7$
5	6	40.55	$1,000 \div 40.55 = 24.7$
6	7	50.65	$1,000 \div 50.65 = 19.7$
7	보1	112.01	$1,000 \div 112.01 = 8.9$
합계		570.6	145.7

(2) 측각오차 배분

기본식	$K = -\dfrac{e}{R} \times r$ (측선장에 반비례하여 각 측선의 관측각에 배분) 여기서, K : 각 측선에 배분할 초단위 각도 　　　　e : 초단위의 오차 　　　　R : 폐색변을 포함한 각 측선장 반수의 총합계 　　　　r : 각 측선장의 반수	
측점	시준점	측각오차
보1	1	$K_1 = -\dfrac{-27}{145.7} \times 21.5 = +3.98 = +4''$
1	2	$K_2 = -\dfrac{-27}{145.7} \times 7.6 = +1.41 = +1''$

측점	시준점	측각오차
2	3	$K_3 = -\dfrac{-27}{145.7} \times 29.9 = +5.54 = +5''$
3	4	$K_4 = -\dfrac{-27}{145.7} \times 24.7 = 4.58 = 5''$
4	5	$K_5 = -\dfrac{-27}{145.7} \times 8.7 = 1.61 = 2''$
5	6	$K_6 = -\dfrac{-27}{145.7} \times 24.7 = 4.58 = 5''$
6	7	$K_8 = -\dfrac{-27}{145.7} \times 19.7 = +19.7 = +4''$
7	보1	$K_9 = -\dfrac{-27}{145.7} \times 8.9 = +1.65 = +2''$

※ 측각오차가 (+)이면 (−)로, (−)이면 (+)로 계산한다. 배부량의 합계와 측각오차가 ±1″ 차이가 나는 것은 단수처리상에서 발생하는 것으로 구하려고 하는 다음 숫자가 0.5에 가까운 값에 가감하여 조정한다.

3) 방위각 계산

기본식	보5−1(1측선) = 출발방위각 + K_1 1−2(2측선) = 1방향선의 방위각 + K_2 ⋮

측점	시준점	방위각
보1	보2	10°30′14″
보1	1	10°30′14″ + (+4″) + 273°06′08″ = 283°36′26″
1	2	283°36′26″ − 180° + (+1″) + 276°18′05″ = 19°54′32″
2	3	19°54′32″ − 180° + (+5″) + 263°59′07″ = 103°53′44″
3	4	103°53′44″ − 180° + (+5″) + 274°41′19″ = 198°35′08″
4	5	198°35′08″ − 180° + (+2″) + 86°04′34″ = 104°39′44″
5	6	104°39′44″ − 180° + (+4″) + 29°06′42″ = 193°46′30″
6	7	193°46′30″ − 180° + (+2″) + 270°29′46″ = 284°56′38″
7	보1	284°56′38″ − 180° + (+2″) + 270°29′46″ = 284°56′38″
보1	보2	284°56′38″ − 180° + 265°33′36″ = 370°30′14″ − 180° = 10°30′14″
기지방위각		10°30′14″

4) 종 · 횡선차 계산

기본식	종선차(Δx) = $L \times \cos V$ 횡선차(Δy) = $L \times \sin V$ 여기서, L : 거리 V : 방위각	
측점	시준점	종선차	횡선차

측점	시준점	종선차	횡선차
보1	1	$\Delta x = 46.50 \times \cos 283°36'26'' = +10.94$m	$\Delta y = 46.50 \times \sin 283°36'26'' = -45.19$m
1	2	$\Delta x = 131.96 \times \cos 19°54'32'' = +124.07$m	$\Delta y = 131.96 \times \sin 19°54'32'' = +44.94$m
2	3	$\Delta x = 33.44 \times \cos 103°53'44'' = -8.03$m	$\Delta y = 33.44 \times \sin 103°53'44'' = +32.46$m
3	4	$\Delta x = 40.50 \times \cos 198°35'08'' = -38.39$m	$\Delta y = 40.50 \times \sin 198°35'08'' = -12.91$m
4	5	$\Delta x = 114.99 \times \cos 104°39'44'' = -29.11$m	$\Delta y = 114.99 \times \sin 104°39'44'' = +111.25$m
5	6	$\Delta x = 40.55 \times \cos 193°46'30'' = -39.38$m	$\Delta y = 40.55 \times \sin 193°46'30'' = -9.66$m
6	7	$\Delta x = 50.65 \times \cos 194°26'30'' = -49.05$m	$\Delta y = 50.65 \times \sin 194°26'30'' = -12.64$m
7	보1	$\Delta x = 112.01 \times \cos 284°56'38'' = +28.88$m	$\Delta y = 112.01 \times \sin 284°56'38'' = -108.22$m
절대치 합계		$\sum |\Delta x| = +327.85$	$\sum |\Delta y| = +377.27$

5) 기지 및 관측 종 · 횡선오차 계산

(1) 종선오차(f_x)

종선차의 합계($\sum \Delta x$)	$(+10.94) + (+124.07) + \cdots + (-49.05) + (+28.88) = -0.07$m
기지종선차	도착 기지점 종선좌표 − 출발 기지점 종선좌표 = 5,227.66(보1) − 5,227.66(보1) = 0m
종선오차(f_x)	= 종선차의 합계($\sum \Delta x$) − 기지종선차 = −0.07 − (0) = −0.07m

(2) 횡선오차(f_y)

횡선차의 합계($\sum \Delta y$)	$(-45.19 + (+44.94) + \cdots + (-12.64) + (-108.22) = +0.03$m
기지횡선차	6,846.71(보1) − 6,846.71(보1) = 0m
횡선오차(f_y)	횡선차의 합계($\sum \Delta y$) − 기지횡선차 = +0.03 − (0) = +0.03m

6) 연결오차 및 공차 계산

연결오차	$\sqrt{(종선오차)^2 + (횡선오차)^2} = \sqrt{(f_x)^2 + (f_y)^2}$ $= \sqrt{(+0.07)^2 + (+0.03)^2} = 0.08$m
공차	1등도선 = $\pm M \times \dfrac{1}{100} \sqrt{n}$ cm = $\pm 1,000 \times \dfrac{1}{100} \sqrt{570.6/100} = \pm 23.9$cm 여기서, M : 축척분모 n : 측정한 수평거리의 총합을 100으로 나눈 수
	※ 공차 계산 시 소요 자릿수 이하는 무조건 버린다. 예를 들어, 23.9cm라도 공차의 결정은 23cm로 한다.

7) 종·횡선오차 배분

기본식	$T=-\dfrac{e}{L}\times n$ (각 측선의 종·횡선차 길이에 비례하여 배분) 여기서, T : 각 측선의 종·횡선차에 배분할 cm 단위의 보정치 　　　　e : 종선오차(또는 횡선오차) 　　　　L : 종·횡선차의 절대치의 합계 　　　　n : 각 측선의 종·횡선차

측점	시준점	종선차 보정량	횡선차 보정량
보1	1	$T_1=-\dfrac{-7}{327.85}\times 10.94=+0.23=+0\text{cm}$	$T_1=-\dfrac{+3}{377.27}\times 45.19=-0.36=-1\text{cm}$
1	2	$T_2=-\dfrac{-7}{327.85}\times 124.07=+2.65=+3\text{cm}$	$T_2=-\dfrac{+3}{377.27}\times 44.94=-0.36=-0\text{cm}$
2	3	$T_3=-\dfrac{-7}{327.85}\times 8.03=+0.17=+0\text{cm}$	$T_3=-\dfrac{+3}{377.27}\times 32.46=-0.26=-0\text{cm}$
3	4	$T_4=-\dfrac{-7}{327.85}\times 38.39=+0.82=+1\text{cm}$	$T_4=-\dfrac{+3}{377.27}\times 12.91=-0.10=-0\text{cm}$
4	5	$T_5=-\dfrac{-7}{327.85}\times 29.11=+0.62=+1\text{cm}$	$T_5=-\dfrac{+3}{377.27}\times 111.25=-0.88=-1\text{cm}$
5	6	$T_6=-\dfrac{-7}{327.85}\times 39.38=+0.84=+1\text{cm}$	$T_6=-\dfrac{+3}{377.27}\times 9.66=-0.08=-0\text{cm}$
6	7	$T_7=-\dfrac{-7}{327.85}\times 49.05=+1.05=+1\text{cm}$	$T_7=-\dfrac{+3}{377.27}\times 12.64=-0.10=-0\text{cm}$
7	보1	$T_8=-\dfrac{-7}{327.85}\times 28.88=+0.62=0\text{cm}$	$T_8=-\dfrac{+3}{377.27}\times 108.22=-0.86=-1\text{cm}$

※ 종·횡선차가 1cm차이가 발생할 때에는 소요자리 다음 수의 크기에 따라 올리고 내리는 방법으로 처리한다.

8) 종·횡선좌표 계산

기본식	종선좌표(X)=출발 기지 종선좌표+보정치+Δx_1 횡선좌표(Y)=출발 기지 횡선좌표+보정치+Δy_1

측점	시준점	종선좌표	횡선좌표
보1	1	$5,227.66+(+10.94)+(+0)$ $=5,238.60\text{m}$	$6,846.71+(-45.19)+(-0.01)$ $=6,801.51\text{m}$
1	2	$5,238.60+(+124.07)+(+0.03)$ $=5,362.70\text{m}$	$6,801.51+(+44.94)+(0)$ $=6,846.45\text{m}$
2	3	$5,362.70+(-8.03)+(+0)$ $=5,354.67\text{m}$	$6,846.45+(+32.46)+(0)$ $=6,878.91\text{m}$
3	4	$5,354.67+(-38.39)+(+0.01)$ $=5,316.29\text{m}$	$6,878.91+(-12.91)+(0)$ $=6,866.00\text{m}$
4	5	$5,316.29+(-29.11)+(+0.01)$ $=5,287.19\text{m}$	$6,866.00+(+111.25)+(-0.01)$ $=6,977.24\text{m}$
5	6	$5,287.19+(-39.38)+(+0.01)$ $=5,247.82\text{m}$	$6,977.24+(-9.66)+(0)$ $=6,967.58\text{m}$
6	7	$5,247.82+(-49.05)+(+0.01)$ $=5,198.78\text{m}$	$6,967.58+(-12.64)+(0)$ $=6,954.94\text{m}$
7	보1	$5,198.78+(+28.88)+(0)$ $=5,227.66\text{m}$	$6,954.94+(-108.22)+(-0.01)$ $=6,846.71\text{m}$

지적도근점측량계산부(배각법)

도선명 : 가   축척 : 600분의 1

측점	시준점	보정치 관측각	반수 수평거리	방위각	종선차(ΔX) 보정치 종선좌표(X)	횡선차(ΔY) 보정치 횡선좌표(Y)
보1	보2	0°00′00″		10°30′14″	 5,227.66	 6,846.71
보1	1	+4 273°06′08″	21.5 46.50	283°36′26″	10.94 0.00 5,238.60	−45.19 −0.01 6,801.51
1	2	+1 276°18′05″	7.6 131.96	19°54′32″	+124.07 +0.03 5,362.70	+44.94 0.00 6,846.45
2	3	+5 263°59′07″	29.9 33.44	103°53′44″	−8.03 0.00 5,354.67	+32.46 0.00 6,878.91
3	4	+5 274°41′19″	24.7 40.50	198°35′08″	−38.39 +0.01 5,316.29	−12.91 0.00 6,866.00
4	5	+2 86°04′34″	8.7 114.99	104°39′44″	−29.11 +0.01 5,287.19	+111.25 −0.01 6,977.24
5	6	+4 29°06′42″	24.7 40.55	193°46′30″	−39.38 +0.01 5,247.82	−9.66 0.00 6,967.58
6	7	+4 180°40′16″	19.7 50.65	194°26′30″	−49.05 +0.01 5,198.78	−12.64 0.00 6,954.94
7	보1	+2 270°29′46″	8.9 112.01	284°56′38″	+28.88 0.00 5,227.66	−108.22 −0.01 6,846.71
보1	보2	265°33′36″	(145.7) (570.6)	10°30′14″		

$n = 9$
$\Sigma\alpha = 2,159°59′33″$
$T_1 = 10°30′14″$
$180°(n-1) = 2,160°00′00″$
$T_2 = 10°30′14″$

오차 = −27″
공차 = ±60″

$\Sigma|\Delta x| = 327.85$
$\Sigma\Delta x = -0.07$
기지 = 0.00
$f_x = -0.07$

$\Sigma|\Delta y| = 377.27$
$\Sigma\Delta y = +0.03$
기지 = 0.00
$f_y = +0.03$

연결오차 = 0.08m
공차 = ±0.14m

03

1) 1/500 도곽선 도상길이와 지상길이

도상길이	종선(X)=30cm, 횡선(Y)=40cm
지상길이	종선(X)=150m, 횡선(Y)=200m

2) 도곽선좌표 계산

종선좌표	횡선좌표
① 종선좌표를 도곽선 길이로 나눈다. $X = 4,213.46 \div 150 = 28.09$	① 횡선좌표를 도곽선 길이로 나눈다. $Y = -1,329.72 \div 200 = -6.65$
② 도곽선 종선길이로 나눈 정수를 도곽선 길이로 곱한다. $28 \times 150 = 4,200\text{m} \rightarrow$ 종선 하부좌표(다) ※ $X=4,213.46$m는 구소삼각지역에서 (0, 0)보다 크기 때문에 하부좌표가 먼저 결정된다.	② 도곽선 횡선길이로 나눈 정수를 도곽선 길이로 곱한다. $-6 \times 200 = -1,200\text{m} \rightarrow$ 우측 횡선좌표(나) ※ $Y=-1,329.72$는 구소삼각지역에서 (−)값으로 우측 횡선좌표가 먼저 결정된다.
③ 종선의 상부좌표 결정 $4,200 + 150 = 4,350\text{m} \rightarrow$ 종선 상부좌표(가) ※ 구소삼각지역에서는 원점은 (0, 0)이므로 가상수치인 50만을 더하지 않는다.	③ 횡선의 좌측좌표 결정 $-1,200 - 200 = -1,400\text{m} \rightarrow$ 좌측 횡선좌표(라)

∴ (가) 4,350m (나) −1,200m (다) 4,200m (라) −1,400m

04

1) 폐색오차의 계산

$$\text{폐색오차} = \frac{\sqrt{n}}{3} = \frac{\sqrt{16}}{3} = 1.33\text{mm}$$

2) 제10측점에 배분할 도상거리의 계산

$$M_n = \frac{e}{N} \times n = \frac{1.2}{16} \times 10 = 0.75\text{mm}$$

05

1) 내각 계산

삼각형	내각
$\triangle ABC$	$\angle BAC = 180° - (\angle ABC + \angle BCA) = 180° - (80° + 30°) = 70°$
$\triangle BCD$	$\angle BDC = 180° - (\angle BCD + \angle CBD) = 180° - (80° + 40°) = 60°$

2) 거리 계산

방향	거리
$A \to B$	$\overline{AB} = \dfrac{\overline{BC} \cdot \sin \angle BCA}{\sin \angle BAC} = \dfrac{100 \times \sin 30°}{\sin 70°} = 53.21\text{m}$
$B \to D$	$\overline{BD} = \dfrac{\overline{BC} \cdot \sin \angle BCD}{\sin \angle BDC} = \dfrac{100 \times \sin 80°}{\sin 60°} = 113.72\text{m}$

3) $\overline{AD}$ 거리의 계산

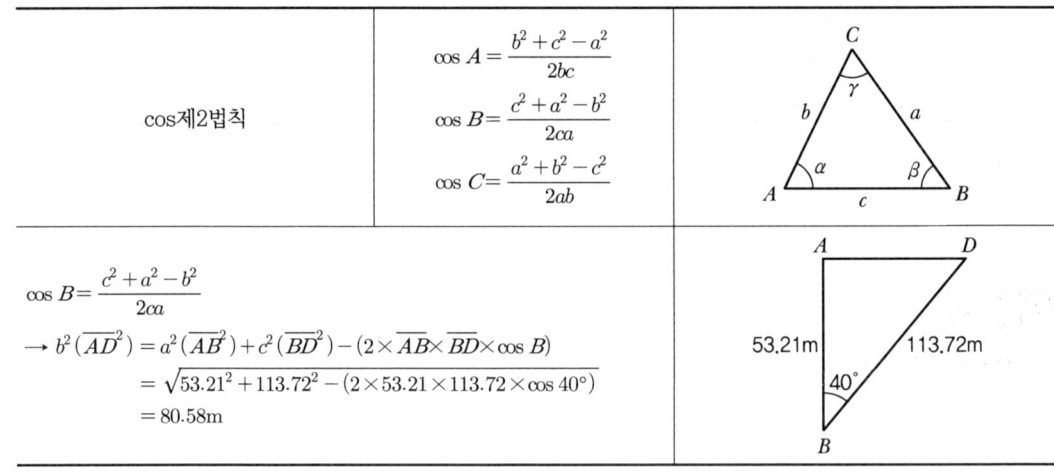

cos제2법칙	$\cos A = \dfrac{b^2 + c^2 - a^2}{2bc}$ $\cos B = \dfrac{c^2 + a^2 - b^2}{2ca}$ $\cos C = \dfrac{a^2 + b^2 - c^2}{2ab}$

$\cos B = \dfrac{c^2 + a^2 - b^2}{2ca}$

$\to b^2(\overline{AD}^2) = a^2(\overline{AB}^2) + c^2(\overline{BD}^2) - (2 \times \overline{AB} \times \overline{BD} \times \cos B)$
$= \sqrt{53.21^2 + 113.72^2 - (2 \times 53.21 \times 113.72 \times \cos 40°)}$
$= 80.58\text{m}$

제3회 실전모의고사

※ 본 실전모의문제는 수험자의 정보를 토대로 작성하였으므로 일부 다를 수 있으며, 실전 대비 목적으로 작성한 것입니다.

01 지적삼각보조측량을 교회법으로 실시하여 다음과 같은 결과를 얻었다. 주어진 서식으로 보8의 좌표를 구하시오(단, 단위는 m이며, 거리는 소수 둘째 자리까지, 각은 초단위까지 계산하시오).

1) 기지점좌표

점명	X좌표(m)	Y좌표(m)
교5(A)	429,751.84	196,731.45
교7(B)	427,511.49	195,429.32
교9(C)	425,073.20	196,442.81

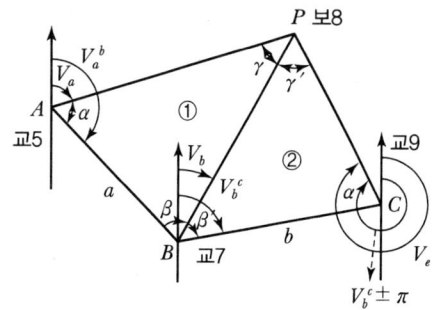

2) 소구방위각

$V_a = 148°17'29''$

$V_b = 93°54'48''$

$V_c = 38°34'19''$

02 두 점의 평면직교좌표가 다음과 같을 때 방위각과 거리를 계산하시오(단, 각은 0.1초, 거리는 cm 단위까지 계산하시오).

점명	X좌표(m)	Y좌표(m)
A	−300.23	200.18
B	400.15	−100.01

03 지적도근점 123에서 지적도근점 124를 기지로 하여 도선법에 의해 필계점의 내각을 3배각으로 관측한 결과가 다음과 같을 때, 방위각 및 좌표를 구하여 빈칸을 완성하시오(단, 계산방법은 지적 관련 법규 및 규정에 따른다).

1) 기지점좌표

점명	X좌표(m)	Y좌표(m)
123	1,061.33	2,010.27
124	1,184.78	2,553.48

2) 관측결과

측점	시준점	거리(m)	내각
123	124		0°00′00″
123	1	53.72	21°28′27″
1	2	94.35	157°52′07″
2	3	70.62	282°10′22″
3	4	62.40	312°20′09″

3) 방위각 및 좌표

측점	시준점	거리(m)	방위각	X좌표(m)	Y좌표(m)
123	124				
123	1	53.72			
1	2	94.35			
2	3	70.62			
3	4	62.40			

04 종선좌표 X_p=387,217.46m, 횡선좌표 Y_p=165,321.83m인 지적도근점 P가 위치하는 축척 600분의 1 지적도의 도곽선 좌측 하단 모서리(A)의 좌표와 우측 상단 모서리(B)의 좌표를 결정하고 두 점 AP의 거리를 구하시오.

05 그림과 같이 $\overline{AB}$=5m, $\overline{BC}$=21m, $\overline{AC}$=24m이고, $\overline{AE}$와 $\overline{CD}$의 간격이 22m인 □ABCDE의 토지를 $\overline{AE}$ 및 $\overline{CD}$에 수직이 되는 선분 $\overline{PQ}$로 분할하여 □ABCQP의 면적이 300m²가 되도록 하고자 할 때 다음 물음에 답하시오(단, $\overline{AE}$와 $\overline{CD}$는 평행하며 계산은 반올림하여 소수 셋째 자리까지 계산하시오).

가. △ABC의 면적
나. △ACC의 면적
다. $\overline{AP}$ 및 $\overline{CQ}$의 길이

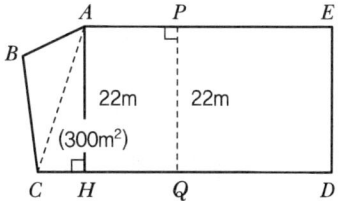

제3회 실전모의고사 정답 및 해설

01

1) 기지점간거리 및 방위각 계산

(교5 = A, 교7 = B, 교9 = C)

방향	거리 및 방위각
$A \to B$	$\Delta x_a^b = x_b - x_a = 427,511.49 - 429,751.84 = -2,240.35\text{m}$ $\Delta y_a^b = y_b - y_a = 195,429.32 - 196,731.45 = -1,302.13\text{m}$ $\overline{AB} = \sqrt{(\Delta x_a^b)^2 + (\Delta y_a^b)^2} = \sqrt{(-2,240.35)^2 + (-1,302.13)^2} = 2,591.28\text{m}$ $\theta = \tan^{-1}\left(\dfrac{\Delta y_a^b}{\Delta x_a^b}\right) = \tan^{-1}\left(\dfrac{-1,302.13}{-2,240.35}\right) = 30°09'57''(3상한)$ $V_A^B = 180° + \theta = 180° + 30°09'57'' = 210°09'57''$
$B \to C$	$\Delta x_b^c = x_c - x_b = 425,073.20 - 427,511.49 = -2,438.29\text{m}$ $\Delta y_b^c = y_c - y_b = 196,442.81 - 195,429.32 = +1,013.49\text{m}$ $\overline{BC} = \sqrt{(\Delta x_b^c)^2 + (\Delta y_b^c)^2} = \sqrt{(-2,438.29)^2 + (+1,013.49)^2} = 2,640.53\text{m}$ $\theta = \tan^{-1}\left(\dfrac{\Delta y_b^c}{\Delta x_b^c}\right) = \tan^{-1}\left(\dfrac{+1,013.49}{-2,438.29}\right) = 22°34'14''(2상한)$ $V_B^C = 180° - \theta = 180° - 22°34'14'' = 157°25'46''$

2) 소구점 내각 계산

삼각형	거리 및 방위각
①	$\alpha = V_A^B - V_a = 210°09'57'' - 148°17'29'' = 61°52'28''$ $\beta = V_b - V_B^A = V_b - (V_A^B \pm 180°) = 93°54'48'' - (210°09'57'' - 180°) = 63°44'51''$ $\gamma = V_a - V_b = 148°17'29'' - 93°54'48'' = 54°22'41''$ 검산 : $\alpha + \beta + \gamma = 61°52'28'' + 63°44'51'' + 54°22'41'' = 180°$
②	$\alpha' = V_c - V_C^B = V_c - (V_B^C \pm 180°) = 38°34'19'' - (157°25'46'' + 180°) = 61°08'33''$ $\beta' = V_B^C - V_b = 157°25'46'' - 93°54'48'' = 63°30'58''$ $\gamma' = V_b - V_c = 93°54'48'' - 38°34'19'' = 55°20'29''$ 검산 : $\alpha' + \beta' + \gamma' = 61°08'33'' + 63°30'58'' + 55°20'29'' = 180°$

3) 소구점 변장 계산

방향	변장
$A \to P$	$\overline{AP} = \dfrac{\overline{AB} \cdot \sin\beta}{\sin\gamma} = \dfrac{2,591.28 \times \sin 63°44'51''}{\sin 54°22'41''} = 2,858.98\text{m}$
$C \to P$	$\overline{CP} = \dfrac{\overline{BC} \cdot \sin\beta'}{\sin\gamma'} = \dfrac{240.5 \times \sin 63°30'58''}{\sin 55°20'29''} = 2,873.28\text{m}$

4) 소구점(보8) 종·횡선좌표 계산

소구점	방향	종·횡선좌표
보8	교5 → 보8	$X_P = X_A + (\overline{AP} \times \cos V_a) = 429,751.84 + (2,858.98 \times \cos 148°17'29'') = 427,319.61\text{m}$ $Y_P = Y_A + (\overline{AP} \times \sin V_a) = 196,731.45 + (2,858.98 \times \sin 148°17'29'') = 198,234.13\text{m}$
	교9 → 보8	$X_P = X_C + (\overline{CP} \times \cos V_c) = 425,073.20 + (2,873.28 \times \cos 38°34'19'') = 427,319.60\text{m}$ $Y_P = Y_C + (\overline{CP} \times \sin V_c) = 196,442.81 + (2,873.28 \times \sin 38°34'19'') = 198,234.29\text{m}$
	평균 좌표	$X_P = \dfrac{(427,319.61 + 427,319.60)}{2} = 427,319.61\text{m}$ $Y_P = \dfrac{(198,234.13 + 198,234.29)}{2} = 198,234.22\text{m}$

5) 종·횡선교차 및 연결교차 계산

종·횡선교차	종선교차 = 427,319.61 − 427,319.60 = +0.01m 횡선교차 = 198,234.13 − 198,234.29 = −0.16m
연결교차	$\sqrt{(\text{종선교차})^2 + (\text{횡선교차})^2} = \sqrt{(+0.01)^2 + (-0.16)^2} = 0.10\text{m}$

02

1) 거리 및 방위각 계산

구분	거리 및 방위각
거리	$\Delta x_a^b = x_b - x_a = 400.15 - (-300.23) = +700.38\text{m}$ $\Delta y_a^b = y_b - y_a = -100.01 - 200.18 = -300.19\text{m} (4\text{상한})$ $\overline{AB} = \sqrt{(\Delta x_a^b)^2 + (\Delta y_a^b)^2} = \sqrt{(+700.38)^2 + (-300.19)^2} = 762.00\text{m}$
방위각	$\theta = \tan^{-1}\left(\dfrac{\Delta y_a^b}{\Delta x_a^b}\right) = \tan^{-1}\left(\dfrac{-300.19}{+700.38}\right) = 23°12'01.7''$ $V_A^B = 360° - \theta = 360° - 23°12'01.7'' = 336°47'58.3''$

03

1) 기지점간거리 및 방위각 계산

방향	거리 및 방위각
123 → 124	$\Delta x_a^b = x_b - x_a = 1,184.78 - 1,061.33 = +123.45\text{m}$ $\Delta y_a^b = y_b - y_a = 2,553.48 - 2,010.27 = +543.21\text{m}$ $\overline{AB} = \sqrt{(\Delta x_a^b)^2 + (\Delta y_a^b)^2} = \sqrt{(+123.45)^2 + (+543.21)^2} = 557.06\text{m}$ $\theta = \tan^{-1}\left(\dfrac{\Delta y_a^b}{\Delta x_a^b}\right) = \tan^{-1}\left(\dfrac{+543.21}{+123.45}\right) = 77°11'47''(1상한)$ $V_A^B = \theta = 77°11'47''$

2) 방위각 계산

방향	방위각
123 → 1	$77°11'47'' + 21°28'27'' = 98°40'14''$
1 → 2	$98°40'14'' - 180° + 157°52'07'' = 76°32'21''$
2 → 3	$76°32'21'' - 180° + 282°10'22'' = 178°42'43''$
3 → 4	$178°42'43'' - 180° + 312°20'09'' = 311°02'52''$

3) 종·횡선좌표 계산

측점	방향	종·횡선좌표
1측점	1 → A	$X_1 = X_A + (\overline{1A} \times \cos V_1^A) = 1,061.33 + (53.72 \times \cos 98°40'14'') = 1,053.23\text{m}$ $Y_1 = Y_A + (\overline{1A} \times \sin V_1^A) = 2,010.27 + (53.72 \times \sin 98°40'14'') = 2,063.38\text{m}$
2측점	1 → 2	$X_2 = X_1 + (\overline{12} \times \cos V_1^2) = 1,053.23 + (94.35 \times \cos 76°32'21'') = 1,075.19\text{m}$ $Y_2 = Y_1 + (\overline{12} \times \sin V_1^2) = 2,063.38 + (94.35 \times \sin 76°32'21'') = 2,155.14\text{m}$
3측점	2 → 3	$X_3 = X_2 + (\overline{23} \times \cos V_2^3) = 1,075.19 + (70.62 \times \cos 178°42'43'') = 1,004.59\text{m}$ $Y_3 = Y_2 + (\overline{23} \times \sin V_2^3) = 2,155.14 + (70.62 \times \sin 178°42'43'') = 2,156.73\text{m}$
4측점	3 → 4	$X_4 = X_3 + (\overline{34} \times \cos V_3^4) = 1,004.59 + (62.40 \times \cos 311°02'52'') = 1,045.57\text{m}$ $Y_4 = Y_3 + (\overline{34} \times \sin V_3^4) = 2,156.73 + (62.40 \times \sin 311°02'52'') = 2,109.67\text{m}$

측점	시준점	거리(m)	방위각	X좌표(m)	Y좌표(m)
123	124		77°11'47''	1,061.33	2,010.27
123	1	53.72	98°40'14''	1,053.23	2,063.38
1	2	94.35	76°32'21''	1,075.19	2,155.14
2	3	70.62	178°42'43''	1,004.59	2,156.73
3	4	62.40	311°02'52''	1,045.57	2,109.67

04

1) 1/600 도곽선 도상길이와 지상길이

도상길이	종선(X)=33.3333cm, 횡선(Y)=41.6667cm
지상길이	종선(X)=200m, 횡선(Y)=250m

2) 도곽선좌표 계산

종선좌표	횡선좌표
① 도근점 종선좌표에서 500,000을 빼준다. $387,217.46 - 500,000 = -112,782.54$m	① 도근점 종선좌표에서 200,000을 빼준다. $165,321.83 - 200,000 = -34,678.17$m
② 도곽의 종선길이로 나눈다. $-112,782.54 \div 200 = -563.91$m	② 도곽의 횡선길이로 나눈다. $-34,678.17 \div 250 = -138.71$m
③ 나눈 정수에 다시 도곽의 종선길이를 곱한다. $-563 \times 200 = -112,600$m	③ 나눈 정수에 다시 도곽의 횡선길이를 곱한다. $-138 \times 250 = -34,500$m
④ 원점에서의 거리에 500,000을 다시 더한다. $-112,600 + 500,000 = 387,400$m → 종선 상부좌표	④ 원점에서의 거리에 200,000을 다시 더한다. $-34,500 + 200,000 = 165,500$m → 우측 횡선좌표
⑤ 종선의 상단좌표에서 도곽의 종선길이를 빼준다. $387,400 - 200 = 387,200$m → 종선 하부좌표	⑤ 종선의 상단좌표에서 도곽의 횡선길이를 빼준다. $165,500 - 250 = 165,250$m → 좌측 횡선좌표

∴ 종선 상부좌표 : 387,400m, 종선 하부좌표 : 387,200m, 우측 횡선좌표 : 165,500m, 좌측 횡선좌표 : 165,250m

3) AP 거리 계산

$\Delta x_a^p = x_p - x_a = 387,217.46 - 387,200 = +17.46$m

$\Delta y_a^p = y_p - y_a = 165,321.83 - 165,250 = +71.83$m

$\overline{AP} = \sqrt{(\Delta x_a^p)^2 + (\Delta y_a^p)^2} = \sqrt{(+17.46)^2 + (+71.83)^2} = 73.92$m

05

1) 면적 계산

삼각형	방위각
$\triangle ABC$	$S = \dfrac{a+b+c}{2} = \dfrac{5+21+24}{2} = 25$m $A = \sqrt{S(S-a)(S-b)(S-c)} = \sqrt{25(25-5)(25-24)(25-21)} = 44.721$m^2
$\triangle ACC$	$\dfrac{\overline{AC}}{\sin 90°} = \dfrac{\overline{AH}}{\sin x} \to x = \sin^{-1}\left(\dfrac{\overline{AH}}{\overline{AC}}\right) = \sin^{-1}\left(\dfrac{22}{24}\right) = 66°26'36.7''$ $\angle CAH = 180° - (90° + 66°26'36.7'') = 23°33'23.3''$ $A = \dfrac{1}{2}(ab \times \sin\theta) = \dfrac{1}{2}(24 \times 22 \times \sin 23°33'23.3'') = 105.508$m^2

2) $\overline{AP}$ 및 $\overline{CQ}$ 거리 계산

$\square APQH = 300 - (44.721 + 105.508) = 149.771 \text{m}^2$

$\square APQH = \overline{AP} \times \overline{AH}(\overline{PQ})$

$149.771 = \overline{AP} \times 22 \rightarrow \overline{AP} = 6.808 \text{m}$

ABC의 면적 $= \dfrac{1}{2} \times \overline{CH} \times \overline{AH}$

$105.508 = \dfrac{1}{2} \times \overline{CH} \times 22 \rightarrow \overline{CH} = 9.592 \text{m}$

$\therefore \overline{CQ} = \overline{CH} + \overline{HQ} = 9.592 + 6.808 = 16.400 \text{m}$

제4회 실전모의고사

※ 본 실전모의문제는 수험자의 정보를 토대로 작성하였으므로 일부 다를 수 있으며, 실전 대비 목적으로 작성한 것입니다.

01 일반 원점지역에서 삼각점 성과표상의 좌표가 $X = -4{,}574.37\text{m}$, $Y = +2{,}145.39\text{m}$이다. 이를 지적좌표계로 환산하여 삼각점을 포용하는 축척 1,200분의 1지역의 지적도의 도곽선 좌표를 구하시오.

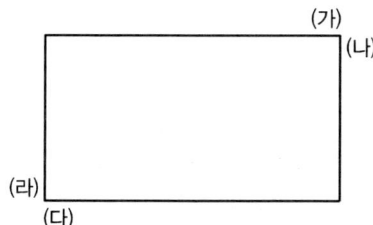

02 다음의 결과에 의하여 요구사항을 구하시오(단, 거리와 좌표는 cm 단위까지 계산하시오).

1) 측점 좌표

점명	X좌표(m)	Y좌표(m)
A	9,751.84	731.45
B	7,511.49	5,429.32

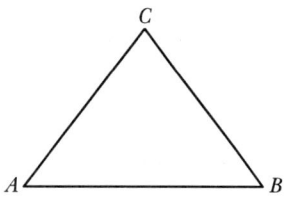

2) 관측내각

각명	관측각
∠A	61°52′28″
∠B	63°44′51″
∠C	54°22′41″

가. AB방위각(V_A^B)
나. $\overline{BC}$와 $\overline{AC}$의 거리
다. C점의 좌표

03 지적삼각보조점측량을 X형의 다각망도선법으로 실시하여 다음과 같은 결과를 얻었다. 주어진 서식에 따라 다각망조정계산을 구하시오(단, 서식의 계산란을 이용하여 계산과정을 명시하고 계산부를 완성하시오).

도선	경중률		관측방위각	X좌표(m)	Y좌표(m)
	측점수(ΣN)	측정거리(ΣS)			
(1)	18	1.488	116°50′10″	4,138.55	7,593.69
(2)	7	0.950	116°49′48″	4,138.61	7,593.74
(3)	20	1.522	116°50′05″	4,138.57	7,593.68
(4)	13	1.080	116°49′50″	4,138.63	7,593.71

04 다음 주어진 관측조건과 방위각법 서식을 이용하여 각 도근점의 좌표를 구하시오(단, 축척은 1/1,200, 1등도선으로 계산하시오).

1) 기지점좌표

점명	X좌표(m)	Y좌표(m)
보1	454,972.46	196,065.39
보3	454,480.90	196,160.03

2) 기지방위각

점명	방위각
출발 기지방위각(보1 → 보2)	289°56′
도착 기지방위각(보3 → 보4)	143°30′

3) 관측방위각 및 거리

측점	시준점	관측각	수평거리(m)	방위각	X좌표(m)	Y좌표(m)
보1	보2	000°00′		289°56′	454,972.46	196,065.39
보1	1	132°04′	158.74			
1	2	55°48′	121.51			
2	3	143°36′	156.57			
3	4	223°20′	169.73			
4	5	297°04′	120.81			
5	6	193°23′	143.60			
6	보3	161°08′	126.01		454,480.90	196,160.03
보3	보4	143°28′		143°30′		

05 지적도의 축척이 1/500 지역에 있는 필계점 1, 2, 3, 4, 5로 이루어진 용인시 보라동 36번지를 주어진 서식에 의하여 좌표면적을 계산하시오.

필계점	X좌표(m)	Y좌표(m)
1	2,984.50	9,508.52
2	2,985.74	9,534.09
3	2,979.21	9,534.15
4	2,970.18	9,532.93
5	2,971.07	9,508.60

좌표면적계산부

측점번호	X_n	Y_n	면적 계산			
			$X_{n+1} - X_{n-1}$	$Y_{n+1} - Y_{n-1}$	$X_n(Y_{n+1} - Y_{n-1})$	$Y_n(X_{n+1} - X_{n-1})$
1						
2						
3						
4						
5						

제4회 실전모의고사 정답 및 해설

01

1) 1/1,200 도곽선의 도상길이와 지상길이

도상길이	종선(X)=30cm, 횡선(Y)=40cm
지상길이	종선(X)=300m, 횡선(Y)=400m

2) 도곽선좌표의 계산

종선좌표	횡선좌표
① 종선좌표를 도곽선 길이로 나눈다. $X = -4,572.37 \div 400 = -11.43$	① 횡선좌표를 도곽선 길이로 나눈다. $Y = +2,145.39 \div 500 = 4.29$
② 도곽선 종선길이로 나눈 정수를 도곽선 길이로 곱한다. $-11.43 \times 400 = -4,400$m	② 도곽선 횡선길이로 나눈 정수를 도곽선 길이로 곱한다. $4 \times 500 = 2,000$m
③ 원점에서의 길이에 500,000을 더한다. $-4,400 + 500,000 = 495,600$m → 종선 상부좌표(가) ※ $X=495,600$m가 500,000 이하이기 때문에 상부 종선좌표가 먼저 결정된다.	③ 원점에서의 길이에 200,000을 더한다. $2,000 + 200,000 = 202,000$m → 좌측 횡선좌표(라) ※ $Y=200,000$m 이상이기 때문에 좌측 횡선좌표가 먼저 결정된다.
④ 종선 하부좌표 결정 $495,600 - 400 = 495,200$m → 종선 하부좌표(다)	④ 우측 횡선좌표 결정 $202,000 + 500 = 202,500$m → 우측 횡선좌표(나)

∴ (가) 495,600m (나) 202,500m (다) 495,200m (라) 202,000m

02

1) 기지점간거리 및 방위각의 계산

방향	거리 및 방위각
$A \rightarrow B$	$\Delta x_a^b = x_b - x_a = 7,511.49 - 9,751.84 = -2,240.35$m $\Delta y_a^b = y_b - y_a = 5,429.32 - 731.45 = +4,697.87$m $\overline{AB} = \sqrt{(\Delta x_a^b)^2 + (\Delta y_a^b)^2} = \sqrt{(-2,240.35)^2 + (+4,697.87)^2} = 5,204.72$m $\theta = \tan^{-1}\left(\dfrac{\Delta y_a^b}{\Delta x_a^b}\right) = \tan^{-1}\left(\dfrac{+4,697.87}{-2,240.35}\right) = 64°30'15''$ (2상한) $V_A^B = 180° - \theta = 180° - 64°30'15'' = 115°29'45''$

2) 방위각 계산

방향	방위각
$A \to C$	$V_A^C = V_A^B - \angle A = 115°29'45'' - 61°52'28'' = 53°37'17''$
$B \to C$	$V_B^C = V_B^A + \angle B = 295°29'45'' + 63°44'51'' = 359°14'36''$

3) 거리 계산

방향	거리
$A \to C$	$\overline{AC} = \dfrac{\overline{AB} \cdot \sin \angle B}{\sin \angle C} = \dfrac{5,204.72 \times \sin 63°44'51''}{\sin 54°22'41''} = 5,742.40\text{m}$
$B \to C$	$\overline{BC} = \dfrac{\overline{AB} \cdot \sin \angle A}{\sin \angle C} = \dfrac{5,204.72 \times \sin 61°52'28''}{\sin 54°22'41''} = 5,646.76\text{m}$

4) 소구점(C점) 종·횡선좌표의 계산

소구점	방향	종·횡선좌표
C	$A \to C$	$X_C = X_A + (\overline{AC} \times \cos V_A^C) = 9,751.84 + (5,742.40 \times \cos 53°37'17'') = 13,157.76\text{m}$ $Y_C = Y_A + (\overline{AC} \times \sin V_A^C) = 731.45 + (5,742.40 \times \sin 53°37'17'') = 5,354.74\text{m}$
	$B \to C$	$X_C = X_B + (\overline{BC} \times \cos V_B^C) = 7,511.49 + (5,646.76 \times \cos 359°14'36'') = 13,157.76\text{m}$ $Y_C = Y_B + (\overline{BC} \times \sin V_B^C) = 5,429.32 + (5,646.76 \times \sin 359°14'36'') = 5,354.75\text{m}$
	평균 좌표	$X_C = \dfrac{(13,157.76 + 13,157.76)}{2} = 13,157.76\text{m}$ $Y_C = \dfrac{(5,354.74 + 5,354.75)}{2} = 5,354.74\text{m}$

03

1) 방위각 및 종·횡선좌표 오차 계산

(1) 방위각 오차

순서	조건방정식	방위각
I	$W_1 = (1) - (2)$	$W_1 = 116°50'10'' - 116°49'48'' = +22''$
II	$W_2 = (2) - (3)$	$W_2 = 116°49'48'' - 116°50'05'' = -17''$
III	$W_3 = (3) - (4)$	$W_3 = 116°50'05'' - 116°49'50'' = +15''$

(2) 종 · 횡선좌표 오차

순서	조건방정식	종선좌표	횡선좌표
I	$W_1 = (1) - (2)$	$W_1 = 0.55 - 0.61 = -0.06\text{m}$	$W_1 = 0.69 - 0.74 = -0.05\text{m}$
II	$W_2 = (2) - (3)$	$W_2 = 0.61 - 0.57 = +0.04\text{m}$	$W_2 = 0.74 - 0.68 = +0.06\text{m}$
III	$W_3 = (3) - (4)$	$W_3 = 0.57 - 0.63 = -0.06\text{m}$	$W_3 = 0.68 - 0.71 = -0.03\text{m}$

2) 평균 방위각 및 평균 종 · 횡선좌표 계산

구분	계산식
평균 방위각	$\dfrac{\dfrac{\sum \alpha_n}{\sum Nn}}{\dfrac{1}{\sum Nn}} = \dfrac{\dfrac{70}{18} + \dfrac{48}{7} + \dfrac{65}{20} + \dfrac{50}{13}}{\dfrac{1}{18} + \dfrac{1}{7} + \dfrac{1}{20} + \dfrac{1}{13}} = 55'' = 116°49'55''$
평균 종선좌표	$\dfrac{\dfrac{\sum X_n}{\sum Sn}}{\dfrac{1}{\sum Sn}} = \dfrac{\dfrac{0.55}{1.488} + \dfrac{0.61}{0.950} + \dfrac{0.57}{1.522} + \dfrac{0.63}{1.080}}{\dfrac{1}{1.488} + \dfrac{1}{0.950} + \dfrac{1}{1.522} + \dfrac{1}{1.080}} = 0.60\text{m} = 4,138.60\text{m}$
평균 횡선좌표	$\dfrac{\dfrac{\sum X_n}{\sum Sn}}{\dfrac{1}{\sum Sn}} = \dfrac{\dfrac{0.69}{1.488} + \dfrac{0.74}{0.950} + \dfrac{0.68}{1.522} + \dfrac{0.71}{1.080}}{\dfrac{1}{1.488} + \dfrac{1}{0.950} + \dfrac{1}{1.522} + \dfrac{1}{1.080}} = 0.71\text{m} = 7,593.71\text{m}$

3) 방위각 및 종 · 횡선좌표 보정량 계산

구분	계산식
방위각	평균 방위각 − 도선별 관측방위각
평균 종 · 횡선좌표	평균 종선좌표 − 도선별 종선좌표 평균 횡선좌표 − 도선별 횡선좌표

(1) 방위각 보정량

도선	방위각 보정량
(1)	$116°49'55'' - 116°50'10'' = -15''$
(2)	$116°49'55'' - 116°49'48'' = +7''$
(3)	$116°49'55'' - 116°50'05'' = -10''$
(4)	$116°49'55'' - 116°49'50'' = +5''$

(2) 종 · 횡선좌표 보정량

도선	종선좌표 보정량	횡선좌표 보정량
(1)	$4,138.60 - 4,138.55 = +0.05$	$7,593.71 - 7,593.69 = +0.02$
(2)	$4,138.60 - 4,138.61 = -0.01$	$7,593.71 - 77,593.74 = -0.03$
(3)	$4,138.60 - 4,138.57 = +0.03$	$7,593.71 - 77,593.68 = +0.03$
(4)	$4,138.60 - 4,138.63 = -0.03$	$7,593.71 - 77,593.71 = 0$

교점다각망계산부($X \cdot Y$형)

약도

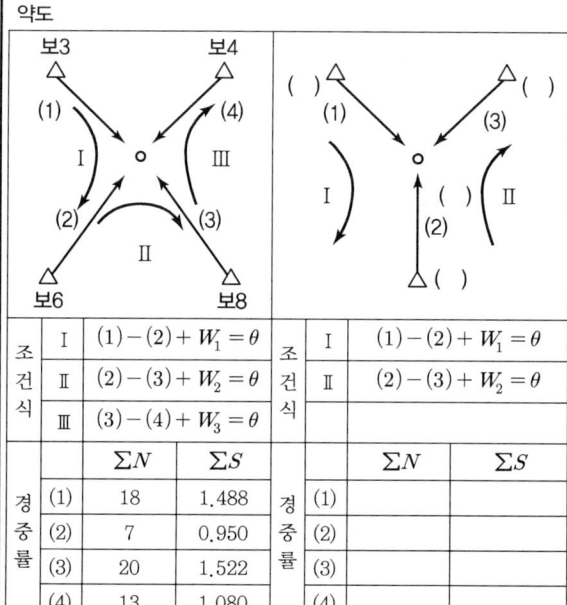

조건식		
I	$(1)-(2)+W_1=\theta$	
II	$(2)-(3)+W_2=\theta$	
III	$(3)-(4)+W_3=\theta$	

조건식		
I	$(1)-(2)+W_1=\theta$	
II	$(2)-(3)+W_2=\theta$	

경중률		ΣN	ΣS
	(1)	18	1.488
	(2)	7	0.950
	(3)	20	1.522
	(4)	13	1.080

경중률		ΣN	ΣS
	(1)		
	(2)		
	(3)		
	(4)		

1. 방위각

순서	도선	관측	보정	평균
I	(1)	116°50′10″	−15	116°49′55″
	(2)	116°49′48″	+7	116°49′55″
	W_1	+22		
II	(2)	116°49′48″	+7	116°49′55″
	(3)	116°50′05″	−10	116°49′55″
	W_2	−17		
III	(3)	116°50′05″	−10	116°49′55″
	(4)	116°49′50″	+5	116°49′55″
	W_3	+15		

2. 종선좌표

순서	도선	관측	보정	평균
I	(1)	4,138.55	+5	4,138.60
	(2)	4,138.61	−1	4,138.60
	W_1	−0.06		
II	(2)	4,138.61	−1	4,138.60
	(3)	4,138.57	+3	4,138.60
	W_2	+0.04		
III	(3)	4,138.57	+3	4,138.60
	(4)	4,138.63	−3	4,138.60
	W_3	−0.06		

3. 횡선좌표

순서	도선	관측	보정	평균
I	(1)	7,593.69	+2	7,593.71
	(2)	7,593.74	−3	7,593.71
	W_1	−0.05		
II	(2)	7,593.74	−3	7,593.71
	(3)	7,593.68	−3	7,593.71
	W_2	+0.06		
III	(3)	7,593.68	+3	7,593.71
	(4)	7,593.71	0	7,593.71
	W_3	−0.03		

4. 계산

1) 평균 방위각 $= 116°49' + \left(\dfrac{\dfrac{\Sigma \alpha_n}{\Sigma Nn}}{\dfrac{1}{\Sigma Nn}} = \dfrac{\dfrac{70}{18}+\dfrac{48}{7}+\dfrac{65}{20}+\dfrac{50}{13}}{\dfrac{1}{18}+\dfrac{1}{7}+\dfrac{1}{20}+\dfrac{1}{13}} \right) = 116°49'55''$

2) 평균 종선좌표 $= 4,138.00 + \left(\dfrac{\dfrac{\Sigma X_n}{\Sigma Sn}}{\dfrac{1}{\Sigma Sn}} = \dfrac{\dfrac{0.55}{1.488}+\dfrac{0.61}{0.950}+\dfrac{0.57}{1.522}+\dfrac{0.63}{1.080}}{\dfrac{1}{1.488}+\dfrac{1}{0.950}+\dfrac{1}{1.522}+\dfrac{1}{1.080}} \right) = 4,138.60\text{m}$

3) 평균 횡선좌표 $= 7,593.00 + \left(\dfrac{\dfrac{\Sigma X_n}{\Sigma Sn}}{\dfrac{1}{\Sigma Sn}} = \dfrac{\dfrac{0.69}{1.488}+\dfrac{0.74}{0.950}+\dfrac{0.68}{1.522}+\dfrac{0.71}{1.080}}{\dfrac{1}{1.488}+\dfrac{1}{0.950}+\dfrac{1}{1.522}+\dfrac{1}{1.080}} \right) = 7,593.71\text{m}$

W=오차, N=도선별 점수, S=측점 간 거리, α=관측방위각

04

1) 측각오차 및 공차 계산

측각오차	도착 관측방위각 − 도착 기지방위각 = 143°28′ − 143°30′ = −2′
공차	1등도선 = ±1.0$\sqrt{n}$ 분 = ±1.0$\sqrt{8}$ = ±2.8′ 여기서, n : 폐색변을 포함한 변수
	※ 공차 계산 시 소요 자릿수 이하는 무조건 버린다.

2) 측각오차 배분

기본식	$K_n = -\dfrac{e}{S} \cdot s$ (변의 수에 비례하여 각 측선의 방위각에 배분) 여기서, K_n : 각 측선의 순서대로 배분할 분단위의 각도 　　　e : 분단위의 오차 　　　S : 폐색변을 포함한 변의 수 　　　s : 각 측선의 순서

측점	시준점	측각오차
보1	1	$K_1 = +\dfrac{2}{8} \times 1 = +0.25 = +0′$
1	2	$K_2 = +\dfrac{2}{8} \times 2 = +0.5 = +0′$
2	3	$K_3 = +\dfrac{2}{8} \times 3 = 0.75 = +1′$
3	4	$K_4 = +\dfrac{2}{8} \times 4 = +1′$
4	5	$K_5 = +\dfrac{2}{8} \times 5 = +1.25 = +1′$
5	6	$K_6 = +\dfrac{2}{8} \times 6 = 1.5 = +2′$
6	보3	$K_7 = +\dfrac{2}{8} \times 7 = +1.75 = +2′$
보3	보4	$K_8 = +\dfrac{2}{8} \times 8 = +2′$

3) 개정방위각 및 수평거리

① 오차를 측선에 따라 배분한 후 개정방위각으로 기재한다.
② 수평거리는 방위각관측 및 거리측정부의 수평거리에서 옮겨 기재하고 합계를 계산하며 수평거리는 cm 단위까지 계산한다.

4) 종·횡선차 계산

기본식	종선차(Δx) = $L \times \cos V$ 횡선차(Δy) = $L \times \sin V$ 　여기서, L : 거리　　V : 방위각	
측점	시준점	종선차	횡선차
보1	1	$\Delta x = 158.74 \times \cos 132°04' = -106.35$m	$\Delta y = 158.74 \times \sin 132°04' = +117.84$m
1	2	$\Delta x = 121.51 \times \cos 55°48'' = +68.30$m	$\Delta y = 121.51 \times \sin 55°48'' = +100.50$m
2	3	$\Delta x = 156.57 \times \cos 143°37' = -126.05$m	$\Delta y = 156.57 \times \sin 143°37' = +92.84$m
3	4	$\Delta x = 169.73 \times \cos 223°21' = -123.42$m	$\Delta y = 169.73 \times \sin 223°21' = -116.51$m
4	5	$\Delta x = 120.81 \times \cos 297°05' = +55.00$m	$\Delta y = 120.81 \times \sin 297°05' = -107.56$m
5	6	$\Delta x = 143.60 \times \cos 193°25' = -139.68$m	$\Delta y = 143.60 \times \sin 193°25' = -33.32$m
6	보3	$\Delta x = 126.01 \times \cos 161°10' = -119.26$m	$\Delta y = 126.01 \times \sin 161°10' = +40.68$m

5) 종·횡선오차 계산

(1) 종선오차(f_x)

종선차 합계($\Sigma \Delta x$)	$(-106.35) + (+68.30) + \cdots + (-139.68) + (-119.26) = -491.46$m
기지종선차	도착 기지점 종선좌표 − 출발 기지점 종선좌표 = 454,480.90(보3) − 454,972.46(보1) = −491.56m
종선오차(f_x)	종선차 합계($\Sigma \Delta x$) − 기지종선차 = −491.46 − (−491.56) = +0.10m

(2) 횡선오차(f_y)

횡선차의 합($\Sigma \Delta y$)	$(+117.84) + (+100.50) + \cdots + (-33.32) + (+40.68) = +94.47$m
기지횡선차	도착 기지점 횡선좌표 − 출발 기지점 횡선좌표 = 196,160.03(보3) − 196,065.39(보1) = +94.64m
횡선오차(f_y)	횡선차의 합($\Sigma \Delta y$) − 기지횡선차 = +94.50 − (+94.64) = +0.14m

6) 연결오차 및 공차 계산

연결오차	$\sqrt{(종선오차)^2 + (횡선오차)^2} = \sqrt{(f_x)^2 + (f_y)^2}$ $= \sqrt{(+0.10)^2 + (-0.14)^2} = 0.17$m
공차	1등도선 = $\pm M \times \dfrac{1}{100} \sqrt{n}$ cm = $\pm 1,200 \times \dfrac{1}{100} \sqrt{996.97/100} = 37.9$cm 　여기서, M : 축척분모 　　　　n : 측정한 수평거리의 총합을 100으로 나눈 수
	※ 공차 계산 시 소요 자릿수 이하는 무조건 버린다. 예를 들어, 37.9cm라도 공차의 결정은 37cm로 한다.

7) 종 · 횡선차 보정량 계산

	기본식	$C_n = -\dfrac{e}{L} \times n$ (각 측선장에 비례하여 배분) 여기서, C_n : 각 측선의 종선차(또는 횡선차)에 배분할 cm 단위의 보정치 e : 종선오차(또는 횡선오차) L : 각 측선장의 총합계 n : 각 측선의 측선장	
측점	시준점	종선차 보정량	횡선차 보정량
보1	1	$C_1 = -\dfrac{+10}{996.97} \times 158.74 = -1.59 = -2\text{cm}$	$C_1 = -\dfrac{-14}{997.97} \times 158.74 = +2.23 = +2\text{cm}$
1	2	$C_2 = -\dfrac{+10}{996.97} \times 121.51 = -1.22 = -1\text{cm}$	$C_2 = -\dfrac{-14}{997.97} \times 121.51 = +1.71 = +2\text{cm}$
2	3	$C_3 = -\dfrac{+10}{996.97} \times 156.57 = -1.57 = -2\text{cm}$	$C_3 = -\dfrac{-14}{997.97} \times 156.57 = +2.2 = +2\text{cm}$
3	4	$C_4 = -\dfrac{+10}{996.97} \times 169.73 = -1.70 = -2\text{cm}$	$C_4 = -\dfrac{-14}{997.97} \times 169.73 = +2.38 = +2\text{cm}$
4	5	$C_5 = -\dfrac{+10}{996.97} \times 120.81 = -1.21 = -1\text{cm}$	$C_5 = -\dfrac{-14}{997.97} \times 120.81 = +1.70 = +2\text{cm}$
5	6	$C_6 = -\dfrac{+10}{996.97} \times 143.60 = -1.44 = -1\text{cm}$	$C_6 = -\dfrac{-14}{997.97} \times 143.60 = +2.02 = +2\text{cm}$
6	보3	$C_7 = -\dfrac{+10}{996.97} \times 126.01 = -1.26 = -1\text{cm}$	$C_7 = -\dfrac{-14}{997.97} \times 126.01 = +1.77 = +2\text{cm}$

※ 종 · 횡선차가 1cm 차이가 발생할 때에는 소요자리 다음 수의 크기에 따라 올리고 내리는 방법으로 처리한다.

8) 종 · 횡선좌표 계산

	기본식	종선좌표(X)=출발 기지종선좌표+보정치+Δx_1 횡선좌표(Y)=출발 기지종선좌표+보정치+Δy_1	
측점	시준점	종선좌표	횡선좌표
보1	1	454,972.46+(−106.35)+(−0.02) =454,866.09m	196,065.39+(+117.84)+(+0.02) =196,183.25m
1	2	454,866.09+(+68.30)+(−0.01) =454,934.38m	196,183.25+(+100.50)+(+0.02) =196,283.77m
2	3	454,934.38+(−126.05)+(−0.02) =454,808.31m	196,283.77+(+92.87)+(+0.02) =196,376.66m
3	4	454,808.31+(−123.42)+(−0.02) =454,684.87m	196,376.66+(−116.51)+(+0.02) =196,260.17m
4	5	454,684.87+(+55.00)+(−0.01) =454,739.86m	196,260.17+(−107.56)+(+0.02) =196,152.63m
5	6	454,739.86+(−139.68)+(−0.01) =454,600.17m	196,152.63+(−33.32)+(+0.02) =196,119.33m
6	보3	454,600.17+(−119.26)+(−0.01) =454,480.90m	196,119.33+(+40.68)+(+0.02) =196,160.03m

지적도근점측량계산부(방위각법)

도선명 : 가 　　　　　　　　　　　　　　　　　　　　　　　　　축척 : 1,200분의 1

측점	시준점	보정치 방위각	수평거리	개정방위각	종선차(ΔX) 보정치 종선좌표(X)	횡선차(ΔY) 보정치 횡선좌표(Y)
보1	보2	289°56′		289°56′	 454,972.46	 196,065.39
보1	1	0 132°04′	158.74	132°04′	−106.35 −0.02 454,866.09	+117.84 +0.02 196,183.25
1	2	0 55°48′	121.51	55°48′	+68.30 −0.01 454,934.38	+100.50 +0.02 196,283.77
2	3	1 143°36′	156.57	143°37′	−126.05 −0.02 454,808.31	+92.87 +0.02 196,376.66
3	4	1 223°20′	169.73	223°21′	−123.42 −0.02 454,684.87	−116.51 +0.02 196,260.17
4	5	1 297°04′	120.81	297°05′	+55.00 −0.01 454,739.86	−107.56 +0.02 196,152.63
5	6	2 193°23′	143.60	193°25′	−139.68 −0.01 454,600.17	−33.32 +0.02 196,119.33
6	보3	2 161°08′	126.01	161°10′	−119.26 −0.01 454,480.90	+40.68 +0.02 196,160.03
보3	보4	2 143°28′	(996.97)	143°30′		
					$\Sigma \Delta x = -491.46$ 기지 $= -491.56$ $f_x = +0.10$	$\Sigma \Delta y = +94.50$ 기지 $= +94.64$ $f_y = -0.14$
오차 = 2′ 공차 = ±2.8′					연결오차 = 0.17 공차 = 0.37	

05

좌표면적계산부

측점번호	X좌표(m)	Y좌표(m)	면적 계산			
			$X_{n+1} - X_{n-1}$	$Y_{n+1} - Y_{n-1}$	$X_n(Y_{n+1} - Y_{n-1})$	$Y_n(X_{n+1} - X_{n-1})$
1	2,984.50	9,508.52	14.67	25.49	76,074.905	139,489.9884
2	2,985.74	9,534.09	−5.29	25.63	76,524.5162	−50,435.3361
3	2,979.21	9,534.15	−15.56	−1.16	−3,455.8836	−148,351.374
4	2,970.18	9,532.93	−8.14	−25.55	−75,888.099	−77,598.0502
5	2,971.07	9,508.60	14.32	−24.41	−72,523.8187	136,163.152
					+731.6199	−731.6199
					731.6199 ÷ 2 = 365.8100	
					$A = 365.8 \text{m}^2$	

제5회 실전모의고사

※ 본 실전모의문제는 수험자의 정보를 토대로 작성하였으므로 일부 다를 수 있으며, 실전 대비 목적으로 작성한 것입니다.

01 교점다각망 A형의 최소조건식수를 계산하고, 화살표로 표시된 도선의 관측방향을 기준으로 조건식을 작성하시오.

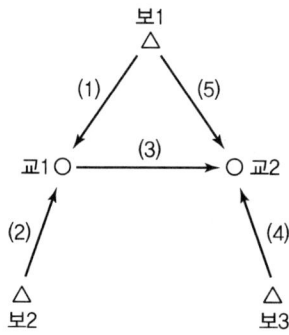

02 측점 A에서 P의 방위각(V_A^P)이 120°30′45″일 때 D에서 Q의 방위각(V_D^Q)을 계산하시오(단, 방위각은 1초 단위까지 구한다).

관측내각

각명	각도
∠PAB	45°10′15″
∠ABC	96°4′55″
∠BCD	261°23′20″
∠CDQ	93°12′5″

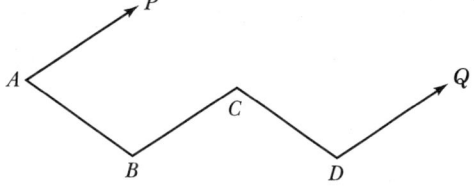

03

경계점좌표등록부에 등록된 지역의 어느 1필지가 다음 표와 같다고 가정할 때, A, B, C점의 좌표에 의한 $\triangle ABC$의 결정면적을 구하시오(단, 계산 및 결과는 관련규정에 의거하여 계산하시오).

점명	X좌표(m)	Y좌표(m)
A	2,967.03	3,569.43
B	2,954.20	3,567.13
C	2,961.81	3,560.71

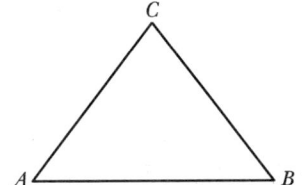

04

그림과 같은 지형에서 일시적인 장애물로 인하여 부득이 그림과 같이 관측을 하였다. P점의 좌표를 구하시오(단, 거리 및 좌표는 소수 셋째 자리에서 반올림하여 소수 둘째 자리까지, 각도는 반올림하여 초단위까지 계산하시오).

점명	X좌표(m)	Y좌표(m)
B	4,765.12	1,564.72
C	4,658.67	1,077.88

$V_B^A = 191°32'28''$, $V_C^A = 117°39'58''$
$\alpha = 31°47'22''$, $\beta = 72°36'22''$, $\gamma = 33°03'30''$

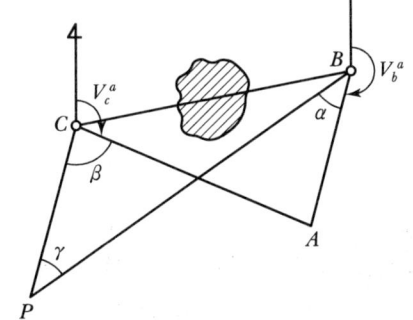

05

지적도근점측량을 방위각법으로 실시하여 다음의 관측치를 얻었다. 지적도근점측량계산부에 의하여 지적도근점의 좌표를 구하시오(단, 1등도선이고, 축척은 1,200분의 1로 계산하시오).

1) 기지점좌표

점명	X좌표(m)	Y좌표(m)
보5	453,689.61	208,010.35
보8	453,764.28	208,146.30

2) 기지방위각

점명	방위각
출발 기지방위각(보5 → 보6)	174°37′
도착 기지방위각(보8 → 보9)	193°40′

3) 관측각 및 거리

측점	시준점	관측각	수평거리(m)	방위각	X좌표(m)	Y좌표(m)
보5	보6	00°00′		174°37′	453,689.61	208,010.35
보5	1	60°41′	42.86			
1	2	316°18′	57.15			
2	3	202°47′	61.03			
3	4	174°02′	102.29			
4	5	163°03′	83.53			
5	6	344°38′	119.50			
6	7	65°03′	111.49			
7	8	318°18′	69.09			
8	보8	70°26′	109.43		453,764.28	208,146.30
보8	보9	193°37′		193°40′		

제5회 실전모의고사 정답 및 해설

01

최소조건식 수	도선수−교점수=5−2=3
조건식	Ⅰ = (1)−(2) + W_1 = 0 Ⅱ = (2)+(3)−(4)+ W_2 = 0 Ⅲ = (4)−(5) + W_3 = 0

02

1) 방위각의 계산

$V_A^B = V_A^P + \angle A = 120°30'45'' + 45°10'15'' = 165°41'00''$

$V_B^C = V_B^A + \angle B = (V_A^B \pm 180°) + \angle B = (165°41'00'' + 180°) + 96°34'55'' = 82°15'55''$

$V_C^D = V_C^B + \angle C = (V_B^C \pm 180°) + \angle C = (82°15'55'' + 180°) + 261°23'20''$
$\quad = 523°39'15'' - 360° = 163°39'15''$

$V_D^Q = V_D^C + \angle D = (V_C^D \pm 180°) + \angle D = (163°39'15'' + 180°) + 93°12'15''$
$\quad = 436°51'30'' - 360° = 76°51'30''$

03

계산식 : $A = \dfrac{1}{2}\{\sum X_n\,(Y_{n+1} - Y_{n-1})\}$ 또는 $A = \dfrac{1}{2}\{\sum Y_n\,(X_{n+1} - X_{n-1})\}$

좌표면적 계산부

측점 번호	X_n	Y_n	면적 계산			
			$X_{n+1} - X_{n-1}$	$Y_{n+1} - Y_{n-1}$	$X_n(Y_{n+1} - Y_{n-1})$	$Y_n(X_{n+1} - X_{n-1})$
A	2,967.03	3,569.43	+6.42	−7.61	+19,048.3326	−27,163.3623
B	2,954.20	3,567.13	−8.72	−5.22	−25,760.6240	−18,620.4186
C	2,961.81	3,560.71	+2.30	+12.83	−6,812.1630	45,683.9093
합계					+99.8716	−99.8716
					+99.8716 ÷ 2 = 49.9358	
					면적(A) = 49.9m²	

04

1) 기지점간거리 및 방위각 계산

방향	거리 및 방위각
$B \to C$	$\Delta x_b^c = x_c - x_b = 4{,}658.67 - 4{,}765.12 = -106.45\text{m}$ $\Delta y_b^c = y_c - y_b = 1{,}077.88 - 1{,}564.72 = -486.84\text{m}$ $\overline{BC} = \sqrt{(\Delta x_b^c)^2 + (\Delta y_b^c)^2} = \sqrt{(-106.45)^2 + (-486.84)^2} = 498.34\text{m}$ $\theta = \tan^{-1}\left(\dfrac{\Delta y_b^c}{\Delta x_b^c}\right) = \tan^{-1}\left(\dfrac{-486.84}{-106.45}\right) = 77°39'58''\,(3상한)$ $V_B^C = 180° + \theta = 180° + 77°39'58'' = 257°39'58''$

2) 방위각 계산

방향	방위각
$B \to P$	$V_B^P = V_B^A + \alpha = 191°32'28'' + 31°47'22'' = 223°19'50''$
$C \to P$	$V_C^P = V_C^A + \beta = 117°39'58'' + 72°36'22'' = 190°16'20''$

3) 내각 계산

삼각형	내각
$\triangle CPB$	$\angle CPB = \gamma = 33°03'30''$
$\triangle PBC$	$\angle PBC = V_B^C - V_B^P = 257°39'58'' - 223°19'50'' = 34°20'08''$
$\triangle BCP$	$\angle BCP = 180° - (\angle CPB + \angle PBC) = 180° - (33°03'30'' - 34°20'08'') = 112°36'22''$

4) 거리 계산

방향	거리
$B \to P$	$\overline{BP} = \dfrac{\overline{BC} \cdot \sin \angle BCP}{\sin \angle CPB} = \dfrac{498.34 \times \sin 112°36'22''}{\sin 33°03'30''} = 843.37\text{m}$
$C \to P$	$\overline{CP} = \dfrac{\overline{BC} \cdot \sin \angle PBC}{\sin \angle CPB} = \dfrac{498.34 \times \sin 34°20'08''}{\sin 33°03'30''} = 515.28\text{m}$

5) 소구점(P점) 종 · 횡선좌표 계산

소구점	방향	종 · 횡선좌표
P점	$B \to P$	$X_P = X_B + (\overline{BP} \times \cos V_B^P) = 4,765.12 + (843.37 \times \cos 223°19'50'') = 4,151.65\text{m}$ $Y_P = Y_B + (\overline{BP} \times \sin V_B^P) = 1,564.72 + (843.37 \times \sin 223°19'50'') = 985.99\text{m}$
	$C \to P$	$X_P = X_C + (\overline{CP} \times \cos V_C^P) = 4,658.67 + (515.28 \times \cos 190°16'20'') = 4,151.65\text{m}$ $Y_P = Y_C + (\overline{CP} \times \sin V_C^P) = 1,077.88 + (515.28 \times \sin 190°16'20'') = 985.99\text{m}$
	평균 좌표	$X_P = \dfrac{(4,151.65 + 4,151.65)}{2} = 4,151.65\text{m}$ $Y_P = \dfrac{(985.99 + 985.99)}{2} = 985.99\text{m}$

05

1) 측각오차 및 공차 계산

측각오차	도착 관측방위각 − 도착 기지방위각 = 193°37′ − 193°40′ = −3′
공차	1등도선 = ±1.0 $\sqrt{n}$ 분 이내 = ±1.0 $\sqrt{10}$ = ±3′ 여기서, n : 폐색변을 포함한 변수 ※ 공차 계산 시 소요 자릿수 이하는 무조건 버린다.

2) 측각오차의 배분

기본식	$K_n = -\dfrac{e}{S} \cdot s$ (변의 수에 비례하여 각 측선의 방위각에 배분) 여기서, K_n : 각 측선의 순서대로 배분할 분단위의 각도 e : 분단위의 오차 S : 폐색변을 포함한 변의 수 s : 각 측선의 순서	
측점	시준점	측각오차
보5	1	$K_1 = -\dfrac{-3}{11} \times 1 = +0.27 = +0′$
1	2	$K_2 = -\dfrac{-3}{11} \times 2 = +0.55 = +1′$
2	3	$K_3 = -\dfrac{-3}{11} \times 3 = +1.09 = +1′$
3	4	$K_4 = -\dfrac{-3}{11} \times 4 = +1.09 = +1′$
4	5	$K_5 = -\dfrac{-3}{11} \times 5 = +1.36 = 1′$
5	6	$K_6 = -\dfrac{-3}{11} \times 6 = +1.64 = +2′$
6	7	$K_7 = -\dfrac{-3}{11} \times 7 = +1.91 = +2′$
7	8	$K_8 = -\dfrac{-3}{11} \times 8 = +2.18 = +2′$
8	보8	$K_9 = -\dfrac{-3}{11} \times 9 = +2.45 = +3′$
보8	보9	$K_1 = -\dfrac{-3}{11} \times 10 = +2.73 = 3′$

3) 개정방위각 및 수평거리

① 오차를 측선에 따라 배분한 후 개정방위각으로 기재한다.
② 수평거리는 방위각관측 및 거리측정부의 수평거리에서 옮겨 기재하고 합계를 계산하며 수평거리는 cm 단위까지 계산한다.

4) 종 · 횡선차 계산

기본식	종선차(Δx) = $L \times \cos V$ 횡선차(Δy) = $L \times \sin V$ 여기서, L : 거리 V : 방위각	
측점	시준점	종선차	횡선차
보5	1	$\Delta x = 42.86 \times \cos 60°41' = +20.99$m	$\Delta y = 42.86 \times \sin 60°41' = +37.37$m
1	2	$\Delta x = 57.15 \times \cos 316°19' = +41.33$m	$\Delta y = 57.15 \times \sin 316°19' = -39.47$m
2	3	$\Delta x = 61.03 \times \cos 202°48' = -56.26$m	$\Delta y = 61.03 \times \sin 202°48' = -23.65$m
3	4	$\Delta x = 102.29 \times \cos 174°03' = -101.74$m	$\Delta y = 102.29 \times \sin 174°03' = +10.60$m
4	5	$\Delta x = 83.53 \times \cos 163°05' = -79.92$m	$\Delta y = 83.53 \times \sin 163°05' = +24.31$m
5	6	$\Delta x = 119.50 \times \cos 344°40' = +115.25$m	$\Delta y = 119.50 \times \sin 344°40' = -31.60$m
6	7	$\Delta x = 111.49 \times \cos 65°05' = +46.97$m	$\Delta y = 111.49 \times \sin 65°05' = +101.11$m
7	8	$\Delta x = 69.09 \times \cos 318°20' = +51.61$m	$\Delta y = 69.09 \times \sin 318°20' = -45.93$m
8	보8	$\Delta x = 109.43 \times \cos 70°29' = +36.56$m	

5) 종 · 횡선오차 계산

(1) 종선오차(f_x)

종선차 합계($\Sigma \Delta x$)	$(+20.99) + (+41.33) + \cdots + (+51.61) + (+36.56) = +74.79$m
기지종선차	도착 기지점 종선좌표 − 출발 기지점 종선좌표 = 453,764.28(보8) − 453,689.61(보5) = +74.67m
종선오차(f_x)	종선차 합계($\Sigma \Delta x$) − 기지종선차 = +74.79 − (+74.67) = +0.12m

(2) 횡선오차(f_y)

횡선차의 합($\Sigma \Delta y$)	$(+37.37) + (-39.47) + \cdots + (-45.93) + (+103.14) = +135.88$m
기지횡선차	도착 기지점 횡선좌표 − 출발 기지점 횡선좌표 = 208,146.30(보8) − 208,010.35(보5) = +135.95m
횡선오차(f_y)	횡선차의 합($\Sigma \Delta y$) − 기지횡선차 = +135.88 − (+135.95) = −0.07m

6) 연결오차 및 공차 계산

연결오차	$\sqrt{(종선오차)^2 + (횡선오차)^2} = \sqrt{(f_x)^2 + (f_y)^2}$ $= \sqrt{(+0.12)^2 + (-0.07)^2} = 0.14$m
공차	1등도선 = $M \times \dfrac{1}{100} \sqrt{n}$ cm = $1,200 \times \dfrac{1}{100} \sqrt{756.37/100} = 33.0$cm 여기서, M : 축척분모 n : 측정한 수평거리의 총합을 100으로 나눈 수
	※ 공차 계산 시 소요 자릿수 이하는 무조건 버린다. 예를 들어, 33.0cm라도 공차의 결정은 33cm로 한다.

7) 종 · 횡선오차 배분

기본식	$C_n = -\dfrac{e}{L} \times n$ (각 측선장에 비례하여 배분) 여기서, C_n : 각 측선의 종선차(또는 횡선차)에 배분할 cm 단위의 보정치 　　　　e : 종선오차(또는 횡선오차) 　　　　L : 각 측선장의 총합계 　　　　n : 각 측선의 측선장	
측점	시준점	종선차	횡선차

측점	시준점	종선차	횡선차
보5	1	$C_1 = -\dfrac{+12}{756.37} \times 42.86 = -0.68 = -1\text{cm}$	$C_1 = -\dfrac{-7}{756.37} \times 42.86 = +0.40 = +0\text{cm}$
1	2	$C_2 = -\dfrac{+12}{756.37} \times 57.15 = -0.91 = -1\text{cm}$	$C_2 = -\dfrac{-7}{756.37} \times 57.15 = +0.53 = +1\text{cm}$
2	3	$C_3 = -\dfrac{+12}{756.37} \times 61.03 = -0.97 = -1\text{cm}$	$C_3 = -\dfrac{-7}{756.37} \times 61.03 = +0.56 = +1\text{cm}$
3	4	$C_4 = -\dfrac{+12}{756.37} \times 102.29 = -1.62 = -1\text{cm}$	$C_4 = -\dfrac{-7}{756.37} \times 102.29 = +0.95 = +1\text{cm}$
4	5	$C_5 = -\dfrac{+12}{756.37} \times 83.53 = -1.33 = -1\text{cm}$	$C_5 = -\dfrac{-7}{756.37} \times 83.53 = +0.77 = +1\text{cm}$
5	6	$C_6 = -\dfrac{+12}{756.37} \times 119.50 = -1.90 = -2\text{cm}$	$C_6 = -\dfrac{-7}{756.37} \times 119.50 = +1.11 = +1\text{cm}$
6	7	$C_7 = -\dfrac{+12}{756.37} \times 111.49 = -1.77 = -2\text{cm}$	$C_7 = -\dfrac{-7}{756.37} \times 111.49 = +1.03 = +1\text{cm}$
7	8	$C_8 = -\dfrac{+12}{756.37} \times 69.09 = -1.10 = -1\text{cm}$	$C_8 = -\dfrac{-7}{756.37} \times 69.09 = +0.64 = +1\text{cm}$
8	보8	$C_9 = -\dfrac{+12}{756.37} \times 109.43 = -1.74 = -2\text{cm}$	$C_9 = -\dfrac{-7}{756.37} \times 109.43 = +1.01 = +1\text{cm}$

※ 종 · 횡선차가 1cm 차이가 발생할 때에는 소요자리 다음 수의 크기에 따라 올리고 내리는 방법으로 처리한다.

8) 종·횡선좌표 계산

기본식		종선좌표(X)=출발 기지종선좌표+보정치+Δx_1 횡선좌표(Y)=출발 기지종선좌표+보정치+Δy_1	
측점	시준점	종선좌표	횡선좌표
보5	1	453,689.61+(+20.99)+(−0.01) =453,710.59m	208,010.35+(+37.37)+(+0) =208,047.72m
1	2	453,710.59+(+41.33)+(−0.01) =453,751.91m	208,047.72+(−39.47)+(+0) =208,008.25m
2	3	453,751.91+(−56.26)+(−0.01) =453,695.64m	208,008.25+(−23.65)+(+0.01) =207,984.61m
3	4	453,695.64+(−101.74)+(−0.01) =453,593.89m	207,984.61+(+10.60)+(+0.01) =207,995.22m
4	5	453,593.89+(−79.92)+(−0.01) =453,513.96m	207,995.22+(+24.31)+(+0.01) =208,019.54m
5	6	453,513.96+(+115.25)+(−0.02) =453,629.19m	208,019.54+(−31.60)+(+0.01) =207,987.95m
6	7	453,629.19+(+46.97)+(−0.02) =453,676.14	207,987.95+(+101.11)+(+0.01) =208,089.07m
7	8	453,676.14+(+51.61+)+(−0.01) =453,727.74m	208,089.07+(−45.93)+(+0.01) =208,043.15m
8	보8	453,727.74+(+36.56)+(−0.02) =453,764.28m	208,043.15+(+103.14)+(+0.01) =208,146.30m

지적도근점측량계산부(방위각법)

도선명 : 가   축척 : 1,200분의 1

측점	시준점	보정치 방위각	수평거리	개정방위각	종선차(ΔX) 보정치 종선좌표(X)	횡선차(ΔY) 보정치 횡선좌표(Y)
보5	보6			174°37′	453,689.61	208,010.35
보5	1	0 60.41	42.86	60°41′	+20.99 −0.01 453,710.59	+37.37 0 208,047.72
1	2	+1 316.18	57.15	316°19′	+41.33 −0.01 453,751.91	−39.47 0 208,008.25
2	3	+1 202.47	61.03	202°48′	−56.26 −0.01 453,695.64	−23.65 +0.01 207,984.61
3	4	+1 174.02	102.29	174°03′	−101.74 −0.01 453,593.89	+10.60 +0.01 207,995.22
4	5	+2 163.03	83.53	163°05′	−79.92 −0.01 453,513.96	+24.31 +0.01 208,019.54
5	6	+2 344.38	119.50	344°40′	+115.25 −0.02 453,629.19	−31.60 +0.01 207,987.95
6	7	+2 65.03	111.49	65°05′	+46.97 −0.02 453,676.14	+101.11 +0.01 208,089.07
7	8	+2 318.18	69.09	318°20′	+51.61 −0.01 453,727.74	−45.93 +0.01 208,043.15
8	보8	+3 70.26	109.43	70°29′	+36.56 −0.02 453,764.28	+103.14 +0.01 208,146.30
보8	보9	+3 193.37	(756.37)	193°40′		
	기지	193.40			$\Sigma \Delta x = +74.79$ 기지 $= +74.67$ $f_x = +0.12$	$\Sigma \Delta y = +135.88$ 기지 $= +135.95$ $f_y = -0.07$
$n=10$						
오차 $= -3′$ 공차 $= \pm 3′$					연결오차 $=0.14$m 공차 $=0.33$m	

제6회 실전모의고사

※ 본 실전모의문제는 수험자의 정보를 토대로 작성하였으므로 일부 다를 수 있으며, 실전 대비 목적으로 작성한 것입니다.

01 지적삼각보조점측량을 X형의 다각망도선법에 의해 다음과 같은 결과를 얻었다. 평균방위각과 평균 종·횡선좌표를 구하시오.

도선	경중률		관측방위각	X좌표(m)	Y좌표(m)
	측점수(ΣN)	측정거리(ΣS)			
(1)	20	21.47	155°21′34″	342,070.74	225,973.09
(2)	16	11.44	155°20′33″	342,070.79	225,973.18
(3)	19	11.18	155°19′55″	342,070.62	225,973.34
(4)	20	15.33	155°19′49″	342,070.90	225,973.56

02 도곽신축량이 $\Delta X_1 = -2.6$mm, $\Delta X_2 = -2.4$mm, $\Delta Y_1 = -2.7$mm, $\Delta Y_2 = -2.3$mm이고 축척이 600분의 1인 지적도에 등록된 원면적이 1,243.5m²인 토지를 3필지로 분할하여 각 필지의 면적을 측정한 결과 $A=642.12$m², $B=432.21$m², $C=141.35$m²이었을 때 다음 물음에 답하시오(단, 면적보정계수는 소수 다섯째 자리까지 계산하여 소수 넷째 자리까지 결정하고 기타 사항은 지적 관련 법규에 따른다).

가. 면적보정계수
나. 신구면적교차 및 허용오차(공차)
다. 필지별 보정면적
라. 필지별 산출면적
마. 필지별 결정면적

03 기지점 A, B, C를 이용하여 장애물을 사이에 두고 AC 선상에 존재하는 PQ를 구하고자 아래와 같이 관측하였다. 다음 물음에 답하시오(단, 계산은 반올림하여 거리와 좌표는 소수 둘째 자리까지, 각도는 초단위까지 구하시오).

점명	X좌표(m)	Y좌표(m)
A	4,275.69	2,362.72
B	4,242.55	2,722.16
C	4,391.64	2,705.62

방위각 : $V_B^P = 297°52'00''$, $V_B^Q = 327°52'00''$

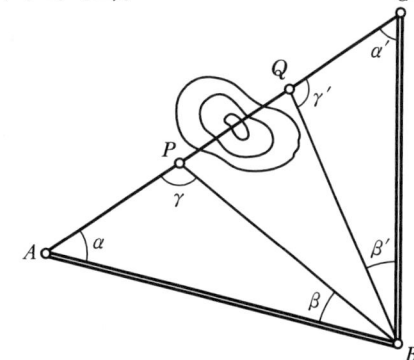

가. △ABP의 내각(α, β, γ)을 구하시오(계산식).
나. $\overline{AP}$의 거리를 구하시오.
다. △ACQ의 내각(α', β', γ')을 구하시오.
라. $\overline{CQ}$의 거리를 구하시오.
마. Q점의 X, Y좌표를 구하시오.

04 다음 도형에서 AC와 CD의 거리를 구하시오(단, 거리는 0.01m 단위까지 계산하시오).

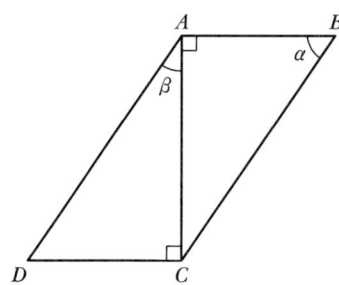

$\overline{AB} = 2,121.21\text{m}$
$\alpha = 65°54'43''$
$\beta = 54°43'32''$

05

그림과 같이 P_1, P_2, C를 삼각점으로 하고 P_1, P_2에서 C점을 관측하지 못해 측표의 편심 P점을 관측하였다. 관측 결과 편심거리(K)=5.00m, ϕ=230°30′, $\overline{P_1, P_2}$=2,000m, t_1=60°30′30″, t_2=70°30′30″, θ=80°20′일 때, $\angle CP_1P_2=T_1$과 $\angle P_1P_2C=T_2$를 구하시오(단, 거리는 소수 둘째 자리까지, 각도는 0.1″까지 계산하시오).

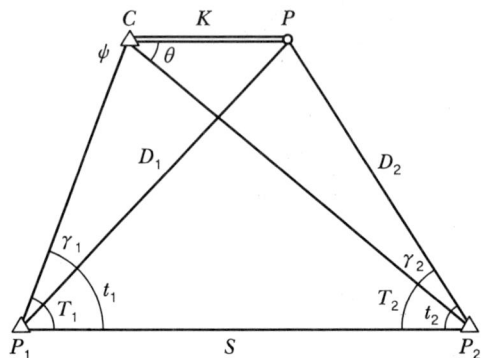

제6회 실전모의고사 정답 및 해설

01

1) 평균 방위각 계산

$$\text{평균 방위각} = \frac{\frac{\sum \alpha_n}{\sum Nn}}{\frac{1}{\sum Nn}} = 155°19' + \left[\frac{\frac{154}{20}+\frac{93}{16}+\frac{55}{19}+\frac{49}{20}}{\frac{1}{20}+\frac{1}{16}+\frac{1}{19}+\frac{1}{20}}\right] = 155°19' + 88'' = 155°20'28''$$

2) 평균 종선좌표 계산

$$\text{평균 종선좌표} = \frac{\frac{\sum X_n}{\sum Sn}}{\frac{1}{\sum Sn}} = 342,070 + \left[\frac{\frac{0.74}{21.47}+\frac{0.79}{11.44}+\frac{0.62}{11.18}+\frac{0.90}{15.33}}{\frac{1}{21.47}+\frac{1}{11.44}+\frac{1}{11.18}+\frac{1}{15.33}}\right] = 342,070.75\text{m}$$

3) 평균 횡선좌표 계산

$$\text{평균 횡선좌표} = \frac{\frac{\sum Y_n}{\sum Sn}}{\frac{1}{\sum Sn}} = 225,973 + \left[\frac{\frac{0.09}{21.47}+\frac{0.18}{11.44}+\frac{0.34}{11.18}+\frac{0.56}{15.33}}{\frac{1}{21.47}+\frac{1}{11.44}+\frac{1}{11.18}+\frac{1}{15.33}}\right] = 225,973.30\text{m}$$

02

1) 면적보정계수 계산

기본식	$Z = \dfrac{X \cdot Y}{\Delta X \cdot \Delta Y}$
	여기서, Z : 보정계수 X : 도곽선 종선길이
	  Y : 도곽선 횡선길이 ΔX : 신축된 도곽선 종선길이의 합/2
	  ΔY : 신축된 도곽선 횡선길이의 합/2

도상길이로 계산	$Z = \dfrac{X \cdot Y}{\Delta X \cdot \Delta Y} = \dfrac{333.33 \times 416.67}{(333.33 - 2.5)(416.67 - 2.5)} = 1.0136$ $\Delta X = \{-2.6 + (-2.4)\} \div 2 = -2.5 \text{mm}$ $\Delta Y = \{-2.7 + (-2.3)\} \div 2 = -2.5 \text{mm}$
지상길이로 계산	$Z = \dfrac{X \cdot Y}{\Delta X \cdot \Delta Y} = \dfrac{200 \times 250}{(400 - 1.5)(500 - 1.5)} = 1.0136$ -2.5mm를 지상거리로 환산 축척 = $\dfrac{\text{도상거리}}{\text{지상거리}}$, $\dfrac{1}{600} = \dfrac{-2.5\text{mm}}{\text{실제거리}}$ ∴ 실제거리 = $-2.5 \times 600 = -1,500$mm $= -1.5$m

2) 신구면적교차 및 허용오차(공차)

구분	교차 및 공차
신구면적교차	$1,243.5 - 1,232.21 = 12.29\text{m}^2$

허용오차(공차)	$A = \pm 0.026^2 M\sqrt{F} = \pm 0.026^2 \times 600 \times \sqrt{1,243.5} = \pm 14.3 = \pm 14\text{m}^2$
	여기서, A : 오차 허용면적
	  M : 축척분모
	  F : 원면적
	※ 공차의 소수점 이하는 버린다.

3) 필지별 보정면적의 계산

기본식	보정면적 = 측정면적 × 보정계수
10번지	$642.12 \times 1.0136 = 650.85\text{m}^2$
20번지	$431.21 \times 1.0136 = 420.9\text{m}^2$
30번지	$141.35 \times 1.0136 = 143.27\text{m}^2$
합계	$1,232.21\text{m}^2$

4) 필지별 산출면적의 계산

기본식	$r = \dfrac{F}{A} \times a$ 여기서, r : 각 필지의 산출면적 F : 원면적 A : 측정면적 합계 또는 보정면적 합계 a : 각 필지의 측정면적 또는 보정면적
10번지	$\dfrac{1,243.50}{1,232.21} \times 650.85 = 656.81 \text{m}^2$
20번지	$\dfrac{1,243.50}{1,232.21} \times 438.09 = 442.11 \text{m}^2$
30번지	$\dfrac{1,243.50}{1,232.21} \times 143.27 = 144.58 \text{m}^2$
합계	$1,243.50 \text{m}^2$

※ 산출면적의 합계는 반드시 원면적과 같아야 하며 단수처리상 차이가 있을 경우 증감하여 원면적과 같게 만들어 결정한다.

5) 필지별 결정면적

지번	결정면적
10번지	656.8m^2
20번지	442.1m^2
30번지	144.6m^2
합계	$1,243.5 \text{m}^2$

※ 축척이 1/600 지역이기 때문에 소수 첫째 자리까지 등록하며, 결정면적이 반드시 원면적(대장면적)과 일치하는지 확인해야 한다.

03

1) 기지점 변장 및 방위각의 계산

(1) $A \rightarrow B$

$\Delta x_a^b = x_b - x_a = 4,242.55 - 4,275.69 = -33.14 \text{m}$

$\Delta y_a^b = y_b - y_a = 2,722.16 - 2,362.72 = +359.44 \text{m}$ (2상한)

$\overline{AB} = \sqrt{(\Delta x_a^b)^2 + (\Delta y_a^b)^2} = \sqrt{(-33.14)^2 + (+359.44)^2} = 360.96 \text{m}$

$\theta = \tan^{-1}\left(\dfrac{\Delta y_a^b}{\Delta x_a^b}\right) = \tan^{-1}\left(\dfrac{+359.44}{-33.14}\right) = 84°43'56''$

$V_A^B = 180° - \theta = 180° - 84°43'56'' = 95°16'04''$

(2) $B \to C$

$$\Delta x_b^c = x_c - x_b = 4{,}391.64 - 4{,}242.55 = +149.09\text{m}$$

$$\Delta y_b^c = y_c - y_b = 2{,}705.62 - 2{,}722.16 = -16.54\text{m}\,(4상한)$$

$$\overline{BC} = \sqrt{(\Delta x_b^c)^2 + (\Delta y_b^c)^2} = \sqrt{(+149.09)^2 + (-16.54)^2} = 150.00\text{m}$$

$$\theta = \tan^{-1}\left(\frac{\Delta y_b^c}{\Delta x_b^c}\right) = \tan^{-1}\left(\frac{-16.54}{+149.09}\right) = 6°19'50''$$

$$V_B^C = 360° - \theta = 360° - 6°19'50'' = 353°40'10''$$

(3) $A \to C$

$$\Delta x_a^c = x_c - x_a = 4{,}391.64 - 4{,}275.69 = +115.95\text{m}$$

$$\Delta y_a^c = y_c - y_a = 2{,}705.62 - 2{,}362.72 = +342.90\text{m}\,(1상한)$$

$$\theta = \tan^{-1}\left(\frac{\Delta y_a^c}{\Delta x_a^c}\right) = \tan^{-1}\left(\frac{+342.90}{+115.95}\right) = 71°19'02''$$

$$V_A^C = \theta = 71°19'02''$$

$$V_C^A = V_A^C \pm 180° = 71°19'02'' + 180° = 251°19'02''$$

2) 내각 계산

(1) △ABP의 내각(α, β, γ)

$$\alpha = V_A^B - V_A^C = 95°16'04'' - 71°19'02'' = 23°57'02''$$

$$\beta = V_B^P - V_B^A = V_B^P - (V_A^B \pm 180°) = 297°52'00'' - (95°16'04'' + 180°) = 22°35'56''$$

$$\gamma = 180° - (\alpha + \beta) = 180° - (23°57'02'' + 22°35'56'') = 133°27'02''$$

검산 : $\alpha + \beta + \gamma = 23°57'02'' + 22°35'56'' + 133°27'02'' = 180°$

(2) △ACQ의 내각(α', β', γ')

$$\alpha' = V_C^A - V_C^B = (V_A^C \pm 180°) - (V_B^C \pm 180°)$$
$$= (71°19'02'' + 180°) - (353°40'10'' - 180°) = 77°38'52''$$

$$\beta' = V_B^C - V_B^Q = 353°40'10'' - 327°52'00'' = 25°48'10''$$

$$\gamma' = 180° - (\alpha' + \beta') = 180° - (77°38'52'' + 25°48'10'') = 76°32'58''$$

검산 : $\alpha' + \beta' + \gamma' = 77°38'52'' + 25°48'10'' + 76°32'58'' = 180°$

3) 거리 계산

$$\overline{AP} = \frac{\overline{AB} \cdot \sin\beta}{\sin\gamma} = \frac{360.96 \times \sin 22°35'56''}{\sin 133°27'02''} = 191.07\text{m}$$

$$\overline{CQ} = \frac{\overline{BC} \cdot \sin\beta'}{\sin\gamma'} = \frac{150.00 \times \sin 25°48'10''}{\sin 76°32'58''} = 67.13\text{m}$$

4) 소구점(P, Q) 종·횡선좌표 계산

(1) $A \rightarrow P$

$X_P = X_A + (\overline{AP} \times \cos V_A^C) = 4,275.69 + (191.07 \times \cos 71°19'02'') = 4,336.90\text{m}$

$Y_P = Y_A + (\overline{AP} \times \sin V_A^C) = 2,362.72 + (191.07 \times \sin 71°19'02'') = 2,543.72\text{m}$

(2) $C \rightarrow Q$

$X_Q = X_C + (\overline{CQ} \times \cos V_C^A) = 4,391.64 + (67.13 \times \cos 251°19'02'') = 7,370.14\text{m}$

$Y_Q = Y_C + (\overline{CQ} \times \sin V_C^A) = 2,705.62 + (67.13 \times \sin 251°19'02'') = 2,642.03\text{m}$

04

1) 내각 계산

삼각형	내각
$\triangle ABC$	$\angle C = 180° - (\angle A + \alpha) = 180° - (90° + 65°54'43'') = 24°05'17''$
$\triangle ACD$	$\angle D = 180° - (\angle C + \beta) = 180° - (90° + 54°43'32'') = 35°16'28''$

2) 거리 계산

삼각형	거리
$A \rightarrow C$	$\overline{AC} = \dfrac{\overline{AB} \times \sin\alpha}{\sin \angle C} = \dfrac{2,121.21 \times \sin 65°54'43''}{\sin 24°05'17''} = 4,744.68\text{m}$
$C \rightarrow D$	$\overline{CD} = \dfrac{\overline{AC} \times \sin\beta}{\sin \angle D} = \dfrac{4,744.68 \times \sin 54°43'32''}{\sin 35°16'28''} = 6,707.49\text{m}$

05

1) $\triangle P_1PP_2$에서 $\angle P_1PP_2 = 180° - (t_1 + t_2)$

2) 길이 계산

방향	길이
$D_1 (= P_1P)$	$D_1 (= P_1P) = \dfrac{\overline{P_1P_2} \times \sin t_2}{\sin \angle P_1PP_2} = \dfrac{2,000 \times \sin 70°30'30''}{\sin 48°59'00''} = 2,498.79\text{m}$
$D_2 (= P_2P)$	$D_2 (= P_2P) = \dfrac{\overline{P_1P_2} \times \sin t_1}{\sin \angle P_1PP_2} = \dfrac{2,000 \times \sin 60°30'30''}{\sin 48°59'00''} = 2,307.24\text{m}$

3) γ_1과 γ_2 계산

γ_1	$\alpha = 360° - \phi = 360° - 230°30' = 129°30'$ $\dfrac{D_1}{\sin \alpha} = \dfrac{K}{\sin r_1} \rightarrow \sin r_1 = \dfrac{K \times \sin r_1}{D_1}$ $\therefore r_1 = \sin^{-1}\left(\dfrac{K \times \sin \alpha}{D_1}\right) = \sin^{-1}\left(\dfrac{5.00 \times \sin 129°30'}{2,498.79}\right) = 0°05'18.5''$
γ_2	$\dfrac{D_2}{\sin \theta} = \dfrac{K}{\sin r_2} \rightarrow \sin r_2 = \dfrac{K \times \sin \theta}{D_2}$ $\therefore r_2 = \sin^{-1}\left(\dfrac{K \times \sin \theta}{D_2}\right) = \sin^{-1}\left(\dfrac{5.00 \times \sin 80°20'}{2,307.24}\right) = 0°07'20.6''$

4) T_1과 T_2 계산

T_1	$T_1 = t_1 + r_1 = 60°30'30'' + 0°05'18.5'' = 60°35'48.5''$
T_2	$T_2 = t_2 - r_2 = 70°30'30'' + 0°07'20.6'' = 70°23'09.4''$

PART 03
외업 작업형

CHAPTER 01 외업 시험대비요령

01 외업 시험과목 및 시험시간

1) 지적기사(배점 45점/1시간 45분)

과목	시험시간	배점	비고
지적삼각점측량	35분	15점	
지적도근점측량	35분	15점	
세부측량	35분	15점	

2) 지적산업기사(배점 45점/1시간 45분)

과목	시험시간	배점	비고
지적도근점측량	35분	15점	
세부측량	35분	15점	

02 수험자 유의사항

① 수험자 인적사항 및 답안 작성은 반드시 검은색 필기구만 사용하여야 하며, 그 외 연필류, 유색필기구, 지워지는 펜 등을 사용한 답안은 채점하지 않으며 0점 처리됩니다.
② 답안 정정 시에는 정정하고자 하는 단어에 두 줄(=)을 긋고 다시 작성하거나, 수정테이프(수정액 제외)를 사용하여 정정하시기 바랍니다.
③ 지급된 장비의 이상 유무를 확인합니다.
④ 코스별 부호의 명칭을 확인하여 기재하고 현장을 확인합니다.
⑤ 수험 도중 수험자 간에 대화를 해서는 안 됩니다.
⑥ 실기시험 중 설치된 시설물이 파손되지 않도록 주의하여야 합니다.

⑦ 장비 사용을 완료한 경우에는 본래대로 조정한 후 원위치에 반환합니다.
⑧ 모든 관측부의 서식 정리 및 답안지 작성은 지적관련법령 및 서식 등의 관련 규정에 맞도록 기록하고 기재 가능한 모든 사항을 기록합니다(단, 주어진 조건이 있을 경우에는 조건에 따릅니다).
⑨ 각 과제별 시험시간을 초과한 과제는 각 과제별로 0점 처리합니다.
⑩ 시험 중 수험자는 반드시 안전수칙을 준수해야 하며, 작업 복장상태, 안전사항 등이 채점 대상이 됩니다(작업에 적합한 복장을 항시 착용하여야 합니다).
⑪ 다음 사항은 실격에 해당하여 채점 대상에서 제외됩니다.
- 수험자 본인이 수험 도중 시험에 대한 포기 의사를 표시하는 경우
- 전 과정(필답형 + 작업형)을 응시하지 않은 경우
- 시험 중 시설, 장비의 조작이 미숙하여 장비의 파손 및 고장을 발생시킨 것으로 시험위원 전원이 합의하여 판단하는 경우

CHAPTER 02 실기형 측량장비

01 개요

실기형 측량장비는 데오돌라이트(경위의 ; Theodolite)와 토털스테이션(Total Station)이 사용된다. 데오돌라이트는 망원경을 이용하여 수평축이나 수직축을 기준으로 각도를 측정하는 측량기기로 최근에는 전자장치를 부착하여 각 읽음을 보다 쉽게 한 디지털 데오돌라이트가 사용되고 있으며, 토털스테이션은 각도와 거리를 함께 측정할 수 있는 측량기로 전자식 데오돌라이트(Electronic Theodolite)와 광파측거기(EDM : Electro-optical Instruments)가 하나의 기기로 통합되어 있어 측정한 자료를 빠른 시간 안에 처리할 수 있는 측량장비이다.

02 측량장비의 구조 및 각 부의 명칭

지적기사의 실기형(외업) 시험문제는 지적삼각보조점측량(방향관측법)과 지적도근점측량(배각법) 및 세부측량(거리와 종·횡선좌표)으로, 지적산업기사는 지적도근점측량(방위각법)과 세부측량(거리와 종·횡선좌표)으로 데오돌라이트를 사용하여 각도를 관측해야 구하는 문제들이다. 이 토털스테이션의 구조와 명칭은 다음과 같다.

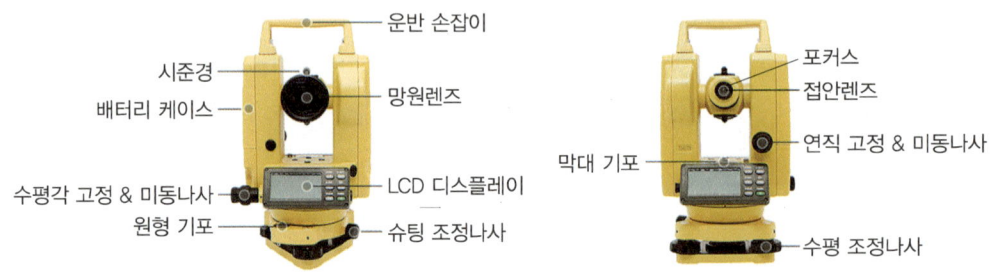

※ 실기형 측량장비는 실기시험장에 따라 달라질 수 있으며, 실기형 측량장비와는 차이가 있을 수 있다(장비 명칭은 뒷부분에 있는 그림 참조).

03 작업 순서

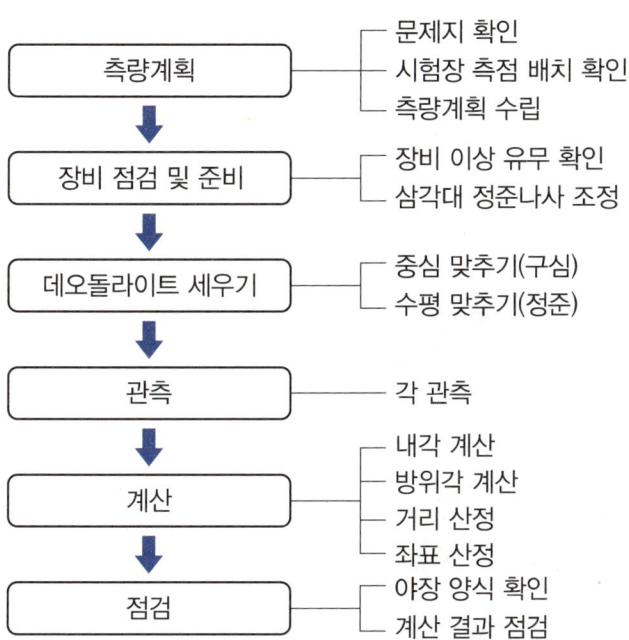

04 세부작업 요령

1) 측량계획, 장비 점검 및 준비

지적삼각보조점측량과 지적도근점측량 및 세부측량 실기(외업) 시 대기석에서 실기장 측점 배치 상태를 확인한 후 측량계획을 세운다. 시험문제 배부 즉시 측량장비(삼각대와 정준나사 등)의 이상 유무를 점검하여 작업에 용이하도록 조정한다.

실기장 전경과 실기 사진	세부작업
	시험장 대기석에서 관측노선의 배치 상태, 말목의 위치 등을 파악하여 관측계획을 수립한다.
	수험번호를 배정받고 데오돌라이트가 지급되면 이상 유무를 확인한 후 삼각대 신축조정나사를 이용하여 데오돌라이트의 높이를 자신의 눈높이에 맞춰 삼각대를 조정한다.
	삼각대와 데오돌라이트 사이에 편심이 있는 경우 중앙에 위치시켜야 하므로 상·하부 고정나사를 풀어 데오돌라이트를 중앙에 오도록 조정한다.
	정준나사를 중앙 표시눈금에 오도록 조정한다.
	수평·수직 나사를 중앙 표시눈금에 오도록 조정한다.

2) 데오돌라이트 세우기

데오돌라이트 세우기는 많은 시간을 요하는 부분이므로 반복 연습하여 시간을 단축하는 것이 전체 공정에 매우 중요한 사항이 된다. 일반적으로 데오돌라이트를 세우는 방법은 삼각대를 견고하게 지지한 후 원형기포관을 보면서 삼각대를 이용하여 개략적인 수평을 맞춘다. 세부 수평맞추기는 수평기포관을 보면서 정준나사를 이용하여 정확하게 수평을 맞춘다. 수평맞추기가 완료되면 구심망원경을 보면서 구심을 맞춘다.

순서	실기 사진	세부 작업
중심 맞추기 (구심)		관측계획이 수립되면 첫 관측점으로 이동하여 하나의 삼각대는 고정시켜 놓고 두 개의 삼각대와 구심망원경을 보면서 중심을 맞춘다.
수평 맞추기 (정준)		원형기포관을 보면서 삼각대의 높이 조정나사를 이용하여 수평을 맞춘다. 원형기포관의 기포가 중앙에 있는 원 안에 들어오게 한다.
정확한 수평 맞추기 (정준)		세부 수평 맞추기는 수평기포관을 보면서 정준나사를 이용하여 정확하게 수평을 맞춘다. 수평기포관은 감도가 민감하다.
정확한 구심 맞추기		구심망원경을 보면서 삼각대의 고정나사를 살짝 풀어서 구심을 맞춘 후 이심나사를 풀어서 정확하게 구심을 맞춘다.
구심과 수평 맞추기 마무리		구심 맞추기가 완료되면 수평을 확인하고 데오돌라이트를 90° 회전시켜서 수평을 확인한다. 이때 수평이 맞지 않으면 다시 수평을 조정하고 구심망원경을 이용하여 구심을 정확하게 맞춘다.

3) 관측하기

측점시준		
		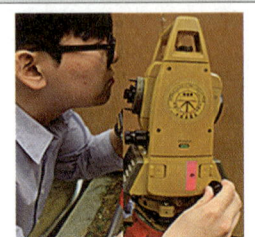
조준경을 이용하여 측점을 시준한다.	조준경의 삼각형 상단 끝 지점에 측점을 맞추어 시준한다.	수평 고정나사를 잠근다.
대물렌즈 초점 조정		

대물렌즈의 조정나사를 이용하여 초점을 맞춘다.	조정 전	조정 후
접안렌즈 선명도 조정		
		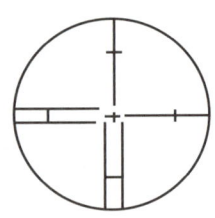
접안렌즈를 이용하여 십자선의 선명도를 맞춘다.	조정 전	조정 후
측점(못) 상단에 수평과 연직 맞추기		
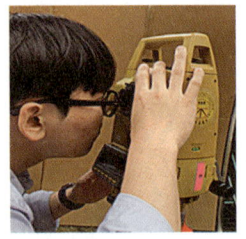		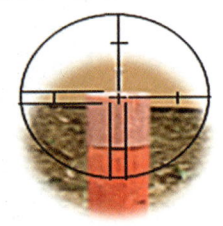
수평 미동나사를 조정하여 십자선의 수평방향을 정확하게 조정한다.	망원경(연직) 미동나사를 조정하여 십자선의 연직방향을 정확하게 조정한다.	십자선 중심을 못 상단에 정확하게 맞춘다.

각 관측		
V: 80°25′55″ H: 0°00′00″	V: 80°25′55″ H: 60°32′20″	
정확하게 측점방향을 맞추면 SET 버튼을 눌러 수평각을 0°00′00″로 세팅한다.	수평·수직 고정나사를 푼 다음 측점을 정확하게 시준한 후 관측내각을 야장에 기입한다.	

CHAPTER 03 실기 시험요령

01 지적기사 시험요령

1) 지적삼각보조점측량(방향관측법)

(1) 관측원리

① 지적삼각보조점측량의 방향관측법은 한 개의 측점에서 여러 개의 시준점을 관측하는 방법으로, 지적삼각점측량에서는 3대회(0°, 60°, 120°), 지적삼각보조점측량에서는 2대회(0°, 90°)의 방향관측법에 의한다.

② 관측방법은 시준점의 하나를 P점 방향으로 정한 후 망원경을 정위로 해서 시계방향으로 다른 시준점(Q, R점)을 순차적으로 수평각을 관측하여 P점 방향에 폐색한다. 다시 망원경을 반위로 하여 반시계방향으로 수평각을 관측하여 P점 방향에 폐색하면 1대회라 한다.

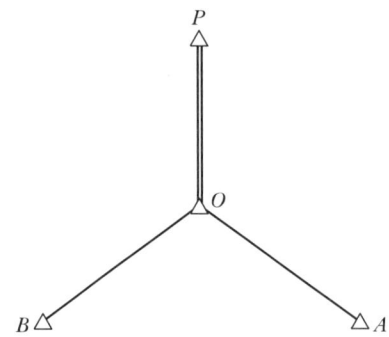

(2) 문제유형

측점 O에 기계를 설치하고 OP를 출발기준선으로 하여 2대회 방향관측법으로 수평각관측부 및 수평각개정 계산부를 작성하시오(단, 출발기준선의 기지방위각은 00°00′00″로 가정하며, P, Q, R점은 시험위원이 지정한 점을 관측하시오).

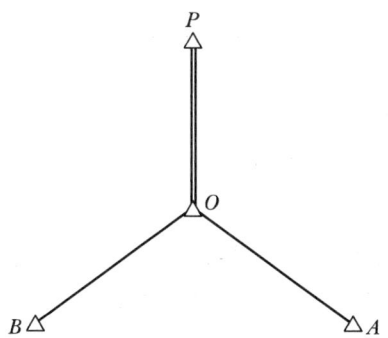

(3) 관측방법

① 정측회 관측
- O점에 측량장비를 세워서 구심·정준한 후 망원경을 정위로 하여 P점을 정확히 시준하고, 00°00′00″로 상부고정나사를 고정한다.
- 수평고정나사를 풀고 시계방향으로 회전하여 Q점을 시준한 후 각도를 읽는다.
- 수평고정나사를 풀고 시계방향으로 회전하여 R점을 시준한 후 각도를 읽는다.
- 수평고정나사를 풀고 시계방향으로 회전하여 P점을 시준한 후 각도를 읽는다.
- 이때 원방향으로 돌아왔을 때 300°00′00″가 되어야 하지만 여러 가지 이유로 오차가 발생한다. 이것을 폐색차라 하고 1대회 정관측이다.

② 반측회 관측
- 망원경을 반전하여 P점을 시준하면 이론상으로 180°가 되어야 하지만 여러 가지 이유로 오차가 발생하는데, 이것을 출발차라 한다.
- 하부고정나사를 풀고 반시계방향으로 회전하여 R점을 시준한 후 각도를 읽는다.
- 수평고정나사를 풀고 반시계방향으로 회전하여 Q점을 시준한 후 각도를 읽는다.
- 수평고정나사를 풀고 반시계방향으로 회전하여 P점을 시준한 후 각도를 읽는다.
- 이때 원방향으로 돌아왔을 때 180°00′00″가 되어야 하지만 여러 가지 이유로 오차가 발생한다. 이것을 폐색차라 하고 1대회 관측이 완료된다.

2대회 또는 3대회도 위와 같은 순서로 관측하며, 윤곽도만 달리 하여 관측하면 된다.

윤곽도	1대회		2대회		3대회	
	정	반	정	반	정	반
2대회	0°	180°	90°	270°		
3대회	0°	180°	60°	240°	120°	300°

(4) 계산방법(출발차와 폐색차)

① 2대회를 관측한 후 출발차 또는 폐색차가 생기면 이를 조정하여 결과 관측각을 계산하여야 한다.
② 출발차는 시작 시 생기는 오차이므로 모든 시준점에서 동일하게 조정한다.
③ 폐색차는 오차가 누적되었다고 보기 때문에 횟수에 비례하여 조정한다.

제1각에서 $\dfrac{e}{n}$

제2각에서 $\dfrac{2e}{n}$

제n각에서 $\dfrac{ne}{n}$

여기서, n : 측정횟수
e : 폐색오차

(5) 조정 결과

① 조정한 후 결과각은 원방향을 0°로 한 방향각을 기재해야 하므로 출발차, 폐색차를 조정한 후 윤곽도만큼 뺀 각을 기재한다.
② 수평각개정 계산부는 수평각관측부의 결과에 의하여 순서대로 1대회 정위측만 도·분·초로 기재하고 나머지는 계산양식과 같이 분·초만 기재한다.
③ 평균각의 도·분은 대개 같으므로 그대로 적고 초단위만 6개를 더하여 평균하면 평균각이 된다.
④ 중심각은 측점에서 시준점 간의 사이각이기 때문에 앞의 방향각에서 뒤의 방향각을 빼면 된다.

(6) 수평각관측부 및 수평각개정 계산부 작성

수평각관측부

측점명 : O점									
시간	윤곽도	경위	순번	시준점	방향각	조정			
						출발차	폐색차	결과
10 : 00	0°	정	1	P	00°00′00″		0″	00°00′00″
		정	2	Q	146°22′22″		+2″	146°22′24″
		정	3	R	252°11′15″		+3″	252°11′18″
		정	1	P	342°59′55″		+5″	360°00′00″
	180	반	1	P	180°00′05″	−5″		360°00′00″
		반	3	R	72°11′16″	−5″		252°11′11″
		반	2	Q	326°22′25″	−5″		146°22′20″
		반	1	P	180°00′05″	−5″		00°00′00″
	90	정	1	P	90°00′00″		0″	00°00′00″
		정	2	Q	236°22′25″		−1″	146°22′24″
		정	3	R	342°11′18″		−2″	252°11′16″
		정	1	P	90°00′03″		−3″	360°00′00″
	270	반	1	P	270°00′05″	−5″	0″	360°00′00″
		반	3	R	162°11′27″	−5″	−2″	252°11′10″
		반	2	Q	56°22′37″	−5″	−3″	146°22′29″
		반	1	P	270°00′10″	−5″	−5″	00°00′00″

수평각개정 계산부

측점명	시준점	방향각						평균	중심각
		0°		90°					
		정	반	정	반				
O	P	00°00′00″	00′00″	00′00″	00′00″			00°00′00″	146°22′24″
	Q	146°22′24″	22′20″	22′24″	22′29″			146°22′24″	105°48′50″
	R	252°11′18″	11′11″	11′16″	11′10″			252°11′14″	107°48′46″
	P	360°00′00″	00′00″	00′00″	00′00″			360°00′00″	

2) 지적도근점측량(배각법)

(1) 관측원리

배각법은 측점에서 두 시준점을 같은 방향으로 여러 번 회전시켜 관측한 합계각을 반복횟수로 나누어 평균각을 구하는 각 관측방법으로, 지적도근점측량을 시행할 때에는 각 측선의 교각을 3배각 관측하고 그 평균치를 관측각으로 한다.

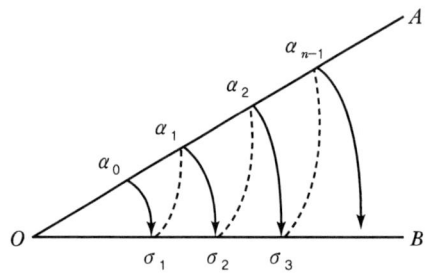

관측각($\angle AOB$) = $\dfrac{\alpha_n - \alpha_o}{n}$

여기서, α_o : 처음 읽음 값
α_{n-1} : 나중 읽음 값
n : 반복횟수

(2) 문제유형

지적도근점측량을 배각법으로 실시하고자 한다. 측점 A, B에 기계를 설치하여 $A \rightarrow B$ 방위각, $B \rightarrow C$ 방위각, C점의 좌표를 구하시오(단, A점의 좌표는 $X = 100.00\text{m}$, $Y = 100.00\text{m}$이며, 기지방위각(V_A^P), $\overline{AB}$ 및 $\overline{BC}$의 거리는 시험위원이 지정해 주는 값에 따르시오).

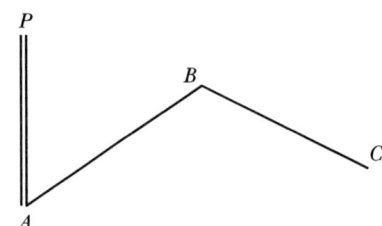

(3) 관측방법

① 측점 "A"에서 관측

㉠ A점에 측량장비를 세워서 P점을 표정한 후 수평각을 0 SET 버튼을 눌러 00°00′00″로 설정한다.

㉡ 망원경을 시계방향으로 회전하여 B점을 시준한 후 $\angle PAB$를 관측하여 배각관측부에 1배각을 기재한다(단, $\overline{AB}$의 거리는 시험위원이 지정해 주므로 내각만 관측하고 거리는 측정하지 않는다).

㉢ 수평각을 고정(HOLD)시킨 상태에서 P점 표정한 후 수평각 고정(HOLD)을 해제한 후 망원경을 시계방향으로 회전하여 $\angle PAB$를 관측하여 배각관측부에 2배각을 기재한다.

㉣ 동일한 방법으로 $\angle PAB$를 관측하여 배각관측부에 3배각과 평균각을 기재한다.

② 측점 "B"에서 관측

B점에 측량장비를 세워서 A점의 관측방법 순서(㉠~㉣)로 ∠ABC를 관측하여 배각 관측부에 1배각과 3배각 및 평균각을 기재한다.

(4) 계산방법

측점	방향	방위각	종·횡좌표
B	$A \rightarrow B$	$V_A^B = V_A^P + \angle PAB$ V_A^P : 시험위원이 지정한 각 $\angle PAB$: 관측각	$X_B = X_A + (\overline{AB} \times \cos V_A^B)$ $Y_B = Y_A + (\overline{AB} \times \sin V_A^B)$ X_A, Y_A : A점 좌표(주어짐) $\overline{AB}$: 시험위원이 지정한 거리
C	$B \rightarrow C$	$V_B^C = V_B^A + \angle ABC$ V_A^B : 시험위원이 지정한 각 $\angle ABC$: 관측각	$X_C = X_B + (\overline{BC} \times \cos V_B^C)$ $Y_C = Y_B + (\overline{BC} \times \sin V_B^C)$ X_B, Y_B : B점 좌표 $\overline{BC}$: 시험위원이 지정한 거리

3) 세부측량(종·횡선좌표와 거리)

(1) 관측원리

① 세부측량은 기지점으로부터 구하고자 하는 점까지 거리와 내각을 관측하고 방위각을 산출해서 소구점의 종·횡선좌표를 계산한다.
② 방위각은 전 측선의 방위각과 관측한 내각을 이용하여, 소구점의 종·횡선좌표는 기지점의 종·횡선좌표로 종·횡선차를 가감하여 계산한다.
③ 우선 각 기지점의 종·횡선좌표를 산출하고, 이를 기준으로 경계점까지 거리와 내각을 관측한 후 경계점의 종·횡선좌표를 계산한다.

(2) 문제유형

측점 A에서 출발하여 측점 B의 방위각을 관측하고, 측점 B에서 P, Q에 대한 거리와 방위각 및 측점 C의 방위각을 관측한 후 측점 C에서 R, S에 대한 거리와 방위각을 관측하여 주어진 서식에 기록하고 B, C, P, Q, R, S에 대한 좌표 및 $\overline{PS}$ 거리를 구하시오(단, A점의 좌표는 $X = 150.00$m, $Y = 200.00$m이고, 기지방위각(V_A^T), $\overline{AB}$ 및 $\overline{BC}$의 거리는 시험위원이 지정해 주는 값에 따르며, 반드시 제시한 측점에서 관측하여 각은 초(″) 단위까지, 거리 및 좌표는 소수 셋째 자리에서 반올림하여 구하시오).

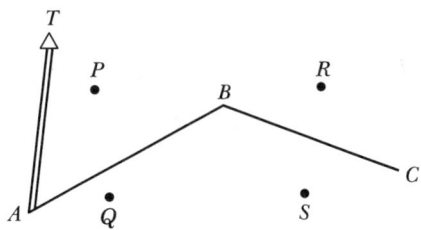

(3) 관측방법

① 측점 "A"에서 관측
  ㉠ A점에 측량장비를 세워서 T점을 표정한 후 수평각을 0 SET 버튼을 눌러 00°00′00″로 설정한다.
  ㉡ 망원경을 시계방향으로 회전하여 B점을 시준한 후 ∠TAB를 관측한다(단, $\overline{AB}$의 거리는 시험위원이 지정해 주므로 내각만 관측하고 거리는 측정하지 않는다).

② 측점 "B"에서 관측
  ㉠ B점에 측량장비를 세워서 A점을 표정한 후 수평각을 0 SET 버튼을 눌러 00°00′00″로 설정한다.
  ㉡ 망원경을 시계방향으로 회전하여 P점을 시준한 후 ∠ABP를 관측하고, $\overline{BP}$의 거리를 측정한다.
  ㉢ 다음 망원경을 시계방향으로 회전하여 C점을 시준한 ∠ABC를 관측한다(단, $\overline{BC}$의 거리는 시험위원이 지정해 주므로 내각만 관측하고 거리는 측정하지 않는다).
  ㉣ 다음 망원경을 시계방향으로 회전하여 Q점을 시준하여 ∠ABQ를 관측하고, $\overline{BQ}$의 거리를 측정한다.

③ 측점 "C"에서 관측
  ㉠ C점에 측량장비를 세워서 B점을 표정한 후 수평각을 0SET 버튼을 눌러 00°00′00″로 설정한다.
  ㉡ 망원경을 시계방향으로 회전하여 R점을 시준한 후 ∠BCR을 관측하고, $\overline{CR}$의 거리를 측정한다.
  ㉢ 망원경을 시계방향으로 회전하여 S점을 시준한 후 ∠BCS를 관측하고, $\overline{CS}$의 거리를 측정한다.

(4) 계산방법

① 방위각 및 종·횡좌표 계산

측점	방향	방위각	종·횡좌표
B	$A \to B$	$V_A^B = V_A^T + \angle TAB$ 여기서, V_A^T : 시험위원이 지정한 각 $\angle PAB$: 관측각	$X_B = X_A + (\overline{AB} \times \cos V_A^B)$ $Y_B = Y_A + (\overline{AB} \times \sin V_A^B)$ 여기서, X_A, Y_A : A점 좌표(주어짐) $\overline{AB}$: 시험위원이 지정한 거리
P	$B \to P$	$V_B^P = V_B^A + \angle ABP$ $= (V_A^B \pm 180°) + \angle ABP$ 여기서, V_A^B : A점에서 P점의 방위각 $\angle ABP$: 관측각	$X_P = X_B + (\overline{BP} \times \cos V_B^P)$ $Y_P = Y_B + (\overline{BP} \times \sin V_B^P)$ 여기서, X_B, Y_B : B점 좌표 $\overline{BP}$: 관측거리
C	$B \to C$	$V_B^C = V_B^A + \angle ABC$ $= (V_A^B \pm 180°) + \angle ABC$ 여기서, V_A^B : A점에서 P점의 방위각 $\angle ABC$: 관측각	$X_C = X_B + (\overline{BC} \times \cos V_B^C)$ $Y_C = Y_B + (\overline{BC} \times \sin V_B^C)$ 여기서, X_B, Y_B : B점 좌표 $\overline{BC}$: 시험위원이 지정한 거리
Q	$B \to Q$	$V_B^Q = V_B^A + \angle ABQ$ $= (V_A^B \pm 180°) + \angle ABQ$ 여기서, V_A^B : A점에서 P점의 방위각 $\angle ABQ$: 관측각	$X_Q = X_B + (\overline{BQ} \times \cos V_B^Q)$ $Y_Q = Y_B + (\overline{BQ} \times \sin V_B^Q)$ 여기서, X_B, Y_B : B점 좌표 $\overline{BQ}$: 관측거리
R	$C \to R$	$V_C^R = V_C^B + \angle BCR$ $= (V_B^C \pm 180°) + \angle BCR$ 여기서, V_B^C : B점에서 C점의 방위각 $\angle BCR$: 관측각	$X_R = X_C + (\overline{CR} \times \cos V_C^B)$ $Y_R = Y_C + (\overline{CR} \times \sin V_C^B)$ 여기서, X_C, Y_C : C점 좌표 $\overline{CR}$: 관측거리
S	$C \to S$	$V_C^S = V_C^B + \angle BCS$ $= (V_B^C \pm 180°) + \angle BCS$ 여기서, V_B^C : B점에서 C점의 방위각 $\angle BCS$: 관측각	$X_S = X_C + (\overline{CS} \times \cos V_C^S)$ $Y_S = Y_C + (\overline{CS} \times \sin V_C^S)$ 여기서, X_C, Y_C : C점 좌표 $\overline{CS}$: 관측거리

② $\overline{PS}$ 거리 계산

	거리
종·횡선차	$\Delta x_p^s = x_s - x_p$, $\Delta y_p^s = y_s - y_p$
거리	$\overline{PS} = \sqrt{(\Delta x_p^s)^2 + (\Delta y_p^s)^2}$

02 지적산업기사 시험요령

1) 지적도근점측량(방위각법)

(1) 관측원리

① 방위각법은 기지방위각을 기준으로 각 측선의 방위각을 직접 관측하여 도착방위각을 구한다.
② 방위각의 측정은 반전법을 사용하므로 단측법에 해당되며, 단측법은 1각을 1회 관측하는 방법이다.

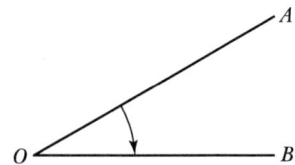

(2) 문제유형

지적도근점측량을 방위각법으로 실시하고자 한다. 측점 A에서 측점 P를 출발 기지로 하여 측점 D에서 측점 Q까지 각 측선의 방위각을 구하여 주어진 서식에 기록하시오[단, 출발기지 방위각은 시험위원이 지정한 값으로 하며, 관측값은 초(″)단위까지 구하시오].

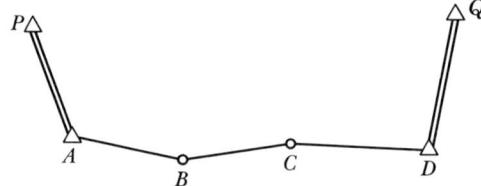

(3) 관측방법

① 측점 "A"에서 관측
　㉠ A점에 측량장비를 세워서 시험위원이 지정한 출발기지 방위각(V_A^P)을 수평각으로 입력한 후 고정(HOLD) 버튼을 눌러 측점 P를 표정한다.
　㉡ 수평각 고정(HOLD)을 해제하고 망원경을 시계방향으로 회전하여 B점을 시준하고, 방위각(V_A^B)을 관측한 후 수평각 고정(HOLD) 버튼을 누른다.

② 측점 "B"에서 관측
B점에 측량장비를 세워서 A점을 표정한 후 망원경을 반전하여 수평각 고정(HOLD)을 해제하고, 망원경을 시계방향으로 회전하고 C점을 시준하여 방위각(V_B^C)을 관측한 후 수평각 고정(HOLD) 버튼을 누른다.

③ 측점 "C"에서 관측

C점에 측량장비를 세워서 B점을 표정한 후 망원경을 반전하여 수평각 고정(HOLD)을 해제하고, 망원경을 시계방향으로 회전하고 D점을 시준하여 방위각(V_C^D)을 관측한 후 수평각을 고정(HOLD) 버튼을 누른다.

④ 측점 "D"에서 관측

D점에 측량장비를 세워서 C점을 표정한 후 망원경을 반전하여 수평각 고정(HOLD)을 해제하고, 망원경을 시계방향으로 회전하고 Q점을 시준하여 방위각(V_D^Q)을 관측한다.

(4) 계산 방법

측점	방향	방위각	종·횡좌표
B	$A \rightarrow B$	$V_A^B = V_A^P + \angle PAB$ 여기서, V_A^P : 시험위원이 지정한 각 $\angle PAB$: 관측각	$X_B = X_A + (\overline{AB} \times \cos V_A^B)$ $Y_B = Y_A + (\overline{AB} \times \sin V_A^B)$ 여기서, X_A, Y_A : A점 좌표(주어짐) $\overline{AB}$: 시험위원이 지정한 거리
C	$B \rightarrow C$	$V_B^C = V_B^A + \angle ABC$ 여기서, V_A^B : 시험위원이 지정한 각 $\angle ABC$: 관측각	$X_C = X_B + (\overline{BC} \times \cos V_B^C)$ $Y_C = Y_B + (\overline{BC} \times \sin V_B^C)$ 여기서, X_B, Y_B : B점 좌표 $\overline{BC}$: 시험위원이 지정한 거리

2) 세부측량(종·횡선좌표와 거리)

(1) 관측원리

① 세부측량은 기지점으로부터 구하고자 하는 점까지 거리와 내각을 관측하고 방위각을 산출해서 소구점의 종·횡선좌표를 계산한다.

② 방위각은 전 측선의 방위각과 관측한 내각을 이용하여, 소구점의 종·횡선좌표는 기지점의 종·횡선좌표로 종·횡선차를 가감하여 계산한다.

③ 우선 각 기지점의 종·횡선좌표를 산출하고, 이를 기준으로 경계점까지 거리와 내각을 관측한 후 경계점의 종·횡선좌표를 계산한다.

(2) 문제유형

측점 A에서 출발하여 측점 B의 방위각을 관측한 후, 측점 A에서 측점 P, Q에 대한 거리와 방위각을 관측하고, 측점 B에서 측점 R, S에 대한 거리와 방위각을 관측하여 주어진 서식에 기록하고 측점 B, P, Q, R, S에 대한 좌표 및 $\overline{PS}$의 거리를 구하시오[단, A점의 좌표는 $X=200.00\text{m}$, $Y=300.00\text{m}$이고, 기지방위각(V_A^T) 및 측점 간 거리는 시험위원이 지정해 주는 값으로 하며, 반드시 제시한 측점에서 관측하여 각은 초(″)단위까지, 거리 및 좌표는 소수 셋째 자리에서 반올림하여 구하시오].

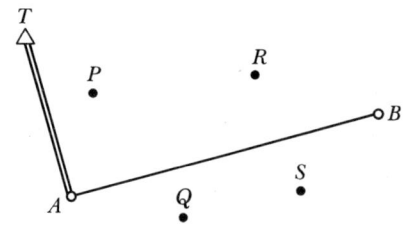

(3) 관측 방법

① 측점 "A"에서 관측
　㉠ A점에 측량장비를 세워서 T점을 표정한 후 수평각을 0 SET 버튼을 눌러 00°00′00″로 설정한다.
　㉡ 망원경을 시계방향으로 회전하여 P점을 시준한 후 ∠TAP를 관측하고, $\overline{AB}$의 거리를 측정한다.
　㉢ 다음 망원경을 시계방향으로 회전하여 B점을 시준한 ∠TAB를 관측한다(단, $\overline{AB}$의 거리는 시험위원이 지정해 주므로 내각만 관측하고 거리는 측정하지 않는다).
　㉣ 다음 망원경을 시계방향으로 회전하여 Q점을 시준하여 TAQ를 관측하고, $\overline{AQ}$의 거리를 측정한다.

② 측점 "B"에서 관측
　㉠ B점에 측량장비를 세워서 A점을 표정한 후 수평각을 0 SET 버튼을 눌러 00°00′00″로 설정한다.
　㉡ 망원경을 시계방향으로 회전하여 R점을 시준한 후 ∠ABR을 관측하고, $\overline{BR}$의 거리를 측정한다.
　㉢ 다음 망원경을 시계방향으로 회전하여 S점을 시준한 ∠ABS를 관측하고, $\overline{RS}$의 거리를 측정한다.

(4) 계산방법

① 방위각 및 종·횡좌표 계산

측점	방향	방위각	종·횡좌표
P	$B \to P$	$V_A^P = V_A^T + \angle TAP$ 여기서, V_A^T : 시험위원이 지정한 각 $\angle TAP$: 관측각	$X_P = X_A + (\overline{AP} \times \cos V_A^P)$ $Y_P = Y_A + (\overline{AP} \times \sin V_A^P)$ 여기서, X_A, Y_A : A점 좌표(주어짐) $\overline{AP}$: 관측거리
B	$A \to B$	$V_A^B = V_A^T + \angle TAB$ 여기서, V_A^T : 시험위원이 지정한 각 $\angle TAB$: 관측각	$X_B = X_A + (\overline{AB} \times \cos V_A^B)$ $Y_B = Y_A + (\overline{AB} \times \sin V_A^B)$ 여기서, X_A, Y_A : A점 좌표(주어짐) $\overline{AB}$: 시험위원이 지정한 거리
Q	$A \to Q$	$V_A^Q = V_A^T + \angle TAQ$ 여기서, V_A^T : 시험위원이 지정한 각 $\angle TAQ$: 관측각	$X_Q = X_A + (\overline{AQ} \times \cos V_A^Q)$ $Y_Q = Y_A + (\overline{AQ} \times \sin V_A^Q)$ 여기서, X_A, Y_A : A점 좌표(주어짐) $\overline{AQ}$: 관측거리
R	$B \to R$	$V_B^R = V_B^A + \angle ABR$ $= (V_A^B \pm 180°) + \angle ABR$ 여기서, V_A^B : A점에서 B점의 방위각 $\angle ABR$: 관측각	$X_R = X_B + (\overline{BR} \times \cos V_B^R)$ $Y_R = Y_B + (\overline{BR} \times \sin V_B^R)$ 여기서, X_B, Y_B : B점 좌표 $\overline{BR}$: 관측거리
S	$B \to S$	$V_B^S = V_B^A + \angle ABS$ $= (V_A^B \pm 180°) + \angle ABS$ 여기서, V_A^B : A점에서 B점의 방위각 $\angle ABS$: 관측각	$X_S = X_B + (\overline{BS} \times \cos V_B^S)$ $Y_S = Y_B + (\overline{BS} \times \sin V_B^S)$ 여기서, X_B, Y_B : B점 좌표 $\overline{BS}$: 관측거리

② $\overline{PS}$ 거리 계산

구분	거리
종·횡선차	$\Delta x_p^s = x_s - x_p, \ \Delta y_p^s = y_s - y_p$
거리	$\overline{PS} = \sqrt{(\Delta x_p^s)^2 + (\Delta y_p^s)^2}$

CHAPTER 04 실전모의고사

01 지적기사

자격종목	지적기사	과제명	지적삼각보조점측량, 지적도근점측량, 세부측량
비번호		시험일시		시험장명	

시험시간 : 1시간 45분
① 1과제(지적삼각보조점측량) : 35분
② 2과제(지적도근점측량) : 35분
③ 3과제(세부측량) : 35분

1) 지적삼각보조점측량[1과제]

다음 그림과 같이 측점 O에 기계를 설치하고 $\overline{OP}$를 출발기준선으로 하여 2대회 방향관측법을 시행한다(단, 출발기준선의 기지방위각은 00°00′00″로 설정하고, P, Q, R점은 시험위원이 지정한 점을 관측하시오).

※ 수험자는 측점 O에서 2대회 방향관측법으로 수평각을 관측한다.

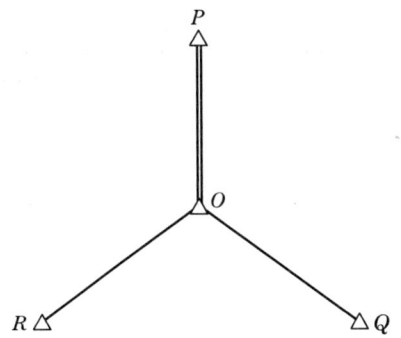

〈지정값 및 관측값 예시〉

시험위원 지정점	$P,\ Q,\ R$				
수험생 관측값	윤곽도	경위	순번	시준점	방향각
	0°	정	1	P	00°00′00″
			2	Q	146°22′22″
			3	R	252°11′15″
			1	P	342°59′55″
	180°	반	1	P	180°00′05″
			3	R	72°11′16″
			2	Q	326°22′25″
			1	P	180°00′05″
	90°	정	1	P	90°00′00″
			2	Q	236°22′25″
			3	R	342°11′18″
			1	P	90°00′03″
	270°	반	1	P	270°00′05″
			3	R	162°11′27″
			2	Q	56°22′37″
			1	P	270°00′10″

국가기술자격 실기시험 답안지

자격종목	지적기사	비번호		감독위원 확인	
(1과제) 지적삼각보조점측량					
		고시번호		득점	

수평각관측부

측점명 : O 점

시간	윤곽도	경위	순번	시준점	방향각	조정		
						출발차	폐색차	결과
	0°	정	1	P				
			2	Q				
			3	R				
			1	P				
	180	반	1	P				
			3	R				
			2	Q				
			1	P				
	90	정	1	P				
			2	Q				
			3	R				
			1	P				
	270	반	1	P				
			3	R				
			2	Q				
			1	P				

수평각개정 계산부

측점명	시준점	방향각						평균	중심각
		( )		( )		( )			
		정	반	정	반				
O	P								
	Q								
	R								
	P								

2) 지적도근점측량[2과제]

다음 그림과 같이 지적도근점측량을 배각법으로 실시하고자 한다. 측점 A, B에 기계를 설치하여 $A \to B$ 방위각, $B \to C$ 방위각, C점의 좌표를 구하시오. A점의 좌표는 $X=100.00\text{m}$, $Y=100.00\text{m}$ 이며, 기지방위각(V_A^P), $\overline{AB}$ 및 $\overline{BC}$의 거리는 시험위원이 지정해 주는 값에 따른다.

※ 수험자는 각 측점에서 배각법을 시행하여 수평각 ∠PAB와 ∠ABC를 관측한다.

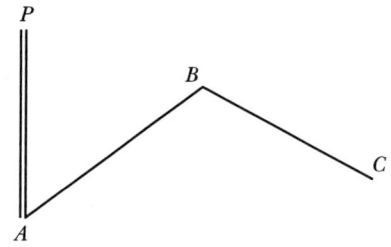

〈지정값 및 관측값 예시〉

시험위원 지정점	$V_A^B = 30°30'30''$ $\overline{AB}$: 40.00m, $\overline{BC}$: 50.00m	
수험생 관측값	∠PAB (1배각) : 61°22'34'' (3배각) : 184°07'52''	∠ABC (1배각) : 75°54'37'' (3배각) : 227°43'46''

국가기술자격 실기시험 답안지

자격종목	지적기사	비번호		감독위원 확인	

(1과제) 지적도근점측량

		고시번호		득점	

배각관측부

측점	시준점	배수	관측각	조정		평균각
				출발차	결과	
A	$\dfrac{P}{B}$					
B	$\dfrac{A}{C}$					

- AB 방위각 :
- BC 방위각 :
- C점의 좌표 :

3) 세부측량[3과제]

다음 그림과 같이 측점 A에서 출발하여 측점 B의 방위각을 관측하고, 측점 B에서 P, Q에 대한 거리와 방위각 및 측점 C의 방위각을 관측한 후 측점 C에서 R, S에 대한 거리와 방위각을 관측하여 주어진 서식에 기록하고 B, C, P, Q, R, S에 대한 좌표 및 $\overline{PS}$의 거리를 구하시오 (단, A점의 좌표는 $X=150.00$m, $Y=200.00$m이고, 기지방위각(V_A^T), $\overline{AB}$ 및 $\overline{BC}$의 거리는 시험위원이 지정해 주는 값에 따르며, 반드시 제시한 측점에서 관측하여 각은 초(″)단위까지, 거리 및 좌표는 소수 셋째 자리에서 반올림하여 구하시오).

① 수험자는 측점 A에서 수평각 ∠TAB 관측,
② 측점 B에서 수평각 ∠ABP 및 $\overline{BP}$의 거리 관측,
③ 측점 B에서 수평각 ∠ABC 관측,
④ 측점 B에서 수평각 ∠ABQ 및 $\overline{BQ}$의 거리 관측,
⑤ 측점 C에서 수평각 ∠BCR 및 $\overline{CR}$의 거리 관측,
⑥ 측점 C에서 수평각 ∠BCS 및 $\overline{CS}$의 거리를 관측한다.

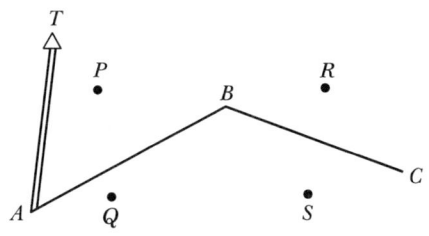

〈지정값 및 관측값 예시〉

시험위원 지정점		$V_A^T = 30°40'50''$ $\overline{AB}$: 50.00m, $\overline{BC}$: 40.00m
수험생 관측값	A점에서 관측	∠$TAB = 53°20'10''$
	B점에서 관측	∠$ABC = 230°30'40''$ ∠$ABP = 45°10'20''$, $\overline{BP} = 33.30$m ∠$ABQ = 320°20'10''$, $\overline{BQ} = 15.15$m
	C점에서 관측	∠$BCR = 20°20'20''$, $\overline{CR} = 44.44$m ∠$BCS = 280°10'30''$, $\overline{CS} = 17.17$m

국가기술자격 실기시험 답안지

자격종목	지적기사	비번호		감독위원 확인	

(3과제) 세부측량

		고시번호		득점	

관측값	V_A^B :	$\overline{AB}$:		관측값	V_B^C :	$\overline{BC}$:
B점 좌표	X :	Y :		C점 좌표	X :	Y :

관측값	V_B^P :	$\overline{BP}$:		관측값	V_B^Q :	$\overline{BQ}$:
P점 좌표	X :	Y :		Q점 좌표	X :	Y :

관측값	V_C^R :	$\overline{CR}$:		관측값	V_C^S :	$\overline{CS}$:
R점 좌표	X :	Y :		S점 좌표	X :	Y :

$\overline{PS}$ 거리	$\overline{PS}$:

1)-1 지적기사 실전모의고사 해설

국가기술자격 실기시험 답안지

자격종목	지적기사	비번호		감독위원 확인	
(1과제) 지적삼각보조점측량					
		고시번호		득점	

수평각관측부
측점명 : O 점

시간	윤곽도	경위	순번	시준점	방향각	조정		
						출발차	폐색차	결과
	0°	정	1	P	00°00′00″		0″	00°00′00″
			2	Q	146°22′22″		+2″	146°22′24″
			3	R	252°11′15″		+3″	252°11′18″
			1	P	342°59′55″		+5″	360°00′00″
	180°	반	1	P	180°00′05″	−5″		360°00′00″
			3	R	72°11′16″	−5″		252°11′11″
			2	Q	326°22′25″	−5″		146°22′20″
			1	P	180°00′05″	−5″		00°00′00″
	90°	정	1	P	90°00′00″		0″	00°00′00″
			2	Q	236°22′25″		−1″	146°22′24″
			3	R	342°11′18″		−2″	252°11′16″
			1	P	90°00′03″		−3″	360°00′00″
	270°	반	1	P	270°00′05″	−5″	0″	360°00′00″
			3	R	162°11′27″	−5″	−2″	252°11′10″
			2	Q	56°22′37″	−5″	−3″	146°22′29″
			1	P	270°00′10″	−5″	−5″	00°00′00″

수평각개정 계산부

측점명	시준점	방향각						평균	중심각
		0°		90°					
		정	반	정	반				
O	P	00°00′00″	00′00″	00′00″	00′00″			00°00′00″	146°22′24″
	Q	146°22′24″	22′20″	22′24″	22′29″			146°22′24″	105°48′50″
	R	252°11′18″	11′11″	11′16″	11′10″			252°11′14″	107°48′46″
	P	360°00′00″	00′00″	00′00″	00′00″			360°00′00″	

국가기술자격 실기시험 답안지

자격종목	지적기사	비번호		감독위원 확인	

(1과제) 지적도근점측량

		고시번호		득점	

배각관측부

측점	시준점	배수	관측각	조정 출발차	조정 결과	평균각
A	P/B	0	00°00′00″			
		1	61°22′34″			61°22′37″
		3	184°07′52″			
B	A/C	0	00°00′00″			
		1	75°54′37″			75°54′35″
		3	227°43′46″			

- AB 방위각 : 91°53′07″
- BC 방위각 : 347°47′42″
- C점의 좌표 : 147.55m, 129.41m

① AB 방위각
$V_A^B = V_A^P + \angle PAB = 30°30′30″ + 61°22′37″ = 91°53′07″$

② BC 방위각
$V_B^C = V_B^A + \angle ABC = (V_A^B \pm 180°) + \angle ABC = (91°53′07″ + 180°) + 75°54′35″ = 347°47′42″$

③ B점의 좌표
$X_B = X_A + (\overline{AB} \times \cos V_A^B) = 100 + (40.00 \times \cos 91°53′07″) = 98.68\text{m}$
$Y_B = Y_A + (\overline{AB} \times \sin V_A^B) = 100 + (40.00 \times \sin 91°53′07″) = 139.98\text{m}$

④ C점의 좌표
$X_C = X_B + (\overline{BC} \times \cos V_B^C) = 98.68 + (50.00 \times \cos 347°47′42″) = 147.55\text{m}$
$Y_C = Y_B + (\overline{BC} \times \sin V_B^C) = 139.98 + (50.00 \times \sin 347°47′42″) = 129.41\text{m}$

국가기술자격 실기시험 답안지

자격종목	지적기사	비번호		감독위원 확인	

(3과제) 세부측량

		고시번호		득점	

관측값	$V_A^B = 84°01'00''$	$\overline{AB}$: 50.00m	관측값	$V_B^C = 134°31'40''$	$\overline{BC}$: 40.00m
B점 좌표	X : 155.21m	Y : 249.73m	C점 좌표	X : 127.16m	Y : 278.25m
관측값	$V_B^P = 309°11'20''$	$\overline{BP}$: 33.30m	관측값	$V_B^Q = 224°21'10''$	$\overline{BQ}$: 15.15m
P점 좌표	X : 176.25m	Y : 223.92m	Q점 좌표	X : 144.38m	Y : 239.14m
관측값	$V_C^R = 334°52'00''$	$\overline{CR}$: 44.44m	관측값	$V_C^S = 234°42'10''$	$\overline{CS}$: 17.17m
R점 좌표	X : 167.39m	Y : 259.38m	S점 좌표	X : 117.24m	Y : 264.24m
$\overline{PS}$ 거리	$\overline{PS}$: 247.46m				

① 방위각(V_A^B) 및 B점의 좌표

$V_A^B = V_A^T + \angle TAB = 30°40'50'' + 53°20'10'' = 84°01'00''$

$X_B = X_A + (\overline{AB} \times \cos V_A^B) = 150 + (50.00 \times \cos 84°01'00'') = 155.21\text{m}$

$Y_B = Y_A + (\overline{AB} \times \sin V_A^B) = 200 + (50.00 \times \sin 84°01'00'') = 249.73\text{m}$

② 방위각(V_B^C) 및 C점의 좌표

$V_B^C = V_B^A + \angle ABC = (V_A^B \pm 180°) + \angle ABC = (84°01'00'' + 180°) + 230°30'40''$

$= 494°31'40'' - 360° = 134°31'40''$

$X_C = X_B + (\overline{BC} \times \cos V_B^C) = 155.21 + (40.00 \times \cos 134°31'40'') = 127.16\text{m}$

$Y_C = Y_B + (\overline{BC} \times \sin V_B^C) = 249.73 + (40.00 \times \sin 134°31'40'') = 278.25\text{m}$

③ 방위각(V_B^P) 및 P점의 좌표

$V_B^P = V_B^A + \angle ABP = (V_A^B \pm 180°) + \angle ABP = (84°01'00'' + 180°) + 45°10'20'' = 309°11'20''$

$X_P = X_B + (\overline{BP} \times \cos V_B^P) = 155.21 + (33.30 \times \cos 309°11'20'') = 176.25\text{m}$

$Y_P = Y_B + (\overline{BP} \times \sin V_B^P) = 249.73 + (33.30 \times \sin 309°11'20'') = 223.92\text{m}$

④ 방위각(V_B^Q) 및 Q점의 좌표

$V_B^Q = V_B^A + \angle ABQ = (V_A^B \pm 180°) + \angle ABQ = (84°01'00'' + 180°) + 320°20'10''$

$= 584°21'10'' - 360° = 224°21'10''$

$X_Q = X_B + (\overline{BQ} \times \cos V_B^Q) = 155.21 + (15.15 \times \cos 224°21'10'') = 144.38\text{m}$

$Y_Q = Y_B + (\overline{BQ} \times \sin V_B^Q) = 249.73 + (15.15 \times \sin 224°21'10'') = 239.14\text{m}$

⑤ 방위각(V_C^R) 및 R점의 좌표

$V_C^R = V_C^B + \angle BCR = (V_B^C \pm 180°) + \angle BCR = (134°31'40'' + 180°) + 20°20'20'' = 334°52'00''$

$X_R = X_C + (\overline{CR} \times \cos V_C^R) = 127.16 + (44.44 \times \cos 334°52'00'') = 167.39\text{m}$

$Y_R = Y_C + (\overline{CR} \times \sin V_C^R) = 278.25 + (44.44 \times \sin 334°52'00'') = 259.38\text{m}$

⑥ 방위각(V_C^S) 및 S점의 좌표

$V_C^S = V_C^B + \angle BCS = (V_B^C \pm 180°) + \angle BCR = (134°31'40'' + 180°) + 280°10'30''$
$= 594°42'10'' - 360° = 234°42'10''$

$X_S = X_C + (\overline{CS} \times \cos V_C^S) = 127.16 + (17.17 \times \cos 234°42'10'') = 117.24\text{m}$

$Y_S = Y_C + (\overline{CS} \times \sin V_C^S) = 278.25 + (17.17 \times \sin 234°42'10'') = 264.24\text{m}$

⑦ $\overline{PS}$ 거리

$\overline{PS} = \sqrt{(X_S - X_P)^2 + (Y_S - Y_P)^2} = \sqrt{(117.24 - 176.25)^2 + (264.24 - 223.92)^2} = 247.46\text{m}$

02 지적산업기사

자격종목	지적산업기사	과제명	지적도근점측량, 세부측량
비번호		시험일시		시험장명	

시험시간 : 1시간 10분
① 1과제(지적도근점측량) : 35분
② 2과제(세부측량) : 35분

1) 지적도근점측량[1과제]

다음 그림과 같이 지적도근점측량을 방위각법으로 실시하고자 한다. 측점 A에서 측점 P를 출발기지로 하여 측점 D에서 측점 Q까지 각 측선의 방위각을 구하고 주어진 서식에 기록하시오(단, 출발기지 방위각은 시험위원이 지정한 값으로 하며, 관측값은 초(″)단위까지 구하시오).

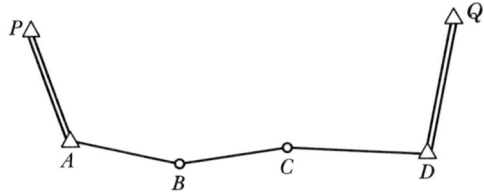

〈지정값 및 관측값 예시〉

시험위원 지정점		$V_A^P = 30°30'30''$	
수험생 관측값	A점에서 관측	$V_A^B = 150°20'30''$	
	B점에서 관측	$V_B^C = 110°50'40''$	
	C점에서 관측	$V_C^D = 237°30'20''$	
	D점에서 관측	$V_D^Q = 85°20'20''$	

국가기술자격 실기시험 답안지

자격종목	지적산업기사	비번호		감독위원 확인	
(1과제) 지적도근점측량					
		고시번호		득점	

배각관측부

측점	시준점	방위각						
				°		′		″
				°		′		″
				°		′		″
				°		′		″

2) 세부측량[2과제]

다음 그림과 같이 측점 A에서 출발하여 측점 B의 방위각을 관측하고, 측점 B에서 P, Q에 대한 거리와 방위각 및 측점 C의 방위각을 관측한 후 측점 C에서 R, S에 대한 거리와 방위각을 관측하여 주어진 서식에 기록하고 B, C, P, Q, R, S에 대한 좌표 및 $\overline{PS}$의 거리를 구하시오[단, A점의 좌표는 $X=200.00$m, $Y=300.00$m이고, 기지방위각(V_A^T), $\overline{AB}$의 거리는 시험위원이 지정해 주는 값에 따르며, 반드시 제시한 측점에서 관측하여 각은 초(″)단위까지, 거리 및 좌표는 소수 셋째 자리에서 반올림하여 구하시오].

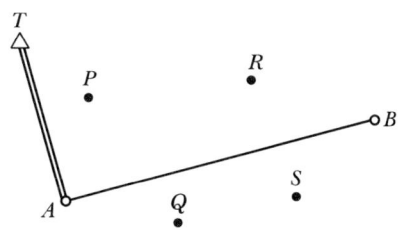

※ ① 수험자는 측점 A에서 수평각 ∠TAP 및 $\overline{AP}$의 거리 관측,
② 측점 A에서 수평각 ∠TAB 관측,
③ 측점 A에서 수평각 ∠TAQ 및 $\overline{AQ}$의 거리 관측,
④ 측점 B에서 수평각 ∠ABR 및 $\overline{BR}$의 거리 관측,
⑤ 측점 B에서 수평각 ∠ABS 및 $\overline{BS}$의 거리 관측를 관측한다.

〈지정값 및 관측값 예시〉

시험위원 지정점		$V_A^T = 30°40'50''$, $\overline{AB}$: 50.00m
수험생 관측값	A점에서 관측	∠TAB = 90°20'30'' ∠TAP = 23°30'20'', $\overline{AP}$ = 33.60m ∠TAQ = 150°10'10'', $\overline{AQ}$ = 15.20m
	B점에서 관측	∠ABR = 45°10'20'', $\overline{BR}$ = 25.10m ∠ABS = 300°10'40'', $\overline{BS}$ = 20.30m

국가기술자격 실기시험 답안지

자격종목	지적기사	비번호		감독위원 확인	
(3과제) 세부측량					
		고시번호		득점	

관측값	V_A^B :	$\overline{AB}$:		관측값	V_A^P :	$\overline{AP}$:
B점 좌표	X :	Y :		C점 좌표	X :	Y :

관측값	V_A^Q :	$\overline{AQ}$:		관측값	V_B^R :	$\overline{BR}$:
P점 좌표	X :	Y :		Q점 좌표	X :	Y :

관측값	V_B^S :	$\overline{BS}$:		관측값		
R점 좌표	X :	Y :		S점 좌표		

$\overline{PS}$ 거리	$\overline{PS}$:

2)-1 지적산업기사 실전모의고사 해설

국가기술자격 실기시험 답안지

자격종목	지적산업기사	비번호		감독위원 확인	

(1과제) 지적도근점측량

		고시번호		득점	

배각관측부

측점	시준점	방위각								
A	P			3	0	°	3	0	′	3	0	″
A	B	1	5	0	°	2	0	′	3	0	″
B	C	1	1	0	°	5	0	′	4	0	″
C	D	2	3	7	°	3	0	′	2	0	″
D	Q			8	5	°	2	0	′	2	0	″

국가기술자격 실기시험 답안지

자격종목	지적산업기사	비번호		감독위원 확인	

(2과제) 세부측량

		고시번호		득점	

관측값	$V_A^B = 121°01'20''$	$\overline{AB}$: 50.00m		관측값	$V_A^P = 54°11'10''$	$\overline{AP}$: 33.60m
B점 좌표	X : 174.23m	Y : 342.85m		C점 좌표	X : 219.66m	Y : 327.25m
관측값	$V_A^Q = 180°51'00''$	$\overline{AQ}$: 15.20m		관측값	$V_B^R = 346°11'40''$	$\overline{BR}$: 25.10m
P점 좌표	X : 184.80m	Y : 299.77m		Q점 좌표	X : 198.60m	Y : 336.86m
관측값	$V_B^S = 241°12'00''$	$\overline{BS}$: 20.30m		관측값		
R점 좌표	X : 164.45m	Y : 325.06m		S점 좌표		
$\overline{PS}$ 거리	$\overline{PS}$: 55.25m					

① 방위각(V_A^B) 및 B점의 좌표

$V_A^B = V_A^T + \angle TAB = 30°40'50'' + 90°20'30'' = 121°01'20''$

$X_B = X_A + (\overline{AB} \times \cos V_A^B) = 200.00 + (50.00 \times \cos 121°01'20'') = 174.23m$

$Y_B = Y_A + (\overline{AB} \times \sin V_A^B) = 300.00 + (50.00 \times \sin 121°01'20'') = 342.85m$

② 방위각(V_A^P) 및 P점의 좌표

$V_A^P = V_A^T + \angle TAP = 30°40'50'' + 23°30'20'' = 54°11'10''$

$X_P = X_A + (\overline{AP} \times \cos V_A^P) = 200.00 + (33.60 \times \cos 54°11'10'') = 219.66m$

$Y_P = Y_A + (\overline{AP} \times \sin V_A^P) = 300.00 + (33.60 \times \sin 54°11'10'') = 327.25m$

③ 방위각(V_A^Q) 및 Q점의 좌표

$V_A^Q = V_A^T + \angle TAQ = 30°40'50'' + 150°10'10'' = 180°51'00''$

$X_Q = X_A + (\overline{AQ} \times \cos V_A^Q) = 200.00 + (15.20 \times \cos 180°51'00'') = 184.80m$

$Y_Q = Y_A + (\overline{AQ} \times \sin V_A^Q) = 300.00 + (15.20 \times \sin 180°51'00'') = 299.77m$

④ 방위각(V_B^R) 및 R점의 좌표

$V_B^R = V_B^A + \angle ABR = (V_A^B \pm 180°) + \angle ABR = (121°01'20'' + 180°) + 45°10'20'' = 346°11'40''$

$X_R = X_B + (\overline{BR} \times \cos V_B^R) = 174.23 + (25.10 \times \cos 346°11'40'') = 198.60m$

$Y_R = Y_B + (\overline{BR} \times \sin V_B^R) = 342.85 + (25.10 \times \sin 346°11'40'') = 336.86m$

⑤ 방위각(V_B^S) 및 S점의 좌표

$V_B^S = V_B^A + \angle ABS = (V_A^B \pm 180°) + \angle ABS = (121°01'20'' + 180°) + 300°10'40''$
$= 601°12'00'' - 360° = 241°12'00''$

$X_S = X_B + (\overline{BS} \times \cos V_B^S) = 174.23 + (20.30 \times \cos 241°12'00'') = 164.45m$

$Y_S = Y_B + (\overline{BS} \times \sin V_B^S) = 342.85 + (20.30 \times \sin 241°12'00'') = 325.06m$

⑥ $\overline{PS}$ 거리

$\overline{PS} = \sqrt{(X_S - X_P)^2 + (Y_S - Y_P)^2} = \sqrt{(164.45 - 219.66)^2 + (325.06 - 327.25)^2} = 55.25m$

PART 04

부록
(서식지)

수평각관측부

시간	윤곽도	경위	순번	시준점	방향각	조정		
						출발차	폐색차	결과

측점명 : 경기4점

．　．　．관측　관측자：　　사용기계：　　날씨：　　풍력：

수평각개정 계산부

측점명	시준점	방향각						평균	중심각
		0°		60°		120°			
		정	반	정	반	정	반		
		00°00′00″	00′00″	00′00″	00′00″	00′00″	00′00″	00′00″	00°00′00″

수평각 측점귀심 계산부

	측점명　　점				
$r'' = \dfrac{K \cdot \sin a}{D \cdot \sin 1''}$	$K=$			360°00′00″0	
a : 관측방향각+(360°−θ)	$\theta =$				
K : 편심거리(5m 이내)	$360° - \theta =$				
D : 삼각점 간 거리(약치도 가함)					

시준점	$O=$	$P=$	$Q=$	$R=$	$S=$
관측방향각					
$360° - \theta$					
a					
$\dfrac{1}{D}$					
$\dfrac{1}{\sin 1''}$	206,264.8	206,264.8	206,264.8	206,264.8	206,264.8
K					
$\sin a$					
r''	×	×	×	×	×
r					
중심방향각					
C점에서 O점을 0°로 한 중심방향각					
중심각					

비고	D : 중심삼각점과 시준점 간 거리
	r'' : 초를 단위로 한 귀심화수 ⎫ r : 분·초를 환산한 귀심화수 ⎭ 부호는 $\sin a$의 정, 부에 따라 붙임

약도

C : 중심삼각점
E : 편심측점
K : 편심거리

수평각 점표귀심 계산부

<table>
<tr><td rowspan="2">$r'' = \dfrac{K}{D \cdot \sin 1''}$
K = 편심거리
D = 삼각점 간 거리</td><td colspan="3">측점명 　　점</td></tr>
<tr><td colspan="3">$K =$
$\quad =$
$\quad =$
――――――――
$D =$
$\quad =$
$\quad =$
――――――――</td></tr>
</table>

편심시준점	$O' =$	$P' =$	$Q' =$
관측방향각			
K			
$\dfrac{1}{D}$			
$\dfrac{1}{\sin 1''}$	206,264.81	206,264.81	206,264.81
r''	×	×	×
r			
중심방향각			

비고	r : r''를 분·초로 환산 기입하고 편심 관측방향이 중심 방향선의 좌측에 있는 때에는 (+), 우측에 있는 때에는 (−) 부호를 붙인다. K : 5m 이내일 것 D : 약치라도 가능함
약도	※ 중심방향선은 실지와 부합하도록 기입할 것 C = 측점 O', P', Q' = 편심시준점

평면거리계산부

약도	공식
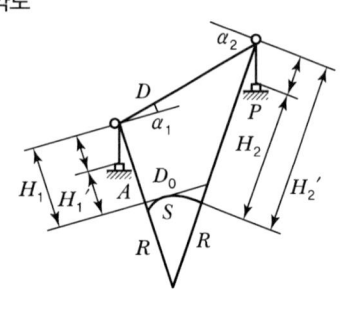	• 연직각에 의한 계산 $$S = d \cdot \cos\frac{1}{2}(\alpha_1 + \alpha_2) - \frac{D(H_1' + H_2')}{2R}$$ • 표고에 의한 계산 $$S = D - \frac{(H_1' - H_2')^2}{2D} - \frac{D(H_1' + H_2')}{2R}$$ • 평면거리 $$D_0 = S \times K \left[K = 1 + \frac{(Y_1 + Y_2)^2}{8R^2} \right]$$ D=경사거리 S=기준면거리 $H_1 H_2$=표고 R=곡률반경(6,372,199.7m) i=기계고 f=시준고 α_1, α_2=연직각(절대치) K=축척계수 Y_1, Y_2=원점에서 삼각점까지의 횡선거리(km)

연직각에 의한 계산		표고에 의한 계산	
방향		점 → 점	
D		D	
α_1		$2D$	
α_2		H_1'	
$\frac{1}{2}(\alpha_1 + \alpha_2)$		H_2'	
$\cos\frac{1}{2}(\alpha_1 + \alpha_2)$		$(H_1' - H_2')$	
$D \cdot \cos\frac{1}{2}(\alpha_1 + \alpha_2)$		$(H_1' - H_2')^2$	

$H_1' = H_1 + i$		$\frac{(H_1' - H_2')}{2D}$	
$H_2' = H_2 + f$		$D - \frac{(H_1' + H_2')^2}{2D}$	
R	6,372,199.7	R	6,372,199.7
$2R$	12,744,399.3	$2R$	12,744,399.3
$\frac{D(H_1' + H_2')}{2R}$		$\frac{D(H_1' + H_2')}{2R}$	
S		S	
Y_1		Y_1	
Y_2		Y_2	
$(Y_1 + Y_2)^2$		$(Y_1 + Y_2)^2$	
$8R^2$	324,839,427.7km	$8R^2$	324,839,427.7km
$K = 1 + \frac{(Y_1 + Y_2)^2}{8R^2}$		$K = 1 + \frac{(Y_1 + Y_2)^2}{8R^2}$	
$S \times K$		$S \times K$	
평균(D_0)			
계산자		검사자	

표고계산부

약도

공식

$H_2 = H_1 + h$

$h = L \cdot \tan 1/2(\alpha_1 - \alpha_2) + 1/2(i_1 - i_2 + f_1 - f_2)$

$L = D \cdot \cos \alpha_1$ 또는 α_2

H_1 : 기지점 표고　　α_1, α_2 : 연직각
H_2 : 소구점 표고　　$i_1 i_2$: 기계고
h : 고저차　　　　　f_1, f_2 : 시준고
L : 수평거리　　　　D : 경사거리

기지점명	점	점	점	점
소구점명	점		점	
L				
α_1				
α_2				
$(\alpha_1 - \alpha_2)$				
$\tan\dfrac{(\alpha_1 - \alpha_2)}{2}$				
$L \cdot \tan\dfrac{(\alpha_1 - \alpha_2)}{2}$				
i_1				
i_2				
f_1				
f_2				
$\dfrac{(i_1 - i_2 + f_1 - f_2)}{2}$				
h				
H_1				
H_2				
평균				
교차				
공차				
계산자		검사자		

유심다각망 조정계산부(진수)

삼각형	점명	각명	관측각	각규약 I	각규약 II	조정각	$\sin\alpha$ / $\sin\beta$	$\Delta\alpha$ / $\Delta\beta$	$\sin\alpha'$ / $\sin\beta'$	$\alpha - x_1''$ / $\beta + x_1''$	변규약 조정각	변장 $\alpha \times \dfrac{\sin\alpha(r)}{\sin\beta}$	방위각	종횡선좌표 X	종횡선좌표 Y	점명
1		α_1														
		β_1														
		γ_1								γ_1						
		+				180°00′00.0″										
		−	180°00′00.0″													
		$\varepsilon_1 =$											평균			
2		α_2														
		β_2														
		γ_2								γ_2						
		+				180°00′00.0″										
		−	180°00′00.0″													
		$\varepsilon_2 =$											평균			
3		α_3														
		β_3														
		γ_3								γ_3						
		+				180°00′00.0″										
		−	180°00′00.0″													
		$\varepsilon_3 =$											평균			
4		α_4														
		β_4														
		γ_4								γ_4						
		+				180°00′00.0″										
		−	180°00′00.0″													
		$\varepsilon_4 =$											평균			
5		α_5														
		β_5														
		γ_5								γ_5						
		+				180°00′00.0″										
		−	180°00′00.0″													
		$\varepsilon_5 =$											평균			
6		α_6														
		β_6														
		γ_6								γ_6						
		+				180°00′00.0″										
		−	180°00′00.0″													
		$\varepsilon_6 =$											평균			
	Σr		360°00′00.0″	제1기선 l_1			$\pi\sin\alpha$		$\pi\sin\alpha'$							
	360° 또는 기지내각		360°00′00.0″	제1기선 l_2		E_1	$\pi\sin\beta$		E_2	$\pi\sin\beta'$			약도			
	$e =$															

$\Sigma \varepsilon =$

$(\mathrm{II}) = \dfrac{\Sigma \varepsilon - 3e}{2n} =$

$(\mathrm{I}) = \dfrac{-\varepsilon - (\mathrm{II})}{3} =$

n : 삼각형 수

$E_1 = \dfrac{\pi\sin\alpha \cdot l_1}{\pi\sin\beta \cdot l_2} - 1 =$

$E_2 = \dfrac{\pi\sin\alpha' \cdot l_1}{\pi\sin\beta' \cdot l_2} - 1 =$

$|E_1 - E_2| =$

$\Delta\alpha, \Delta\beta = 10''$ 차임

$x_1'' = \dfrac{10'' E_1}{|E_1 - E_2|} =$

$x_2'' = \dfrac{10'' E_2}{|E_1 - E_2|} =$

검산 : $|x_1'' + x_2''| = 10''$

삽입망(표준형) 조정계산부(진수)

삼각형	점명	각명	관측각	각규약 I	각규약 II	조정각	$\sin\alpha$ $\sin\beta$	$\Delta\alpha$ $\Delta\beta$	$\sin\alpha'$ $\sin\beta'$	$\alpha-x_1''$ $\beta+x_1''$	변규약 조정각	변장 $\alpha \times \dfrac{\sin\alpha(r)}{\sin\beta}$	방위각	종횡선좌표 X	종횡선좌표 Y	점명
1		α_1														
		β_1														
		γ_1									γ_1					
		+				$180°00'00.0''$										
		−		$180°00'00.0''$										평균		
		$\varepsilon_1=$														
2		α_2														
		β_2														
		γ_2									γ_2					
		+				$180°00'00.0''$										
		−		$180°00'00.0''$										평균		
		$\varepsilon_2=$														
3		α_3														
		β_3														
		γ_3									γ_3					
		+				$180°00'00.0''$										
		−		$180°00'00.0''$										평균		
		$\varepsilon_3=$														
4		α_4														
		β_4														
		γ_4									γ_4					
		+				$180°00'00.0''$										
		−		$180°00'00.0''$										평균		
		$\varepsilon_4=$														
5		α_5														
		β_5														
		γ_5									γ_5					
		+				$180°00'00.0''$										
		−		$180°00'00.0''$										평균		
		$\varepsilon_5=$														
6		α_6														
		β_6														
		γ_6									γ_6					
		+				$180°00'00.0''$										
		−		$180°00'00.0''$										평균		
		$\varepsilon_6=$														

$\sum r$	$360°00'00.0''$	제1기선 l_1			$\pi\sin\alpha$		$\pi\sin\alpha'$	
360° 또는 기지내각	$360°00'00.0''$	제1기선 l_2		E_1		E_2		
	$e=$				$\pi\sin\beta$		$\pi\sin\beta'$	약도

$\sum\varepsilon=$

$(\mathrm{II})=\dfrac{\sum\varepsilon-3e}{2n}=$

$(\mathrm{I})=\dfrac{-\varepsilon-(\mathrm{II})}{3}=$

n : 삼각형 수

$E_1=\dfrac{\pi\sin\alpha\cdot l_1}{\pi\sin\beta\cdot l_2}-1=$

$E_2=\dfrac{\pi\sin\alpha'\cdot l_1}{\pi\sin\beta'\cdot l_2}-1=$

$|E_1-E_2|=$

$\Delta\alpha,\ \Delta\beta=10''$ 차임

$x_1''=\dfrac{10''E_1}{|E_1-E_2|}=$

$x_2''=\dfrac{10''E_2}{|E_1-E_2|}=$

검산 : $|x_1''+x_2''|=10''$

삼각쇄 조정계산부(진수)

삼각형	점명	각명	관측각	각규약 $\varepsilon/3$	조정각	경정수	조정각	$\sin\alpha$ / $\sin\beta$	$\Delta\alpha$ / $\Delta\beta$	$\sin\alpha'$ / $\sin\beta'$	$\alpha-x_1''$ / $\beta+x_1''$	변규약 조정각	변장 $\alpha \times \dfrac{\sin\alpha(r)}{\sin\beta}$	방위각	종횡선좌표 X	Y	점명
1		α_1															
		β_1															
		γ_1										γ_1					
		+															
		−	180°00′00.0″														
		$\varepsilon_1=$												평균			
2		α_2															
		β_2															
		γ_2										γ_2					
		+															
		−	180°00′00.0″														
		$\varepsilon_2=$												평균			
3		α_3															
		β_3															
		γ_3										γ_3					
		+															
		−	180°00′00.0″														
		$\varepsilon_3=$												평균			
4		α_4															
		β_4															
		γ_4										γ_4					
		+															
		−	180°00′00.0″														
		$\varepsilon_4=$												평균			
5		α_5												→	→		
		β_5															
		γ_5										γ_5		→	→		
		+															
		−	180°00′00.0″														
		$\varepsilon_5=$												평균			

산출방위각		제1기선 l_1			$\pi\sin\alpha \cdot l_1$		$\pi\sin\alpha' \cdot l_1$	
기지방위각		제2기선 l_2		E_1	$\pi\sin\beta \cdot l_2$	E_2	$\pi\sin\beta' \cdot l_2$	
$q=$								
각규약 경정수 계산							약도	

γ각이 좌측에 있을 때	γ각이 우측에 있을 때	$E_1 = \dfrac{\pi\sin\alpha}{\pi\sin\beta} - 1 =$	$\Delta\alpha,\ \Delta\beta = 10''$ 차임
$\alpha = -\dfrac{q}{2n} =$	$\alpha = +\dfrac{q}{2n} =$	$E_2 = \dfrac{\pi\sin\alpha'}{\pi\sin\beta'} - 1 =$	$x_1'' = \dfrac{10''E_1}{|E_1 - E_2|} =$
$\beta = -\dfrac{q}{2n} =$	$\beta = +\dfrac{q}{2n} =$		$x_2'' = \dfrac{10''E_2}{|E_1 - E_2|} =$
$\gamma = +\dfrac{q}{n} =$	$\gamma = -\dfrac{q}{n} =$	$|E_1 - E_2| =$	검산 : $|x_1'' + x_2''| = 10''$

n : 삼각형 수

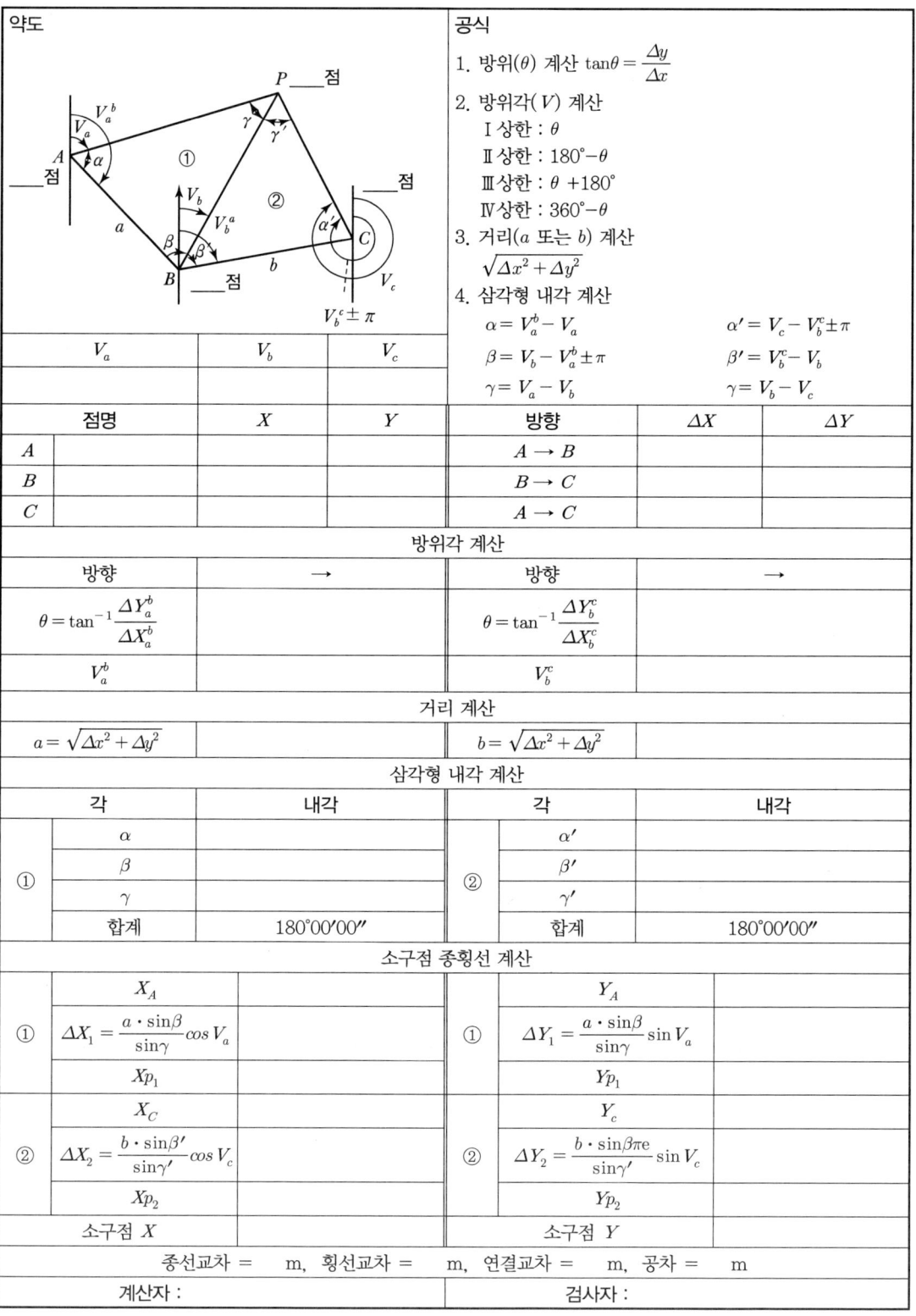

교점다각망 계산부($X \cdot Y$형)

약도

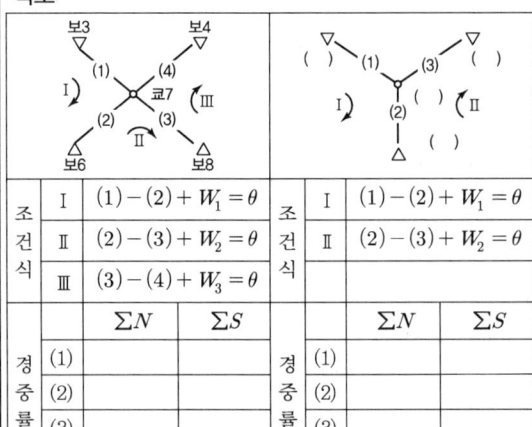

조건식		
I	$(1)-(2)+W_1=\theta$
II	$(2)-(3)+W_2=\theta$
III	$(3)-(4)+W_3=\theta$

조건식		
I	$(1)-(2)+W_1=\theta$
II	$(2)-(3)+W_2=\theta$

경중률		ΣN	ΣS
	(1)		
	(2)		
	(3)		
	(4)		

경중률		ΣN	ΣS
	(1)		
	(2)		
	(3)		
	(4)		

1. 방위각

순서	도선	관측	보정	평균
I	(1)			
	(2)			
	W_1			
II	(2)			
	(3)			
	W_2			
III	(3)			
	(4)			
	W_3			

2. 종선좌표

순서	도선	관측	보정	평균
I	(1)			
	(2)			
	W_1			
II	(2)			
	(3)			
	W_2			
III	(3)			
	(4)			
	W_3			

3. 횡선좌표

순서	도선	관측	보정	평균
I	(1)			
	(2)			
	W_1			
II	(2)			
	(3)			
	W_2			
III	(3)			
	(4)			
	W_3			

4. 계산

1) 평균 방위각=

2) 평균 종선좌표=

3) 평균 횡선좌표=

W=오차, N=도선별 점수, S=측점 간 거리, α=관측방위각

교점다각망 계산부($H \cdot A$형)

약도

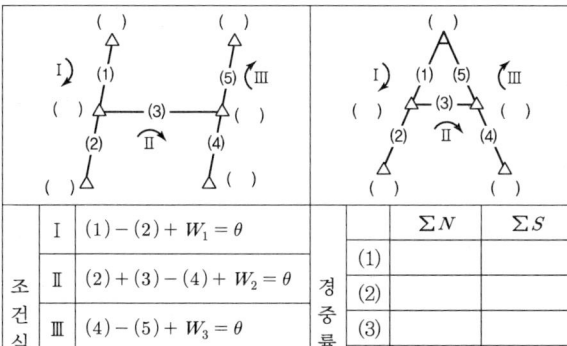

조건식	I	$(1)-(2)+W_1=\theta$
	II	$(2)+(3)-(4)+W_2=\theta$
	III	$(4)-(5)+W_3=\theta$

경중률		ΣN	ΣS
	(1)		
	(2)		
	(3)		
	(4)		
	(5)		

1. 방위각

순서	도선	관측	보정	평균
I	(1)			
	(2)			
	W_1			
II	(2)+(3)			
	(4)			
	W_2			
III	(4)			
	(5)			
	W_3			

2. 종선좌표

순서	도선	관측	보정	평균
I	(1)			
	(2)			
	W_1			
II	(2)+(3)			
	(4)			
	W_2			
III	(4)			
	(5)			
	W_3			

3. 횡선좌표

순서	도선	관측	보정	평균
I	(1)			
	(2)			
	W_1			
II	(2)+(3)			
	(4)			
	W_2			
III	(4)			
	(5)			
	W_3			

4. 계산

1) 상관방정식

순서	ΣN	ΣS	I	II	III
(1)					
(2)					
(3)					
(4)					
(5)					

2) 표준방정식(방위각)

I	II	III	$W\alpha$	Σ

3) 표준방정식(종선좌표)

I	II	III	W_x	Σ

4) 표준방정식(횡선좌표)

I	II	III	W_y	Σ

지적도근점측량 계산부(배각법)

측점	시준점	보정치 관측각	반수 수평거리	방위각	종선차(ΔX) 보정치 종선좌표(X)	횡선차(ΔY) 보정치 횡선좌표(Y)
		° ′ ″		° ′ ″	m	m

210mm×297mm(보존용지(1종) 70g/m²)

지적도근점측량 계산부(방위각법)

측점	시준점	보정치 방위각	수평거리	개정방위각	종선차(ΔX) 보정치 종선좌표(X)	횡선차(ΔY) 보정치 횡선좌표(Y)
		° ′	m	° ′	m	m

210mm×297mm(보존용지(1종) 70g/m²)

교차점 계산부

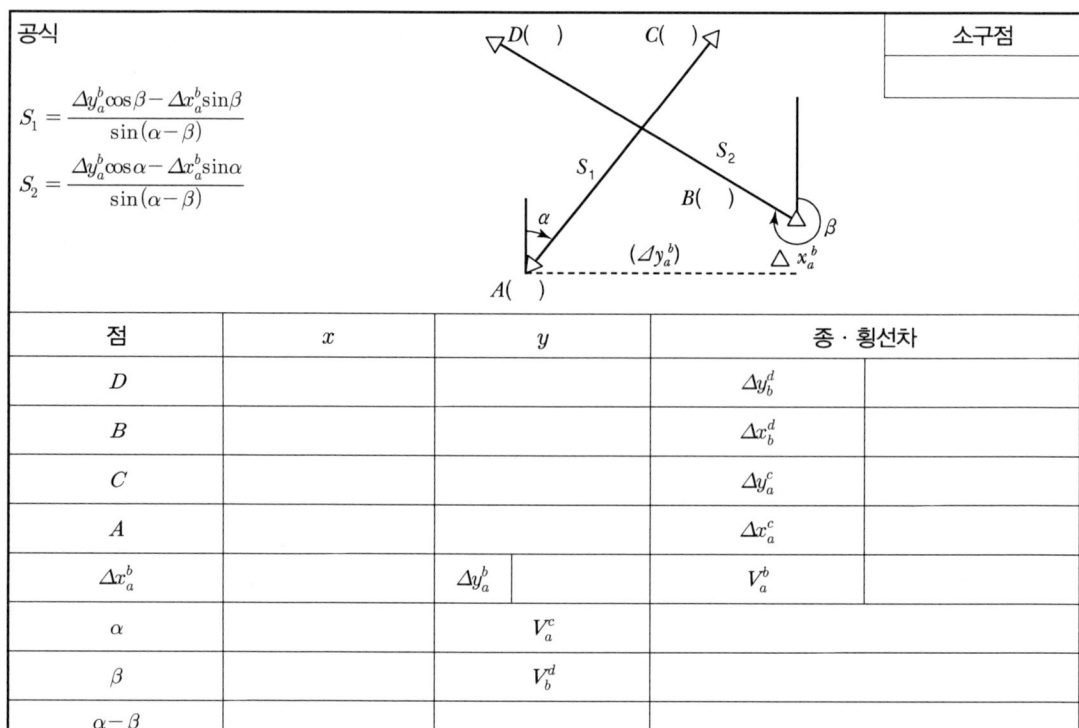

공식

$$S_1 = \frac{\Delta y_a^b \cos\beta - \Delta x_a^b \sin\beta}{\sin(\alpha-\beta)}$$

$$S_2 = \frac{\Delta y_a^b \cos\alpha - \Delta x_a^b \sin\alpha}{\sin(\alpha-\beta)}$$

소구점

점	x	y	종·횡선차	
D			Δy_b^d	
B			Δx_b^d	
C			Δy_a^c	
A			Δx_a^c	
Δx_a^b		Δy_a^b	V_a^b	
α		V_a^c		
β		V_b^d		
$\alpha-\beta$				

$(\Delta y_a^b \cdot \cos\beta - \Delta x_a^b \cdot \sin\beta)/\sin(\alpha-\beta) = S_1$				
$S_1 \cdot \cos\alpha$		$S_1 \cdot \sin\alpha$		
x_a	+)	y_a	+)	
x		y		

$(\Delta y_a^b \cdot \cos\alpha - \Delta x_a^b \cdot \sin\alpha)/\sin(\alpha-\beta) = S_2$				
$S_2 \cdot \cos\beta$		$S_2 \cdot \sin\beta$		
x_b	+)	y_b	+)	
x		y		

X		Y	

좌표면적 계산부

측점번호	X_n	Y_n	면적 계산			
			$X_{n+1} - X_{n-1}$	$Y_{n+1} - Y_{n-1}$	$X_n(Y_{n+1} - Y_{n-1})$	$Y_n(X_{n+1} - X_{n-1})$

면적측정부

축척 :

동리명	지번	측정방법	횟수 또는 산출수		측정면적 (m²)	도곽신축 보정계수	보정면적 (m²)	원면적 (m²)	산출면적 (m²)	결정면적 (m²)	비고
			제1회	제2회							
동											

저자소개

라용화 E-mail : yhra123@naver.com

■ 약력
- 명지대학교 대학원 토목환경공학과 졸업(공학박사)
- 명지대학교 산업대학원 지적GIS학과 졸업(공학석사)
- 지적기술사
- 토목기사
- (현) 공간정보산업협회 강사
- (현) 국토지리정보원 제안심사평가 위원
- (현) 기흥구 경계결정위원회 위원
- (전) 명지전문대 토목과 겸임교수
- (전) 한국국토정보공사 국토정보교육원(구 지적연수원) 교수
- (전) 한국국토정보공사 용인서부지사장, 홍성지사장
- (전) 한양사이버대학교 지적학과 겸임교수
- (전) 한국산업인력공단 출제 및 채점위원
- (전) 한국지적정보학회 이사
- (전) 한국지적학회 사진측량 분과위원장

■ 저서
- 지적측량, 지적학, 지적법규(한국국토정보공사 전문서적) (국토정보사)
- 지적기술사 해설(예문사)
- 측량 및 지형공간정보기술사(예문사)
- 지적(산업)기사 해설(예문사)
- 지적기능사 해설(예문사)

신동현 E-mail : hopecada@naver.com

■ 약력
- 서울시립대학교 대학원 공간정보공학과 졸업(공학박사)
- 명지대학교 산업대학원 지적GIS학과 졸업(공학석사)
- 지적기술사
- 측량 및 지형정보기술사
- (현) 서울사이버대학교 부동산학과 겸임교수
- (현) 한국지적기술사회 기술분과위원
- (전) 명지대학교 부동산대학원 부동산학과 겸임교수
- (전) 한국국토정보공사 국토정보교육원 원장
- (전) 한국국토정보공사 강원지역본부장
- (전) 한국국토정보공사 인천지역본부장
- (전) 한국국토정보공사 기획조정실장
- (전) 한국지적학회 이사
- (전) 한국공간정보학회 이사

■ 저서
- 지적측량, 지적학, 지적법규(한국국토정보공사 전문서적) (국토정보사)
- 지적기술사 해설(예문사)
- 지적(산업)기사 해설(예문사)

김장현 E-mail : janghyun@lx.or.kr

■ 약력
- 명지대학교 산업대학원 지적GIS학과 졸업(공학석사)
- 지적기술사
- 토목산업기사
- (현) 명지전문대 토목과 겸임교수
- (전) 한국국토정보공사 화성동부지사장
- (전) 한국국토정보공사 오산지사장, 평택지사장
- (전) 국토정보교육원 교육운영실장
- (전) 공간정보연구원 연구기획실 근무

■ 저서
- 지적기술사 해설(예문사)

지적기사 · 산업기사 실기

초 판 발 행	2025년 07월 30일
저　　자	라용화 · 신동현 · 김장현
발 행 인	정용수
발 행 처	(주)예문아카이브
주　　소	경기도 파주시 직지길 460(출판도시)
T E L	031) 955-0550
F A X	031) 955-0660
등 록 번 호	제2016-000240호
정　　가	30,000원

- 이 책의 어느 부분도 저작권자나 발행인의 승인 없이 무단 복제하여 이용할 수 없습니다.
- 파본 및 낙장은 구입하신 서점에서 교환하여 드립니다.

홈페이지 http://www.yeamoonedu.com

ISBN　979-11-6386-491-2　[13530]